国家科学技术著作出版基金资助出版

量子保密通信协议的设计与分析

温巧燕　郭奋卓　朱甫臣　著

科学出版社
北京

内 容 简 介

本书以作者及其课题组多年的研究成果为主体，结合国内外学者在量子保密通信领域的代表性成果，对这一领域的几个主要研究内容作了系统论述，并提出一些与之紧密相关的新研究课题. 全书分四部分(共 8 章). 第一部分为量子保密通信研究所需的量子力学基础知识(第 1 章); 第二部分为量子密码协议的设计，主要包括量子密钥分发与身份认证、量子秘密共享、量子加密、量子安全直接通信 (第 2~5 章); 第三部分为量子密码协议的分析(第 6 章); 第四部分为量子隐形传态以及与量子保密通信密切相关的量子纠错码(第 7、8 章). 重点从密码学的角度阐述了量子密码协议的设计与分析.

本书既可作为对量子保密通信感兴趣的读者的入门教材，也可作为量子保密通信领域研究工作者的参考用书，适合于密码学、信息安全、信息与通信系统、信号与信息处理、物理学、数学及相关学科的高年级本科生、研究生、教师和科研人员阅读参考.

图书在版编目(CIP)数据

量子保密通信协议的设计与分析/温巧燕，郭奋卓，朱甫臣著. —北京：科学出版社, 2009.6

ISBN 978-7-03-024837-4

I.量… II.①温… ②郭… ③朱… III.① 量子-保密通信-通信协议-设计②量子-保密通信-通信协议-分析 IV.TN918.8

中国版本图书馆 CIP 数据核字(2009) 第 103083 号

责任编辑：王丽平　杨　然／责任校对：刘小梅
责任印制：吴兆东／封面设计：王　浩

科学出版社出版
北京东黄城根北街 16 号
邮政编码：100717
http://www.sciencep.com

北京凌奇印刷有限责任公司 印刷

科学出版社发行　各地新华书店经销

*

2009 年 6 月第　一　版　开本: B5(720×1000)
2022 年 1 月第五次印刷　印张: 19 1/4
字数: 369 000

定价：128.00 元

(如有印装质量问题，我社负责调换)

前　言

人们的生活离不开交流和沟通. 从电报、电话等通信工具的出现, 到通信网、互联网的飞快发展, 人们相互间的交流越来越便利, 需要交换的信息也与日俱增. 在特定情况下, 人们往往只想让期望的人看到自己发送的信息, 而不希望其他人也得到这些信息. 这一点在军事领域和商业领域尤其突出, 一条军事机密的泄漏可能会导致战争的失败, 一条商业机密的公开可能会给公司带来巨额经济损失. 随着人们对信息保密的要求日益提高, 保密通信研究也在不断发展和壮大, 其基本目的就是确保用户间的秘密消息能够在公开信道中可靠地传输.

在保密通信中, 通常称消息发送者为 Alice, 接收者为 Bob, 而窃听者为 Eve. 为了达到保密的目的, Alice 在发送消息前先利用加密密钥, 根据一定的加密算法将要发送的消息 M(即明文) 加密, 得到密文 C, 然后把密文 C 通过公开信道传输给 Bob. Bob 收到这些信息后可以用相应的解密密钥和解密算法由密文 C 恢复出明文 M, 从而得到 Alice 的真实消息. 一般地, 由于窃听者 Eve 不知道相应的解密密钥, 即使她窃听到传输的密文 C, 也不能恢复出明文消息 M. 这就是保密通信的基本原理, 其安全性取决于密钥的安全性. 现代密码体制主要包括对称密码体制和公钥密码体制两类, 它们在应用中各有特点. 对称密码体制常用来直接对明文消息进行加密和解密, 速度快且对选择密文攻击不敏感; 公钥密码体制则主要用于密钥分发及数字签名等. 因此在实际应用中一般采用混合密码系统, 即用公钥密码体制在通信者之间分发会话密钥, 然后用会话密钥通过对称密码体制来对通信消息进行加密.

大多数经典密码体制的安全性是建立在计算复杂性基础上的. 也就是说, 窃听者要想破译一个密码系统, 需要在有限的时间 (即秘密消息的有效期) 内解决某个计算难题. 而根据计算复杂性假设, 这种任务通常在当前人们的计算能力下很难实现. 这正是经典密码体制的安全性基础. 但是, 随着分布式计算和量子计算的发展, 这种密码体制的安全隐患越来越突出. 以 1994 年 Shor 提出的量子并行算法为例, 它能在多项式时间内解决大数因子分解难题. 一旦这种算法能够在量子计算机上付诸实施, 现行很多基于此类难题的公钥密码体制将毫无安全性可言.

值得注意的是, 经典密码体制中有一种算法具有无条件安全性, 那就是一次一密乱码本 (one-time pad, OTP). 假设 Alice 要发送的消息是 m, 其长度为 n, OTP 要求 Alice 和 Bob 共享有 n 长的随机密钥 k. 这种情况下, Alice 计算 $c = m \oplus k$(其中 $\oplus$ 代表模 2 加) 得到密文 c, 并把它发送给 Bob. 当 Bob 接收到密文后, 计算

$m = c \oplus k$ 得到明文. 可以看出在 k 未知的情况下, 这样给出的密文相当于同样长度的任何可能的明文消息的加密, 所以该加密体制具有无条件安全性 (这一点已经被 Shannon 从信息论角度所证明). 但是, OTP 的安全性建立在密钥的安全性之上, 它要求使用与消息等长的、随机的、不可重用的密钥. 那么怎样才能在通信者之间安全地分发密钥呢? 显然不能用 OTP 来分发, 因为它在分发密钥的同时需要消耗相同长度的密钥, 这将毫无意义. 在实际使用中, 仍然是通过公钥密码体制在通信者之间建立密钥, 然后再用 OTP 传输消息. 上面已经提到, 公钥密码体制的安全性已经受到各种先进算法强有力的挑战. 因此, OTP 的无条件安全性并不能真正实现.

怎样才能让一个密码体制抵抗上述各种先进的算法, 进而实现真正意义上的保密通信呢? 我们可以努力去寻找新的难解问题, 并在其基础上构造新的密码系统. 但这不是长久之计, 因为量子运算的并行性必将赋予未来的量子计算机超乎想象的计算潜能. 我们有理由相信, 随着量子计算算法的深入研究, 这种潜能很可能会演变成一个个将各种难解问题化难为易的先进算法. 因此, 这种寻找新难题的方法并不能解决经典保密通信所面临的根本问题.

那么还有没有其他办法呢? 答案是肯定的. 通过上面的分析我们知道, 一套完整的密码系统包括密钥的安全分发和消息的保密传输两大部分. 对于后者, OTP 已经能够达到无条件安全性. 我们还需要找到一种安全的密钥分发方法, 这样就能由它和 OTP 构成一套在安全性上趋近完美的保密通信系统. 随着量子密码的出现, 这个困扰人们已久的问题迎刃而解.

量子密码是密码学与量子力学相结合的产物, 不同于以数学为基础的经典密码体制, 其安全性由量子力学基本原理保证, 与攻击者的计算能力无关. 根据量子力学性质 (测不准原理与不可克隆定理), 窃听者对量子密码系统中的量子载体的窃听必然会对量子态引入干扰, 从而被合法通信者发现. 合法通信者能够发现潜在的窃听, 这正是量子密码安全性的本质. 此外, 根据量子力学原理, 如果用户间通过纠缠态建立了量子信道, 他们可以利用隐形传态协议进行保密通信. 这种通信不需要在公开信道中传输任何与所发送消息有关的信息, 因此也能够实现真正意义上的保密通信. 总之, 量子保密通信具有得天独厚的优势并逐渐成为信息安全新技术中的一个重要研究分支.

自从 1984 年 IBM 公司的 Bennett 和 Montreal 大学的 Brassard 提出第一个量子密码协议 ——BB84 协议以来, 国内外对量子保密通信的理论和实验研究都取得了很大进展. 作者及其课题组多年来一直从事量子保密通信的理论研究, 在量子密码协议、量子隐形传态及量子纠错码等相关方向取得了一系列成果. 本书以这些研究成果为基础, 结合国内外学者在量子保密通信领域的最新研究进展和作者对该领域研究问题的认识, 经过仔细归纳整理而成. 据作者所知, 本书是国内外首部重点讨论量子保密通信协议设计与分析的专著, 有以下几个显著特点：一是从密码学角度, 把量子密码协议的分析提升到与协议设计相同的高度, 并做重点论述. 其目的就是希望改变当前量子密码研究中普遍 “重设计而轻分析” 的现状, 使设计和分析工作相互促进, 协调发展. 二是参考文献全面, 对几个主要研究内容, 从首次出现该类协议到其最新进展的各个发展阶段, 从不同的物理原理实现到相同原理下效率的提高, 从双 (三) 方到多方甚至到网络, 从低维到高维, 从理论到实验都给出了比较全面典型的参考文献. 对量子保密通信其他的一些研究内容, 如量子签名、量子指纹、量子投币等也附了相关参考文献. 希望这些有助于相关的研究者快速对量子保密通信研究有一个全面的了解. 三是对几个主要内容展示最新研究进展的同时, 对其研究做了进一步的展望, 指出若干目前需要解决的关键问题及目前研究比较薄弱的重要研究课题. 此外, 对全书所用到的量子力学基础知识用线性代数语言进行了系统介绍, 采用向量和矩阵来刻画量子态及其演化, 这使得具有一般代数基础的学者就能读懂本书.

全书共分 8 章, 第 1 章介绍量子保密通信研究所需要的量子力学基础知识; 第 2 章研究量子密钥分发与身份认证; 第 3 章研究量子秘密共享; 第 4 章研究量子加密; 第 5 章研究量子安全直接通信; 第 6 章研究量子密码协议的分析; 第 7 章研究量子隐形传态; 第 8 章研究与保密通信密切相关的量子纠错码.

方滨兴院士、蔡吉人院士、冯登国研究员和杨义先教授对本书的出版给予了极大的支持, 在此表示深深的感谢. 全书的编写工作得到了实验室师生的积极配合, 特别是量子密码研究小组的刘太琳博士、杨宇光博士、杜建忠博士、林崧博士、陈秀波博士、孙莹博士、王天银博士、宋婷婷硕士等给予了全力协助和密切配合, 在此一并对他们表示衷心的感谢.

高飞副教授、秦素娟博士后提供大量资料并参与了部分章节的编著工作, 在此说明并表示感谢.

本书的出版得到了国家科学技术学术著作出版基金的资助. 此外, 本书主要成果来自课题组受资助项目：国家高技术研究发展计划 (“863” 计划) (编号：2006AA01Z419)、国家自然科学基金项目 (编号：90604023, 60373059, 60873191)、现代通信国家重点实验室基金项目 (编号：9140C1101010601) 等, 在此特别表示感谢.

由于水平有限, 时间仓促, 书中难免存在不妥之处, 恳请读者批评指正.

作　者

2009 年 1 月 16 日

目　　录

第1章　量子力学基础知识

这一章把本书所用到的量子力学基础知识简单加以论述, 使一些对量子力学不太熟悉的读者易于掌握后面的内容. 有关量子力学的参考资料有很多, 本章的写作主要参考了文献 [1~7].

1.1　基本概念

量子保密通信以量子力学为基础, 其安全性由量子力学基本原理来保证. 在介绍协议的设计与分析之前先介绍所使用的一些量子力学基本概念. 掌握初等线性代数是理解好量子力学的基础. 所以为方便读者阅读, 下面先给出本书中出现的量子力学术语 (或其记号) 所对应的线性代数解释, 见表 1-1.

表 1-1　常见记号及其含义

记号	含义
z^*	复数 z 的复共轭, 例如: $(1+\mathrm{i})^*=1-\mathrm{i}$
$\vert\psi\rangle$	系统的状态向量 (Hilbert 空间中的一个列向量)
$\langle\psi\vert$	$\vert\psi\rangle$ 的对偶向量 ($\vert\psi\rangle$ 的转置再复共轭)
$\langle\phi\mid\psi\rangle$	向量 $\vert\phi\rangle$ 和 $\vert\psi\rangle$ 的内积
$\vert\phi\rangle\otimes\vert\psi\rangle$	$\vert\phi\rangle$ 和 $\vert\psi\rangle$ 的张量积
$\vert\phi\rangle\vert\psi\rangle$	$\vert\phi\rangle$ 和 $\vert\psi\rangle$ 的张量积的缩写
A^*	矩阵 A 的复共轭
A^{T}	矩阵 A 的转置
$A^\dagger$	矩阵 A 的厄米共轭, $A^\dagger=(A^{\mathrm{T}})^*$
$\langle\phi\vert A\vert\psi\rangle$	向量 $\vert\phi\rangle$ 和 $A\vert\psi\rangle$ 的内积, 或者 $A^\dagger\vert\phi\rangle$ 和 $\vert\psi\rangle$ 的内积

1.1.1　状态空间和量子态

任一孤立物理系统都有一个系统状态空间, 该状态空间用线性代数的语言描述就是一个定义了内积的复向量空间 ——Hilbert 空间.

具体地说一个复向量空间 L 就是一个集合 $L=\{a_1,a_2,a_3,\cdots,a_n\}$, 满足: ① 任取 $a_i,a_j\in L$, 都有 $a_i+a_j\in L$; ② 任取复数 $c\in\mathbf{C}$, $a_i\in L$, 都有 $c\cdot a_i\in L$, 则称 L 为复向量空间, L 中元素称为向量. 复向量空间 L 上的内积定义为一种映射: 对于任意的一对向量 $a_i,a_j\in L$, 都有一个复数 $c=(a_i,a_j)$ 与之对应, 称为 a_i 和 a_j

的内积, 它具有如下性质:

$$\left.\begin{aligned}&(a_i,a_i)\geqslant 0\\&(a_i,a_j)=(a_j,a_i)^*\\&(a_l,c_1a_i+c_2a_j)=c_1(a_l,a_i)+c_2(a_l,a_j)\end{aligned}\right\}\tag{1-1}$$

上述定义了内积的复向量空间 L 称为 Hilbert 空间, 对应量子系统的状态空间. 量子力学系统所处的状态称为量子态, 由 Hilbert 空间中的列单位向量描述, 该向量通常称为态向量 (或态矢), 常用 $|\cdot\rangle$ 表示, 也称为右矢. 例如, $|\phi\rangle$, $|0\rangle$ 等都表示量子态, 其中 ϕ 和 0 是量子态的标号. 一个量子态可以用任意标号, 习惯上常用 ϕ, φ 和 ψ 等. $\langle\phi|$ 表示 $|\phi\rangle$ 的对偶向量, 由 Hilbert 空间中的行单位向量描述.

量子态满足态叠加原理, 若量子力学系统可能处在 $|\phi\rangle$ 和 $|\psi\rangle$ 描述的态中, 则系统也可能处于态 $|\varPhi\rangle=c_1|\phi\rangle+c_2|\psi\rangle$, 其中 c_1, c_2 是两复数, 且满足 $|c_1|^2+|c_2|^2=1$. 当系统处于态 $|\varPhi\rangle=c_1|\phi\rangle+c_2|\psi\rangle$ 时, 处于 $|\phi\rangle$ 的概率为 $|c_1|^2$, 处于 $|\psi\rangle$ 的概率为 $|c_2|^2$. 态叠加原理使得量子力学系统具有呈指数增长的存储能力, 使得量子计算具有并行计算能力, 是量子力学系统与经典系统之间最重要的区别之一.

若量子系统由系统 1 和系统 2 复合而成, 且系统 1 处于态 $|\phi_1\rangle$, 系统 2 处于态 $|\phi_2\rangle$, 则复合系统的状态为两个子系统状态的张量积 $|\phi_1\rangle\otimes|\phi_2\rangle$, 常记为 $|\phi_1\rangle|\phi_2\rangle$ 或 $|\phi_1\phi_2\rangle$.

1.1.2　完备正交基

一个 n 维 Hilbert 空间 L 的一组基是其上的一组线性无关的向量 $\{|v_1\rangle,|v_2\rangle,\cdots,|v_n\rangle\}$, 使得对于任意的 $|u\rangle\in L$, $|u\rangle=\sum\limits_{i=1}^{n}a_i|v_i\rangle$, 其中每一个 $a_i\neq 0$ 且是复数. 进一步, 若其中的向量两两相互正交 (内积为 0), 且任一向量的模 (即 $\sqrt{\langle v_i\mid v_i\rangle}$) 均为 1, 则这样的一组基称为完备正交基 (或标准正交基). 采用 Gram-Schmidt 正交归一化过程可以由空间的任意一组基构造一组完备正交基.

例如, $\mathbf{C}^2$ 的一组基是

$$|v_1\rangle=\begin{pmatrix}1\\0\end{pmatrix},\quad |v_2\rangle=\begin{pmatrix}0\\1\end{pmatrix}\tag{1-2}$$

因为 $\mathbf{C}^2$ 中任意向量 $|v\rangle=(a_1\quad a_2)^{\mathrm{T}}=a_1|v_1\rangle+a_2|v_2\rangle$. 又因为 $|v_1\rangle$ 和 $|v_2\rangle$ 相互正交, 且每一个的模都为 1, 所以 $\{|v_1\rangle,|v_2\rangle\}$ 是 $\mathbf{C}^2$ 的一组完备正交基. 通常记 $|v_1\rangle$ 为 $|0\rangle$, $|v_2\rangle$ 为 $|1\rangle$. 此外 $\mathbf{C}^2$ 的另一组常见完备正交基是

$$|v_3\rangle=\frac{1}{\sqrt{2}}\begin{pmatrix}1\\1\end{pmatrix},\quad |v_4\rangle=\frac{1}{\sqrt{2}}\begin{pmatrix}1\\-1\end{pmatrix}\tag{1-3}$$

因为 $\mathbf{C}^2$ 中任意向量 $|v\rangle = \dfrac{a_1+a_2}{2}|v_3\rangle + \dfrac{a_1-a_2}{2}|v_4\rangle$, 且 $|v_3\rangle$ 和 $|v_4\rangle$ 相互正交, 模为 1. 通常记 $|v_3\rangle$ 为 $|+\rangle$, $|v_4\rangle$ 为 $|-\rangle$. 容易验证这两组基满足如下关系:

$$|+\rangle = \frac{1}{\sqrt{2}}(|0\rangle + |1\rangle), \quad |-\rangle = \frac{1}{\sqrt{2}}(|0\rangle - |1\rangle) \tag{1-4}$$

可以看出一个 Hilbert 空间可以由其一组完备正交基完全确定, 基中的向量称为基态, 基中所含向量的个数称为空间的维数.

进一步地, 由于 $|0\rangle$ 和 $|1\rangle$ 恰好是 Pauli 算子 σ_z 的本征向量, $|+\rangle$ 和 $|-\rangle$ 恰好是 σ_x 的本征向量, 所以也常常把基 $\{|0\rangle, |1\rangle\}$ 记作 $\{|z+\rangle, |z-\rangle\}$, 把 $\{|+\rangle, |-\rangle\}$ 记作 $\{|x+\rangle, |x-\rangle\}$. 此外, 有的文献里面还会记作 $\{|+z\rangle, |-z\rangle\}$ 和 $\{|+x\rangle, |-x\rangle\}$. 总之, 量子态记号可能会随着不同作者的写作习惯而不同, 大家只需要理解其本质表示的是哪个态向量即可. 既然 σ_z 和 σ_x 的本征向量都构成 $\mathbf{C}^2$ 的一组完备正交基, σ_y 的本征向量是否也构成 $\mathbf{C}^2$ 的一组完备正交基呢? 答案是肯定的. 习惯上把由 σ_y 的本征向量构成的基记作 $\{|+y\rangle, |-y\rangle\}$ 或 $\{|y+\rangle, |y-\rangle\}$. 有关 Pauli 算子及其本征向量的介绍, 读者可以参看本书 1.1.4 节. 在不影响阅读的情况下, 本书在不同章节也没有对这些记号做最终统一.

1.1.3 量子比特

量子比特 (qubit), 或称为量子位, 是量子信息中最关心的量子系统. 它是经典比特 (bit) 的量子对应, 但不同于经典比特. 一个量子比特是一个二维 Hilbert 空间, 或者说是一个双态量子系统. 对量子比特的讨论总是相对于某个已固定的完备正交基进行的. 如果记该空间的一组基为 $\{|0\rangle, |1\rangle\}$, 这个量子比特可以处在 $|0\rangle$ 和 $|1\rangle$ 这两个状态. 则根据态叠加原理, 它也可以处于叠加态 $|\varphi\rangle = c_1|0\rangle + c_2|1\rangle$, 其中 c_1, c_2 是复数, 且满足 $|c_1|^2 + |c_2|^2 = 1$. 于是原则上①通过确定 c_1 和 c_2, 可以在一个量子比特中编码无穷多的信息.

如表 1-1 所示, 两个或多个量子比特系统是单个量子比特系统的张量积, 若一个量子系统由两个量子比特组成, 则这个量子系统的状态是 2 量子比特状态的张量积. 例如, 2 量子比特可处于态 $|0\rangle \otimes |1\rangle \equiv |0\rangle|1\rangle \equiv |01\rangle$, 具体为

$$|0\rangle \otimes |1\rangle \equiv |01\rangle = \begin{pmatrix} 1 \\ 0 \end{pmatrix} \otimes \begin{pmatrix} 0 \\ 1 \end{pmatrix} = \begin{pmatrix} 0 \\ 1 \\ 0 \\ 0 \end{pmatrix} \tag{1-5}$$

① 因为这样的态并不相互正交, 没有可靠的量子方法可以将编码的信息提取出来, 所以编码无穷多的信息只是理论上成立.

显然, 两个量子比特系统是一个四维 Hilbert 空间, 2 量子比特所处的状态是四维 Hilbert 空间的一个向量. $\{|00\rangle, |01\rangle, |10\rangle, |11\rangle\}$ 构成该空间的一组完备正交基. 一个 2 量子比特态可以处在任意一个基态中, 因而也可以处在它们的均匀 (每个态前面复系数的模平方相同或者说是处在每个态上的概率相同) 叠加态中. 依此类推, n 个量子比特系统是一个 2^n 维 Hilbert 空间, 系统所处状态是该空间中的一个向量, 系统的状态可以是 2^n 个相互正交的态的均匀叠加态. 量子系统的存储能力正是以这种方式呈指数增长. 需要指出, 2 量子比特系统的完备正交基可以由单量子比特系统的完备正交基通过张量积运算得到, $\{|00\rangle, |01\rangle, |10\rangle, |11\rangle\}$ 就是由 $\{|0\rangle, |1\rangle\}$ 得来. 类似可以求得任意 n 个量子比特系统的一组完备正交基.

此外, 2 量子比特系统还有另外一组完备正交基, 即 $\{|\phi^+\rangle, |\phi^-\rangle, |\psi^+\rangle, |\psi^-\rangle\}$, 其中

$$|\phi^\pm\rangle = \frac{1}{\sqrt{2}}(|00\rangle \pm |11\rangle), \quad |\psi^\pm\rangle = \frac{1}{\sqrt{2}}(|01\rangle \pm |10\rangle) \tag{1-6}$$

这一组基常称为 Bell 基. 四个基态通常被称为 Bell 态, 有时候也称为 EPR 态 (或 EPR 对), 这是根据首次发现这些状态的奇特性质的学者 Bell 和 Einstein, Podolsky 与 Rosen 命名的. 这里仍然需要强调的是 $|\phi^+\rangle, |\phi^-\rangle, |\psi^+\rangle$ 和 $|\psi^-\rangle$ 只是 Bell 态的一种习惯记号, 有的文献里面也经常采用其他记号, 包括 $|\Phi^+\rangle, |\Phi^-\rangle, |\Psi^+\rangle$ 和 $|\Psi^-\rangle$ 来表示. 在不影响阅读的情况下, 本书也没有做最终统一.

1.1.4 算子

算子 (operator) 是作用到态矢上的一种运算或操作. 通常, 如果运算 $\hat{F}$ 作用到态矢 $|\psi\rangle$ 上, 结果仍然是一个态矢 $|\phi\rangle$, 即有 $|\phi\rangle = \hat{F}|\psi\rangle$ 成立, 则 $\hat{F}$ 为一个算子. 若 $\hat{F}$ 的作用满足式 (1-7) 所示关系, 则称 $\hat{F}$ 为线性算子, 其中 c_1, c_2 是复数.

$$\hat{F}(c_1|\psi_1\rangle + c_2|\psi_2\rangle) = c_1\hat{F}|\psi_1\rangle + c_2\hat{F}|\psi_2\rangle \tag{1-7}$$

在量子力学中用到的算子都是线性的, 所以本书后面不再特别指出线性二字, 而直接称算子. 在 Hilbert 空间中, 一个算子对应一个矩阵①. 算子 $\hat{F}$ 作用到态矢 $|\psi\rangle$ 上定义为用其对应矩阵 F 去乘该态矢, 即 $\hat{F}|\psi\rangle = F|\psi\rangle$. 算子 $\hat{F}_1$ 和 $\hat{F}_2$ 的复合定义为

$$\hat{F}_1\hat{F}_2|\psi\rangle = \hat{F}_1(\hat{F}_2|\psi\rangle) = \hat{F}_1|\phi\rangle \tag{1-8}$$

其中, $|\phi\rangle = \hat{F}_2|\psi\rangle$, 算子复合相当于对应矩阵的乘积运算. 若 $\hat{F}_1\hat{F}_2 = \hat{I}$, 则称 $\hat{F}_1$ 和 $\hat{F}_2$ 互为逆算子, 记为 $\hat{F}_1 = \hat{F}_2^{-1}$. 此外, 与矩阵完全对应, 可以定义单位算子, 转置

① 这里算子对应的矩阵和前面态矢对应的向量 (或矩阵) 实际都是根据某种表象得来, 同线性代数中线性变换和向量的表示对应于所选的基类似. 表象的概念将在 1.1.6 节介绍.

算子和共轭算子等. $\hat{F}$ 的厄米共轭算子 $\hat{F}^\dagger$ 定义为 $\hat{F}$ 的转置算子 $\hat{F}^{\mathrm{T}}$ 再取复共轭, 即 $\hat{F}^\dagger = (\hat{F}^{\mathrm{T}})^*$.

若 $\hat{F}^\dagger = \hat{F}$, 则称 $\hat{F}$ 为厄米算子.

若 $\hat{F}^\dagger = \hat{F}^{-1}$, 则称 $\hat{F}$ 为幺正算子.

厄米算子和幺正算子是量子力学中, 也是量子保密通信中所用到的最重要的两类算子.

厄米算子对应的厄米矩阵有很多重要的性质, 最重要的一条就是可以对角化. 将厄米矩阵对角化可以借助其本征值和本征向量. 与线性代数中完全类似, 若算子 $\hat{F}$ 作用到某个态矢 $|u\rangle$ 上的结果等于一个常数 u 与这个态矢的乘积

$$\hat{F}\,|u\rangle = u\,|u\rangle \tag{1-9}$$

则上述方程称为算子 $\hat{F}$ 的本征方程, 其中 u 称为本征值, $|u\rangle$ 称为算子 $\hat{F}$ 属于本征值 u 的本征向量. 其本征值和本征向量还具有特性：本征值都是实数; 属于不同本征值的本征向量正交; 属于同一本征值的本征向量可以通过 Schmidt 正交化方法使其相互正交; 所有本征向量张起一个向量空间, 经过 Schmidt 正交化过程后得到的相互正交的本征向量经过归一化构成该向量空间的一组完备正交基 $\{|u_1\rangle, |u_2\rangle, \cdots, |u_n\rangle\}$; 算子 $\hat{F}$ 具有谱分解

$$F = \sum_{i=1}^{n} u_i\,|u_i\rangle \tag{1-10}$$

厄米算子的这些性质决定了它可以表示物理系统的可观测力学量.

幺正算子也是非常重要的一类, 幺正算子是可逆的, 幺正变换不改变两个态矢的内积, 不改变算子的本征值, 不改变算子所对应的矩阵的迹, 不改变算子的线性性质和厄米性质, 也不改变算子间的代数关系. 这些性质决定了幺正算子可以描述孤立量子系统态矢随时间的变化和量子计算中的一切逻辑操作.

量子信息处理就是对编码的量子态进行一系列幺正演化, 对量子比特最基本的操作称为逻辑门, 逻辑门按照其作用的量子比特个数可分为一位门、二位门、三位门等. 逻辑门的操作按照它对 Hilbert 空间基矢的作用来定义. 常见的一位门有相位门和 Pauli 门, 其中相位门定义为

$$p(\theta) = |0\rangle\langle 0| + \mathrm{e}^{\mathrm{i}\theta}\,|1\rangle\langle 1| = \begin{pmatrix} 1 & 0 \\ 0 & \mathrm{e}^{\mathrm{i}\theta} \end{pmatrix} \tag{1-11}$$

其作用为 $P(\theta)\,|0\rangle = |0\rangle$, $P(\theta)\,|1\rangle = \mathrm{e}^{\mathrm{i}\theta}\,|1\rangle$, 可以改变两个基矢的相对相位. 四个 Pauli 门定义为

$$I = |0\rangle\langle 0| + |1\rangle\langle 1| = \begin{pmatrix} 1 & 0 \\ 0 & 1 \end{pmatrix}, \quad X(\sigma_x) = |0\rangle\langle 1| + |1\rangle\langle 0| = \begin{pmatrix} 0 & 1 \\ 1 & 0 \end{pmatrix}$$

$$Z(\sigma_z) = |0\rangle\langle 0| - |1\rangle\langle 1| = \begin{pmatrix} 1 & 0 \\ 0 & -1 \end{pmatrix}, \quad Y(\sigma_y) = -\mathrm{i}\,|0\rangle\langle 1| + \mathrm{i}\,|1\rangle\langle 0| = \begin{pmatrix} 0 & -\mathrm{i} \\ \mathrm{i} & 0 \end{pmatrix} \tag{1-12}$$

通常也称为 Pauli 算子 (矩阵), 有时 Pauli 算子只指后面三个算子. 另外一个重要的一位门是 Hadamard 门

$$H = \frac{1}{\sqrt{2}}[(|0\rangle + |1\rangle)\,|0\rangle + (|0\rangle - |1\rangle)\,|1\rangle] = \frac{1}{\sqrt{2}}\begin{pmatrix} 1 & 1 \\ 1 & -1 \end{pmatrix} \tag{1-13}$$

这个门将基矢 $|0\rangle$ 和 $|1\rangle$ 分别变成 $|+\rangle = (1/\sqrt{2})(|0\rangle + |1\rangle)$ 和 $|-\rangle = (1/\sqrt{2})(|0\rangle - |1\rangle)$, 即 $|0\rangle$ 和 $|1\rangle$ 的均匀叠加态, 系统等概率地 (以 1/2 的概率) 处于 $|0\rangle$ 和 $|1\rangle$ 态. 量子保密通信中经常用 H 变换来产生这种最大 "不确定态" 来保证安全性.

两位门中最常用的是控制–U 门, 定义为

$$U_C = |0\rangle\langle 0| \otimes I + |1\rangle\langle 1| \otimes U \tag{1-14}$$

其中, I 是对一个量子比特的恒等操作, U 是另外一个一位门, 第一个量子比特称为控制量子比特, 第二个称为目标量子比特. U_C 对目标量子比特作用 I 或 U, 取决于控制量子比特处于 $|0\rangle$ 还是 $|1\rangle$. 例如, 控制–非门 (C-NOT) 的作用定义为

$$|00\rangle \to |00\rangle, \quad |01\rangle \to |01\rangle, \quad |10\rangle \to |11\rangle, \quad |11\rangle \to |10\rangle \tag{1-15}$$

1.1.5 测量

测量算子是量子信息中提取信息的重要手段. 与经典环境中测量物体的位置、速度等类似, 对量子系统的观测实际也是对其某个力学量 (可能是位置、动量、电子自旋等) 的测量. 避开一般的测量假设, 这里只介绍本书常用的两类特殊测量, 即投影测量和 POVM 测量.

投影测量由被观测系统状态空间上的一个力学量算子描述. 每一个力学量 F 都用一个厄米算子 $\hat{F}$ 表示. 对力学量 F 测量的所有可能值是算子 $\hat{F}$ 的本征值谱.

一般地, 若对系统测量力学量 F, 且 F 具有式 (1-10) 给出的谱分解, 将式中属于同一本征值 m 的部分项合并为与本征值 m 对应的本征空间上的投影算子 P_m, 谱分解进一步化简为

$$F = \sum_m m P_m \tag{1-16}$$

则对应的一组测量算子可描述为 $\{P_m\}$, 测量的可能结果对应于其本征值 m. 测量量子态 $|\varphi\rangle$ 时, 得到结果 m 的概率为

$$p(m) = \langle\varphi|\, P_m\, |\varphi\rangle \tag{1-17}$$

给定测量结果 m, 测量后量子系统的状态塌缩为

$$\frac{P_m|\varphi\rangle}{\sqrt{p(m)}} \tag{1-18}$$

测量平均值为

$$E(m)=\sum_m mp(m)=\langle\varphi|F|\varphi\rangle \tag{1-19}$$

投影测量算子 P_m 满足完备性关系和正交投影算子的条件

$$\sum_m P_m^\dagger P_m=I,\quad P_m^\dagger=P_m \quad 且 \quad P_mP_{m'}=\delta_{m,m'}P_m \tag{1-20}$$

特别地, 若 F 对应于不同本征向量的本征值都不同, 则测量算子可描述为 $\{|u_i\rangle\langle u_i|\}$. 当量子系统处在 $\hat{F}$ 的本征态 $|u_i\rangle$ 时, 测量力学量 F 得到唯一可能的测量结果, 即本征态 $|u_i\rangle$ 对应的本征值. 当系统处于态

$$|\varPhi\rangle=c_1|u_1\rangle+c_2|u_2\rangle+\cdots+c_n|u_n\rangle \tag{1-21}$$

时, 测量得到值 u_i 的概率是 $|c_i|^2$, 测量后的态塌缩为对应于测量结果 u_i 的本征向量 $|u_i\rangle$.

所以经常把测量一个系统的某力学量 F, 称为用 F 的本征向量组成的基 $\{|u_1\rangle, |u_2\rangle,\cdots,|u_n\rangle\}$ 测量该系统, 也就是使用投影测量 $\{|u_i\rangle\langle u_i|\}$, 本书中多采用这一说法.

以常见的力学量 —— 电子的自旋 ($\hat{\sigma}_z$) 为例, 其本征值 (可能的测量结果) 为 1 和 -1, 对应的本征向量分别为 $|0\rangle$ 和 $|1\rangle$. $\{|0\rangle,|1\rangle\}$ 构成二维 Hilbert 空间的一组完备正交基, 对应的测量算子为

$$M=|0\rangle\langle 0|-|1\rangle\langle 1| \tag{1-22}$$

若对状态 $|\theta\rangle=(|0\rangle+\sqrt{3}|1\rangle)/2$ 测量力学量 $\hat{\sigma}_z$(或者说用 $\{|0\rangle,|1\rangle\}$ 基测量), 得到 1 的概率为 $\langle\theta\mid 0\rangle\langle 0\mid\theta\rangle=1/4$, 类似可求得 -1 的概率为 3/4.

对于 2 量子比特系统, 最常见的测量基是 Bell 基, 用 Bell 基测量系统 (有时称为对该系统进行 Bell 测量), 其测量后的态会塌缩为四个 Bell 态之一.

显然, 上面的投影测量不仅给出了分别得到不同测量结果的概率, 还给出了测量完毕后系统所处状态的规则. 在某些应用中, 知道测量后的状态几乎没什么意义, 主要关心的是测量的统计特性, 即测量得到不同结果的概率, POVM 测量就是针对这种情形引入的.

设有一组半正定算子 $\{E_m\}$, 满足 $\sum\limits_m E_m=I$, 这些算子作用在状态为 $|\psi\rangle$ 的被测系统上, 指标 m 表示可能的测量结果, 得到 m 的概率为 $p(m)=\langle\psi|E_m|\psi\rangle$.

则称 $\{E_m\}$ 构成一个 POVM 测量. 显然, 上面的投影测量实际也是 POVM 测量的一个特例, 只需定义 $E_m \equiv P_m^\dagger P_m = P_m$ 即可. 但引入 POVM 测量的实际意义远不在此. 设有一个随机处于 $|\psi_1\rangle = |0\rangle$ 或 $|\psi_2\rangle = (|0\rangle + |1\rangle)/\sqrt{2}$ 的量子比特, 由非正交态不可区分定理 (见 1.2.3 节) 知不能准确判别究竟处于哪个态. 但可以通过 POVM 测量以一定概率区分状态且永远不会误判. 考虑 POVM 测量 $\{E_1, E_2, E_3\}$, 其中 $E_1 \equiv \dfrac{\sqrt{2}}{1+\sqrt{2}}|1\rangle\langle 1|$, $E_2 \equiv \dfrac{\sqrt{2}}{1+\sqrt{2}}\dfrac{(|0\rangle - |1\rangle)(\langle 0| - \langle 1|)}{2}$, $E_3 \equiv I - E_1 - E_2$. 如果测量结果是 E_1, 则可以判别量子比特所处状态为 $|\psi_2\rangle$, 因为 $\langle\psi_1|E_1|\psi_1\rangle = 0$. 同理, 如果测量结果是 E_2, 则可以判别量子比特所处状态为 $|\psi_1\rangle$. 但如果测量结果为 E_3, 则无法判别. POVM 测量的优势在于永远不会判断错误, 这是以有时得不到任何状态判别信息为代价的.

POVM 测量的如上特性使得它在概率隐形传态中起着举足轻重的作用, 详见本书第 7 章.

1.1.6 表象及表象变换

设有力学量算子 $\hat{F}$, 则它是厄米算子. 其本征向量可以构成一组完备正交基, 记为 $\{|u_n\rangle\}$. 为了简单, 假设 $\hat{F}$ 的不同本征向量对应不同的本征值, 用这一组基表示量子态, 就称为量子力学的 $\hat{F}$ 表象.

设有态矢 $|\psi\rangle$, 按照 $\hat{F}$ 表象下的基矢 $\{|u_n\rangle\}$ 展开为 $|\psi\rangle = \sum\limits_i c_i|u_i\rangle$, 展开系数 $c_i = \langle u_i \mid \psi\rangle$ 就是 $|\psi\rangle$ 沿各个基矢的分量. 将 $\{c_i\}$ 排成一个列矩阵

$$\psi(f) = \begin{pmatrix} c_1 \\ c_2 \\ \vdots \end{pmatrix} = \begin{pmatrix} \langle u_1 \mid \psi\rangle \\ \langle u_2 \mid \psi\rangle \\ \vdots \end{pmatrix} \tag{1-23}$$

则这个列矩阵和态矢 $|\psi\rangle$ 一一对应, 称列矩阵 $\psi(f)$ 就是 $|\psi\rangle$ 在 $\hat{F}$ 表象中的表示. 特别地, 如果系统状态为 $\hat{F}$ 的本征向量 $|u_i\rangle$, 它所对应的列矩阵只有第 i 行元素等于 1, 其他元素都为 0.

算子 $\hat{G}$ 的作用就是将一个态矢转变为另一个态矢, $|\phi\rangle = \hat{G}|\psi\rangle$. 下面由此式导出 $\hat{G}$ 在 $\hat{F}$ 表象中的矩阵表示. 首先用 $\langle u_i|$ 左乘式 $|\phi\rangle = \hat{G}|\psi\rangle$ 得

$$\langle u_i \mid \phi\rangle = \langle u_i|\hat{G}|\psi\rangle \tag{1-24}$$

因为 $|\psi\rangle = \sum\limits_i c_i|u_i\rangle$, 其中 $c_i = \langle u_i \mid \psi\rangle$, 即 $|\psi\rangle = \sum\limits_i |u_i\rangle c_i = \sum\limits_i |u_i\rangle\langle u_i \mid \psi\rangle$, 又由于 $|\psi\rangle$ 是任意态矢, 所以可推出本征向量的完备性条件

$$\sum_i |u_i\rangle\langle u_i| = I \tag{1-25}$$

将完备性条件代入式 (1-24) 得

$$\langle u_i \mid \phi\rangle = \sum_j \langle u_i|\hat{G}|u_j\rangle \langle u_j \mid \psi\rangle \tag{1-26}$$

将式 (1-26) 写成矩阵形式就是

$$\begin{pmatrix} \langle u_1 \mid \phi\rangle \\ \langle u_2 \mid \phi\rangle \\ \vdots \end{pmatrix} = \begin{pmatrix} \langle u_1|\hat{G}|u_1\rangle & \langle u_1|\hat{G}|u_2\rangle & \cdots \\ \langle u_2|\hat{G}|u_1\rangle & \langle u_2|\hat{G}|u_2\rangle & \cdots \\ \vdots & \vdots & \end{pmatrix} \times \begin{pmatrix} \langle u_1 \mid \psi\rangle \\ \langle u_2 \mid \psi\rangle \\ \vdots \end{pmatrix} \tag{1-27}$$

式 (1-27) 可简写为 $\phi(f) = G(f)\psi(f)$, 其中 $\phi(f)$ 和 $\psi(f)$ 分别是态矢 $|\phi\rangle$ 和 $|\psi\rangle$ 在 $\hat{F}$ 表象中的矩阵表示. $G(f)$ 是算子 $\hat{G}$ 在 $\hat{F}$ 表象中的矩阵表示, 其矩阵元为

$$G(f)_{nm} = \langle u_n|\hat{G}|u_m\rangle \tag{1-28}$$

特别地, $\hat{F}$ 算子在自己的表象 $\hat{F}$ 表象中的矩阵元为

$$F(f)_{nm} = \langle u_n|\hat{F}|u_m\rangle = F_m\delta_{nm} \tag{1-29}$$

可以看出 $F(f)$ 是一个对角矩阵, 对角矩阵元为 $\hat{F}$ 的本征值. 前面介绍的量子比特系统完备正交基态以及量子门对应矩阵, 都是它们在 $\hat{\sigma}_z$ 表象中的矩阵表示.

与线性代数中一个空间有不同的基类似, 在量子力学中有不同的表象, 态矢在不同表象下有不同的矩阵表示, 不同表象下的矩阵之间有一个幺正变换矩阵. 具体地, 设 $\{|u_n\rangle\}$ 和 $\{|v_m\rangle\}$ 分别是 U 表象和 V 表象的基, 态矢 $|\psi\rangle$ 在 U 表象中的矩阵元是 $\langle u_n \mid \psi\rangle$, 在 V 表象中的矩阵元是 $\langle v_m \mid \psi\rangle$, 则由完备性条件有

$$\langle u_n \mid \psi\rangle = \sum_m \langle u_n \mid v_m\rangle \langle v_m \mid \psi\rangle \tag{1-30}$$

即 $\psi(u) = S\psi(v)$ 成立, 其中 $\psi(u)$ 和 $\psi(v)$ 分别是 $|\psi\rangle$ 在 U 表象和 V 表象中的矩阵, 称 S 为由 V 表象到 U 表象的变换矩阵, 其矩阵元为

$$S_{nm} = \langle u_n \mid v_m\rangle \tag{1-31}$$

同理, 由 U 表象到 V 表象的变换矩阵为 $S^{-1}_{mn} = \langle v_m \mid u_n\rangle$. 容易验证 $S^{-1}_{nm} = S^{\dagger}_{nm}$, 即态矢在不同表象间的变换是幺正变换.

类似可以得到力学量算子在不同表象下的矩阵之间的变换. 具体地, 若 $\hat{F}$ 在 U 表象中的矩阵元为 $F^U_{mn} = \langle u_m|\hat{F}|u_n\rangle$, 在 V 表象中的矩阵元是 $F^V_{mn} = \langle v_m|\hat{F}|v_n\rangle$, 则由完备性条件可得

$$F^V = SF^US^{-1} \tag{1-32}$$

其中, F^V 和 F^U 分别是算子 $\hat{F}$ 在 V 和 U 表象中的矩阵, S 是 U 表象到 V 表象的变换矩阵.

在量子保密通信中常见的 Pauli 算子

$$X=\begin{pmatrix}0 & 1\\ 1 & 0\end{pmatrix},\quad Y=\begin{pmatrix}0 & -\mathrm{i}\\ \mathrm{i} & 0\end{pmatrix},\quad Z=\begin{pmatrix}1 & 0\\ 0 & -1\end{pmatrix} \tag{1-33}$$

是自旋算子的三个分量 $\hat{\sigma}_x,\hat{\sigma}_y,\hat{\sigma}_z$ 在 $\hat{\sigma}_z$ 表象中的矩阵表示. 它们有共同的本征值 ±1, 对应的本征向量分别为 $\left\{\frac{|0\rangle+|1\rangle}{\sqrt{2}},\frac{|0\rangle-|1\rangle}{\sqrt{2}}\right\}$, $\left\{\frac{|0\rangle+\mathrm{i}|1\rangle}{\sqrt{2}},\frac{|0\rangle-\mathrm{i}|1\rangle}{\sqrt{2}}\right\}$和 $\{|0\rangle,|1\rangle\}$. 每个算子的本征向量都构成二维 Hilbert 空间的一组基, 量子保密通信协议中经常用这些基测量粒子来提取粒子携带的信息, 通常也说用 $X(B_x)$ 基、$Y(B_y)$ 基或 $Z(B_z)$ 基测量. 这三组基两两相互共轭, 或称为互补, 不严格地说, 就是用其中一组基去测量另一组基的基矢, 得到 1 和 -1 的结果各为 1/2. 例如, 用 X 基测量 $|0\rangle$, 因为

$$|0\rangle=\frac{1}{\sqrt{2}}\left(\frac{|0\rangle+|1\rangle}{\sqrt{2}}+\frac{|0\rangle-|1\rangle}{\sqrt{2}}\right) \tag{1-34}$$

所以得到 1(对应结果状态为 $(|0\rangle+|1\rangle)/\sqrt{2}$) 的概率为 $(1/\sqrt{2})^2=1/2$, 得到 -1 的概率也为 $(1/\sqrt{2})^2=1/2$. 这一性质正好可以用于量子保密通信协议以保证协议的安全性.

此外, 前面介绍的 Hadamard 门也是量子保密通信中为保证安全性经常用到的, 它是由 $\hat{\sigma}_z$ 表象到 $\hat{\sigma}_x$ 表象的变换矩阵, 可以完成 X 基与 Z 基等互相共轭的基之间的相互转化.

1.1.7 密度算子

设量子系统以概率 p_i 处于状态 $|\varphi_i\rangle$, 称 $\{p_i,|\varphi_i\rangle\}$ 为一个系综, 其中 $P_i\geqslant 0$, 且 $\sum\limits_i P_i=1$, 系统的密度算子为

$$\rho=\sum_i p_i\,|\varphi_i\rangle\,\langle\varphi_i| \tag{1-35}$$

它是一个迹为 1 的半正定厄米算子. 密度算子通常也称为密度矩阵. 一个量子系统可以由作用在状态空间上的密度算子完全描述. 如果系统以概率 p_i 处于状态 ρ_i, 则系统的密度算子为

$$\sum_i p_i\rho_i \tag{1-36}$$

若系统在某时刻状态为 ρ, 经过一段时间变为 ρ', 则必有某幺正矩阵 $\boldsymbol{U}$, 使得 $\rho'=U\rho U^{\dagger}$. 若系统在测量前的状态是 ρ, 测量由算子 $\{M_i\}$ 描述, 其中 i 表示可能出现

的测量结果, 测量算子满足完备性关系

$$\sum_i M_i^\dagger M_i = I \tag{1-37}$$

则测量得到 i 的概率为

$$p(i) = \mathrm{tr}(M_i^\dagger M_i \rho) \tag{1-38}$$

测量后系统状态变为

$$\frac{M_i \rho M_i^\dagger}{\mathrm{tr}(M_i^\dagger M_i \rho)} \tag{1-39}$$

若复合系统的两子系统分别处于态 ρ_1 和 ρ_2, 则复合系统态为 $\rho_1 \otimes \rho_2$. 用密度算子描述量子系统在数学上完全等价于用状态向量描述, 但密度算子在描述未知量子系统和复合系统子系统方面更具有优越性.

在密度算子的定义中若系统以概率 1 处于某个态 $|\varphi\rangle$, 即系统由一个态矢表示, 则称该系统是一个纯态, 其密度算子为 $|\varphi\rangle\langle\varphi|$. 若定义中每一个概率 p_i 都不为 1, 则说明系统只能由若干不同的态矢描述, 每个子系统 $|\varphi_i\rangle$ 以一定的概率 p_i 出现, 这样的系统称为混合态. 这进一步说明了密度算子表示系统状态较之于态矢的优越性. 纯态和混合态的最大区别是 $\mathrm{tr}(\rho_{纯}^2) = 1$, 而 $\mathrm{tr}(\rho_{混}^2) < 1$.

复合系统子系统用约化密度算子描述. 假设有物理系统 A 和 B, 其状态由密度算子 ρ^{AB} 描述, 针对系统 A 的约化密度算子定义为

$$\rho^{\mathrm{A}} \equiv \mathrm{tr}_{\mathrm{B}}(\rho^{\mathrm{AB}}) \tag{1-40}$$

其中 tr_{B} 是一个算子, 称为在系统 B 上的偏迹. 具体地, 若 $\{|u_m^{(\mathrm{A})}\rangle\}$ 为子系统 A 的正交归一化基矢, $\{|v_n^{(\mathrm{B})}\rangle\}$ 为子系统 B 的正交归一化基矢, 此时 $|\varphi_{mn}\rangle = |u_m^{(\mathrm{A})}\rangle \otimes |v_n^{(\mathrm{B})}\rangle$ 对所有的 m, n 构成总系统的正交归一化基矢, 于是

$$\rho^{\mathrm{A}} \equiv \mathrm{tr}_{\mathrm{B}}(\rho^{\mathrm{AB}}) = \sum_n \langle v_n^{(\mathrm{B})}|\rho^{\mathrm{AB}}|v_n^{(\mathrm{B})}\rangle$$

$$\rho^{\mathrm{B}} \equiv \mathrm{tr}_{\mathrm{A}}(\rho^{\mathrm{AB}}) = \sum_m \langle u_m^{(\mathrm{A})}|\rho^{\mathrm{AB}}|u_m^{(\mathrm{A})}\rangle \tag{1-41}$$

分别是描述子系统 A 和 B 的约化密度算子, 容易验证如上定义的约化密度算子满足厄米性和半正定性, 且迹为 1. 对于只作用在子系统 A 上的任意力学量算子 $\hat{F}_{\mathrm{A}}$, 其测量平均值为 $\bar{F}_{\mathrm{A}} = \mathrm{tr}_{\mathrm{A}}(\rho^{\mathrm{A}}\hat{F}_{\mathrm{A}})$. 一般即使总系统处在一个纯态, 其子系统也只能确定到一个混合态. 例如, 前面提到的 Bell 态是一个两量子比特系统纯态

$$|\psi^+\rangle = (1/\sqrt{2})(|0^{(1)}\rangle|1^{(2)}\rangle + |1^{(1)}\rangle|0^{(2)}\rangle) \tag{1-42}$$

其密度算子为

$$\rho = |\psi^+\rangle\langle\psi^+| = \frac{1}{2}(|0^{(1)}\rangle|1^{(2)}\rangle\langle 1^{(2)}|\langle 0^{(1)}| + |0^{(1)}\rangle|1^{(2)}\rangle\langle 0^{(2)}|\langle 1^{(1)}| + |1^{(1)}\rangle|0^{(2)}\rangle\langle 1^{(2)}|\langle 0^{(1)}| + |1^{(1)}\rangle|0^{(2)}\rangle\langle 0^{(2)}|\langle 1^{(1)}|) \tag{1-43}$$

描述量子比特 1 的密度算子为

$$\rho^{(1)} = \mathrm{tr}_{(2)}\rho = \langle 0^{(2)}|\rho|0^{(2)}\rangle + \langle 1^{(2)}|\rho|1^{(2)}\rangle = \frac{1}{2}(|0^{(1)}\rangle\langle 0^{(1)}| + |1^{(1)}\rangle\langle 1^{(1)}|) \tag{1-44}$$

显然, 该密度算子的平方迹小于 1, 且它表示的状态不能用一个态矢表示, 是一个混合态. 进一步, 对量子比特 1 进行测量, 得到 $|0\rangle$ 的概率为 1/2, 得到 $|1\rangle$ 的概率为 1/2, 即该量子比特处于 $|0^{(1)}\rangle$ 的概率与处于 $|1^{(1)}\rangle$ 的概率相同, 称这样的混合态为最大混合态. 系统处于最大混合态就是处于所有基态的概率相同. 例如, 两量子比特最大混合态

$$\frac{1}{4}(|0^{(1)}\rangle|0^{(2)}\rangle\langle 0^{(2)}|\langle 0^{(1)}| + |0^{(1)}\rangle|1^{(2)}\rangle\langle 1^{(2)}|\langle 0^{(1)}| + |1^{(1)}\rangle|0^{(2)}\rangle\langle 0^{(2)}|\langle 1^{(1)}| + |1^{(1)}\rangle|1^{(2)}\rangle\langle 1^{(2)}|\langle 1^{(1)}|) \tag{1-45}$$

和

$$\frac{1}{4}(|\phi^+\rangle\langle\phi^+| + |\phi^-\rangle\langle\phi^-| + |\psi^+\rangle\langle\psi^+| + |\psi^-\rangle\langle\psi^-|) \tag{1-46}$$

最大混合态的概念在量子保密通信中有很大用途. 一般地, 如果一个量子态对于窃听者来说是一个最大混合态, 则窃听者即使截获这个量子态, 她也不能提取到任何有用信息, 反而会引入最大错误率从而被合法通信者检测到.

1.1.8 Schmidt 分解和纠缠态

设 $|\varphi\rangle$ 是复合系统 AB 的一个纯态, 则存在系统 A 的完备正交基 $|i_{\mathrm{A}}\rangle$ 和系统 B 的完备正交基 $|i_{\mathrm{B}}\rangle$, 使得

$$|\varphi\rangle = \sum_i \lambda_i |i_{\mathrm{A}}\rangle |i_{\mathrm{B}}\rangle \tag{1-47}$$

其中, $\lambda_i \geqslant 0$, 且满足 $\sum_i \lambda_i^2 = 1$, 称为 Schmidt 系数. 容易计算系统 A 和 B 的约化密度矩阵的特征值均为 λ_i^2. 基 $|i_{\mathrm{A}}\rangle$ 和 $|i_{\mathrm{B}}\rangle$ 分别称为 A 和 B 的 Schmidt 基, 非零 λ_i 的个数称为 $|\varphi\rangle$ 的 Schmidt 数. Schmidt 数在局域幺正变化下保持不变, 即

$$|\varphi\rangle = \sum_i \lambda_i (U|i_{\mathrm{A}}\rangle) |i_{\mathrm{B}}\rangle \tag{1-48}$$

是 $U|\varphi\rangle$ 的 Schmidt 分解, 其中 U 是只作用在子系统 A 上的幺正算子.

Schmidt 分解在协议的设计和分析中起着重要作用. 例如, 在协议的安全性分析过程中, 对窃听者与合法通信者的复合系统进行 Schmidt 分解会使证明步骤条

理清晰,便于分析. Schmidt 分解之所以如此重要,是因为可以用它来定义量子力学中奇妙的纠缠现象.

若两个子系统构成的复合系统纯态 $|\varphi\rangle$ 的上述 Schmidt 分解中含有两项或两项以上 (即描述子系统的密度算子有两个或两个以上非零本征值), 则称 $|\varphi\rangle$ 是一个纠缠态. 反过来, 若 Schmidt 分解中只有一项, 即

$$|\varphi\rangle = \left|\phi^{(1)}\right\rangle \left|\phi^{(2)}\right\rangle \tag{1-49}$$

就称 $|\varphi\rangle$ 是非纠缠的 (或可分离的). 非纠缠态是两个子系统的直积态 (张量积). 所以复合系统的一个纯态纠缠态 $|\varphi\rangle$, 也可以按照不能写成两个子系统纯态的直积态 $|\phi^{(1)}\rangle|\phi^{(2)}\rangle$ 来定义. 纠缠是量子力学所特有的一个基本性质, 指的是两个或多个量子系统之间存在非定域、非经典的强关联. 也就是说, 无论相互纠缠的子系统之间相隔多远, 一个子系统的变化都会影响另一个子系统的行为. 例如, Bell 态 $|\psi^+\rangle = (1/\sqrt{2})(|0^{(1)}\rangle|1^{(2)}\rangle + |1^{(1)}\rangle|0^{(2)}\rangle)$ 是常见的两粒子纠缠态, 无论子系统 1 和 2 相距多么遥远, 如果用 $\{|0\rangle, |1\rangle\}$ 基测量子系统 1, 当测量结果得到 $|0\rangle$ 态时, 测量者立刻知道子系统 2 此时已处于 $|1\rangle$ 态; 反之亦然.

进一步地, 从式 (1-43)~(1-44) 可以看出对 Bell 态 $|\psi^+\rangle$, 两量子比特系统的约化密度矩阵都是单位矩阵的 1/2 倍. 事实上, 其他三个 Bell 态的子系统约化密度矩阵也是如此. 称子系统约化密度矩阵是单位矩阵倍数的纠缠态为最大纠缠态. Bell 态就是最常见的两粒子最大纠缠态.

两个子系统构成的复合系统的混合态是纠缠态, 当且仅当它不能表示成

$$\hat{\rho}(\mathrm{A},\mathrm{B}) = \sum_i P_i |\varphi_i(\mathrm{A},\mathrm{B})\rangle\langle\varphi_i(\mathrm{A},\mathrm{B})|, \quad P_i \geqslant 0, \quad \sum_i P_i = 1 \tag{1-50}$$

的形式, 其中每个成分态 $|\varphi_i(\mathrm{A},\mathrm{B})\rangle$ 都是可分离态, 否则就说它是混合非纠缠态.

在量子信息世界, 纠缠态扮演着极其重要的角色. 纠缠态的奇妙物理特性使之被广泛应用在量子通信、量子密码和量子计算等领域. 目前人们对纠缠态的研究已经取得了很大的进展, 但由于实验条件有限等种种原因, 人们对它的认识水平和操作能力还远远不够, 有关纠缠态的性质以及物理实现还有很大的发展空间.

1.1.9 纠缠交换

纠缠交换实际就是在不同的粒子间通过测量交换纠缠[8]. 用线性代数的语言描述就是展开、交换位置和重新展开 (测量) 等一系列过程. 下面以纠缠态

$$\left|\phi^+\right\rangle_{12} = (1/\sqrt{2})(|00\rangle_{12} + |11\rangle_{12}), \quad \left|\psi^+\right\rangle_{34} = (1/\sqrt{2})(|01\rangle_{34} + |10\rangle_{34}) \tag{1-51}$$

之间进行的纠缠交换为例进行说明.

$$\left|\phi^+\right\rangle_{12} \otimes \left|\psi^+\right\rangle_{34}$$

$$
\begin{aligned}
&=\frac{1}{2}(|00\rangle_{12}+|11\rangle_{12})\otimes(|01\rangle_{34}+|10\rangle_{34})\\
&=\frac{1}{2}(|0001\rangle_{1234}+|0010\rangle_{1234}+|1101\rangle_{1234}+|1110\rangle_{1234})\\
&=\frac{1}{2}(|0100\rangle_{1432}+|0010\rangle_{1432}+|1101\rangle_{1432}+|1011\rangle_{1432})\\
&=\frac{1}{2}[(|\psi^+\rangle_{14}+|\psi^-\rangle_{14})(|\phi^+\rangle_{32}+|\phi^-\rangle_{32})+(|\phi^+\rangle_{14}+|\phi^-\rangle_{14})(|\psi^+\rangle_{32}-|\psi^-\rangle_{32})\\
&\quad+(|\phi^+\rangle_{14}-|\phi^-\rangle_{14})(|\psi^+\rangle_{32}+|\psi^-\rangle_{32})+(|\psi^+\rangle_{14}-|\psi^-\rangle_{14})(|\phi^+\rangle_{32}-|\phi^-\rangle_{32})]\\
&=\frac{1}{2}(|\psi^+\rangle_{14}|\phi^+\rangle_{32}+|\psi^-\rangle_{14}|\phi^-\rangle_{32}+|\phi^+\rangle_{14}|\psi^+\rangle_{32}-|\phi^-\rangle_{14}|\psi^-\rangle_{32})
\end{aligned}
\tag{1-52}
$$

可以看出粒子 1 和 2, 以及粒子 3 和 4 之间的纠缠通过上述交换过程变成了粒子 1 和 4, 以及粒子 2 和 3 之间的纠缠. 也就是说给定粒子 1 和 2 处于态 $|\phi^+\rangle_{12}$, 粒子 3 和 4 处于态 $|\psi^+\rangle_{34}$, 若对粒子 1 和 4 进行 Bell 测量, 则四粒子状态均匀塌缩为上述最后一个等式中的四项之一. 事实上, Bell 态之间的纠缠交换遵循下面的规律, 即

$$|\varphi(v_1,v_2)\rangle\otimes|\varphi(u_1,u_2)\rangle\longrightarrow\sigma|\varphi(v_1,v_2)\rangle\otimes\sigma|\varphi(u_1,u_2)\rangle \tag{1-53}$$

其中, $|\varphi(v_1,v_2)\rangle$ 和 $|\varphi(u_1,u_2)\rangle$ 为初始两粒子所处的纠缠态, 后面 $\sigma|\varphi(v_1,v_2)\rangle$ 和 $\sigma|\varphi(u_1,u_2)\rangle$ 为任意的 (如粒子 1 和粒子 3 交换, 则 1 和 2 以及 3 和 4 之间的纠缠最终变为 1 和 4, 以及 3 和 2 之间的纠缠) 纠缠交换测量后的两粒子纠缠态. σ 为四个 Pauli 算子之一. $\sigma|\varphi(v_1,v_2)\rangle$ 表示 σ 作用到两粒子纠缠态 $|\varphi(v_1,v_2)\rangle$ 中的第 1 个粒子上所得到的纠缠态. 例如, 上面 $|\phi^+\rangle_{12}$ 和 $|\psi^+\rangle_{34}$ 之间进行的纠缠交换结果中可能出现的四项中, $|\psi^+\rangle_{14}|\phi^+\rangle_{32}$ 是对应的 $|\phi^+\rangle_{12}$ 和 $|\psi^+\rangle_{34}$ 中第一个粒子做了 X 变换, $|\psi^-\rangle_{14}|\phi^-\rangle_{32}$ 是对应的 $|\phi^+\rangle_{12}$ 和 $|\psi^+\rangle_{34}$ 中第一个粒子做了 Y 变换, 其他两项可能的结果也类似.

与上述过程类似, 多粒子之间的纠缠交换也是通过展开、交换位置和重新展开 (测量) 等一系列过程进行的. 只不过重新展开时用的可能不是 Bell 基, 而是按照被测量的多粒子纠缠态量子系统中的一组完备正交基展开.

纠缠交换是量子纠缠的一种奇妙性质, 许多量子保密通信协议都是基于它设计的. 与此同时, 由于纠缠交换, 也有许多已有的协议被设计完美的攻击策略所攻破, 关于这一点, 读者可参考本书第 6 章.

1.1.10 密集编码

密集编码[9] 是指应用量子纠缠现象可以实现只传送一个量子位, 就传输两比特的经典信息. 假设 Alice 和 Bob 共享一个 Bell 态 $|\psi^+\rangle=(1/\sqrt{2})(|01\rangle+|10\rangle)$, Alice 拥有第一个粒子, Bob 拥有第二个粒子. Alice 对自己的粒子随机选择四个不同的

操作

$$\hat{I}^{(1)}\left|\psi^{+}\right\rangle=\left|\psi^{+}\right\rangle,\quad \hat{\sigma}_{x}^{(1)}\left|\psi^{+}\right\rangle=\left|\phi^{+}\right\rangle,\quad \mathrm{i}\hat{\sigma}_{y}^{(1)}\left|\psi^{+}\right\rangle=-\left|\phi^{-}\right\rangle,\quad \hat{\sigma}_{z}^{(1)}\left|\psi^{+}\right\rangle=\left|\psi^{-}\right\rangle \tag{1-54}$$

其中上标 (1) 表示对 Bell 态中的第一个粒子做操作. 这样, Alice 通过对自己的粒子随机做四个操作 $\{\hat{I},\hat{\sigma}_x,\mathrm{i}\hat{\sigma}_y,\hat{\sigma}_z\}$ 之一, 可以产生 Bell 态中的任意一个 (忽略全局相位). 由于等概率地存在四种可能, 所以她对操作的选择可以代表两比特的经典信息. 然后, Alice 将自己的粒子发送给 Bob, Bob 用 Bell 基测量可以导出 Alice 所做的操作, 即她所编码的经典信息.

四个 Bell 态的这种性质被广泛用于保密通信协议的设计中, 可以说密集编码是许多协议设计的基本框架. 但从上面的描述中, 读者也可以体会到, Alice 和 Bob 初始如何共享 Bell 态也是需要重点考虑的, 如果是一个人制备好, 将其中的一个粒子发送给另一方的话, 要共享两比特经典信息还是需要传输两量子比特的.

1.2 基本原理

前面介绍了量子保密通信中用到的一些基本概念, 熟悉线性代数的读者可以很容易理解. 有了这些基础, 就比较容易理解本书所介绍的协议设计和协议分析. 量子保密通信最大的特点就是具有无条件安全性, 下面介绍其无条件安全性所依赖的三个基本原理.

1.2.1 测不准原理

如果有大量相同状态 $|\psi\rangle$ 的量子系统, 对一部分系统测量力学量 C, 对另一部分系统测量力学量 D, 则测量 C 的结果的标准偏差 ΔC 与测量 D 的结果的标准偏差 ΔD 满足

$$\Delta C\cdot\Delta D\geqslant\frac{|\langle\psi|[C,D]|\psi\rangle|}{2},\quad [C,D]=CD-DC \tag{1-55}$$

其中, 若记测量力学量 M 的平均值为 $<M>$, 则其标准偏差定义为

$$\Delta M=\sqrt{<M^2>-<M>^2} \tag{1-56}$$

不确定公式的一个常用推论就是, 只要力学量 C 和 D 不对易, 即 $[C,D]\neq 0$, 则

$$\Delta C\cdot\Delta D>0 \tag{1-57}$$

例如, 系统状态为 $|0\rangle$, 对其测量力学量 X 和 Y. 因为 $[X,Y]=2\mathrm{i}Z$, 于是由测不准原理有

$$\Delta(X)\Delta(Y)\geqslant\langle 0|Z|0\rangle=1 \tag{1-58}$$

从式 (1-58) 可以看出 $\Delta(X)$ 和 $\Delta(Y)$ 一定都严格大于 0.

1.2.2 量子不可克隆定理

定理 1.2.1 一个未知的量子态不能被完全拷贝.

证 $|\psi\rangle$ 是一个未知量子态, 假设存在一个物理过程能完全拷贝它, 即 $U(|\psi\rangle|0\rangle) = |\psi\rangle|\psi\rangle$, 且该物理过程与态 $|\psi\rangle$ 无关. 对任意的 $|\phi\rangle \neq |\psi\rangle$, 也有 $U(|\phi\rangle|0\rangle) = |\phi\rangle|\phi\rangle$. 从而对 $|\gamma\rangle = |\psi\rangle + |\phi\rangle$, 有

$$U(|\gamma\rangle|0\rangle) = U((|\psi\rangle + |\phi\rangle)|0\rangle) = |\psi\rangle|\psi\rangle + |\phi\rangle|\phi\rangle \neq |\gamma\rangle|\gamma\rangle \tag{1-59}$$

其结果不是 $|\gamma\rangle$ 的拷贝, 所以假设不成立, 这样的物理过程不可能存在.

1.2.3 非正交量子态不可区分定理

定理 1.2.2 没有测量能够可靠区分非正交量子态 $|\psi_1\rangle$ 和 $|\psi_2\rangle$.

证 假设存在测量能可靠区分 $|\psi_1\rangle$ 和 $|\psi_2\rangle$, 即如果状态是 $|\psi_1\rangle$ ($|\psi_2\rangle$), 则测量到 j 使得 $f(j) = 1$ ($f(j) = 2$) 的概率必为 1. 定义

$$E_i = \sum_{j:f(j)=i} M_j^\dagger M_j \tag{1-60}$$

则上述测量可描述为

$$\langle\psi_1|E_1|\psi_1\rangle = 1, \quad \langle\psi_2|E_2|\psi_2\rangle = 1 \tag{1-61}$$

由于 $\sum\limits_i E_i = I$, 所以 $\sum\limits_i \langle\psi_1|E_i|\psi_1\rangle = 1$, 所以 $\langle\psi_1|E_2|\psi_1\rangle = 0$, 于是 $\sqrt{E_2}|\psi_1\rangle = 0$. 设 $|\psi_2\rangle = a|\psi_1\rangle + b|\varphi\rangle$, 其中 $|\varphi\rangle$ 与 $|\psi_1\rangle$ 正交, $|a^2| + |b^2| = 1$, 且 $|b| < 1$. 于是 $\sqrt{E_2}|\psi_2\rangle = b\sqrt{E_2}|\varphi\rangle$, 从而 $\langle\psi_2|E_2|\psi_2\rangle = |b|^2\langle\varphi|E_2|\varphi\rangle \leqslant |b|^2\sum\limits_i\langle\varphi|E_i|\varphi\rangle = |b|^2 < 1$. 这与式 (1-61) 矛盾, 所以假设不成立, 即没有测量可以可靠区分非正交态.

例如, $|0\rangle$ 与 $|+\rangle = (1/\sqrt{2})(|0\rangle + |1\rangle)$ 非正交, 要想精确测量 $|0\rangle$ 态, 就必须用 $\{|0\rangle, |1\rangle\}$ 基 (Z 基). 用 Z 基测量 $|+\rangle$, 结果态为 $|0\rangle$ 的概率为 1/2, 所以当测量得到 $|0\rangle$ 时, 并不能确定初始量子态是哪个. 同理, 用 $\{|+\rangle, |-\rangle\}$ 或其他任何基也不能完全区分这两个态.

上述三个原理在本质上是统一的. 例如, 由测不准原理可以推出量子不可克隆定理. 假设存在物理过程能够完全拷贝未知量子态 $|\varphi\rangle$, 也即能够得到它的足够多的完全相同的拷贝, 从而可以对部分相同的态测量 σ_x, σ_y 和 σ_z 等互相不对易的力学量到任意精度, 这与测不准原理矛盾! 所以假设不成立, 量子不可克隆定理成立. 这些原理告诉我们, 量子比特不像经典比特那样可以被任意复制; 如果在量子保密通信协议中, 随机传送的是非正交量子态, 则窃听者不能通过克隆信号态窃取密钥;

用非正交量子态编码的经典信息是不能用任何测量完全提取出来的. 所有这些都是量子保密通信具有无条件安全性的依据.

参 考 文 献

[1] Nielsen M A, Chuang I L. Quantum Computation and Quantum Information. Cambridge: Cambridge University Press, 2000.

[2] 曾贵华. 量子密码学. 北京：科学出版社, 2006.

[3] 李承祖等. 量子通信和量子计算. 长沙：国防科技大学出版社, 2000.

[4] 马瑞霖. 量子密码通信. 北京：科学出版社, 2006.

[5] 张永德. 量子信息物理原理. 北京：科学出版社, 2005.

[6] 陈汉武. 量子信息与量子计算简明教程. 南京：东南大学出版社, 2006.

[7] 赵千川等 (译). 量子计算和量子信息. 北京：清华大学出版社, 2005.

[8] Zukowski M, Zeilinger A, Horne M A, et al.. "Event-ready-detectors" Bell experiment via entanglement swapping. Physical Review Letters, 1993, (71): 4287.

[9] Bennett C H, Wiesner S J. Communication via one- and two-particle operators on Einstein-Podolsky-Rosen states. Physical Review Letters, 1992, (69): 2881.

第2章　量子密钥分发与身份认证

量子密钥分发 (quantum key distribution, QKD) 是量子密码研究的重要内容. 理论上, QKD 与 OTP 相结合能够实现具有无条件安全性的密码体制. 利用量子物理性质对信息进行保密, 是 1969 年 Columbia 大学的 Wiesner 首先提出的[1], 但这一思想当时并没有被人们接受. 10 年后, IBM 公司的 Bennett 和 Montreal 大学的 Brassard 重新考虑此问题, 在其基础上提出了量子密码的概念, 并于 1984 年给出第一个量子密钥分发协议 ——BB84 协议[2]. 1991 年, Ekert 又利用量子力学中最奇妙的性质 —— 纠缠, 设计了基于 Bell 态的 E91 协议[3]. 随后, Bennett 等又于 1992 年提出了基于非正交态的 B92 协议[4] 和基于 Bell 态的 BBM92 协议[5]. 同时, 文献 [4] 指出任意两个非正交态都可以用于分发密钥. 文献 [5] 还指出基于不同物理性质的 BB84 协议和 E91 协议实际上具有相同的本质, 后来人们称这类协议为 BB84 型协议. 由于正交态可以不引入干扰而被任意克隆, 人们普遍认为正交态不能用于分发密钥. 然而, 1995 年 Goldenberg 和 Vaidman 基于正交量子态提出一种密钥分发协议 (GV95)[6]. 这是一种全新的 QKD 方案, 称之为正交态协议. 此后, 又陆续出现了一些此类协议[7~10]. 自此, 对 QKD 的研究在某种意义上说就分为上述两个派别. 关于这两类协议的关系一直以来存在着不小的争论. Peres 就曾对后者是否真的基于正交态提出质疑[11]. 本书在 2.2 节中也讨论了基于正交态的 QKD 协议与 BB84 型协议实际上具有相同的本质, 即传输态的不可区分性, 或者说是为达到此目的而必须进行的信息分割. 事实上这一本质也是所有密钥分发协议保证安全性必须满足的条件. 以上协议主要是按照载体粒子的正交性来分类的. 由于它们采用的是对信源粒子基的选择或者是将信源信息分两步传输的方法, 所以文献 [12] 将它们统称为信源加密的 QKD, 并提出了基于信道加密的 QKD 协议. 除此之外, 还有多种利用其他物理性质来实现的密钥分发协议, 如基于纠缠交换[13~20]、连续变量量子态[21~27]、decoy 态[28~33] 的协议等. 20 年来, Bennett, Brassard, Ekert, Goldenberg, Cabello, 以及国内郭光灿院士、龙桂鲁教授、王向斌教授等都为 QKD 的发展提出了开创性的研究思路. 与此同时, 其他许多学者, 包括国内中国科技大学的郭光灿小组、潘建伟小组, 清华大学的龙桂鲁小组, 北京师范大学的邓富国小组, 上海交通大学的曾贵华小组等都对 QKD 做了相当的研究. 致力于利用不同的量子物理性质来实现 QKD, 使设计的 QKD 具有更高的效率, 使 QKD 更接近于目前的实验技术实现等研究方向, 人们设计了许多方案[34~44].

本章从最初的两类协议的典型代表入手, 介绍 BB84 协议和 GV95 协议. 以 BB84 协议为代表, 详细讨论了量子密码协议中的五个基本问题. 在 2.2 节借助一个中间协议讨论了这两类协议的相同本质. 在 2.3 节介绍一个不需要随机选择和交替测量的 QKD 协议. 2.4 节介绍一个基于 Bell 态之间纠缠交换的确定性 QKD 协议, 在 d 级系统中实现了文献 [16] 中的协议, 并讨论了两级系统与 d 级系统中 Bell 态之间纠缠交换的不同. 2.5 节介绍一个利用不可扩展乘积基和严格纠缠基实现的 QKD 协议. 2.6 节介绍一个基于 W 态的 QKD 协议. 所有这些都是本着利用不同物理性质设计新的 QKD 协议的原则设计的, 它们各有特点, 但读者可以从中体会到所有协议都有着 2.2 节所讨论的相同本质. 2.7 节讨论了目前 QKD 中身份认证的研究现状, 并在 2.8 节给出一个具体的密钥分发和身份认证协议. 最后在 2.9 节给出一种理论上接近实用的网络多用户密钥分发和身份认证方案.

2.1 两个基本的密钥分发协议

2.1.1 BB84 协议

BB84 协议[2] 是第一个量子密码协议, 由 Bennett 和 Brassard 于 1984 年提出, 属于量子密钥分发的范畴. BB84 协议基于单粒子①载体, 易于实现, 其安全性已经被严格证明[45], 是众多量子密码协议中的经典之作. 下面将以偏振光编码为例介绍 BB84 协议的具体内容, 并对其特点进行简单分析.

BB84 协议的具体步骤如下：

(1) Alice 准备一个光子序列, 每个光子随机地处于线偏振基 $\{|0\rangle, |1\rangle\}$ 和圆偏振基 $\{|+\rangle, |-\rangle\}$ 中的四个态之一. 这四个量子态分别表示光子处于水平和垂直以及左旋和右旋偏振态. Alice 记录序列中每个光子所处的状态, 并把整个序列通过量子信道发送给 Bob.

(2) 对接收到的每个光子, Bob 从 $\{|0\rangle, |1\rangle\}$ 和 $\{|+\rangle, |-\rangle\}$ 中随机选择一组偏振基进行同步测量.

(3) Bob 通过公开的经典信道告诉 Alice 他测量每个光子所用的偏振基 (而不是测量得到的偏振态).

(4) Alice 告诉 Bob 在哪些光子上他们选择了相同的基, 同时双方把选用不同基的那些光子对应的数据丢弃.

(5) 双方将对应于每个光子的偏振态按约定转换成 0, 1 比特 (比如 $|0\rangle \rightarrow 0, |1\rangle \rightarrow 1, |+\rangle \rightarrow 0, |-\rangle \rightarrow 1$), 得到一串密钥, 称之为生密钥 (raw key).

① 量子载体既可以是光子, 又可以是微观粒子. 为了表述方便, 本书对 “光子” 和 “粒子” 两种说法不加区分, 两者均指量子载体.

(6) Alice 和 Bob 从生密钥中随机选择部分比特公开比较进行窃听检测. 若错误比特率小于一定的阈值, 协议继续; 否则表示有窃听存在, 终止协议.

(7) Alice 和 Bob 对剩余的密钥比特进行纠错和保密放大[46,47], 最终获得无条件安全的密钥. 协议结束.

可见, BB84 协议很好地利用了量子力学中的测不准原理来保证 QKD 的安全性. 也就是说, 即使窃听者 Eve 可以从量子信道中截获光子并对它进行测量, 她也不能窃听成功. 因为 Eve 不能辨别每个光子处于 $\{|0\rangle, |1\rangle, |+\rangle, |-\rangle\}$ 中的哪个态 (非正交态不可区分), 因此要想通过窃听得到密钥信息就必然会干扰量子态, 进而被 Alice 和 Bob 发现. 举例来说, 假设 Alice 产生的某个光子处于 $|+\rangle$ 态. 当 Eve 截获到这个光子后, 由于不能辨别其量子态处于哪组基, 一个最直观的策略就是随机选择两组基中的一个进行测量, 并把测量后的光子发送给 Bob. 如果 Eve 选择了正确的基, 即 $\{|+\rangle, |-\rangle\}$, 她能正确测得光子所处的状态而不引入干扰. 但是如果 Eve 选择了错误的基 (1/2 的概率), 即 $\{|0\rangle, |1\rangle\}$, 量子态将会随机地塌缩为 $|0\rangle$ 或 $|1\rangle$. 这样 Eve 的操作就干扰了光子的状态. 当 Bob 用基 $\{|+\rangle, |-\rangle\}$ 对这个光子进行测量时, 将以 1/2 的概率得到 $|+\rangle$, 1/2 的概率得到 $|-\rangle$. 如果后者发生, 则在 Alice 和 Bob 检测窃听时就会出现一个错误. 不难分析, 当考虑 Alice 和 Bob 选择相同基的那些有效光子时, Eve 的如上窃听策略将以 1/4 的概率引入错误. 如此高的错误率必然会被 Alice 和 Bob 的窃听检测过程所发现. 总之, 由于非正交态的不可区分性, Eve 的窃听必然会引入错误而被发现. 能发现窃听是量子密码所特有的性质, 也是量子密码能达到无条件安全性的核心思想和有力保障.

通俗地讲, QKD 就是通过一个包括量子信息处理的过程, 达到让通信者最终共享一串随机密钥的目的. 当然这个密钥必须是安全的. 所谓安全, 就是指只有 Alice 和 Bob 知道最终的密钥, 而 Eve 不能得到关于密钥的任何信息. 分发密钥是量子密码的一项最基本, 也是最重要的功能. 正如在本章开始时所说的那样, 由量子密码协议分发的安全密钥加上一次一密乱码本的加密方法, 就能构成完美的密码系统, 这也正是量子密码研究的初衷.

作为本书中第一个量子保密通信协议的例子, 还需要对其中的一些细节加以解释:

(1) 信道问题. 量子密码协议通常都用到两个信道. 一个是量子信道, 用来传输量子载体, 比如, 可以用光纤或自由空间做信道来传输光子; 另一个是经典信道, 用户用它来传输经典消息, 比如上面的基信息和窃听检测中声明的测量结果等. 对于经典信道, 量子密码中一般假设窃听者只能窃听经典消息而不能篡改它们. 这也是量子密码协议的一个基本要求. 常见的经典信道如广播、报纸等能满足这种条件. 而对于量子信道不做任何要求, 窃听者可以对传输的量子消息进行任意窃听和篡改, 即允许窃听者实施一切不违背量子力学原理的窃听操作, 如测量、替换、纠

缠附加粒子等 (即便是一些当前技术条件下还不能实现的攻击方法, 只要不违背量子力学原理, 都是允许的).

(2) 窃听检测. 量子密码之所以能在理论上达到无条件安全, 是因为它能发现潜在的窃听. 因此, 所有的量子密码协议都包括一个窃听检测过程. 这个过程通常是随机选择一部分量子载体来进行测量, 根据测量结果来判断是否有人干扰了其量子态. 对一个设计完美的量子密码协议来说, 窃听者的窃听操作必然会对量子态带来干扰, 进而引入错误. 一旦通信者在窃听检测过程中发现错误率过高, 则认为有窃听者存在, 于是丢弃这次通信所得的数据而重新执行该协议. 在所有量子密码协议中, 窃听检测是非常关键的一个步骤. 一个协议的安全性很大程度上取决于它窃听检测方法的有效性, 详细讨论读者可参阅本书第 6 章.

(3) 噪声问题. 在理想情况下, 不用考虑量子信道中噪声对量子态的影响. 此时只要在窃听检测时发现错误, 就可以认为有窃听存在. 但实际应用中并不是这样, 噪声的影响是不能忽略的. 即便完全没有窃听存在, 噪声也会影响量子态并带来一定的错误率. 因此, Alice 和 Bob 会设定一个阈值 (可以用信息论方法估算出合适的阈值, 可参考文献 [34]), 当错误率高于这个阈值时丢弃通信数据, 反之保留.

(4) 纠错. 在分发密钥的量子密码协议中, 由于允许少量错误的出现, 通信者之间得到的生密钥中也不可避免地有错误, 即他们密钥串中的某些对应比特不相等. 因此, 所得的生密钥还需要做进一步处理, 首先要做的就是纠错. 但这里要做的还是经典纠错, 而在许多量子信息处理过程中, 还需要用到量子纠错技术, 关于量子纠错码的详细讨论读者可参阅本书第 8 章.

(5) 保密放大. 由于窃听和噪声都会干扰量子态, 当 Alice 和 Bob 在窃听检测中发现错误时, 他们不能确定这些错误是由窃听带来的还是由噪声带来的. 因此, 在分发密钥的协议中, Eve 实际上可以在噪声的掩饰下成功窃听部分密钥信息. 例如, 她只窃听一小部分粒子, 只要保证最终的错误率在特定的阈值以下即可. 这样 Eve 既可以得到一部分密钥信息, 而又不至于导致 Alice 和 Bob 终止本次通信. 为了真正得到无条件安全的密钥, Alice 和 Bob 必须通过一些方法来压缩 Eve 窃听到的信息量, 这正是 BB84 协议第 (7) 步中保密放大的作用. 通过保密放大, Alice 和 Bob 可以在牺牲部分密钥的情况下把 Eve 得到的信息量压缩到任意小. 在量子安全直接通信协议中, 由于传输的是消息, 所以不能进行经典保密放大过程, 要想获得无条件安全性, 必须经过一个量子保密放大过程[48~50].

总之, 要想达到无条件安全, 用于分发密钥的量子密码协议 (本书中主要包括 QKD 和第 3 章介绍的量子秘密共享) 都必须包括最后的纠错和保密放大的过程. 由于这两个步骤都是在通信者之间共享经典生密钥后进行的, 都属于经典过程, 所以一般在设计协议的时候都会一笔带过, 而不详细讨论. 本书也不讨论每个协议具体的纠错和保密放大方法, 有兴趣的读者可以参考文献 [46, 47, 51].

2.1.2 GV95 协议

上面介绍的 BB84 协议是基于非正交量子态的, 非正交量子态的不可克隆保证了 BB84 协议的安全性. 即使是想获取部分信息的不完全克隆也会在传输过程中引入错误, 从而被检测到. 一般地, 正如文献 [4] 所说, 任意两个非正交态都可以用于量子密码协议的设计. 相反, 正交量子态却可以被精确克隆, 从而窃听者可以得到信息而不被检测到. 鉴于此, 人们普遍认为非正交量子态是设计量子密码协议的关键所在, 只有非正交态才能用于设计量子密码协议. 然而, 1995 年, Goldenberg 和 Vaidman 提出了基于正交态的安全 QKD 协议[6].

该协议中, Alice 发送给 Bob 的是两个局域波包的叠加. 这两个波包不是同时发送给 Bob, 而是其中的一个要比另一个落后一段固定的时间. 再者, 每个粒子的传输时间是随机的 (保证窃听者 Eve 不知道每个粒子的发送和接收时间).

设 $|a\rangle$ 和 $|b\rangle$ 是 Alice 沿不同信道发送给 Bob 的两个局域波包. 协议中采用 $|\Psi_0\rangle$ 和 $|\Psi_1\rangle$ 来分别代表经典比特 0 和 1, 其中, $|\Psi_0\rangle = \frac{1}{\sqrt{2}}(|a\rangle + |b\rangle)$, $|\Psi_1\rangle = \frac{1}{\sqrt{2}}(|a\rangle - |b\rangle)$, Alice 随机选择 $|\Psi_0\rangle$ 或 $|\Psi_1\rangle$ 发送给 Bob. 但每个量子态中的两个局域波包不是同时发送给 Bob, 而是波包 $|b\rangle$ 要延迟时间 τ, 时间 τ 比粒子从 Alice 到 Bob 的传输时间 θ 还要长. 这样可以保证当波包 $|a\rangle$ 到达 Bob 端后, 波包 $|b\rangle$ 才开始出发, 也就是说, 这两波包不会同时出现在传输信道中. 下面简要描述此协议的实现步骤.

如图 2-1, 实现设备包括一个 M-Z 干涉仪, 两个相同的存储线圈 SR_1 和 SR_2. Alice 可以随机选择从粒子源 S_0 发送密钥 0, 或从粒子源 S_1 发送密钥 1 来发送粒子. 发送时间 t_s 是随机的, Alice 记录每一个粒子的发送时间. 粒子经过第一个分束器 BS_1 而变为两个局域波包 $|a\rangle$ 和 $|b\rangle$ 的叠加, 其中波包 $|a\rangle$ 通过上面的信道, 波包 $|b\rangle$ 通过下面的信道传送到 Bob 端. 经过分束器 BS_1 后, 从 S_0 出来的粒子演化为 $|\Psi_0\rangle$, 从 S_1 出来的粒子演化为 $|\Psi_1\rangle$. 波包 $|b\rangle$ 在存储线圈 SR_1 中等待, 波包 $|a\rangle$ 经过上面的信道到达 Bob 端, 当 $|a\rangle$ 到达 Bob 端的存储线圈 SR_2 时, 波包 $|b\rangle$ 开

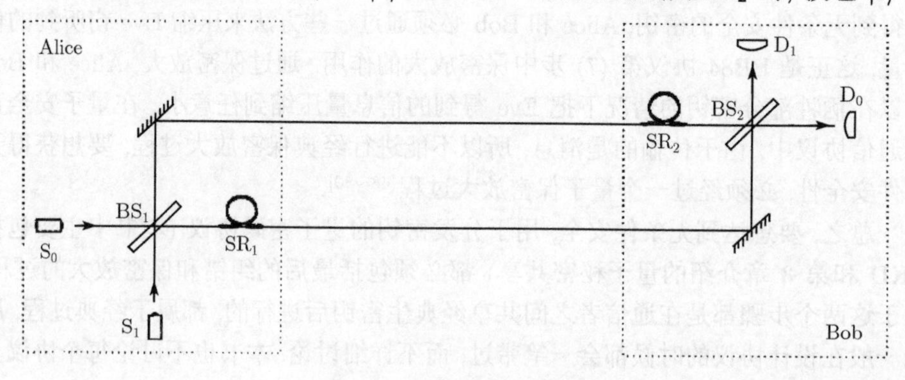

图 2-1 GV95 协议示意图

始沿着下面的信道传送给 Bob, 在波包 $|b\rangle$ 传输过程中, $|a\rangle$ 在 SR_2 中等待. 最后两个波包同时到达第二个分束器 BS_2 并发生干涉. 如果发送的态是 $|\Psi_0\rangle$, 则粒子出现在探测器 D_0 处, 如果发送的态是 $|\Psi_1\rangle$, 则粒子出现在探测器 D_1 处. 当 Bob 接收到粒子后就相应地得到 Alice 的经典比特: D_0 对应 0 而 D_1 对应 1. 最后, 他记录接收到粒子的时间 t_r.

所有粒子传输完毕后, Alice 和 Bob 利用经典信道检测窃听. 首先, 他们比较每个粒子的发送时间和接收时间. 因为传输时间是 θ, 延迟时间是 τ, 所以应有 $t_r = t_s + \tau + \theta$ 成立. 再者, 他们公开比较一部分发送比特和相应的接收比特是否相同. 理想情况下, 如果对每一个检测粒子 (比特), 时间与期望的不同, 或接收比特与发送比特不同, 则他们认为有窃听. 在考虑噪声的情况下, 当时间不符和对应比特不同的粒子超过一定的阈值时, 认为有窃听. 具体的安全性分析这里就不再详述, 读者可参阅文献 [6].

2.2 两类量子密钥分发协议的共同本质 —— 信息分割

BB84 协议有一种著名的变体, 即延迟选择 BB84 方案[52]. 同 2.1.1 节所描述的方案一样, Alice 生成一串随机处于四个偏振态 $|0\rangle, |1\rangle, |+\rangle$ 和 $|-\rangle$ 的偏振光子, 并把它们发送给 Bob. Bob 收到所有的粒子后, Alice 告诉 Bob 每个粒子的偏振所处的是线偏振基 $\{|0\rangle, |1\rangle\}$ 还是圆偏振基 $\{|+\rangle, |-\rangle\}$. 然后 Bob 通过用这些基分别测量相应的光子, 就能知道 Alice 发的每个光子所处的偏振态. 由于两个不同的量子态可以编码为 0(对应于 $|0\rangle$ 和 $|+\rangle$) 和 1(对应于 $|1\rangle$ 和 $|-\rangle$), Alice 和 Bob 就共享了一串密钥比特. 通过公开比较一部分密钥, Alice 和 Bob 可以检测是否存在窃听. 显然, Eve 不可能在不引入错误的情况下提取密钥信息, 因为光子在信道中传输时 Eve 不知道每个光子处于两个共轭基中的哪一个. 如果 Eve 试图通过测量某个光子来提取信息, 一旦她使用错误的测量基, 必将干扰原有的量子态 (Alice 声明的测量基对 Eve 来说已经为时已晚). 相反 Bob 可以得到 Alice 发送的所有密钥比特 (这里不考虑噪声), 因为他是在 Alice 声明测量基后, 使用与 Alice 相同的基进行测量. 同时也有其他一些方案利用类似的思路来分发密钥[4,34,53,54], 事实上, 这种延迟选择的方案就是在增加存储要求的前提下提高了密钥分发的效率. 如前所述, 将它们统称为 BB84 类协议. 这些协议的主要特点是通信者利用非正交态作载体使得 Eve 不能可靠区分它们, 这也是它们的安全性基础.

2.1.2 节描述的基于正交态的 QKD 方案[6] 是正交态类协议的典型代表. 这些协议中, 信息载体由一系列正交态组成. 大家知道, 正交态可以在不引入干扰的情况下被可靠区分, 因此这些载体不能直接在公开量子信道中传送. 正交态类方案给出了一个聪明的解决办法, 即把信息单元 (指一个完整的载体单元所编码的信息)

分割成两部分, 例如, 一个光子的两部分波包[6,8]或两个纠缠粒子[7,9,10], 然后把这两部分一个一个地发送 (图 2-2). 注意这里如果不引入干扰, 任何人不能通过只测量其中一部分来得到完整的信息. 这种情况下, 由于 Eve 不能同时得到两部分, 她的窃听注定失败. 本节中不考虑 Eve 截获合法波包 (或粒子) 并发送假冒波包 (或粒子) 的情况, 因为这样 Eve 虽然可以同时得到两个部分, 但她的假冒波包 (或粒子) 必将引入干扰. 由于正交态类协议的信息单元总是被分两步传送, 人们经常也称这类方案为两步类协议.

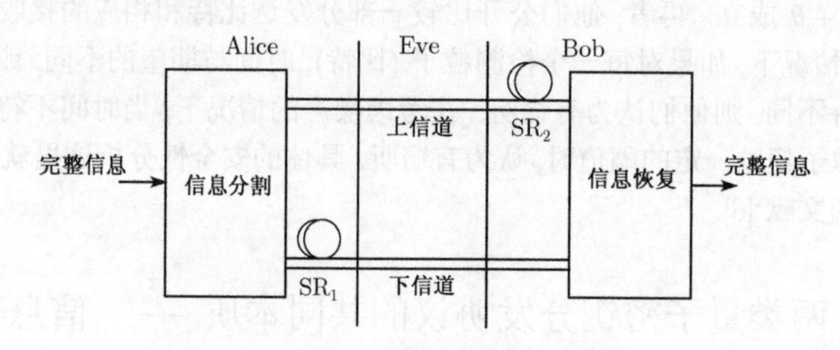

图 2-2 两步类协议的 QKD 模型

注：在这类协议中 Alice 把完整信息(存在于正交量子态中)分割成两个量子部分并把它们一个接一个地发出. 也就是说, 这两部分不会同时出现在不安全的公开信道中, 这可以用存储线圈 SR_1 来实现. 在接收方, 借助于线圈 SR_2, Bob 能够在两部分都到达后恢复出完整信息. 实际上, BB84 类协议也可以用这个模型来描述. 这种情况下下信道是一个经典信道而不是量子信道.

本节主要讨论 BB84 类协议和两步类协议的关系. 事实上很久以前 Peres 和文献 [6] 的作者已经讨论了类似的问题[11,55], 但他们始终没能达成一致. 考虑到这两类量子密码协议的重要影响, 人们有必要进一步弄清它们之间的联系. 作者认为, 这两类 QKD 协议具有相同的本质, 即信息分割. 为了表明此观点, 本节提出另一个 QKD 方案 (称之为中间协议), 并分别比较它与以上两种 QKD 协议的关系, 这种方法与 Bennett 等在分析 BB84 方案与 E91 方案的联系时所用的方法类似.

首先看一下在两步类协议中 Alice 在信息分割后得到的结果. 在文献 [6](或 [8]) 中, 利用一个 M-Z 干涉仪, 信息单元被分割成两个具有相同 (不同) 概率幅的波包. 而在文献 [7, 9, 10] 中, 信息载体是两粒子纠缠态, 信息单元直接被分割为两个粒子. 可以看出, 不管怎么分割, 得到的两个部分都是量子的. 现在考虑一种特殊的分割, 即把信息单元分成一份量子部分和一份经典部分. 下面介绍中间协议的具体步骤, 见图 2-2.

(1) Alice 产生一串 EPR 纠缠对 $(a_1, b_1), (a_2, b_2), \cdots, (a_m, b_m)$, 其中 (a_i, b_i) 表示一个 EPR 对 ($1 \leqslant i \leqslant m, m$ 是大于 0 的整数), 每一对都随机处于四个 Bell

态 $|\Phi^{\pm}\rangle = \left(1/\sqrt{2}\right)(|00\rangle \pm |11\rangle), |\Psi^{\pm}\rangle = \left(1/\sqrt{2}\right)(|01\rangle \pm |10\rangle)$ 中的一个. 假设 $|\Phi^{+}\rangle$, $|\Phi^{-}\rangle, |\Psi^{+}\rangle$ 和 $|\Psi^{-}\rangle$ 分别代表比特值 00, 01, 10 和 11.

(2) Alice 把每个信息单元分割成一份量子部分和一份经典部分. 这里 Alice 把两个相邻的纠缠对看作一个完整的载体单元. 不失一般性, 考虑第一个载体单元 $[a_1, b_1, a_2, b_2]$. 具体的信息分割操作如下所述. Alice 随机对这个载体单元实施两种操作之一：① 什么都不做; ② 交换粒子 b_1 和 a_2 的位置, 即重新排序 $[a_1, b_1, a_2, b_2]$ 使之成为 $[a_1, a_2, b_1, b_2]$, 这种操作可以借助存储线圈实现. 这些粒子组成了分割后的量子部分. 经典部分是 0 和 1, 分别对应于上面的操作①和②.

(3) Alice 用类似于两步类协议中的方法把这两部分信息分两步发送给 Bob. 具体地, 量子部分先被发送, 而经典部分随后发送. 时间的延迟由存储线圈 SR_1 来实现. 同样地, 当经典部分在下信道传输时, 量子部分已经到达线圈 SR_2. 因此, Eve 不能同时得到这两部分信息.

(4) 收到两部分信息后, Bob 整合它们并恢复出完整信息. 如果经典部分是 1, Bob 交换这一载体单元中第二个和第三个粒子的位置. 反之不用调换位置.

(5) Bob 测量这个载体单元来得到密钥. Bob 分别对前两个粒子和后两个粒子做 Bell 测量. 这样他可以从测量结果得到 4 比特密钥 (根据上述的编码方式).

如上描述中, 为了简单只考虑了第一个载体单元, 即前两个 EPR 对. Alice 产生的其他纠缠对也做同样处理. 最后, Alice 和 Bob 公开比较一部分 Alice 发送的比特和 Bob 接收到的比特, 以此来检测窃听者是否存在. 如果没有窃听, Alice 和 Bob 将在纠错和保密放大后得到一串安全密钥. 这里的排序操作是受文献 [56] 的启发而来. 需要强调的是, 本节提出这个方案的目的是利用它来讨论 BB84 类协议和两步类协议的关系, 而不是这个 QKD 方案本身.

可以看出, 中间协议具有两步类协议的特点. 例如, 用正交态作载体, 把信息单元分割成两部分并分别发送等. 唯一不同的是中间协议把信息单元分割成一份量子部分和一份经典部分, 而以前的两步类协议把它分割为两个量子部分. 从这个角度来看, 中间协议是两步类协议的一个变形.

现在来考察中间协议与 BB84 类协议的关系. 很明显, 如果把延迟的时间解释为存储线圈的作用, 那么延迟选择 BB84 协议也可以用图 2-2 中的模型来描述. 也就是说, Alice 通过上信道把光子发送给 Bob, 并在 Bob 收到后通过下信道告诉他经典信息 (即基信息). 从这个角度说, 中间协议与 BB84 类协议有着非常相似的特点. 直观上, 它们之间唯一的不同是中间协议用正交态作载体而 BB84 类协议用非正交态. 实际上, 如果考虑中间协议中的某一个完整载体单元, 如 $[a_1, b_1, a_2, b_2]$, 它的可能状态 (即在 Alice 信息分割操作后的两个可能状态) 实际上是非正交的. 举例来说, 假设这两个 EPR 对都处于 $|\Phi^{+}\rangle$, 即 $|\varphi\rangle_{a_1b_1} = |\varphi\rangle_{a_2b_2} = |\Phi^{+}\rangle$, 这种情况下

载体的状态可以写为

$$
\begin{aligned}
|\varphi\rangle_{a_1b_1a_2b_2} &= \left|\Phi^+\right\rangle \otimes \left|\Phi^+\right\rangle \\
&= \frac{1}{2}\left(|0000\rangle + |0011\rangle + |1100\rangle + |1111\rangle\right)
\end{aligned} \tag{2-1}
$$

经过 Alice 的信息分割操作, 这个载体单元的状态可能变为 $|\varphi\rangle_{a_1b_1a_2b_2}$ 或 $|\varphi\rangle_{a_1a_2b_1b_2}$, 其中

$$
|\varphi\rangle_{a_1a_2b_1b_2} = \frac{1}{2}\left(|0000\rangle + |0101\rangle + |1010\rangle + |1111\rangle\right) \tag{2-2}
$$

可以算出式 (2-1) 和 (2-2) 中两量子态的内积

$$
\begin{aligned}
&{}_{a_1b_1a_2b_2}\langle\varphi\mid\varphi\rangle_{a_1a_2b_1b_2} \\
&= \frac{1}{2}\left(\langle 0000| + \langle 0011| + \langle 1100| + |1111\rangle\right) \\
&\quad \times \frac{1}{2}\left(|0000\rangle + |0101\rangle + |1010\rangle + |1111\rangle\right) \\
&= \frac{1}{2}
\end{aligned} \tag{2-3}
$$

显然这两个可能状态是非正交的, 没有 Alice 的经典信息 Eve 不可能可靠地区分它们. 当这两个 EPR 对最初处于其他 Bell 态时, 也可以得到相同的结论. 因此, 中间协议中在信道中传输的量子态本质上是非正交态, 从而中间协议与 BB84 类协议有相同的本质.

从另一个角度看, 可以通过重新解释 BB84 类协议来进一步认识中间协议与 BB84 类协议的相似性. 以延迟选择 BB84 方案为例, Alice 生成一串随机地处于两个偏振态 $|0\rangle$ 或 $|1\rangle$ 的偏振光子 (注意它们是正交态). 之后 Alice 做以下的信息分割操作. Alice 随机实施下面两个操作中的一个: ① 什么也不做; ② 对光子做一个 H 操作, 其中 $H = 1/\sqrt{2}[(|0\rangle + |1\rangle)\langle 0| + (|0\rangle - |1\rangle)\langle 1|]$. 也就是说, 把光子态变为另一个基 $\{|+\rangle, |-\rangle\}$ 下的对应量子态. 这些光子构成了分割后的量子部分. 而经典部分是 0 或 1, 分别对应上面的操作①和②. 在接收方, Bob 收到这两部分信息后, 用一个相反的操作 H^{-1} 恢复出初始量子态并通过基 $\{|0\rangle, |1\rangle\}$ 测量光子, 得到原始信息. 可见, 载体态在信息分割前是正交的, 而在分割后是非正交的, 这一点与中间协议非常相似. 因此, BB84 类协议本质上与中间协议是相同的 (不同点仅在于物理载体).

通过上面的分析可以得出结论, 即 BB84 类协议和两步类协议并不是完全对立的. 相反, 它们具有相同的本质 — 信息分割. 表面上, 用正交态作载体还是用非正交态作载体是这两类协议的主要区别. 但它本身并不重要, 甚至不是很明确的事情. 以中间协议为例 (BB84 类协议也是如此), 对 Eve 来说, 她需要辨别的是载体单

元可能处于的量子态, 而这些态是非正交态. 但对 Bob 来说, 他需要辨别的却是正交的, 因为根据 Alice 声明的经典信息, Bob 知道哪两个粒子处于一个 Bell 态 (或在 BB84 类协议中 Bob 知道 Alice 用的基信息). 有人可能会说在有些两步类协议中, 分割后的量子部分并不处于非正交态. 例如, 可以是混合态, 多数为最大混合态 $\rho = (1/2)(|0\rangle\langle 0| + |1\rangle\langle 1|)$[6,7,10]. 文献 [8] 中巧妙地利用非最大纠缠态来去掉随机时隙的要求. 但是可以看出, 这些量子部分都有一个特点, 即 Eve 不能在不引入干扰的情况下提取密钥信息. 这一点与上面所谓的 "非正交态" 相同.

本节结束之前, 有必要回顾一下所谓的 BB84 类协议和两步类协议的 "相同本质", 包括: ① 携带完整密钥信息的载体态被分成两部分 (两个量子部分或一个量子部分和一个经典部分), 它们被一个一个地发送以防止被 Eve 同时得到. 如图 2-2 所示, 如果 Eve 想同时得到这两部分, 她必须发送假冒粒子或波包给 Bob, 而这必然会被合法用户检测到; ② 每个量子部分可能处于的状态是不可区分态 (或不可可靠区分态), 这意味着 Eve 不能在不引入干扰的情况下提取到有效信息. 当然 Eve 也不能从经典部分中提取到密钥信息; ③ 任何可以同时得到这两部分的人都能够恢复出原始载体态并能辨别出这个态 (要区分的是正交态或可区分态). 也就是说, 收到两部分信息后, Bob 可以得到 Alice 发送的密钥信息. 事实上, BB84 类协议和两步类协议的安全性也都建立在此基础之上.

最后必须承认, BB84 类协议和两步类协议仍然有一些不同之处. 最主要的一个就是前者将信息单元分成一份量子部分和一份经典部分, 而后者分成两个量子部分. 因此在 BB84 类协议中, Bob 可以在接收到量子部分后猜测经典部分 (后到的部分) 而不必一直等到经典部分的到来. 也就是说, Bob 随机选择一个基测量每个光子, 最后通信双方可以扔掉使用不同基准备和测量的光子所对应的比特, 这正是最初的 BB84 协议的思想 (中间协议也是如此). 相反, 在两步类协议中后到的部分也是量子的, 因此 Bob 不能做类似的猜测. 但是两类协议的这种区别并不能掩盖它们的共同本质.

总之, 本节主要讨论了 BB84 类协议和两步类 (正交态类) 协议的关系. 通过提出一个简单的 QKD 方案 (中间协议), 使大家认识到这两类协议之间的深层次联系, 并得出它们具有相同本质的结论. 这个结果有助于弄清 QKD 协议的安全性本质, 同时对相关的方案设计和安全性分析有指导意义.

2.3　不需要交替测量和旋转的量子密钥分发方案

本节提出一种基于纠缠交换的量子密钥分发方案. 通过从序列中随机选择粒子两两配对并进行 Bell 测量, 通信双方可以检测窃听并获得密钥. 因为被测量的两个粒子是随机选择的, 既不需要通信者交替测量基, 也不需要旋转 Bell 态就能得到安全性.

纠缠交换 (ES) 在量子密码中有很多应用. 目前已经有不少基于 ES 的 QKD 方案[14~20,57]. 在文献 [14~16] 中作者介绍了一种不用交替变换测量基的方案. 不久这个方案得到简化[17] 和推广[57], 其安全性也得到证明[18]. 本节提出一种基于 ES 的 QKD 方案, 它不需要交替变换测量基[20] 也不需要旋转 Bell 态[16,17,57]. 用一种特殊的技术来保证在文献 [15] 中攻击方法下的安全性, 即随机分组技术. 下面详细介绍这个方案并证明其在独立攻击 (individual attack) 下的安全性, 最后给出结论.

2.3.1 协议描述

协议描述方案的具体步骤如下.

1) 准备粒子

Alice 产生一组 EPR 纠缠对, 它们的状态均为

$$|\Phi^+\rangle_{\mathrm{AB}} = (1/\sqrt{2})\,(|00\rangle + |11\rangle)$$

Alice 保留每一对中的一个粒子, 另一个发给 Bob.

2) 检测窃听

(1) 收到 Alice 发来的粒子后, Bob 随机选出一组粒子, 并两两做 Bell 测量.

(2) 测量后 Bob 把他所测量粒子的序列号和测量结果告诉 Alice.

(3) Alice 根据这些序列号对自己手中相应的粒子 (两两) 做 Bell 测量, 并把所得结果与 Bob 的结果相比较. 例如, 考虑 Bob 测量的一对粒子, 其序列号分别为 m 和 n. 则 Alice 也用 Bell 基对她手中的第 m 个和第 n 个粒子进行测量, 并比较两个测量结果. 根据纠缠交换, 如果这些粒子没有被窃听, Alice 和 Bob 将得到相同的结果. 于是 Alice 可以根据错误率的大小来判断是否存在窃听. 如果信道中没有窃听, Alice 和 Bob 继续进行下面的步骤.

3) 得到密钥

Bob 对他剩下的粒子两两做 Bell 测量. 注意这里他测量的每对粒子都是随机选出的. Bob 记录所有这些粒子对的序列号并把这些序列号告诉 Alice. 然后 Alice 用 Bell 基测量她手中相应的粒子, 他们将得到相同的测量结果. 这样, Alice 和 Bob 可以根据这些测量结果得到生密钥. 例如, $|\Phi^+\rangle$, $|\Phi^-\rangle$, $|\Psi^+\rangle$ 和 $|\Psi^-\rangle$ 可分别编码为 00, 01, 10 和 11. 经过纠错和保密放大后, 这些生密钥就变成理想的安全密钥.

到此整个 QKD 协议就结束了. 通过这个步骤, Alice 和 Bob 可以得到安全密钥. 本协议中用 $|\Phi^+\rangle$ 作为初始态. 其实用其他任何一个 Bell 态作为初始态都可以, 通信者甚至可以用不同的态来做初始态. 然而需要注意的是, 不同的初始态并不能提高 QKD 的效率 (文献 [19] 中声明的高效率是错误的, 见 6.3 节). 实际上本节的

协议以确定性的方式来执行, 因此从传送一个粒子得到一个密钥比特的意义上说它已经达到最高效率. 也就是说, 除了检测粒子外, 用户每传送一个量子比特可以得到 1bit(生) 密钥. 这个效率高于 BB84 协议 (0.5 bit).

为进一步比较本节的方案与其他方案的效率, 可以利用 Cabello 对 QKD 效率的定义[35]. 为了计算方便给出以上协议的一个具体实例. 假设 Alice 和 Bob 每一步处理四个 EPR 对 (分别用 1, 2, 3, 4 表示). 具体地, Alice 发送四个粒子 (分别来自四对 EPR 对) 给 Bob 并在 Bob 收到这组粒子后公布一个经典 (随机) 比特 (0 或 1). 如果这个经典比特为 0, 他们对粒子对 1, 3 和粒子对 2, 4 做 ES 来得到密钥. 否则他们对粒子对 1, 4 和粒子对 2, 3 做 ES. 在这个实例中, Alice 和 Bob 通过传送四个量子比特和一个经典比特就能得到四个密钥比特. 显然, 它的效率为 0.8, 这是一个相对较高的 QKD 效率 (例如, 几个著名协议[2~4,6,8,14] 的效率分别为 <0.25, 0.25, $\leqslant 0.33$, 0.5, 0.5, 0.67. 详见文献 [35]).

2.3.2 安全性分析

因为分发的密钥不能被毫无迹象地窃听到, 上面的方案是安全的. 一般情况下 Eve 有两种常见的窃听策略. 一种称为 "截获–重发" 攻击, 即 Eve 截取合法粒子并用假冒粒子替换掉. 例如, Eve 产生同样的 EPR 对并从每对中选出一个发送给 Bob, 这样她可以像 Alice 在第三步中那样判断出 Bob 的测量结果. 但这种情况下 Alice 的粒子和假冒粒子间没有关联, 当 Alice 和 Bob 在第二步检测窃听时会得到随机的测量结果. 假设用 s 对粒子来检测窃听, 他们得到相同结果的概率仅为 $(1/4)^s$. 也就是说, 当 s 足够大时, Eve 将会以很高的概率被检测到.

Eve 的第二种窃听策略是把附加粒子纠缠进 Alice 和 Bob 所用的 2 粒子态中, 并在接下来的某个时间通过测量此附加粒子来得到关于 Bob 测量结果的信息. 这种攻击策略看起来比第一种策略威胁更大. 但是, 这种策略对本节的协议来说是无效的. 因为在信道中传输的每个粒子都处于最大混合态, 这些粒子对 Eve 来说没有任何区别. 此外, Eve 不知道 Bob 会把哪两个粒子放在一起进行 Bell 测量. 因此, Eve 只能对每个传输的粒子做同样的窃听操作. 用 $|\varphi_{\mathrm{ABE}}\rangle$ 表示由某对 EPR 粒子和相应的附加粒子组成的复合系统的量子态, 其中下标 A, B 和 E 分别表示属于 Alice, Bob 和 Eve 的粒子. 注意这里不限制每个附加粒子的维数, 并且允许 Eve 使用任何量子力学原理所允许的设备. 想要证明的是, 如果这种纠缠不会在 QKD 过程引入错误, 则 $|\varphi_{\mathrm{ABE}}\rangle$ 必定是一个两粒子态和附加粒子态的直积, 这意味着 Eve 不能通过观测附加粒子得到任何信息. 反之, 如果 Eve 能得到关于密钥的信息, 那么她必然会引入错误.

不失一般性, 假设 $|\varphi_{\mathrm{ABE}}\rangle$ 的 Schmidt 分解形式[58] 为

$$|\varphi_{\mathrm{ABE}}\rangle = a_1|\psi_1\rangle_{\mathrm{AB}}|\phi_1\rangle_{\mathrm{E}} + a_2|\psi_2\rangle_{\mathrm{AB}}|\phi_2\rangle_{\mathrm{E}} + a_3|\psi_3\rangle_{\mathrm{AB}}|\phi_3\rangle_{\mathrm{E}} + a_4|\psi_4\rangle_{\mathrm{AB}}|\phi_4\rangle_{\mathrm{E}} \quad (2\text{-}4)$$

其中, $|\psi_i\rangle$ 和 $|\phi_j\rangle$ 是两组正交归一态, a_k 是非负实数 $(i,j,k=1,2,3,4)$.

因为 $|\psi_i\rangle$ 是两粒子态 (四维), 它们可以写成 $|00\rangle$, $|01\rangle$, $|10\rangle$ 和 $|11\rangle$ 的线性组合. 令

$$\begin{aligned}|\psi_1\rangle &= b_{11}|00\rangle + b_{12}|01\rangle + b_{13}|10\rangle + b_{14}|11\rangle\\ |\psi_2\rangle &= b_{21}|00\rangle + b_{22}|01\rangle + b_{23}|10\rangle + b_{24}|11\rangle\\ |\psi_3\rangle &= b_{31}|00\rangle + b_{32}|01\rangle + b_{33}|10\rangle + b_{34}|11\rangle\\ |\psi_4\rangle &= b_{41}|00\rangle + b_{42}|01\rangle + b_{43}|10\rangle + b_{44}|11\rangle\end{aligned} \tag{2-5}$$

其中 $b_{pq}(p,q=1,2,3,4)$ 是复数. 则根据式 (2-4) 和 (2-5), $|\varphi_{\mathrm{ABE}}\rangle$ 可以写成

$$\begin{aligned}|\varphi_{\mathrm{ABE}}\rangle = &|00\rangle_{\mathrm{AB}} \otimes (a_1b_{11}|\phi_1\rangle + a_2b_{21}|\phi_2\rangle + a_3b_{31}|\phi_3\rangle + a_4b_{41}|\phi_4\rangle)_{\mathrm{E}}\\ &+|01\rangle_{\mathrm{AB}} \otimes (a_1b_{12}|\phi_1\rangle + a_2b_{22}|\phi_2\rangle + a_3b_{32}|\phi_3\rangle + a_4b_{42}|\phi_4\rangle)_{\mathrm{E}}\\ &+|10\rangle_{\mathrm{AB}} \otimes (a_1b_{13}|\phi_1\rangle + a_2b_{23}|\phi_2\rangle + a_3b_{33}|\phi_3\rangle + a_4b_{43}|\phi_4\rangle)_{\mathrm{E}}\\ &+|11\rangle_{\mathrm{AB}} \otimes (a_1b_{14}|\phi_1\rangle + a_2b_{24}|\phi_2\rangle + a_3b_{34}|\phi_3\rangle + a_4b_{44}|\phi_4\rangle)_{\mathrm{E}}\end{aligned} \tag{2-6}$$

为了方便, 定义下面四个向量 (不是量子态):

$$v_l = (a_1b_{1l}, a_2b_{2l}, a_3b_{3l}, a_4b_{4l}), \quad l=1,2,3,4 \tag{2-7}$$

考虑任意两组将被 Alice 和 Bob 做 ES 的粒子, 它们的状态为 $|\varphi_{\mathrm{ABE}}\rangle \otimes |\varphi_{\mathrm{ABE}}\rangle$. 根据 ES 的性质, 可以计算出 Alice 和 Bob 做 Bell 测量后产生各种结果的概率. 例如, 考察 Alice 测得 $|\Phi^+\rangle$ 而 Bob 测得 $|\Psi^+\rangle$ 这一事件, 它对应于展开式中的下面一项

$$\frac{1}{2}|\Phi^+\rangle_{\mathrm{A}}|\Psi^+\rangle_{\mathrm{B}} \otimes \left[\sum_{r,s=1}^{4}(a_rb_{r1}a_sb_{s2} + a_rb_{r2}a_sb_{s1} + a_rb_{r3}a_sb_{s4} + a_rb_{r4}a_sb_{s3})|\phi_r\phi_s\rangle_{\mathrm{E}}\right] \tag{2-8}$$

因此, 此事件发生的概率为

$$P\left(\Phi_{\mathrm{A}}^+\Psi_{\mathrm{B}}^+\right) = \frac{1}{4}\sum_{r,s=1}^{4}\left|a_rb_{r1}a_sb_{s2} + a_rb_{r2}a_sb_{s1} + a_rb_{r3}a_sb_{s4} + a_rb_{r4}a_sb_{s3}\right|^2 \tag{2-9}$$

但是此事件不应该发生. 实际上, 如果 Eve 想避开 Alice 和 Bob 的检测, 任何不同于 $\Phi^+\Phi^+$, $\Phi^-\Phi^-$, $\Psi^+\Psi^+$ 和 $\Psi^-\Psi^-$ 的结果都不应出现. 令 $P\left(\Phi_{\mathrm{A}}^+\Psi_{\mathrm{B}}^+\right)=0$, 根据式 (2-9) 和 (2-7) 可得

$$v_1^{\mathrm{T}}v_2 + v_2^{\mathrm{T}}v_1 + v_3^{\mathrm{T}}v_4 + v_4^{\mathrm{T}}v_3 = 0 \tag{2-10}$$

其中, v_l^{T} 是 v_l 的转置.

类似地, 令出现 $\Phi_{\mathrm{A}}^+\Psi_{\mathrm{B}}^-$, $\Phi_{\mathrm{A}}^-\Psi_{\mathrm{B}}^+$ 和 $\Phi_{\mathrm{A}}^-\Psi_{\mathrm{B}}^-$ 的概率等于 0, 可得

$$v_1^{\mathrm{T}}v_2 - v_2^{\mathrm{T}}v_1 + v_3^{\mathrm{T}}v_4 - v_4^{\mathrm{T}}v_3 = 0 \tag{2-11}$$

$$v_1^{\mathrm{T}}v_2 + v_2^{\mathrm{T}}v_1 - v_3^{\mathrm{T}}v_4 - v_4^{\mathrm{T}}v_3 = 0 \tag{2-12}$$

$$v_1^{\mathrm{T}}v_2 - v_2^{\mathrm{T}}v_1 - v_3^{\mathrm{T}}v_4 + v_4^{\mathrm{T}}v_3 = 0 \tag{2-13}$$

由式 (2-10)~(2-13) 可得

$$v_1^{\mathrm{T}}v_2 = v_2^{\mathrm{T}}v_1 = v_3^{\mathrm{T}}v_4 = v_4^{\mathrm{T}}v_3 = 0 \tag{2-14}$$

即

$$\begin{cases} v_1 = 0 \text{ 或 } v_2 = 0 \\ v_3 = 0 \text{ 或 } v_4 = 0 \end{cases} \tag{2-15}$$

同理可得:

(1) 令出现 $\Psi_{\mathrm{A}}^{+}\Phi_{\mathrm{B}}^{+}$, $\Psi_{\mathrm{A}}^{+}\Phi_{\mathrm{B}}^{-}$, $\Psi_{\mathrm{A}}^{-}\Phi_{\mathrm{B}}^{+}$ 和 $\Psi_{\mathrm{A}}^{-}\Phi_{\mathrm{B}}^{-}$ 的概率等于 0, 可得

$$\begin{cases} v_1 = 0 \text{ 或 } v_3 = 0 \\ v_2 = 0 \text{ 或 } v_4 = 0 \end{cases} \tag{2-16}$$

(2) 令出现 $\Phi_{\mathrm{A}}^{+}\Phi_{\mathrm{B}}^{-}$ 和 $\Phi_{\mathrm{A}}^{-}\Phi_{\mathrm{B}}^{+}$ 的概率等于 0, 可得

$$v_1^{\mathrm{T}}v_1 - v_2^{\mathrm{T}}v_2 + v_3^{\mathrm{T}}v_3 - v_4^{\mathrm{T}}v_4 = 0 \tag{2-17}$$

$$v_1^{\mathrm{T}}v_1 + v_2^{\mathrm{T}}v_2 - v_3^{\mathrm{T}}v_3 - v_4^{\mathrm{T}}v_4 = 0 \tag{2-18}$$

于是有

$$\begin{cases} v_1 = \pm v_4 \\ v_2 = \pm v_3 \end{cases} \tag{2-19}$$

(3) 令出现 $\Psi_{\mathrm{A}}^{+}\Psi_{\mathrm{B}}^{-}$ 和 $\Psi_{\mathrm{A}}^{-}\Psi_{\mathrm{B}}^{+}$ 的概率等于 0, 可以得到与式 (2-19) 相同的结果.

最后, 从式 (2-15), (2-16) 和 (2-19) 可以得到以下三个结果:

① $v_1 = v_2 = v_3 = v_4 = 0$;

② $v_1 = v_4 = 0$ 且 $v_2 = \pm v_3$;

③ $v_2 = v_3 = 0$ 且 $v_1 = \pm v_4$.

也就是说, 上面每个结果都能使 Eve 成功避开 Alice 和 Bob 的检测. 现在把上面的结果代入式 (2-6) 看看满足条件的 $|\varphi_{\mathrm{ABE}}\rangle$ 是什么样子. 如果第一个结果成立, 则有 $|\varphi_{\mathrm{ABE}}\rangle = 0$, 这对分析没有意义. 考虑第二个结果成立的情况, 此时 $|\varphi_{\mathrm{ABE}}\rangle$ 可写成

$$|\varphi_{\mathrm{ABE}}\rangle = (|01\rangle \pm |10\rangle)_{\mathrm{AB}} \otimes (a_1b_{12}|\phi_1\rangle + a_2b_{22}|\phi_2\rangle + a_3b_{32}|\phi_3\rangle + a_4b_{42}|\phi_4\rangle)_{\mathrm{E}} \tag{2-20}$$

可以看出 $|\varphi_{\mathrm{ABE}}\rangle$ 是一个二粒子态和附加粒子态的直积. 即 Eve 的附加粒子和合法粒子间没有纠缠, 因此 Eve 得不到关于密钥的任何信息. 同理当第三个结果成立时也是如此.

从另一个角度考虑, 可以像文献 [59] 中那样推导出 Eve 对密钥引入的错误率和她可以得到的信息量之间的有效关系. 考虑将被 Alice 和 Bob 做 ES 的任意两对 EPR 粒子, 例如, $|\Phi_{12}^+\rangle$ 和 $|\Phi_{34}^+\rangle$, 其中粒子 1, 3 和粒子 2, 4 分别属于 Alice 和 Bob. 当 Alice 和 Bob 对这些粒子做 Bell 测量时, 测量结果的边缘概率统计与测量顺序无关. 假设 Alice 先于 Bob 进行测量, 粒子 2, 4 将被投影到一个 Bell 态 $|\xi\rangle$. 由于 Eve 的介入, 这两个粒子将与 Eve 的附加粒子纠缠在一起, 因此态 $|\xi\rangle$ 变成一个混合态 ρ. Bob 可以从 ρ 中提取到的信息量受 Holevo 量 $\chi(\rho)$ 限制[59]. 用 I_{Eve} 表示 Eve 可以提取到的信息量, 则有 $I_{\text{Eve}} \leqslant \chi(\rho)$(很明显, Eve 所获得的关于 Bob 测量结果的信息量必然不大于 Bob). 由

$$\chi(\rho) = S(\rho) - \sum_i p_i S(\rho_i) \tag{2-21}$$

可知 $S(\rho)$ 是 $\chi(\rho)$ 的上界. "保真度越高意味着熵越低"[60]. 假设

$$F(|\xi\rangle, \rho)^2 = \langle\xi|\,\rho\,|\xi\rangle = 1 - \gamma \tag{2-22}$$

其中, $F(|\xi\rangle, \rho)$ 是态 $|\xi\rangle$ 和 ρ 的保真度[61], $0 \leqslant \gamma \leqslant 1$. 因此, ρ 的熵有上界, 达到上界的 $\rho_{\max}$ 为对角密度矩阵, 且其对角元分别为 $1-\gamma$, $\gamma/3$, $\gamma/3$, $\gamma/3$. $\rho_{\max}$ 的熵为

$$S(\rho_{\max}) = -(1-\gamma)\log_2(1-\gamma) - \gamma\log_2\frac{\gamma}{3} \tag{2-23}$$

于是有

$$I_{\text{Eve}} \leqslant -(1-\gamma)\log_2(1-\gamma) - \gamma\log_2\frac{\gamma}{3} \tag{2-24}$$

下面讨论保真度 $F(|\xi\rangle, \rho)$ 和检测概率 d 的关系. Alice 和 Bob 在检测窃听时, 只有 $|\xi\rangle$ 是正确的结果, 而其他 Bell 态都被认为是错误的. 因为 $F(|\xi\rangle, \rho)^2 = 1-\gamma$, 所以检测概率 $d=\gamma$. 由式 (2-24) 可得

$$I_{\text{Eve}} \leqslant -(1-d)\log_2(1-d) - d\log_2\frac{d}{3} \tag{2-25}$$

从以上关系可以看出, 当 $d=0$ 即 Eve 不引入任何错误时, 她将得不到任何信息, 这与前面的分析相一致. 当 $\gamma > 0$ 时, Eve 可以得到 Bob 的部分信息, 但此时她必须面对一个非零的概率 $d=\gamma$ 被检测到. 当 $\gamma = 3/4$ 时, 有 $S(\rho_{\max}) = 2$, 这意味着 Eve 有机会窃听到 Bob 的所有信息. 但是这种情况下, 对于每个用于检测窃听的 ES, 检测概率不小于 3/4. 例如, 如果 Eve 截获所有粒子并用自己产生的 EPR 粒子代替它们发送给 Bob, 她将得到关于 Bob 的密钥的所有信息, 同时平均对每个 ES 引入 3/4 的错误率 (注意以上的错误率对应于每个 ES. 如果考虑对每个密钥比特引入的错误率, 则 $d=\gamma/2$).

综上所述, 本节的协议可以抵抗有附加粒子的窃听.

2.3.3 结束语

本节基于 ES 提出了一种能够达到最高效率的 QKD 方案. 它对于文献 [15] 中攻击方法的安全性由随机分组技术来保证, 而不再依靠随机选取测量基或旋转 Bell 态. 此外, 此技术还带来另外一个好处, 即不必像文献 [14, 16] 中那样把初始 Bell 态随机化, 这使得本协议只需要较少的 Bell 测量. 例如, 为分发 2bit 密钥, 在本节的协议中 Alice 和 Bob 需要做两次 Bell 测量, 而在文献 [14, 16] 中他们必须做三次.

必须承认本节介绍的协议有一个缺点, 即它利用一串纠缠态而不是一个单量子系统[14,16,57] 来分发密钥. 但是, 这个缺点并不严重. 许多 QKD 方案都以这种方式工作. 例如, 著名的 E91 协议[3]. 此外, QKD 结束后每对粒子仍然处于某个 Bell 态, 它们可以用于其他地方.

此外, 不管是交替测量基还是旋转 Bell 态, 都是为了利用非正交态来保证协议的安全性. 而本节的协议类似于 2.2 节提出的中间协议, 将分发密钥的过程分解为一个量子步骤和一个经典步骤, 以此来保证协议的安全性. 总之, 希望读者在阅读基于不同物理原理的不同协议时能体会到它们的相同本质.

2.4 基于 Bell 基与其对偶基的量子密钥分发方案

纠缠交换 (ES) 实际是一种联合测量, 它不仅是在粒子间产生纠缠的一种方法[62,63], 而且在量子信息中起着很关键的作用. 自从首次试验实现 ES 以来[64], 人们利用它提出许多量子密码协议. 如 2.3 节所说, 在文献 [14~17, 57] 中, Cabello 和 Song 等提出一些不需要选择测量基的 QKD 和 QSS 协议. 进一步, 在文献 [18, 65] 中这些协议又被推广到 d 级系统和多方情形. 受文献 [20] 的启发, 在 2.4.1 节介绍一个利用 Bell 基及其对偶基实现 ES 的两级系统中的 QKD 协议. 该协议只用两个 Bell 态就可以分发任意长的密钥. 与文献 [14~17, 57] 中的协议相比, 该协议更贴近于实际应用, 因为在每一次纠缠交换测量之前不再需要进行经典通信来告知做什么样的局域操作. 受文献 [14~17] 等的启发, 在 2.4.4 节提出一个 d 级系统中基于 Bell 态之间 ES 的 QKD 协议, 该协议具有高效率和高安全性的特点. 此外, 2.4.3 节和 2.4.5 节详细讨论了两级系统 QKD 协议与 d 级系统 QKD 协议呈现不同特性的原因.

2.4.1 两级系统量子密钥分发协议

Bell 基是 $\{|\phi^{\pm}\rangle, |\psi^{\pm}\rangle\}$, 其中的基态为四个 Bell 态. 如果对每个基态的第二个量子比特作用一个 Hadamard 操作, 可以得到 Bell 基的对偶基 $\{|\chi^{\pm}\rangle, |\omega^{\pm}\rangle\}$, 本节中, 称通过这种方法得到的基为 Bell 基的对偶基, 同样 Bell 基也称为其对偶基的

对偶基. 显然, 这两组基满足如下关系：

$$|\chi^{\pm}\rangle = \frac{1}{\sqrt{2}}(|\phi^{\mp}\rangle + |\psi^{\pm}\rangle), |\omega^{\pm}\rangle = \frac{1}{\sqrt{2}}(|\phi^{\pm}\rangle - |\psi^{\mp}\rangle) \tag{2-26}$$

协议步骤具体如下：

(1) Alice 准备 Bell 态 $|\phi^+\rangle_{12}$, Bob 准备 Bell 态 $|\phi^+\rangle_{34}$, 下标分别表示 Alice 拥有粒子 1 和 2, Bob 拥有粒子 3 和 4.

(2) Alice 发送粒子 2 给 Bob, Bob 发送粒子 4 给 Alice.

(3) Alice 和 Bob 分别随机选择基 $\{|\phi^{\pm}\rangle, |\psi^{\pm}\rangle\}$ 或 $\{|\chi^{\pm}\rangle, |\omega^{\pm}\rangle\}$ 来测量他们现有的粒子 1, 4 和 3, 2, 并记下测量结果.

(4) 通过对其中一个粒子做幺正变换, Alice 和 Bob 分别将各自测量后的两粒子量子态变为 $|\phi^+\rangle$. 例如, 如果一方的测量结果为 $|\omega^+\rangle$, 则通过对第二个粒子做一个 H 操作, 再做一个 X 操作, 即可将所得纠缠态变为 $|\phi^+\rangle$. 即

$$I \otimes XH\,|\omega^+\rangle = I \otimes X\,|\psi^+\rangle = |\phi^+\rangle \tag{2-27}$$

为叙述方便, 仍然将 Alice 此时拥有的两粒子标记为 1 和 2, Bob 拥有的粒子标记为 3 和 4. 也就是说, 他们此时拥有的态分别为 $|\phi^+\rangle_{12}$ 和 $|\phi^+\rangle_{34}$, 与他们的初始态相同.

(5) Alice 和 Bob 重复步骤 (2)~(4), 直到他们根据对粒子对的测量结果获得足够长的密钥比特. 方便起见, 将每一次重复执行步骤 (2)~(4) 记为一轮.

(6) Alice 和 Bob 公布他们在每一轮所选用的测量基, 而不公开对应的测量结果, 然后按照表 2-1 和表 2-2 将各自的测量结果转化为密钥比特.

每一次纠缠交换可以表示为

$$\begin{aligned} |\phi^+\rangle_{12}|\phi^+\rangle_{34} =& \frac{1}{2}(|\phi^+\rangle_{14}|\phi^+\rangle_{32} + |\phi^-\rangle_{14}|\phi^-\rangle_{32} \\ &+ |\psi^+\rangle_{14}|\psi^+\rangle_{32} - |\psi^-\rangle_{14}|\psi^-\rangle)_{32} \qquad (2\text{-}28) \\ =& \frac{1}{2}(|\chi^+\rangle_{14}|\chi^+\rangle_{32} + |\chi^-\rangle_{14}|\omega^+\rangle_{32} \\ &+ |\omega^+\rangle_{14}|\chi^-\rangle_{32} + |\omega^-\rangle_{14}|\omega^-\rangle_{32}) \qquad (2\text{-}29) \end{aligned}$$

或者

$$\begin{aligned} =& \frac{1}{2\sqrt{2}}((|\phi^+\rangle_{14}(|\chi^-\rangle + |\omega^+\rangle)_{32} + |\phi^-\rangle_{14}(|\chi^+\rangle + |\omega^-\rangle)_{32} \\ &+ |\psi^+\rangle_{14}(|\chi^+\rangle - |\omega^-\rangle)_{32} - |\psi^-\rangle_{14}(|\chi^-\rangle - |\omega^+\rangle)_{32}) \end{aligned} \tag{2-30}$$

从式 (2-28)~(2-30) 可以看出, 如果 Alice 和 Bob 使用相同的测量基, 他们总可以根据自己的测量结果推得另一方的测量结果. 这样通过每一次 ES, 他们可以建立 2bit

的密钥. 如果他们使用不同的测量基, 通过一次 ES, 只可以建立 1bit 的密钥. 例如, 若其中一个获得结果为 $|\psi^-\rangle$, 而另一个获得结果为 $|\chi^-\rangle$, 则他们可以建立 1 个密钥比特 0. 如果他们得到的两个结果为 $|\phi^-\rangle$ 和 $|\omega^-\rangle$, 则可以建立 1 个密钥比特 1. 表 2-1 和表 2-2 列出了他们所有可能的测量结果和可以建立的密钥比特之间的对应关系.

表 2-1 当 Alice 和 Bob 使用相同的测量基时, 他们的测量结果与可以建立的密钥比特之间的对应关系

00	01	10	11
$\|\phi^+\rangle\|\phi^+\rangle$	$\|\psi^-\rangle\|\psi^-\rangle$	$\|\phi^-\rangle\|\phi^-\rangle$	$\|\psi^+\rangle\|\psi^+\rangle$
$\|\chi^-\rangle\|\omega^+\rangle$	$\|\omega^+\rangle\|\chi^-\rangle$	$\|\chi^+\rangle\|\chi^+\rangle$	$\|\omega^-\rangle\|\omega^-\rangle$

表 2-2 当 Alice 和 Bob 使用不同的测量基时, 他们的测量结果与可以建立的密钥比特之间的对应关系

0	1
$\|\phi^+\rangle\|\chi^-\rangle$, $\|\phi^+\rangle\|\omega^+\rangle$	$\|\phi^-\rangle\|\chi^+\rangle$, $\|\phi^-\rangle\|\omega^-\rangle$
$\|\psi^-\rangle\|\omega^+\rangle$, $\|\psi^-\rangle\|\chi^-\rangle$	$\|\psi^+\rangle\|\chi^+\rangle$, $\|\psi^+\rangle\|\omega^-\rangle$

(7) Alice 和 Bob 随机宣布他们用相同基测得的一些结果 (或对应于它们的密钥比特) 用于检测窃听. 如果错误比特率小于某个特定的阈值, 通过纠错和保密放大, Alice 和 Bob 可以建立需要的共享密钥串.

在上述协议中, 传输的粒子单独并没有携带形成密钥的比特. 事实上, 每一个传输的粒子都处于最大混合态. 因此, 仅仅截获并拷贝这些粒子得不到有关密钥的任何信息. 下面说明在文献 [15] 中介绍的 Eve 针对基于 ES 的 QKD 协议的特定攻击在本协议中无效. 假设 Eve 准备辅助态 $|\phi^+\rangle_{56}$, 而 Alice 和 Bob 按步骤 (1) 准备初始态. Alice 发送她的粒子 2, 被 Eve 截获保留, 并且 Eve 发送自己的粒子 6 给 Bob. 假设 Alice 和 Bob 不是随机选取 Bell 基和其对偶基, 而是只用 Bell 基进行测量, Eve 就能够对粒子 5 和 4 做 Bell 基测量, 根据测量结果对粒子 2 做幺正操作, 并将粒子 2 发送给 Alice, 这样做总能够保证 Alice 对粒子 1 和 2 的测量结果与 Bob 对粒子 3 和 6 的测量结果相等. 从而她可以获得 Alice 和 Bob 的密钥比特且不会被检测到. 然而, 本协议中 Alice 和 Bob 随机选取 Bell 基或其对偶基进行测量, Eve 的如上攻击会以很高概率被检测到. 通过式 (2-28)~(2-30), 并做一些简单的计算, 可以看出只要 Eve 的测量基与 Alice 或者 Bob 之一的测量基相同, 她的窃听就不会引入任何错误. 因此协议中只用 Alice 和 Bob 使用相同测量基的结果来检测窃听. 例如, 假设 Eve 对粒子 5 和 4 进行测量并得到 $|\psi^+\rangle$, 依据自己的策略, 她会对粒子 2 做一个位翻转操作 X 后发送给 Alice. 现在 Alice 和 Bob 的两粒子态

都是 $|\psi^+\rangle$. 如果他们用对偶基测量自己的粒子态, 因为

$$|\psi^+\rangle = \frac{1}{\sqrt{2}}(|\chi^+\rangle + |\omega^-\rangle) \tag{2-31}$$

则他们两人都会以 1/2 的概率得到 $|\chi^+\rangle$ 或者是 $|\omega^-\rangle$. 这样他们的结果会以 1/2 的概率相等, 即引入的错误率将会是 1/2. 如果 Alice 和 Bob 公开宣布足够多的测量结果, 就会检测到 Eve 的这种攻击. 当然, Eve 也可以选择对偶基来测量粒子 4 和 5, 以便能在 Alice 和 Bob 都选用对偶基测量时不被检测到. 但这种攻击使得 Eve 会在 Alice 和 Bob 选择 Bell 基测量时被检测到. 在她每一次测量前, 她都不知道 Alice 和 Bob 所选基的任何信息. 所以不管她选择何种基, 都会在 Alice 和 Bob 选择相同基时引入 1/2 的错误率. 由于 Alice 和 Bob 随机选择两组基测量, 所以平均每一次纠缠交换测量会引入 1/4 的错误率.

在本协议中, Alice 和 Bob 随机选择两组基来测量保证了协议的安全性, 这与 BB84 协议一样. 事实上, 也能够给出与 BB84 协议安全性证明 [45,60] 类似的严格证明.

上述两级 QKD 协议具有两条对其投入实际应用至关重要的性质:

(1) 与文献 [14~17, 57] 中的协议不同, Alice 和 Bob 在每一次纠缠交换测量之前不再需要经典通信来做必要的局域幺正操作.

(2) 要建立任意长的密钥, Alice 和 Bob 只用单个量子系统 (两个 Bell 态) 就已经足够, 而不再需要与密钥长度相对应的一系列量子系统.

2.4.2 d 级系统中的纠缠交换

纠缠交换实际就是在不同的粒子间通过测量交换纠缠 [62]. 用线性代数的语言描述就是展开、交换位置和重新展开 (测量) 等一系列过程. 高维系统中的纠缠交换完全类似 [65]. 多粒子之间的纠缠交换也是通过展开、交换位置和重新展开 (测量) 等一系列过程进行的. 只不过重新展开时用的可能不是 Bell 基, 而是按照被测量的多粒子纠缠态量子系统中的一组完备正交基展开.

在 d 级系统中, Bell 态是 d^2 个最大纠缠态, 形成两个 qudit 系统中的一组完备正交基. 这里只考虑 d 是素数的情形. d 级系统中 Bell 态的具体形式为

$$|\varphi(u,v)\rangle = \frac{1}{\sqrt{d}}\sum_{j=0}^{d-1}\zeta^{ju}|j,j+v\rangle \tag{2-32}$$

其中, u 和 v 从 0 到 $d-1$ 变化, $\zeta = \mathrm{e}^{\frac{2\pi \mathrm{i}}{d}}$, 态矢中的运算都是模 d 进行的. 同样可以将任意的计算基态表示为 Bell 基的形式

$$|j,k\rangle = \frac{1}{\sqrt{d}}\sum_{l=0}^{d-1}\zeta^{-jl}|\varphi(l,k-j)\rangle \tag{2-33}$$

假设粒子 1 和 2 处于态 $|\varphi(u_1,u_2)\rangle_{12}$, 粒子 3 和 4 处于态 $|\varphi(v_1,v_2)\rangle_{34}$. 交换粒子 2 和 4, 用 d 级系统 Bell 基测量粒子 1 和 4 , 则纠缠交换可表示为

$$|\varphi(u_1,u_2)\rangle_{12}|\varphi(v_1,v_2)\rangle_{34}=\frac{1}{d}\sum_{k,l=0}^{d-1}\zeta^{kl}|\varphi(u_1+k,v_2+l)\rangle_{14}|\varphi(v_1-k,u_2-l)\rangle_{32} \tag{2-34}$$

除去上述常见的两个 Bell 态之间的纠缠交换, 还经常用到 Bell 态和多粒子纠缠态之间的纠缠交换. 介于 d 级系统中的纠缠交换计算相对比较繁琐, 下面也给出一些已有的公式. d 级系统中一个多粒子纠缠态的一般形式为

$$|\Psi(u_1,u_2,\cdots,u_n)\rangle=\frac{1}{\sqrt{d}}\sum_{j=0}^{d-1}\zeta^{ju_1}|j,j+u_2,j+u_3,\cdots,j+u_n\rangle \tag{2-35}$$

其中, $u_i\in\{0,1,2,\cdots,d-1\}$, 对每一个 $i\in\{1,2,\cdots,n\}$. 不难验证所有这样的态构成 d 级系统中 n 粒子量子系统的一组完备正交基 $\{|\Psi(u_1,u_2,\cdots,u_n)\rangle\}$. 同样可以将任意的计算基态表示为这一组基的形式

$$|u_1,u_2,\cdots,u_n\rangle=\frac{1}{\sqrt{d}}\sum_{j=0}^{d-1}\zeta^{-ju_1}|\Psi(j,u_2-u_1,u_3-u_1,\cdots,u_n-u_1)\rangle \tag{2-36}$$

态 $|\Psi(u_1,u_2,\cdots,u_n)\rangle_{1,2,\cdots,n}$ 与 Bell 态 $|\varphi(v_1,v_2)\rangle_{s,s'}$ 进行纠缠交换, 如果 n 粒子纠缠态中交换的是其第一个粒子 (即粒子 1), 则纠缠交换的一般公式为

$$\begin{aligned}&|\Psi(u_1,u_2,\cdots,u_n)\rangle_{1,2\cdots,n}\otimes|\Psi(v_1,v_2)\rangle_{s,s'}\\=&\frac{1}{d}\sum_{k,l}\zeta^{-lk}|\Psi(v_1+k,u_2-l,u_3-l,\cdots,u_n-l)\rangle_{s,2,3,\cdots,n}\otimes|\Psi(u_1-k,v_2+l)\rangle_{1,s'}\end{aligned} \tag{2-37}$$

如果 n 粒子纠缠态中交换的不是其第一个粒子, 则纠缠交换的一般公式为

$$\begin{aligned}&|\Psi(u_1,u_2,\cdots,u_n)\rangle_{1,2,\cdots,n}\otimes|\Psi(v_1,v_2)\rangle_{s,s'}\\=&\frac{1}{d}\sum_{k,l}\zeta^{-lk}|\Psi(u_1-k,u_2,u_3,\cdots,v_2+l,\cdots,u_n)\rangle_{1,2,\cdots,s',\cdots,n}\\&\otimes|\Psi(v_1+k,u_m-l)\rangle_{s,m}\end{aligned} \tag{2-38}$$

当然还有 d 级系统多粒子纠缠态之间的纠缠交换公式, 由于比较繁琐, 就不再赘述. 所有上述公式都是通过展开、交换位置和重新展开这一过程得到的. 在 d 级系统的运算中, 恒等式 $(1/d)\sum_{j=0}^{d-1}\zeta^{jn}=\delta(n,0)$ 起了非常重要的作用.

2.4.3 d 级系统中 Bell 基与其对偶基的关系

假设 Alice 拥有粒子 1 和 2 处于态 $|\varphi(u_1,u_2)\rangle_{12}$, Bob 拥有粒子 3 和 4 处于态 $|\varphi(v_1,v_2)\rangle_{34}$. Alice 和 Bob 交换粒子 2 和 4, Alice 用 Bell 基测量粒子 1 和 4 , Bob 用 Bell 基测量粒子 3 和 2, 纠缠交换过程可表示为

$$|\varphi(u_1,u_2)\rangle_{12}|\varphi(v_1,v_2)\rangle_{34}=\frac{1}{d}\sum_{k,l=0}^{d-1}\zeta^{kl}|\varphi(u_1+k,v_2+l)\rangle_{14}|\varphi(v_1-k,u_2-l)\rangle_{32} \tag{2-39}$$

d 级系统中扩展的 Hadamard 门是

$$H=\frac{1}{\sqrt{d}}\sum_{i,j=0}^{d-1}\zeta^{ij}|i\rangle\langle j| \tag{2-40}$$

这里以及下面在态矢里面的运算都是模 d 进行的 (即是在 Galois 域 GF(d) 中的运算). 与两级系统中类似, 如果对 $\{|\varphi(u,v)\rangle\}$ 中的基态的第二个粒子做 Hadamard 门操作, 就会得到 d^2 个纠缠态集合 $\{|\chi(u,v)\rangle\}$, 其内每个态的形式为

$$|\chi(u,v)\rangle=\frac{1}{\sqrt{d}}\sum_{j=0}^{d-1}\zeta^{ju}|j\rangle H|j+v\rangle=\frac{1}{d}\sum_{j,k=0}^{d-1}\zeta^{ju+k(j+v)}|j\rangle|k\rangle \tag{2-41}$$

下面证明 $\{|\chi(u,v)\rangle\}$ 也构成两个 qudit 系统中的一组基.

$$\begin{aligned}&\langle\chi(u,v)|\chi(u',v')\rangle\\=&\frac{1}{d^2}\sum_{j,k,j',k'=0}^{d-1}\zeta^{-ju-k(j+v)}\langle k|\langle j|\zeta^{j'u'+k'(j'+v')}|j'\rangle|k'\rangle\\=&\frac{1}{d^2}\sum_{j,k=0}^{d-1}\zeta^{j(u'-u)+k(v'-v)}=\delta_{u,u'}\delta_{v,v'}\end{aligned} \tag{2-42}$$

也就是说, 当且仅当 $|\chi(u,v)\rangle$ 等于 $|\chi(u',v')\rangle$ 时, 它们的内积为 1, 其他情况内积为 0. 因此, $\{|\chi(u,v)\rangle\}$ 中所有的态都相互正交, 且每个态都是归一化的. 进一步, 由于两个 qudit 构成的系统维数为 d^2, 所以 $\{|\chi(u,v)\rangle\}$ 也构成这个系统的一组基. 称 $\{|\chi(u,v)\rangle\}$ 为 Bell 基的对偶基.

下面来看 Bell 基和它的对偶基之间的关系. 利用式 (2-33), 有

$$\begin{aligned}|\chi(u,v)\rangle=&\frac{1}{d}\sum_{j,k=0}^{d-1}\zeta^{ju+k(j+v)}|j,k\rangle\\=&\frac{1}{d\sqrt{d}}\sum_{j,k,l=0}^{d-1}\zeta^{ju+k(j+v)-jl}|\varphi(l,k-j)\rangle\end{aligned}$$

$$\overset{k-j=m}{=} \frac{1}{d\sqrt{d}} \sum_{j,l,m=0}^{d-1} \zeta^{ju+(j+m)(j+v)-jl} |\varphi(l,m)\rangle$$
$$= \frac{1}{d\sqrt{d}} \sum_{j,l,m=0}^{d-1} \zeta^{\left(j+\frac{u+v+m-l}{2}\right)^2 - \frac{(u+v+m-l)^2}{4} + mv} |\varphi(l,m)\rangle \tag{2-43}$$

其中, ζ 的指数中的运算也是在 GF(d) 中进行的. 首先, 要计算 $\sum_{j=0}^{d-1} \zeta^{\left(j+\frac{u+v+m-l}{2}\right)^2}$. 设 $k = j + \dfrac{u+v+m-l}{2}$, 则 k 也是从 0 到 $d-1$ 变化的. 从而计算上面的式子就转化为计算 $\sum_{k=0}^{d-1} \zeta^{k^2}$. 注意到式 (2-43) 中每个元素的指数都是一个模 d 二次剩余, 且 ζ 是复数域中的一个本原 d 次单位根, 则有高斯和 (Gaussian sum)[66]

$$\theta = \sum_{i=0}^{d-1} L(i) \zeta^i \tag{2-44}$$

其中, $L(i)$ 是 Legendre 符号, 定义为

$$L(i) = \begin{cases} 0, & i\text{是}d\text{的倍数} \\ 1, & i\text{是模}d\text{的二次剩余} \\ -1, & i\text{是模}d\text{的非二次剩余} \end{cases}$$

设 Q 为模 d 的二次剩余集合, N 为模 d 非二次剩余集合. 令

$$\eta_1 = \sum_{k\in Q} \zeta^k, \quad \eta_2 = \sum_{k\in N} \zeta^k \tag{2-45}$$

则高斯和可以写为 $\theta = \eta_1 - \eta_2$, 利用恒等式 $\sum_{i=0}^{d-1} \zeta^i = 0$, 得到 $\eta_1 + \eta_2 = -1$. 关于高斯和有两个结论:

(1) 如果 $d = 4k-1, \theta^2 = -d$;

(2) 如果 $d = 4k+1, \theta^2 = d$.

在第 (1) 种结论, $(\eta_1 - \eta_2)^2 = (\eta_1 + \eta_2)^2 - 4\eta_1\eta_2 = -d$, 则 $\eta_1\eta_2 = (1+d)/4$. 因此, η_1 和 η_2 为复数域上多项式 $f(x) = x^2 + x + \dfrac{1+d}{4}$ 的两个根. 从而可以求得 $\eta_1 = (-1 \pm \sqrt{d}\mathrm{i})/2$.

在第 (2) 种结论, $\eta_1\eta_2 = (1-d)/4$. 则 η_1 和 η_2 是多项式 $f(x) = x^2 + x + \dfrac{1-d}{4}$ 的两个根. 从而可以求得 $\eta_1 = (-1 \pm \sqrt{d})/2$. 由于 $\sum_{k=0}^{d-1} \zeta^{k^2} = 1 + 2\eta_1$, 通过对 j 求和

式 (2-41) 可化简为

$$|\chi(u,v)\rangle = \frac{1+2\eta_1}{d\sqrt{d}} \sum_{l,m=0}^{d-1} \zeta^{mv-\frac{(u+v+m-l)^2}{4}} |\varphi(l,m)\rangle \tag{2-46}$$

从等式 (2-46) 可见, $\{|\chi(u,v)\rangle\}$ 中的任意基态都是 $\{|\varphi(u,v)\rangle\}$ 中所有基态的均匀叠加. 也就是说, 如果用 Bell 基来测量 $|\chi(u,v)\rangle$, 对任意 $u,v \in \{0,1,\cdots,d-1\}$, 则对任意 $l,m \in \{0,1,\cdots,d-1\}$, 输出 $|\varphi(l,m)\rangle$ 的概率为

$$\left|\frac{1+2\eta_1}{d\sqrt{d}}\zeta^{mv-\frac{(u+v+m-l)^2}{4}}\right|^2 = \left|\frac{1+2\eta_1}{d\sqrt{d}}\right|^2 = \frac{1}{d^2} \tag{2-47}$$

其中, 函数 $|\cdot|$ 表示对一个复数求模. 这个性质与两级系统的情形完全不同. 如式 (2-26) 所示, 当用一组基测量其对偶基中的一个基态时, 完全可以获得一些信息. 例如, 用 Bell 基去测量其对偶基中的一个基态, 若测量结果为 $|\psi^+\rangle$, 就可以断定原来被测态为 $|\chi^+\rangle$ 或者 $|\omega^-\rangle$, 而肯定不是 $|\chi^-\rangle$ 和 $|\omega^+\rangle$. 事实上, 就是这个性质使得能够设计前面的两级系统 QKD 协议. 然而, 在两个 qudit 组成的系统中, 如果用一组基测量其对偶基中的一个基态, 得不到任何信息. 因此, 不仅仅是当 Alice 和 Bob 使用不同基测量时, 不能建立有用的密钥比特, 即使使用相同测量基, 但如果此基不同于初始态的基, 他们也不能建立有用的密钥比特. 在第 2.4.5 节中, 将以 d=3 为例来做进一步的说明. $\{|\chi(u,v)\rangle\}$ 中的任意基态是 $\{|\varphi(u,v)\rangle\}$ 中所有态的均匀叠加, 这意味着 $\{|\chi(u,v)\rangle\}$ 中的任意基态在 $\{|\varphi(u,v)\rangle\}$ 下都表现为一个完全混合态. 如果传输的是一个完全混合态, Eve 即使能够控制该传输态, 也得不到任何信息. 进一步, 她的窃听会引入尽可能多的错误率. 这样, 当 Alice 和 Bob 公开宣布某些测量结果来检测窃听时, Eve 就会以很高概率被检测到. 基于这些事实, 在 2.4.4 节提出一个 d 级系统中的 QKD 协议.

2.4.4 d 级系统量子密钥分发协议

与两级系统中的 QKD 一样, 在 d 级系统 QKD 协议中, 每一次联合测量也都能在通信者之间产生确定的相关性, 并且随机挑选一些这样的确定性关系就足以检测窃听. d 级系统协议如下：

(1) Alice 准备粒子 1 和 2 处于态 $|\varphi(0,0)\rangle$, Bob 准备粒子 3 和 4 处于态 $|\varphi(0,0)\rangle$, 即初态都是

$$|\varphi(0,0)\rangle = \frac{1}{\sqrt{d}} \sum_{j=0}^{d-1} |j\rangle|j\rangle \tag{2-48}$$

(2) Alice 随机选择下面的两个过程：① 对粒子 2 做 I 操作. ② 对粒子 2 做式 (2-40) 所定义的 H 操作, 此操作将 $|\varphi(0,0)\rangle$ 变为 $|\chi(0,0)\rangle$, 即 $\{|\varphi(u,v)\rangle\}$ 中所有

基态的均匀叠加态. Alice 和/或 Bob 随机选择如上两个过程保证了协议的安全性. 为简单起见, 下面以 Alice 随机选择为例来描述.

(3) Alice 将粒子 2 发送给 Bob, Bob 将粒子 4 发送给 Alice.

(4) Alice 和 Bob 都公开确认对方收到了粒子, 然后 Alice 宣布自己选择的是哪一个过程.

(5) Alice 用基 $\{|\varphi(u,v)\rangle\}$ 测量自己的两个粒子 1 和 4. 如果 Alice 选择过程①, Bob 直接用基 $\{|\varphi(u,v)\rangle\}$ 测量自己的粒子 3 和 2; 如果 Alice 选择了过程②, Bob 先对粒子 2 做 $H^\dagger$ 操作, 再用基 $\{|\varphi(u,v)\rangle\}$ 测量粒子 3 和 2, 这里 †表示厄米共轭. 根据式 (2-34) 有

$$|\varphi(0,0)\rangle_{12}|\varphi(0,0)\rangle_{34} = \frac{1}{d}\sum_{k,l=0}^{d-1}\zeta^{kl}|\varphi(k,l)\rangle_{14}|\varphi(-k,-l)\rangle_{32} \tag{2-49}$$

Alice 和 Bob 都能够推导出对方的测量结果, 从而他们可以按照事先的约定建立密钥. 例如, 他们可以根据 Alice 的测量结果来建立密钥. 在表 2-3 中, 以 $d=3$ 为例给出 Alice 的测量结果与可以建立的密钥比特之间的对应关系. 事实上表 2-3 中是利用哈夫曼编码将测量结果编码为密钥比特的.

表 2-3 $d=3$ 时, Alice 的测量结果与可以建立的密钥比特之间的对应关系

$\|\varphi(0,0)\rangle$	$\|\varphi(0,1)\rangle$	$\|\varphi(0,2)\rangle$	$\|\varphi(1,0)\rangle$	$\|\varphi(1,1)\rangle$	$\|\varphi(1,2)\rangle$	$\|\varphi(2,0)\rangle$	$\|\varphi(2,1)\rangle$	$\|\varphi(2,2)\rangle$
001	010	011	100	101	110	111	0000	0001

(6) Alice 和 Bob 将他们的测量结果态通过局域幺正操作转变为 $|\varphi(0,0)\rangle$, 作为下一轮的初始态. 例如, 若 Alice 的结果为 $|\varphi(m,n)\rangle$, 则通过对第二个粒子作用 L 门 n 次, 然后再作用 N 门 m 次, 就可以得到 $|\varphi(0,0)\rangle$, 其中 $L|j\rangle = |j-1\rangle$, $N|j\rangle = \zeta^{-j}|j\rangle$.

(7) Alice 和 Bob 不断重复 (2)~(6), 直到根据他们的测量结果可以建立足够长的密钥串.

(8) Alice 和 Bob 随机选择一些测量结果用于检测窃听. 如果错误比特率小于某个特定的阈值, 他们就可以建立一个共享的秘密密钥.

与文献 [16, 17] 中的协议类似, d 级系统 QKD 协议的安全性是由 Alice 随机选择两个过程所保证的. 本处协议的安全性又由第 2.4.3 节计算的结果 (即 $|\chi(0,0)\rangle$ 是 $\{|\varphi(u,v)\rangle\}$ 中所有基态的均匀叠加) 进一步加强. 这里主要考虑文献 [15] 中给出的专门针对基于纠缠交换的协议提出的攻击. 假设 Eve 准备粒子 5 和 6 处于态 $|\varphi(0,0)\rangle$, 并按文献 [15] 中的策略进行攻击. Eve 用 Bell 基 $\{|\varphi(u,v)\rangle\}$ 测量粒子 5 和 4, 按照式 (2-34), 她就能知道粒子 3 和 6 所处的状态, 根据此对粒子 2 做某些幺正变换后将 2 返回给 Alice. 如果 Alice 选择了过程①, 此时她和 Bob 都用 $\{|\varphi(u,v)\rangle\}$

基测量各自拥有的两个粒子, Eve 就能逃脱窃听并获得正确的密钥比特. 然而, 如果 Alice 选择了过程②, 在 Eve 测量完并做了幺正变换后, Alice 的粒子 1 和 2 仍然是 $\{|\chi(u,v)\rangle\}$ 的某个基态. 而此时, Bob 收到 Alice 的信息后, 会对粒子 6 作用 H 操作, 这样粒子 3 和 6 也处于 $\{|\chi(u,v)\rangle\}$ 的某个基态. 当他们都用基 $\{|\varphi(u,v)\rangle\}$ 测量时, 他们的结果都将以 $1/d^2$ 的概率均匀地塌缩为 $\{|\varphi(u,v)\rangle\}$ 中的某个基态. 从而他们的结果只能以 $1/d^2$ 的概率具有确定的相关性.

回想在文献 [16] 和 [17] 中的改进协议中, 当 Alice 选择过程①时, Eve 的攻击会成功, 但当 Alice 选择过程②时, 她的攻击会以 1/2 的概率被检测到, 同时能够获得有关密钥的部分信息. 然而, 在本节的 d 级系统协议中, Eve 的这种攻击得不到任何有关密钥的信息, 且会以 $(d^2-1)/d^2$ 的概率被 Alice 和 Bob 检测到. 这就意味着这种专攻基于 ES 的 QKD 协议的策略与简单的截获–重发攻击效果相同, 进一步加强了高维系统协议比两级系统协议具有更高安全性的结论[18,67,68]. 此外, 由于每一次纠缠交换测量会有 d^2 个不同的可能测量结果, Alice 和 Bob 可以对每一个结果编码 $\log_2 d^2$ 个密钥比特, 充分显示了 d 级系统协议的高效性.

2.4.5 三级系统中在一对对偶基下进行的纠缠交换

这一小节以 $d=3$ 为例进一步说明为什么 2.4.4 小节给出的 d 级 QKD 协议不是由随机选择测量基来保证其安全性, 也即不是两级系统 QKD 协议的直接推广. 在三级系统中 (qutrit), Bell 态表示为

$$|\phi_3(u,v)\rangle = \frac{1}{\sqrt{3}}\sum_{j=0}^{2}\zeta^{ju}|j\rangle|j+v\rangle \tag{2-50}$$

其中, u 和 v 从 0 到 2 变化, 且 $\zeta=\mathrm{e}^{\frac{2\pi\mathrm{i}}{3}}$. 三级系统中的 Hadamard 门定义为

$$H_3 = \frac{1}{\sqrt{3}}\sum_{i,j=0}^{3}\zeta^{ij}|i\rangle\langle j| \tag{2-51}$$

将 H_3 作用到三级系统每个 Bell 态的第二个粒子上, 可以得到 Bell 基的对偶基 $\{|\overline{\phi}_3(u,v)\rangle\}$ 中的向量. 利用 Bell 态和它的计算基态之间的关系可以得到两个 qutrit 系统中上述两组基之间关系的简明表达式. 令

$$\begin{aligned}(|\phi\rangle)_{9\times1} &= [|\phi(0,0)\rangle\ |\phi(0,1)\rangle\cdots|\phi(2,2)\rangle]^{\mathrm{T}}\\ (|\overline{\phi}\rangle)_{9\times1} &= [|\overline{\phi}(0,0)\rangle\ |\overline{\phi}(0,1)\rangle\cdots|\overline{\phi}(2,2)\rangle]^{\mathrm{T}}\end{aligned} \tag{2-52}$$

其中上标 T 表示矩阵转置. 矩阵 $(|\phi\rangle)$ 和 $(|\overline{\phi}\rangle)$ 中的元素分别为 Bell 基和其对偶基中的基态. 则这两组基之间的关系可表示为 $(|\phi\rangle)=T\cdot(|\overline{\phi}\rangle)$, 其中 T 如式 (2-53) 所定义. 从两组基的关系式可以看出, 在两个 qutrit 系统中, 一组基中任意一个基态

都是其对偶基中所有基态的均匀叠加. 正因为这个关系, 2.4.1 节两级系统 QKD 协议才不能推广到三级系统. 这一事实可以看作是两级系统优于 d 级系统的一个实例.

$$T=\frac{2+\zeta}{3\sqrt{3}}\begin{pmatrix} \zeta^2 & 1 & 1 & 1 & 1 & \zeta^2 & 1 & \zeta^2 & 1 \\ 1 & \zeta^2 & 1 & 1 & -(1+\zeta^2) & -(1+\zeta^2) & \zeta^2 & \zeta^2 & -(1+\zeta^2) \\ 1 & 1 & \zeta^2 & \zeta^2 & -(1+\zeta^2) & \zeta^2 & 1 & -(1+\zeta^2) & -(1+\zeta^2) \\ 1 & \zeta^2 & 1 & \zeta^2 & 1 & 1 & 1 & 1 & \zeta^2 \\ \zeta^2 & \zeta^2 & -(1+\zeta^2) & 1 & \zeta^2 & 1 & 1 & -(1+\zeta^2) & -(1+\zeta^2) \\ 1 & -(1+\zeta^2) & -(1+\zeta^2) & 1 & 1 & \zeta^2 & \zeta^2 & -(1+\zeta^2) & \zeta^2 \\ 1 & 1 & \zeta^2 & 1 & \zeta^2 & 1 & \zeta^2 & 1 & 1 \\ 1 & -(1+\zeta^2) & -(1+\zeta^2) & \zeta^2 & \zeta^2 & -(1+\zeta^2) & 1 & \zeta^2 & 1 \\ \zeta^2 & -(1+\zeta^2) & \zeta^2 & 1 & -(1+\zeta^2) & -(1+\zeta^2) & 1 & 1 & \zeta^2 \end{pmatrix} \tag{2-53}$$

下面将给出当 Alice 和 Bob 在两个三级 Bell 态之间做纠缠交换测量时的结果. 假设 Alice 准备态 $|\phi(0,0)\rangle_{12}$, Bob 准备态 $|\phi(0,0)\rangle_{34}$, 即两人的初始态均如式 (2-54) 所示

$$\frac{1}{\sqrt{3}}\sum_{j=0}^{2}|j\rangle|j\rangle \tag{2-54}$$

当 Alice 和 Bob 交换他们的粒子 2 和 4 以后, Alice 测量粒子 1 和 4, Bob 测量粒子 3 和 2. 如果他们都是用 Bell 基测量, 则每个人根据自己的测量结果就可以推知对方的结果, 因为

$$|\phi(0,0)\rangle_{12}|\phi(0,0)\rangle_{34}=\frac{1}{3}\sum_{k,l=0}^{2}\zeta^{kl}|\phi(k,l)\rangle_{14}|\phi(-k,-l)\rangle_{32} \tag{2-55}$$

然而, 如果他们都用对偶基去测量, 则一方根据自己的测量结果得不到对方测量结果的任何信息. 令

$$R=(r_{ij})=\frac{(2+\zeta)^2}{27}\begin{pmatrix} 1+\zeta^2 & 1+\zeta^2 & 1+\zeta^2 & 1+\zeta^2 & -1 & 1+\zeta & 1+\zeta^2 & 1+\zeta & -1 \\ 1+\zeta^2 & -1 & 1+\zeta & 1+\zeta^2 & -\zeta^2 & -1 & 1+\zeta^2 & 1+\zeta^2 & 1+\zeta^2 \\ 1+\zeta^2 & 1+\zeta & -1 & 1+\zeta^2 & 1+\zeta^2 & 1+\zeta^2 & 1+\zeta^2 & -1 & -\zeta^2 \\ 1+\zeta^2 & 1+\zeta^2 & 1+\zeta^2 & -1 & 1+\zeta & 1+\zeta^2 & 1+\zeta & -1 & 1+\zeta^2 \\ -1 & -\zeta^2 & 1+\zeta^2 & 1+\zeta & -1 & 1+\zeta^2 & 1+\zeta^2 & 1+\zeta^2 & 1+\zeta^2 \\ 1+\zeta & -1 & 1+\zeta^2 & 1+\zeta^2 & 1+\zeta^2 & -\zeta & -1 & 1+\zeta & 1+\zeta^2 \\ 1+\zeta^2 & 1+\zeta^2 & 1+\zeta^2 & 1+\zeta & 1+\zeta^2 & -1 & -1 & 1+\zeta^2 & 1+\zeta \\ 1+\zeta & 1+\zeta^2 & -1 & -1 & 1+\zeta^2 & 1+\zeta & 1+\zeta^2 & -\zeta & 1+\zeta^2 \\ -1 & 1+\zeta^2 & -\zeta^2 & 1+\zeta^2 & 1+\zeta^2 & 1+\zeta^2 & 1+\zeta & 1+\zeta^2 & -1 \end{pmatrix} \tag{2-56}$$

利用两组基的关系和等式 (2-53), 可以得到当 Alice 和 Bob 都用对偶基测量他们的粒子时的可能结果

$$|\phi(0,0)\rangle_{12}\,|\phi(0,0)\rangle_{34}=(|\bar{\phi}\rangle_{14})^{\mathrm{T}}_{9\times 1}\cdot R\cdot(|\bar{\phi}\rangle_{32})_{9\times 1} \tag{2-57}$$

其中, 矩阵 R 中的元素 r_{ij} 对应结果为 $|\overline{\phi}_i\rangle_{14}|\overline{\phi}_j\rangle_{32}$ 的概率, $|\overline{\phi}_i\rangle$ 是矩阵 $(|\overline{\phi}\rangle)$ 中的第 i 行元素. 由于对每一个 $i,j=1,2,\cdots,9$, 所有的 $|r_{ij}|^2$ 都相等, 对偶基中任意两个基态的组合都等概率地出现, 且其概率为 1/81. 例如, 得到结果 $|\overline{\phi}(0,0)\rangle_{14}|\overline{\phi}(1,2)\rangle_{32}$ 的概率为

$$|r_{15}|^2=\left|\frac{(2+\zeta)^2}{27}\cdot(1+\zeta)\right|^2=\frac{1}{81} \tag{2-58}$$

从而, Alice(或 Bob) 的一个结果将等概率地与 Bob(或 Alice) 的所有结果相对应, 因此, 他们不能根据测量结果建立确定的相关性, 从而不能建立有用的密钥比特. 这个结论可以直接推广到 $d(d>3)$ 级系统的情形.

2.4.6 结束语

基于 ES, 在 2.4.1 节提出一个新的两级系统 QKD 协议, 在 2.4.4 节提出一个新的 d 级系统 QKD 协议. 它们的安全性分别由随机选择两组测量基和随机选择两个不同的过程来保障. 特别地, 针对文献 [15] 中介绍的攻击方法, 详细分析了两协议的安全性. 此外, 利用二次剩余理论, 证明了在 d 级系统中, Bell 基中的一个基态是它的对偶基中所有 d^2 个基态的均匀叠加. 而在两级系统中, 一个 Bell 基态是对偶基中两个基态 (d 而不是 $d^2=4$) 的均匀叠加. 这个结论对设计量子密码协议具有一定的指导意义, 基于这个结果在 2.4.4 节提出一个新的 d 级 QKD 协议. 它的两级特例 (d=2) 与前面文献 [16, 17] 中的协议类似. 然而, Bell 基与其对偶基之间不同的关系加强了 d 级系统下 QKD 协议的安全性. 尽管在随机选择的两个过程中的一个中, Eve 的攻击与文献 [16, 17] 中一样会成功, 但对于另一个过程, 2.4.4 节的协议中 Eve 得不到任何信息, 而在文献 [16, 17] 中能得到一半的信息, 并且 Eve 的这种攻击会引入 $(d^2-1)/d^2$ 的错误率, 而不是 1/2. 此外, 每一次纠缠交换测量, Alice 和 Bob 都能够建立 $\log_2 d^2$bit 的密钥, 这意味着 d 级系统 QKD 协议相对于两级系统协议的效率有一个量的提高.

2.5 利用不可扩展乘积基和严格纠缠基的量子密钥分发方案

从 2.1 节和 2.2 节知道正交态协议实际就是把 1bit 的信息分割成两步传送以确保每次仅有部分的比特信息被传送. 正交态的不可克隆定理[69] 保证了方案的安全性. 基于克隆非正交混合态的不可能性, 正交态的不可克隆定理是: 由 A 和 B 组成的系统的两个 (或多个) 正交态 $\rho_i(\mathrm{AB})$ 不能被克隆, 条件是首先被获得的 (比如 A) 子系统的约化密度矩阵 $\rho_i(\mathrm{A})=\mathrm{tr_B}\,[\rho_i(\mathrm{AB})]$ 是非正交且不相同的, 以及第二个子系统的约化密度矩阵是非正交的. 这是一个令人吃惊的结果, 它意味着纠缠对于阻止正交态的克隆不再至关重要. 在由两个子系统组成的复合系统的情况下, 如果

子系统仅仅是一个接一个地被获得, 那么存在多种正交态不能被克隆的情况.

对于多态系统, Bennett 等[70] 已经表明存在 $3\otimes3$Hilbert 空间的正交乘积纯态, 并且证明这些无纠缠的态可能具有非局域性. 文献 [9] 中提出了一种利用正交乘积态的量子密钥分发方案. 这一节介绍一个利用 $3\otimes3$Hilbert 空间的不可扩展乘积基和严格纠缠基的量子密钥分发方案, 并对窃听者的窃听成功概率进行详细分析.

2.5.1 $3\otimes3$Hilbert 空间的 UPB 和 EEB 的构造

为了便于描述下面的协议, 介绍几个必不可少的概念和结果. 一个多方量子态的 Hilbert 空间 H 的乘积基 (PB) 是一个正交乘积纯态的集合. 一个多方量子态的 Hilbert 空间 H 的不可扩展乘积基 (UPB) S 是一个 PB. 它可张起 H 的子空间 H_S, 并使其补空间 $H-H_S$ 不包括乘积态. 关于 UPB, 读者可以参考文献 [71~74].

在文献 [75] 中, 已证明了严格纠缠基 (EEB) 的存在性, 并对相关概念作了定义. 考虑一个多方量子系统 $H=\otimes_{i=1}^{M}H_i$, 各方的维度分别为 d_i, H 的总维度是 $N=\prod\limits_{i=1}^{M}d_i$. 一个纠缠基 (EB) $T=\{|\varphi_0\rangle,\cdots,|\varphi_{n-1}\rangle\}$ 是纯态 $|\varphi_j\rangle\,(j=0,\cdots,n-1)$ 使得它们的任意联合仍是一个纠缠纯态. 被 EB T 张起的子空间 H_T(H_T 不包括任何分离的纯态) 被称作纠缠空间 (ES). 如果存在一个包含 $m=N-n$ 个乘积态的 UPB$S=\{|\psi_0\rangle,\cdots,|\psi_{m-1}\rangle\}$ 使得 $B=S\bigcup T=\{|\psi_0\rangle,\cdots,|\psi_{m-1}\rangle,|\varphi_0\rangle,\cdots,|\varphi_{n-1}\rangle\}$ 形成 H 的一个正交完备基, 则一个 EB T 被称作严格纠缠基 (EEB). 在这种情况下, 子空间 H_T 被称作严格纠缠空间 (EES), 其中所有的态和 UPB S 相互正交. 把 B 称作一个完备的不可扩展乘积基 (CBUPB).

众所周知有许多方式构建各种 UPB[70~72,76,77]. 下面考虑 $3\otimes3$ 系统的情形. 该 Hilbert 空间的 UPB 的一般集合形式如下:

$$|\psi_0\rangle=|0\rangle\,(a\,|0\rangle+b\,|1\rangle) \tag{2-59}$$

$$|\psi_1\rangle=(e\,|0\rangle+f\,|1\rangle)\,|2\rangle \tag{2-60}$$

$$|\psi_2\rangle=|2\rangle\,(c\,|1\rangle+d\,|2\rangle) \tag{2-61}$$

$$|\psi_3\rangle=(g\,|1\rangle+h\,|2\rangle)\,|0\rangle \tag{2-62}$$

$$|\psi_4\rangle=\frac{1}{3}(|0\rangle+|1\rangle+|2\rangle)(|0\rangle+|1\rangle+|2\rangle) \tag{2-63}$$

其中, a,b,c,d,e,f,g,h 是复数且 $|a|^2+|b|^2=|c|^2+|d|^2=|e|^2+|f|^2=|g|^2+|h|^2=1$. 现在 UPB $S=\{|\psi_0\rangle,\cdots,|\psi_4\rangle\}$ 被给定, 使用 Schmidt 正交化的方法可以获得一个 EEB. 任意选取 H 中的 4 态的一个集合 $\{|f_0\rangle,|f_1\rangle,|f_2\rangle,|f_3\rangle\}$, 使得 $\{|\psi_0\rangle,\cdots,|\psi_4\rangle,|f_0\rangle,|f_1\rangle,|f_2\rangle,|f_3\rangle\}$ 形成 H 中的一个线性独立群. 例如, 可以选取

$\{|f_0\rangle, |f_1\rangle, |f_2\rangle, |f_3\rangle\}$ 为 $|f_0\rangle = |0\rangle(b^*|0\rangle - a^*|1\rangle)$, $|f_1\rangle = (f^*|0\rangle - e^*|1\rangle)|2\rangle$, $|f_2\rangle = |2\rangle(d^*|1\rangle - c^*|2\rangle)$ 和 $|f_3\rangle = (h^*|1\rangle - g^*|2\rangle)|0\rangle$. 通过推导, 定义 $|\varphi_k\rangle\,(k=0,1,2,3)$ 如下所示:

$$|\varphi_0\rangle = \eta_0\left\{|f_0\rangle - \sum_{i=0}^{4}\langle\psi_i|f_0\rangle|\psi_i\rangle\right\} \tag{2-64}$$

$$|\varphi_k\rangle = \eta_k\left\{|f_k\rangle - \sum_{i=0}^{4}\langle\psi_i|f_k\rangle|\psi_i\rangle - \sum_{j=0}^{k-1}\langle\varphi_j|f_k\rangle|\varphi_j\rangle\right\},\quad k=1,2,3 \tag{2-65}$$

其中, η_k 是归一化系数. 记 $T=\{|\varphi_0\rangle,\cdots,|\varphi_3\rangle\}$, 因此 $B=S\bigcup T=\{|\psi_0\rangle,\cdots,|\psi_4\rangle, |\varphi_0\rangle,\cdots,|\varphi_3\rangle\}$ 形成一个正交完备基. 由于 S 是一个 UPB, 所以 T 是一个 EEB, B 是一个 CBUPB. 对应 $\{|f_0\rangle, |f_1\rangle, |f_2\rangle, |f_3\rangle\}$ 不同的选择, 可以获得不同的 EEB, 显然它们张起 H 相同的子空间.

对应于上面的 $\{|f_0\rangle, |f_1\rangle, |f_2\rangle, |f_3\rangle\}$, 可以计算出 $|\varphi_k\rangle\,(k=0,1,2,3)$ 如下:

$$\begin{aligned}|\varphi_0\rangle =& \eta_0\left\{|0\rangle\left(\frac{8b^*+a^*}{9}|0\rangle - \frac{b^*+8a^*}{9}|1\rangle - \frac{b^*-a^*}{9}|2\rangle\right)\right.\\ &\left. - \frac{b^*-a^*}{9}(|1\rangle+|2\rangle)(|0\rangle+|1\rangle+|2\rangle)\right\}\end{aligned} \tag{2-66}$$

其中, $\eta_0 = \dfrac{9}{\sqrt{|8b+a|^2+|b+8a|^2+7|b-a|^2}}$.

令

$$\begin{aligned}Z_1 &= \eta_1\left(-\frac{f^*-e^*}{9} - \eta_0^2\frac{(b-a)(e^*-f^*)(8b^*+a^*)}{81}\right)\\ Z_2 &= \eta_1\left(-\frac{f^*-e^*}{9} + \eta_0^2\frac{(b-a)(e^*-f^*)(b^*+8a^*)}{81}\right)\\ Z_3 &= \eta_1\left(\frac{8f^*+e^*}{9} + \eta_0^2\frac{|b-a|^2(e^*-f^*)}{81}\right)\\ Z_4 &= \eta_1\left(-\frac{f^*-e^*}{9} + \eta_0^2\frac{|b-a|^2(e^*-f^*)}{81}\right)\\ Z_5 &= \eta_1\left(-\frac{f^*+8e^*}{9} + \eta_0^2\frac{|b-a|^2(e^*-f^*)}{81}\right)\end{aligned} \tag{2-67}$$

$$\begin{aligned}|\varphi_1\rangle =& Z_1|0\rangle|0\rangle + Z_2|0\rangle|1\rangle + Z_3|0\rangle|2\rangle + Z_4|1\rangle(|0\rangle+|1\rangle)\\ &+ Z_4|2\rangle(|0\rangle+|1\rangle+|2\rangle) + Z_5|1\rangle|2\rangle\end{aligned} \tag{2-68}$$

令

$$\begin{aligned}Y_1 &= \eta_2\left[-\frac{1}{9} + \eta_0^2\frac{(b-a)(8b^*+a^*)}{81} - Z_1Z_4^*\right](d^*-c^*)\\ Y_2 &= \eta_2\left[-\frac{1}{9} - \eta_0^2\frac{(b-a)(b^*+8a^*)}{81} - Z_2Z_4^*\right](d^*-c^*)\end{aligned}$$

$$
\begin{aligned}
Y_3 &= \eta_2 \left[-\frac{1}{9} - \eta_0^2 \frac{|b-a|^2}{81} - Z_3 Z_4^*\right](d^* - c^*) \\
Y_4 &= \eta_2 \left[-\frac{1}{9} - \eta_0^2 \frac{|b-a|^2}{81} - |Z_4|^2\right](d^* - c^*) \\
Y_5 &= \eta_2 \left[-\frac{1}{9} - \eta_0^2 \frac{|b-a|^2}{81} - Z_5 Z_4^*\right](d^* - c^*) \\
Y_6 &= \eta_2 \left[\frac{8d^* + c^*}{9} - \eta_0^2 \frac{|b-a|^2 (d^* - c^*)}{81} - |Z_4|^2 (d^* - c^*)\right] \\
Y_7 &= \eta_2 \left[-\frac{d^* + 8c^*}{9} - \eta_0^2 \frac{|b-a|^2 (d^* - c^*)}{81} - |Z_4|^2 (d^* - c^*)\right]
\end{aligned}
\tag{2-69}
$$

$$
\begin{aligned}
|\varphi_2\rangle =& Y_1 |0\rangle |0\rangle + Y_2 |0\rangle |1\rangle + Y_3 |0\rangle |2\rangle + Y_4 |1\rangle |0\rangle + \\
& Y_4 |1\rangle |1\rangle + Y_5 |1\rangle |2\rangle + Y_4 |2\rangle |0\rangle + Y_6 |2\rangle |1\rangle + Y_7 |2\rangle |2\rangle
\end{aligned}
\tag{2-70}
$$

令

$$
\begin{aligned}
& A = -\eta_3 \frac{h^* - g^*}{9}, B = \eta_3 \frac{8h^* + g^*}{9}, C = -\eta_3 \frac{h^* + 8g^*}{9}, X_1 = \eta_3 \eta_0^2 \frac{(b-a)(h^* - g^*)}{9}, \\
& X_2 = -\eta_3 \eta_1 \left[\frac{1}{9} + \eta_0^2 \frac{(b-a)^2}{81}\right](e - f)(h^* - g^*), \\
& X_3 = \eta_3 \eta_2 \left[\frac{1}{9} + \eta_0^2 \frac{(b-a)^2}{81} + |Z_4|^2\right](d - c)(h^* - g^*)
\end{aligned}
\tag{2-71}
$$

$$
\begin{aligned}
|\varphi_3\rangle =& \left(A + X_1 \frac{8b^* + a^*}{9} + X_2 Z_1 + X_3 Y_1\right) |0\rangle |0\rangle \\
& + \left(A - X_1 \frac{b^* + 8a^*}{9} + X_2 Z_2 + X_3 Y_2\right) |0\rangle |1\rangle \\
& + \left(A - X_1 \frac{b^* - a^*}{9} + X_2 Z_3 + X_3 Y_3\right) |0\rangle |2\rangle \\
& + \left(B - X_1 \frac{b^* - a^*}{9} + X_2 Z_4 + X_3 Y_4\right) |1\rangle |0\rangle \\
& + \left(A - X_1 \frac{b^* - a^*}{9} + X_2 Z_4 + X_3 Y_4\right) |1\rangle |1\rangle \\
& + \left(A - X_1 \frac{b^* - a^*}{9} + X_2 Z_5 + X_3 Y_5\right) |1\rangle |2\rangle \\
& + \left(C - X_1 \frac{b^* - a^*}{9} + X_2 Z_4 + X_3 Y_4\right) |2\rangle |0\rangle \\
& + \left(A - X_1 \frac{b^* - a^*}{9} + X_2 Z_4 + X_3 Y_6\right) |2\rangle |1\rangle \\
& + \left(A - X_1 \frac{b^* - a^*}{9} + X_2 Z_4 + X_3 Y_7\right) |2\rangle |2\rangle
\end{aligned}
\tag{2-72}
$$

2.5.2　协议描述

在该 QKD 方案中, 传送过程类似于利用普通正交态的 QKD 方案[6] 和利用正交乘积态的 QKD 方案[9].

协议过程具体如下:

(1) Alice 随机地将粒子 A 和 B 制备为式 (2-59)~(2-63) 以及式 (2-66)、(2-68)、(2-70) 和 (2-72) 所示的 9 个正交态中的一个, 把粒子 A 发送给 Bob. 当 Bob 接收到粒子 A 时, 他通过一个公开的经典信道通知 Alice. 然后 Alice 发送粒子 B. 当 Bob 拥有粒子 A 和粒子 B 时, 他在上面 9 个正交态所处的基上作联合测量来确定这两个粒子制备在哪个态上. 在该过程的多次重复之后, 他们可以共享一个随机比特串, 该比特串就作为原始生密钥.

(2) 为了检测窃听, Alice 和 Bob 随机地比较一些比特来验证相关性是否被破坏. 如果错误率低于特定的阈值, 他们可以认为没有窃听存在, 剩下的结果经过纠错和保密放大之后可以作为密钥. 否则, 他们抛弃所有的密钥, 重新执行该 QKD 协议.

该方案实现的关键之处在于 Alice 仅仅当第一个粒子到达 Bob 之后发送第二个粒子以消除任何窃听者同时拥有两个粒子的可能性, 是一个标准的两步类协议. 由于所有的原始密钥除了用于检测窃听的比特被抛弃之外, 其他的密钥比特均可用, 该协议是高效率的 (接近 100%), 且具有大容量, 因为通过一个 $3 \otimes 3$ 系统可以传送 $\log_2 9$ 比特的信息. 这一点进一步验证了 2.4 节所说的 d 级系统协议的高效性.

2.5.3　安全性分析

该 QKD 方案使用了一个 CBUPB. 该 CBUPB 由正交乘积态和纠缠态组成. 首先考虑截获–重发攻击. 在该策略中, Eve 测量 Alice 发送给 Bob 的第一个粒子. 她根据第一个粒子的测量结果测量第二个粒子并将它发送给 Bob. 具体过程如下: Eve 截获粒子 A, 并用 $\{|0\rangle, |1\rangle, |2\rangle\}$ 基测量. 假设粒子 A 位于态 $|0\rangle$, 粒子 A 和 B 的两粒子态处于除了 $|\psi_2\rangle$ 和 $|\psi_3\rangle$ 之外的一个态上. 然后她将之发送给 Bob. 根据式 (2-59)~(2-63) 以及式 (2-66), (2-68), (2-70) 和 (2-72), 可以看出所发送的态被塌缩, 除非所发送的态正好处于态 $|\psi_0\rangle$. 当粒子 B 到来时, Eve 截获它. 但是 Eve 不能找到一个可以区分所传送的态的测量基. Eve 的测量不会给她带来关于所传送的态的信息. 相反, 她只会干扰所传送的态, 而被 Alice 和 Bob 通过随机比较一些比特检测到. 因此可以看到 Eve 窃听密钥信息的成功概率要低于文献 [9] 中的利用正交乘积态的 QKD 方案.

下面通过一个具体的实例计算窃听者 Eve 窃听成功且不被检测到的概率, 为了简单而不失一般性, 令 $a = -b = e = -f = c = -d = g = -h = \dfrac{1}{\sqrt{2}}$. Eve 先对接

收到的第一个粒子 A 用 $\{|0\rangle, |1\rangle, |2\rangle\}$ 基测量. 如 Eve 测得的 A 所处的态为 $|0\rangle$, 则 Eve 知道两粒子的态处于 $|\psi_0\rangle$ 的概率为 $\frac{1}{3}$, 处于 $|\psi_1\rangle$ 的概率为 $\frac{1}{6}$, 处于 $|\psi_4\rangle$ 的概率为 $\frac{1}{9}$, 处于 $|\varphi_0\rangle$ 的概率为 $\frac{17}{63}$, 处于 $|\varphi_1\rangle$ 的概率为 $\frac{5}{42}$. 然后 Eve 把粒子发送给 Bob. 当 Eve 接收到第二个粒子 B 时, 在 $\left\{\frac{1}{\sqrt{2}}(|0\rangle - |1\rangle), |2\rangle\right\}$ 基上作测量, 如果所得的态为 $\frac{1}{\sqrt{2}}(|0\rangle - |1\rangle)$, 则 Eve 猜对两粒子处于 $|\psi_0\rangle$ 态的概率为 1, Bob 发现两粒子处于 $|\psi_0\rangle$ 态的概率为 1. 如果所得的态为 $|2\rangle$, 则 Eve 猜对两粒子处于 $|\psi_1\rangle$ 态的概率为 1, Bob 发现两粒子处于 $|\psi_1\rangle$ 态的概率为 $\frac{1}{2}$; Eve 猜对两粒子处于 $|\psi_4\rangle$ 态的概率为 $\frac{1}{3}$, Bob 发现两粒子处于 $|\psi_4\rangle$ 态的概率为 $\frac{1}{9}$; Eve 猜对两粒子处于 $|\varphi_0\rangle$ 态的概率为 $\frac{2}{51}$, Bob 发现两粒子处于 $|\varphi_0\rangle$ 态的概率为 $\frac{2}{63}$; Eve 猜对两粒子处于 $|\varphi_1\rangle$ 态的概率为 1, Bob 发现两粒子处于 $|\varphi_1\rangle$ 态的概率为 $\frac{5}{14}$.

如果 Eve 测得的 A 的态为 $|1\rangle$, 则 Eve 知道两粒子的态处于 $|\psi_1\rangle$ 的概率为 $\frac{1}{6}$, 处于 $|\psi_3\rangle$ 的概率为 $\frac{1}{6}$, 处于 $|\psi_4\rangle$ 的概率为 $\frac{1}{9}$, 处于 $|\varphi_0\rangle$ 的概率为 $\frac{2}{63}$, 处于 $|\varphi_1\rangle$ 的概率为 $\frac{11}{70}$, 处于 $|\varphi_2\rangle$ 的概率为 $\frac{4}{45}$, 处于 $|\varphi_3\rangle$ 的概率为 $\frac{5}{18}$. 然后 Eve 把粒子发送给 Bob. 当 Eve 接收到第二个粒子 B 时, 在 $\left\{\frac{1}{\sqrt{2}}(|0\rangle + |1\rangle), |2\rangle\right\}$ 基上作测量, 如所得的态为 $\frac{1}{\sqrt{2}}(|0\rangle + |1\rangle)$, 则 Eve 猜对两粒子处于 $|\psi_3\rangle$ 态的概率为 $\frac{1}{2}$, Bob 发现两粒子处于 $|\psi_3\rangle$ 态的概率为 $\frac{1}{4}$; Eve 猜对两粒子处于 $|\psi_4\rangle$ 态的概率为 $\frac{2}{3}$, Bob 发现两粒子处于 $|\psi_4\rangle$ 态的概率为 $\frac{2}{9}$; Eve 猜对两粒子处于 $|\varphi_0\rangle$ 态的概率为 $\frac{2}{3}$, Bob 发现两粒子处于 $|\varphi_0\rangle$ 态的概率为 $\frac{4}{63}$; Eve 猜对两粒子处于 $|\varphi_1\rangle$ 态的概率为 $\frac{8}{33}$, Bob 发现两粒子处于 $|\varphi_1\rangle$ 态的概率为 $\frac{4}{35}$; Eve 猜对两粒子处于 $|\varphi_2\rangle$ 态的概率为 1, Bob 发现两粒子处于 $|\varphi_2\rangle$ 态的概率为 $\frac{4}{15}$; Eve 猜对两粒子处于 $|\varphi_3\rangle$ 态的概率为 $\frac{1}{10}$, Bob 发现两粒子处于 $|\varphi_3\rangle$ 态的概率为 $\frac{1}{12}$. 如所得的态为 $|2\rangle$, 则 Eve 猜对两粒子处于 $|\psi_1\rangle$ 态的概率为 1, Bob 发现两粒子处于 $|\psi_1\rangle$ 态的概率为 $\frac{1}{2}$; Eve 猜对两粒子处于 $|\psi_4\rangle$ 态的概率为 $\frac{1}{3}$, Bob 发现两粒子处于 $|\psi_4\rangle$ 态的概率为 $\frac{1}{9}$; Eve 猜对两粒子处于 $|\varphi_0\rangle$ 态的概率为 $\frac{1}{3}$, Bob 发现两粒子处于 $|\varphi_0\rangle$ 态的概率为 $\frac{2}{63}$; Eve 猜对两粒子处于 $|\varphi_1\rangle$ 态的概率为 $\frac{25}{33}$, Bob 发现两粒子处于 $|\varphi_1\rangle$ 态的概率为 $\frac{5}{14}$.

如果 Eve 测得的 A 的态为 $|2\rangle$, 则 Eve 知道两粒子的态处于 $|\psi_2\rangle$ 的概率为 $\frac{1}{3}$, 处于 $|\psi_3\rangle$ 的概率为 $\frac{1}{6}$, 处于 $|\psi_4\rangle$ 的概率为 $\frac{1}{9}$, 处于 $|\varphi_0\rangle$ 的概率为 $\frac{2}{63}$, 处于 $|\varphi_1\rangle$ 的概率为 $\frac{2}{35}$, 处于 $|\varphi_2\rangle$ 的概率为 $\frac{11}{45}$, 处于 $|\varphi_3\rangle$ 的概率为 $\frac{1}{18}$. 然后 Eve 把粒子发送给 Bob. 当 Eve 接收到第二个粒子 B 时, 在 $\left\{\frac{1}{\sqrt{2}}(|1\rangle-|2\rangle), \frac{1}{\sqrt{2}}(|1\rangle+|2\rangle), |0\rangle\right\}$ 基上作测量, 如果所得的态为 $\frac{1}{\sqrt{2}}(|1\rangle-|2\rangle)$, 则 Eve 猜对两粒子处于 $|\psi_2\rangle$ 态的概率为 1, Bob 发现两粒子处于 $|\psi_2\rangle$ 态的概率为 1. 如果所得的态为 $|0\rangle$, 则 Eve 猜对两粒子处于 $|\psi_3\rangle$ 态的概率为 1, Bob 发现两粒子处于 $|\psi_3\rangle$ 态的概率为 $\frac{1}{2}$; Eve 猜对两粒子处于 $|\psi_4\rangle$ 态的概率为 $\frac{1}{3}$, Bob 发现两粒子处于 $|\psi_4\rangle$ 态的概率为 $\frac{1}{9}$; Eve 猜对两粒子处于 $|\varphi_0\rangle$ 态的概率为 $\frac{1}{3}$, Bob 发现两粒子处于 $|\varphi_0\rangle$ 态的概率为 $\frac{2}{63}$; Eve 猜对两粒子处于 $|\varphi_1\rangle$ 态的概率为 $\frac{1}{3}$, Bob 发现两粒子处于 $|\varphi_1\rangle$ 态的概率为 $\frac{2}{35}$; Eve 猜对两粒子处于 $|\varphi_2\rangle$ 态的概率为 $\frac{2}{11}$, Bob 发现两粒子处于 $|\varphi_2\rangle$ 态的概率为 $\frac{2}{15}$; Eve 猜对两粒子处于 $|\varphi_3\rangle$ 态的概率为 1, Bob 发现两粒子处于 $|\varphi_3\rangle$ 态的概率为 $\frac{1}{6}$. 如果所得的态为 $\frac{1}{\sqrt{2}}(|1\rangle+|2\rangle)$, 则 Eve 猜对两粒子处于 $|\psi_4\rangle$ 态的概率为 $\frac{2}{3}$, Bob 发现两粒子处于 $|\psi_4\rangle$ 态的概率为 $\frac{2}{9}$; Eve 猜对两粒子处于 $|\varphi_0\rangle$ 态的概率为 $\frac{2}{3}$, Bob 发现两粒子处于 $|\varphi_0\rangle$ 态的概率为 $\frac{4}{63}$; Eve 猜对两粒子处于 $|\varphi_1\rangle$ 态的概率为 $\frac{2}{3}$, Bob 发现两粒子处于 $|\varphi_1\rangle$ 态的概率为 $\frac{4}{35}$; Eve 猜对两粒子处于 $|\varphi_2\rangle$ 态的概率为 $\frac{9}{11}$, Bob 发现两粒子处于 $|\varphi_2\rangle$ 态的概率为 $\frac{3}{5}$.

利用全概率公式, 计算出 Eve 窃听成功且未被检测到的总的概率为 $P_S(G) \approx 0.414165$. 该值小于文献 [9] 中协议所计算的最小值 $\frac{7}{9}$.

该 QKD 方案有许多独特的特点. 所使用的态不仅可以是纠缠态, 也可以是正交乘积态. 正交乘积态的使用使得 Alice 易于制备所传送的态. 同时, 为了确保足够的安全性和高效率且不降低大容量, 纠缠态也被使用. 该方案检测窃听的概率远远高于单纯使用正交乘积态的 QKD 方案.

2.5.4 到 $n\otimes n$ 系统的推广

一个 CBUPB 可以从 GenTiles1 中构造所得. 关于 PB 和 UPB 在量子信息中的要求和应用可以参考文献 [72, 78]. 通过使用文献 [72, 78] 中的符号, 在 $H = H_n \otimes H_n$ 中 (n 是偶数且 $n \geqslant 4$), GenTiles1$\{|V_{mk}\rangle, |H_{mk}\rangle, |F\rangle\}$ 被定义如下:

$$|V_{mk}\rangle=\frac{2}{n}|k\rangle\otimes|w_{m,k+1}\rangle=\frac{2}{n}|k\rangle\otimes\sum_{j=0}^{\frac{n}{2}-1}w^{jm}|j+k+1 \bmod n\rangle,\quad w=\mathrm{e}^{\frac{\mathrm{i}4\pi}{n}}$$
$$|H_{mk}\rangle=\frac{2}{n}|w_{m,k}\rangle\otimes|k\rangle,|F\rangle=\frac{1}{n^2}\sum_{i=0}^{n-1}\sum_{j=0}^{n-1}|i\rangle\otimes|j\rangle \tag{2-73}$$

其中, $n\geqslant m$.

如果选取 $|f_r\rangle=|r\rangle\otimes|r\rangle\,(r=0,1,\cdots,2(n-1))$, 那么 $\{|V_{mk}\rangle,|H_{mk}\rangle,|F\rangle,|f_r\rangle\}$ (态的总数是 n^2) 是归一化态的线性独立群. 通过推导定义归一化的态 $|\varphi_r\rangle\,(r=0,1,\cdots,2(n-1))$ 如下 (也就是 Schmidt 正交化):

$$|\varphi_0\rangle=\eta_0\left\{|f_0\rangle-\sum_{m=1}^{\frac{n}{2}}\sum_{k=0}^{n-1}(\langle V_{mk}|f_0\rangle|V_{mk}\rangle+\langle H_{mk}|f_0\rangle|H_{mk}\rangle)-\langle F|f_0\rangle|F\rangle\right\} \tag{2-74}$$

$$|\varphi_r\rangle=\eta_r\left\{|f_r\rangle-\sum_{m=1}^{\frac{n}{2}}\sum_{k=0}^{n-1}(\langle V_{mk}|f_r\rangle|V_{mk}\rangle+\langle H_{mk}|f_r\rangle|H_{mk}\rangle)\right.$$
$$\left.-\langle F|f_r\rangle|F\rangle-\sum_{s=0}^{r-1}\langle\varphi_s|f_r\rangle|\varphi_s\rangle\right\},\quad r=0,1,\cdots,2(n-1) \tag{2-75}$$

其中, $\eta_r(r=0,1,\cdots,2(n-1))$ 是归一化系数, 它也可通过推导确定. 所以集合 $\{|V_{mk}\rangle,|H_{mk}\rangle,|F\rangle,|f_r\rangle\}(m=1,2,\cdots,\frac{n}{2}-1;k=0,\cdots,n-1)$ 形成了 $H=H_n\otimes H_n$ 的一个正交完备基.

协议的过程类似于 $3\otimes3$Hilbert 空间的量子密钥分发方案, 但随着系统维数越高, 所传送的密钥信息的量越大, 相应的安全性也增加. 然而在高维情况下, 分析 Eve 窃听成功且未被检测到的概率是非常困难的, 这一难题将值得进一步研究.

2.5.5 结束语

在这一节, 介绍了一种利用 $3\otimes3$Hilbert 空间的不可扩展乘积基和严格纠缠基的量子密钥分发方案. 该方案具有许多独特的特点诸如大容量以及高效率. 此外, 也对协议进行了安全性分析, 并讨论了到 $n\otimes n$ 系统 (n 为偶数以及 $n\geqslant4$) 的推广.

2.6 基于 W 态的量子密钥分发方案

本着开发各种新的量子物理性质设计新的量子密码协议的原则, 本节介绍一个基于 W 态的量子密钥分发方案. 2000 年, Dür 等提出了一种新的纠缠态 W 态[79], 并指出 GHZ 态和 W 态在局域操作和经典通信 (LOCC) 下不能相互转化. 由于 W 态在量子比特的损耗方面具有比 GHZ 态更强的健壮性, 受到人们越来越多的关注. 这一节证明用于量子密钥分发的 W 态只能为系数全部相同的对称形式, 提出相应的量子密钥分发协议, 并对提出的量子密钥分发协议的安全性进行了分析.

2.6.1 W 态的特点

三粒子的 W 态的标准形式是[79]

$$|\varphi_{\rm W}\rangle=\sqrt{a}\,|001\rangle+\sqrt{b}\,|010\rangle+\sqrt{c}\,|100\rangle+\sqrt{d}\,|000\rangle \tag{2-76}$$

其中, $a,b,c>0$, $d=1-(a+b+c)\geqslant 0$.

一般的三量子比特纯态可由 Schmidt 分解为[80,81]

$$|\phi_3\rangle=\sum_{i=1}^{2}\lambda_i\,|\alpha_i,\beta_i,\gamma_i\rangle \tag{2-77}$$

其中, $\{|\alpha_i\rangle\},\{|\beta_i\rangle\}$ 和 $\{|\gamma_i\rangle\}$ 分别是三量子比特 Hilbert 空间的正交归一化基集合, λ_i 为正数. W 态不能表示成式 (2-77) 的形式, 由于 W 态的部分转置有一个负的本征值, 所以它的每两个量子比特的约化密度矩阵是不可分的.

最近, Cabello[82] 提出了三量子比特的 W 态的 Bell 定理, 他把 Clauser-Horne-Bell(CH-Bell) 不等式[83] 应用于 W 态得到

$$\begin{aligned}-1\leqslant &P(z_i=-1,z_j=-1)-P(z_i=-1,x_j\neq x_k)\\&-P(x_i\neq x_k,z_j=-1)-P(x_i=x_j=x_k)\leqslant 0\end{aligned} \tag{2-78}$$

其中, z_q 和 x_q 是对每一量子比特进行 σ_z 和 σ_x 测量的测量结果 (-1 或 1). $P(z_i=-1,z_j=-1)$ 表示对所有的三个量子比特进行 σ_z 测量有两个量子比特得到值为 -1 的概率. 该 CH-Bell 不等式可用于检测窃听.

2.6.2 协议描述

假设三粒子的 W 态具有式 (2-76) 的形式.

$$\begin{aligned}|\varphi_{\rm W}\rangle=&\frac{1}{2}[(\sqrt{b}+\sqrt{c}+\sqrt{d})\,|+x\rangle_a\,|+x\rangle_b+(\sqrt{c}+\sqrt{d}-\sqrt{b})\,|+x\rangle_a\,|-x\rangle_b\\&+(\sqrt{b}+\sqrt{d}-\sqrt{c})\,|-x\rangle_a\,|+x\rangle_b+(\sqrt{d}-\sqrt{b}-\sqrt{c})\,|-x\rangle_a\,|-x\rangle_b]\,|0\rangle_c\\&+\frac{1}{2}\sqrt{a}(|+x\rangle_a+|-x\rangle_a)(|+x\rangle_b+|-x\rangle_b)\,|1\rangle_c\\=&\frac{1}{2}[(\sqrt{a}+\sqrt{c}+\sqrt{d})\,|+x\rangle_a\,|+x\rangle_c+(\sqrt{c}+\sqrt{d}-\sqrt{a})\,|+x\rangle_a\,|-x\rangle_c\\&+(\sqrt{a}+\sqrt{d}-\sqrt{c})\,|-x\rangle_a\,|+x\rangle_c+(\sqrt{d}-\sqrt{a}-\sqrt{c})\,|-x\rangle_a\,|-x\rangle_c]\,|0\rangle_b\\&+\frac{1}{2}\sqrt{b}(|+x\rangle_a+|-x\rangle_a)(|+x\rangle_c+|-x\rangle_c)\,|1\rangle_b\\=&\frac{1}{2}[(\sqrt{a}+\sqrt{b}+\sqrt{d})\,|+x\rangle_b\,|+x\rangle_c+(\sqrt{b}+\sqrt{d}-\sqrt{a})\,|+x\rangle_b\,|-x\rangle_c\\&+(\sqrt{a}+\sqrt{d}-\sqrt{b})\,|-x\rangle_b\,|+x\rangle_c+(\sqrt{d}-\sqrt{a}-\sqrt{b})\,|-x\rangle_b\,|-x\rangle_c]\,|0\rangle_a\\&+\frac{1}{2}\sqrt{c}(|+x\rangle_b+|-x\rangle_b)(|+x\rangle_c+|-x\rangle_c)\,|1\rangle_a\end{aligned} \tag{2-79}$$

$$
\begin{aligned}
|\varphi_{\mathrm{W}}\rangle =&\frac{1}{2\sqrt{2}}[(\sqrt{a}+\sqrt{b}+\sqrt{c}+\sqrt{d})\,|+x\rangle_a\,|+x\rangle_b\,|+x\rangle_c \\
&+(\sqrt{b}+\sqrt{c}+\sqrt{d}-\sqrt{a})\,|+x\rangle_a\,|+x\rangle_b\,|-x\rangle_c \\
&+(\sqrt{a}-\sqrt{b}+\sqrt{c}+\sqrt{d})\,|+x\rangle_a\,|-x\rangle_b\,|+x\rangle_c \\
&+(\sqrt{c}+\sqrt{d}-\sqrt{a}-\sqrt{b})\,|+x\rangle_a\,|-x\rangle_b\,|-x\rangle_c \\
&+(\sqrt{a}+\sqrt{b}-\sqrt{c}+\sqrt{d})\,|-x\rangle_a\,|+x\rangle_b\,|+x\rangle_c \\
&+(\sqrt{b}+\sqrt{d}-\sqrt{a}-\sqrt{c})\,|-x\rangle_a\,|+x\rangle_b\,|-x\rangle_c \\
&+(\sqrt{a}+\sqrt{d}-\sqrt{b}-\sqrt{c})\,|-x\rangle_a\,|-x\rangle_b\,|+x\rangle_c \\
&+(\sqrt{d}-\sqrt{a}-\sqrt{b}-\sqrt{c})\,|-x\rangle_a\,|-x\rangle_b\,|-x\rangle_c]
\end{aligned} \tag{2-80}
$$

$$
\begin{aligned}
|\varphi_{\mathrm{W}}\rangle =&\frac{1}{\sqrt{2}}\,|+x\rangle_a\,[\sqrt{a}\,|01\rangle_{bc}+\sqrt{b}\,|10\rangle_{bc}+(\sqrt{c}+\sqrt{d})\,|00\rangle_{bc}] \\
&+\frac{1}{\sqrt{2}}\,|-x\rangle_a\,[\sqrt{a}\,|01\rangle_{bc}+\sqrt{b}\,|10\rangle_{bc}+(\sqrt{d}-\sqrt{c})\,|00\rangle_{bc}] \\
=&\frac{1}{\sqrt{2}}\,|+x\rangle_b\,[\sqrt{a}\,|01\rangle_{ac}+\sqrt{c}\,|10\rangle_{ac}+(\sqrt{b}+\sqrt{d})\,|00\rangle_{ac}] \\
&+\frac{1}{\sqrt{2}}\,|-x\rangle_b\,[\sqrt{a}\,|01\rangle_{ac}+\sqrt{c}\,|10\rangle_{ac}+(\sqrt{d}-\sqrt{b})\,|00\rangle_{ac}] \\
=&\frac{1}{\sqrt{2}}\,|+x\rangle_c\,[\sqrt{b}\,|01\rangle_{ab}+\sqrt{c}\,|10\rangle_{ab}+(\sqrt{a}+\sqrt{d})\,|00\rangle_{ab}] \\
&+\frac{1}{\sqrt{2}}\,|-x\rangle_c\,[\sqrt{b}\,|01\rangle_{ab}+\sqrt{c}\,|10\rangle_{ab}+(\sqrt{d}-\sqrt{a})\,|00\rangle_{ab}]
\end{aligned} \tag{2-81}
$$

其中, $|\pm x\rangle=\frac{1}{\sqrt{2}}(|0\rangle\pm|1\rangle), |+z\rangle=|0\rangle, |-z\rangle=|1\rangle$. 根据式 (2-79)~(2-81), Alice, Bob 和 Charlie 的测量基组合有 8 种, 其中可能有用的基组合为 $(x-x-z, x-z-x, z-x-x)$, 即只有三种可能有用的基组合, 但在这三种可能的测量基下, 并不是所有的测量结果都有用. 例如, 在式 (2-79) 中, 当沿 z 方向测量的结果为 $|1\rangle$ 时, 其他两方的相关关系不明确, 不能用于量子密钥分发. 在沿 z 方向测量的结果为 $|0\rangle$ 时, 为了能用于密钥分发, 只能选取适当的系数值, 使得另外两方的测量结果相关或反相关. 通过计算得知, $\sqrt{a}=\sqrt{b}=\sqrt{c}=\frac{1}{\sqrt{3}}, \sqrt{d}=0$, 即另两方的测量结果只能相关. 因此用于量子密钥分发的 W 态只能为如下形式:

$$
|\varphi_{\mathrm{W}}\rangle=\frac{1}{\sqrt{3}}(|001\rangle_{abc}+|010\rangle_{abc}+|100\rangle_{abc}) \tag{2-82}
$$

协议步骤具体如下:

(1) Alice 制备一列处于式 (2-82) 的三粒子, 把每个处于 $|\varphi_{\mathrm{W}}\rangle$ 态的其中的两个粒子按序分别发送给 Bob 和 Charlie, 自己保留剩下的一个粒子.

(2) Bob 收到粒子之后, 对于每一个收到的粒子, 以概率 λ_b 转向控制模式, 继续 b.1, 否则继续步骤 (4).

b.1 Bob 随机地沿 x 或 z 方向测量, 获得测量结果.

b.2 Bob 通过公开信道告知 Alice 和 Charlie 他的测量结果.

b.3 Charlie 通过公开信道告知 Alice 和 Bob 他的测量结果.

b.4 Charlie 通过公开信道告知 Alice 和 Bob 他的测量基.

b.5 Bob 通过公开信道告知 Alice 和 Charlie 他的测量基.

b.6 Alice 根据 Bob 和 Charlie 的测量基和测量结果, 转向控制模式, 选择相应的测量基, 获得测量结果, 根据 CH-Bell 不等式判断是否出错.

b.7 继续步骤 (2), 如已无须粒子转入控制模式, 继续步骤 (4).

(3) Charlie 收到粒子之后, 对于每一个收到的粒子, 以概率 λ_c 转向控制模式, 继续 c.1, 否则继续步骤 (4).

c.1 Charlie 随机地沿 x 方向或 z 方向测量, 获得测量结果.

c.2 Charlie 通过公开信道告知 Alice 和 Bob 他的测量结果.

c.3 Bob 通过公开信道告知 Alice 和 Charlie 他的测量结果.

c.4 Bob 通过公开信道告知 Alice 和 Charlie 他的测量基.

c.5 Charlie 通过公开信道告知 Alice 和 Bob 他的测量基.

c.6 Alice 根据 Charlie 和 Bob 的测量基和测量结果, 转向控制模式, 选择相应的测量基, 获得测量结果, 根据 CH-Bell 不等式 (2-78) 判断是否出错.

c.7 继续步骤 (3), 如已无须粒子转入控制模式, 继续步骤 (4).

(4) 计算错误率, 如果错误率高于某一特定的阈值 $E_{\rm th}$, 则放弃该密钥分发协议, 重新进行密钥分发. 否则继续步骤 (5).

(5) 除去处于控制模式的粒子, 剩下的粒子处于消息模式, Alice, Bob 和 Charlie 分别随机地对剩余的粒子进行沿 x 方向或 z 方向的测量, 然后 Alice, Bob 和 Charlie 公布自己的测量方向.

(6) Alice, Bob 和 Charlie 保留测量方向为 $(x-x-z, x-z-x, z-x-x)$ 的粒子的测量结果. 然后 Alice, Bob 和 Charlie 分别公布自己沿 z 方向的测量结果, 如果测量结果为 $|1\rangle$, 则三方放弃自己对应的测量结果, 如果测量结果为 $|0\rangle$, 则其他两方保存他们相应的测量结果, 生成他们之间共享的秘密密钥.

2.6.3 安全性分析

该协议利用 CH-Bell 不等式检测窃听. 由于仅仅使用了两种测量基, 所以不能像 E91 协议[3] 那样利用 Bell 不等式检测窃听.

W 态违反了 CH-Bell 不等式, 然而在存在窃听的情况下满足该 CH-Bell 不等式. 在存在窃听的情况下, 当三粒子态测量出现的概率为 $P(z_i=-1, z_j=-1)=1$,

$P(z_i=-1,x_j\neq x_k)=0,\quad P(x_i\neq x_k,z_j=-1)=0$ 时, $P(x_i=x_j=x_k)=1$. 在 W 态的情况下, $P(x_i=x_j=x_k)=3/4$ 可由式 (2-80) 在 $\sqrt{a}=\sqrt{b}=\sqrt{c}=1/\sqrt{3},\sqrt{d}=0$ 的条件下求得. 如果存在任何窃听, 就不会违反 CH-Bell 不等式.

Bob 和 Charlie 收到粒子之后, 对于每一个收到的粒子, 分别以概率 λ_b 和 λ_c 转向控制模式, 那么对于每一处于 W 态的三粒子对, 处于控制模式的概率设为 λ, 则 $\lambda=\lambda_b+\lambda_c-\lambda_b\lambda_c$. 设 Alice 制备了 N 个处于 W 态的三粒子对, 且当粒子处于控制模式时检测到的满足 CH-Bell 不等式的次数设为 $N_{\rm error}$, 则应满足 $\dfrac{N_{\rm error}}{\lambda N}\leqslant E_{\rm th}$.

下面分析一下窃听者采用截获–重发攻击时, 在粒子处于控制模式时被检测到的概率. 分两种情况讨论, 一种情况是当窃听者 Eve 截取到 Alice 发送给 Bob 和 Charlie 的粒子时, Eve 随机地选取 x 方向或 z 方向进行测量, 然后把粒子重新发送给 Bob 和 Charlie. 另一种情况是 Eve 截取到 Alice 发送给 Bob 和 Charlie 的粒子时, 重新制备另一三粒子的 W 态, 然后把其中的两个粒子分别发送给 Bob 和 Charlie. 分别讨论这两种情况.

第一种情况下, 当 Eve 随机地选取 x 方向或 z 方向对截取到的两个粒子进行测量时, 该三粒子对由 W 态变成经典的态, 那么在任何经典情况下, 三粒子不会违反 CH-Bell 不等式, 则当粒子处于控制模式时, Alice, Bob 和 Charlie 根据 CH-Bell 不等式, 可以判定有窃听者存在.

第二种情况下, Eve 截取到 Alice 发送给 Bob 和 Charlie 的粒子时, 重新制备另一三粒子的 W 态, 然后把其中的两个粒子分别发送给 Bob 和 Charlie. 当 Bob(Charlie) 以概率 $\lambda_b(\lambda_c)$ 转向控制模式时, Bob(Charlie) 随机地选取 x 方向或 z 方向对粒子进行测量, 然后通过公开信道告知其他两方测量结果. 然后协议的参与者按协议的步骤公开信息. 当 Bob(Charlie) 通过公开信道把自己的测量结果发送给其他两方和其他两方按照协议的步骤公开信息时, Eve 也读取到这些信息, 由于协议的参与者 Bob(Charlie) 是首先公开测量结果而不是测量基的, 所以 Eve 不知道 Bob(Charlie) 的测量方向, 只能在 Bob(Charlie) 的原始粒子上随机地选取 x 方向或 z 方向对粒子进行测量, 获得测量结果, 这就带来了随机性. 其他两方也随机地选取 x 方向或 z 方向对粒子进行测量, 获得测量结果, 然后公布测量结果和测量方向, 根据 CH-Bell 不等式判断是否有窃听存在. 由于 Eve 测量基的随机性, 利用 CH-Bell 不等式判断, 不可避免地会被发现.

2.6.4 结束语

本节介绍了基于 W 态的量子密钥分发协议, 尽管其效率不高, 但目的只是为了说明很多的量子物理性质都可以用于设计量子密码协议. 再者, 由于采用的是三粒子纠缠态, 对协议稍作修改就可以用于量子秘密共享, 这一点在第 3 章结束后读者可以自己体会到.

2.7 量子密钥分发中身份认证问题的研究现状及方向

由于最初提出的 QKD 协议 (如 BB84 等) 都不能防止中间人攻击, 即 Eve 冒充 Alice 与 Bob 建立共享的密钥 $K_{\rm be}$, 同时冒充 Bob 与 Alice 建立共享的密钥 $K_{\rm ae}$, 这样当 Alice 和 Bob 用建立的密钥传输消息时, Eve 就能轻易得到他们的消息而不被察觉. 所以人们又开始研究量子密钥分发中的身份认证问题.

经典信道分为两种: 抗干扰信道 (unjammable channel) 和非抗干扰信道 (jammable channel), 分别简称为 UC 和 JC. 在抗干扰信道中窃听者只能看到所传递的经典消息, 但是不能修改或者替换它, 相反在非抗干扰信道中窃听者可以更改或替换所传递的消息. 为了方便, 正如在 2.1.1 节讨论信道问题时所假设的, 在大多数量子密码协议中均假设通信者之间拥有 UC. 若实际应用中通信者之间没有这样的可靠信道, UC 也可以用经典的消息认证等方法来实现. 但通常情况下 UC 较难实现, 而经典认证方法也不易达到无条件安全, 因此往往不能有效防止攻击者来冒充合法通信者. 如果对通信双方所用的量子信道和经典信道有相应的控制能力, 攻击者甚至可以成功进行 "中间人" 攻击. 因此对通信双方的身份认证势在必行. 近来, 人们已经提出了一些量子身份认证方案[84~91]. Dusek 等在文献 [84] 中提出用经典的消息认证算法来认证 QKD 时所需要传递的经典消息, 以达到抗干扰信道的效果. Zeng 等在文献 [85] 中提出用纠缠态性质保证量子信息的安全性, 把共享信息做测量基编码来认证双方的身份. 文献 [86] 中把按共享信息产生的量子序列穿插在 BB84 协议的粒子中达到认证的目的. 文献 [87] 中提出在无差错量子信道下通过对纠缠粒子进行操作, 进而可以在不传递经典消息的情况下达到认证的目的. Mihara 在文献 [88] 中通过对三粒子纠缠态进行操作使得 Bob 可以在可信第三方 Trent 的帮助下验证 Alice 的身份.

本节将详细介绍和分析一些主要的量子身份认证协议, 比较它们的优缺点, 总结此类协议的基本准则, 并指出进一步的研究方向.

2.7.1 几种主要的身份认证协议及分析

量子身份认证方案可大致分为两类: 共享信息型和共享纠缠态型. 顾名思义, 前者是指通信双方事先共享有一个预定好的比特串, 以此来表明自己是合法通信者. 而后者是双方共享有一组纠缠态粒子, 即双方各自拥有每对纠缠态粒子中的一个, 通过对纠缠对进行相应的操作, 也可以互相表明身份. 这里需要强调一点, 在本节中提到的 "共享信息" 均指经典信息, 即经典的比特串. 因为从某种意义上说纠缠态也是一种信息, 它是量子信息. 另外, 与经典密码学中的身份认证类似, 量子身份认证中也可以引入仲裁者 Trent, 双方可以在 Trent 的帮助下验证身份. 本节介绍的协议中也有这种情况. 下面将分类介绍几个主要的认证方案.

1. 共享信息型

1) Dusek 等提出的方案

Dusek 等在文献 [84] 中提出两个方案, 其中第一个方案太简单, 实际意义不大, 这里着重介绍第二个. 此方案的主要思想是：为了降低信道要求, 就要用 JC, 进而就必须对传递的经典消息进行认证. 然而在经典的认证算法中, 能达到无条件安全的算法虽然存在, 但需要用大量的密钥, 如果对所有传递的经典消息都认证的话, 需要的密钥甚至比要分发的密钥量还大, 这显然是不行的. 鉴于此, Dusek 等提出, 用户完全没有必要对所有的经典消息进行认证, 用户要检测量子信息有没有被窃听, 其标准就是看错误率的大小. 如果错误率大于某一阈值, 则认为量子信息被窃听. 因此, 用户只需要对那些影响到正确判断错误率的经典消息进行认证. 其他经典消息即使被修改, 也只能削弱密钥分发, 不会影响到安全.

从以上的思路出发, Dusek 等构造了一个认证方案. 其实质就是用经典的认证算法对尽量少的经典消息进行认证, 使得用 JC 达到 UC 的效果. 其优点在于能够达到无条件安全, 但它始终是利用经典认证方法来达到认证目的, 没有充分开发量子的物理性质.

另外为了防止 Eve 提取到共享信息, Dusek 等提出通信双方共享多组信息, 每用一次就把指针下移, 每次进行 QKD 时双方先对正指针以保证两者用同一个共享信息. 这种做法虽然能进一步加强系统安全性, 但是没有从根本上解决这个问题, 因为 Eve 可以多次冒充合法通信者来提取共享信息, 每组共享信息数量有限, 总有消耗完的时候, 况且这么做也浪费资源.

2) Zeng 等提出的方案

Zeng 等在文献 [85] 中提出了一种用共享信息做测量基编码的方案. 比如共享信息中的 0 对应 $\{|0\rangle, |1\rangle\}$ 基, 1 对应 $\{|+\rangle, |-\rangle\}$ 基. 此方案的主要思想如下：Alice 产生一组纠缠态粒子, 比如

$$\left|\Psi_{\mathrm{ab}}^{+}\right\rangle = \frac{1}{\sqrt{2}}\left(|0\rangle_{\mathrm{a}}|1\rangle_{\mathrm{b}} + |1\rangle_{\mathrm{a}}|0\rangle_{\mathrm{b}}\right) \tag{2-83}$$

每对粒子中一个留给自己, 另一个发给 Bob. 这里有两种测量基供 Alice 和 Bob 使用. 一种是共享信息对应的基, 对应规则如上所述; 另外一种是与 EPR 协议相同的测量基. Alice 使用后者测量自己的粒子, 而 Bob 随机选取两种基对他的粒子进行测量. 然后 Bob 把用第一种测量基测量的粒子的相关信息 (包括位置和结果) 用共享信息加密后发给 Alice, 于是 Alice 通过比较测量结果就可以验证 Bob 的身份. 最后 Alice 把密文的解密结果发回给 Bob, 如果解密正确, Bob 可以认定 Alice 是真. 认证过程结束后双方可以用 EPR 协议的方法从其他粒子中得到分发的密钥.

此方案中用与 EPR 协议中相同的方法来检测量子信息是否被窃听, 通过用共享信息转化的测量基测量纠缠态粒子来验证身份. 其优点在于引入了测量基编码技术和随机穿插技术, 使纠缠态粒子达到了检测窃听、身份认证和密钥分发三重作用, 并且用 Bell 不等式来保证无条件安全性. 此方案唯一的缺点是比较复杂, 执行过程中需要传送很多经典信息来验证双方的身份和分发密钥.

另外文献 [85] 还重点介绍了一种通过 Trent 利用量子纠缠交换技术[62] 来分发共享信息的方法.

3) Ljunggren 等提出的方案

Ljunggren 等在文献 [86] 提出了一种与文献 [85] 中方案类似的协议. 不同点在于此方案用了定位穿插技术, 并且是把身份认证过程结合到 BB84 协议中来进行. 此方案的主要思想是: 把带有共享信息的粒子插入到 BB84 协议中要传送的粒子当中, 用这些粒子来表明身份, 用与 BB84 协议相同的方法来进行密钥分发. 其中这些粒子要穿插的位置、测量基以及测量值都由共享信息分组得来, Bob 只要对这些特定位置的粒子用相应的基进行测量, 就能很容易地验证 Alice 的身份.

此方案中所用的穿插技术不同于文献 [85] 中的方法. 文献 [85] 中用的是随机穿插, 这样带来的不便就是 Bob 必须把自己随机用 M_K 测量粒子的位置和结果发给 Alice 用于验证身份, 这样使得协议比较复杂. 而文献 [86] 用的是按共享信息定位穿插技术, 通信双方只要有共享信息就知道应该插在哪一位, 而这一位的值和测量基也能从中得出. 所以有了共享信息, 穿插的位置、测量基、测量值等都是确定的, Bob 不必再发给 Alice 上述经典信息就能直接验证身份, 简洁明快. 另外减少经典信息传输也有利于提高安全性, 降低对经典信道的要求.

此外这个协议也给出了分发共享信息的过程, 但是这里 Trent 会知道分发给 Alice 和 Bob 的共享信息, 它可以对用户间的通信进行攻击. 而文献 [85] 中的分发方法由于利用了量子纠缠交换技术而避免了这个问题.

2. 共享纠缠态型

在量子身份认证中, 往往直接假设真的 Alice 和 Bob 事先共享有纠缠对, 而不去追究这些纠缠对到底是怎样分发到他们手中的. 相比于共享信息型, 共享纠缠态型有一个很大的优势, 根据量子态不可克隆原理, 这些 "量子密钥" 不会被敌人拷贝并传播开来. 共享纠缠态是一个很强的条件, Alice 和 Bob 可以直接测量得到密钥, 也可以用量子隐形传态技术获得一个无差错量子信道. 因此此类认证方案比较多, 这里只介绍 Shi 等提出的方案[87], 它能够在分发密钥的同时达到身份认证的效果, 构思很巧妙.

此方案中, Alice 和 Bob 共享的纠缠对处于态 $|\Psi_{\mathrm{ab}}^-\rangle = (1/\sqrt{2})(|0\rangle_{\mathrm{a}}|1\rangle_{\mathrm{b}} - |1\rangle_{\mathrm{a}}|0\rangle_{\mathrm{b}})$, Bob 随机地对他的那份粒子进行 I 或 X 操作, X 操作将 $|\Psi_{\mathrm{ab}}^-\rangle$ 变成

$|\Phi_{ab}^-\rangle = (1/\sqrt{2})(|0\rangle_a|0\rangle_b - |1\rangle_a|1\rangle_b)$. 然后, Bob 再把自己的那份粒子通过无差错量子信道发给 Alice, Alice 对两个粒子进行 Bell 测量, 规定 $|\Psi_{ab}^-\rangle$ 和 $|\Phi_{ab}^-\rangle$ 分别对应 0 和 1, 这样就分发了密钥. 如果测量结果中出现了另外两个 Bell 态 $|\Psi_{ab}^+\rangle$ 和 $|\Phi_{ab}^+\rangle$, 则说明 Bob 是假冒的, 否则不可能出现这两个状态.

这样, 每个纠缠对都同时完成了密钥分发和身份认证的任务, 这正是此方案的巧妙之处. 另外, 此方案还有一个优点, 那就是整个过程中没有经典消息的传递, 大大提高了安全性.

3. 其他

不同于上述两种基本认证方式, Mihara 提出了一种基于数字证书的协议[88]. 它与共享信息型的区别就在于此协议中每个用户都有一个不同的比特串, 即所谓的证书. 而在共享信息型, Alice 和 Bob 事先分享有一串相同的比特串. 下面简单介绍一下这种方案.

首先由 Trent 给系统中的每个用户发一个证书. 当用户 Alice 进入系统的时候, Trent 生成一个随机比特串 $I(\text{Alice})$, 然后把它分成三部分 $I(\text{Alice}) = I_A \oplus I_{pub} \oplus I_{TA}$, 其中 I_A 发给 Alice 做证书, I_{pub} 公开, 自己留下 $I(\text{Alice})$ 和 I_{TA} 并保密. 接下来 Trent 就可以帮助 Bob 验证 Alice 的身份了. Trent 产生一组三粒子纠缠态

$$|\psi\rangle = \frac{1}{\sqrt{2}}(|000\rangle - |111\rangle) \tag{2-84}$$

自己留下其中一个粒子并把另两个分别发送给 Alice 和 Bob. 三方分别根据自己手中的比特串对粒子做相应的操作 I, Z. 比如 0 对应 I 算符, 1 对应 Z 算符. 操作完后, 三方再对自己的粒子进行 H 操作, 这样才得到最后结果. Alice, Bob 和 Trent 分别测量自己的粒子得到结果 Q_A, Q_B 及 Q_T. 然后 Alice 和 Bob 把如上结果发送给 Trent, Trent 验证 $I(\text{Alice}) = Q_A \oplus Q_B \oplus Q_T$ 是否成立. 如果是, 则说明 Alice 是真的, 因为她有 Alice 的证书.

这个方案把量子纠缠态与经典密码中的一次一密乱码本结合起来, 比上面两种认证方式有所突破, 达到了很好的效果. 缺点就是认证过程比较复杂, 对信道的要求比较高, 需要无差错量子信道来分发纠缠态粒子. 并且这个方案只完成了认证的任务, 没有分发密钥.

最后, 除了上边介绍的这些方案, 还有一种利用量子催化剂 (catalyst) 来做量子身份认证的方案[92], 达到了非常好的效果. 由于这种方法涉及很复杂的纠缠态操作, 这里就不再详细介绍, 有兴趣的读者可参考原文.

2.7.2 量子身份认证协议的基本要求及发展方向

通过对以上这些方案的研究、比较, 概括起来, 一般量子身份认证协议需要满足以下几点基本要求:

(1) 用量子物理性质解决安全问题, 达到无条件安全的效果. 随着人类计算能力的飞速发展, 特别是量子计算理论的发展, 那些基于计算安全性的经典密码已经逐渐失去安全性, 而此时量子密码的提出解决了这个问题. 因此在研究身份认证时要充分利用量子性质来解决问题, 力争达到无条件安全.

(2) 对 "共享信息型" 方案, 每个共享信息只用一次. 因为从信息论的角度来讲, 共享信息每用一次都会或多或少地泄漏一些信息. 既然在认证的同时分发了密钥, 完全可以每次都从分发的密钥中随机抽取一些来更新共享信息, 提高安全性.

(3) 对 "共享信息型" 方案, Eve 不能通过窃听提取到有效的共享信息, 包括多次试探. 由于在某些方案中, 如果密钥没有分发成功, 共享信息将不会被更新, 那么 Eve 就有可能通过多次试探来提取共享信息, 这样会带来很大的安全隐患.

(4) 身份认证与 QKD 同时进行, 防止 Eve 跳过认证进行密钥分发.

这几点要求是今后在研究新方案的过程中所需要考虑的. 只有满足这些要求, 其协议才能保证高度安全性.

从以上论述可以看出, 目前量子身份认证在理论上已经发展得比较完善, 要设计出更加新颖的方案就必须积极地发掘量子物理性质, 突破常规. 下面是对此领域今后研究方向的几点思考:

(1) 引入身份认证的同时提高密钥分发效率. 在以前的 QKD 协议中, 密钥分发效率比较低. 比如在 BB84 协议中, Alice 和 Bob 用相同基测量的概率为 1/2, 即只有一半的粒子完成了分发密钥的使命. 在 EPR 和 B92 协议中这个概率更低. 因此, 如果在引入身份认证的同时提高密钥分发效率, 将是一个很大的进步.

(2) 降低信道要求. 在对以上各类协议的研究中发现它们或多或少地对信道提出了较高的要求, 包括量子信道和经典信道. 比如有的方案要求无差错量子信道, 有的方案要求抗干扰信道 (UC), 甚至同时要求两种. 其实研究身份认证要解决的一个主要问题就是对抗中间人攻击, 如果要对信道提出种种苛刻的要求, 许多 QKD 协议本身就对这种攻击有很好的免疫性, 况且这种信道较难实现. 所以, 充分利用量子物理性质, 使其在对信道要求不高的情况下达到安全, 这才是身份认证发展的方向.

(3) 更好地开发量子物理性质来保证安全. 量子力学发展至今, 理论上已经形成一个较完善的体系. 但人们对量子的认识和应用还远远不够. 充分开发量子的物理特性来保证安全, 这是今后量子密码学研究的重中之重. 上面提到的把量子纠缠中的 "催化" 现象应用到身份认证中来, 就是一个很好的例子.

总之, 经过众多学者的努力研究, 量子身份认证已经有了很大发展. 随着越来越多的学者投入该领域的研究, 相信在不久的将来, 相关研究工作会有更大的突破. 在 2.8 节会介绍一类量子密钥分发和身份认证协议, 假设合法的通信双方有共享信息用来验证各自的身份 (初始共享信息的分发可以参考文献 [85] 中的方法, 这里不再详述).

2.8 一种量子密钥分发和身份认证方案

假设通信双方有一组共享信息 M, M 中包括若干串共享信息 (为了方便, 都用 S 表示), 每次密钥分发过程只用其中的一串. 参照文献 [84] 中的方法, 可以把这些信息加密后存在卡中备用. 这样在密钥分发没有成功、M 没有被更新的情况下, 可以换一个不同的 S, 使得攻击者不能通过多次冒充得到相同的比特串, 大大提高了安全性.

2.8.1 协议描述

本方案分两个阶段分别采用相同的方法来验证 Alice 和 Bob 的身份, 可以事先把每个 S 平均分成两段 S_1, S_2, Alice 和 Bob 分别用 S_1, S_2 向对方表示自己的身份. 假设每个阶段分发 2^m 位密钥, 则总共能分发 2^{m+1} 位 (考虑量子信道噪声的情况下这个数字要小一些). 协议过程具体如下:

(1) Alice 和 Bob 商定用哪一串共享信息. 假设每组共享信息按顺序排列, 双方各有一个指针指向下一个没有使用过的 S(最初都是指向第一个). Alice 和 Bob 互相告诉对方自己的指针值, 从这两个值中选择一个大的, 从而选定要使用的共享信息串 S.

(2) Alice 和 Bob 用事先约定好的方法对共享信息 S_1, S_2 进行相同的处理. 分下边两步:

① 用一个扩展函数 G 对 S_1 进行处理, 得到一个足够长的 S_1'. 函数 G 是一个单射, 并且应该尽量使结果均匀;

② 把 S_1' 分组, 分别表示要穿插的非正交态粒子的不同参数. 可以参照文献 [86] 中的方法: $S_1'=(S_{11},S_{12},\cdots,S_{1p},B,V)$, 这里 S_{11}, S_{12}, $\ldots$, S_{1p} 的长度为 m (m 的值来自要协商的密钥长度 2^m), 它们的值表示穿插的位置. B, V 的长度为 p, 分别表示非正交态粒子的测量基和值.

可以看到, p 实际上是非正交态粒子的个数, p 的大小可以由用户来决定. S_1' 的长度应该是 $mp+2p$.

(3) Alice 产生一组纠缠态粒子 (共 $2m$ 对). 每对粒子的状态均处于 Bell 态 $\left|\Psi_{\mathrm{ab}}^-\right\rangle=(1/\sqrt{2})\left(|01\rangle-|10\rangle\right)_{\mathrm{ab}}$. 其中, 每一对中的第一个粒子 (下标为 a) 构成一组, 记为 L_1, 留给 Alice 自己测量. 第 2 个粒子 (下标为 b) 构成一组, 记为 L_2, 准备发送给 Bob 测量.

(4) Alice 产生一串类似于 BB84 协议中的非正交态粒子, 以 B 为基, V 为值. B 中 0 表示 $\{|0\rangle,|1\rangle\}$ 基, 1 表示 $\{|+\rangle,|-\rangle\}$ 基. $\{|0\rangle,|1\rangle\}$ 基中 0 表示 $|0\rangle$ 态, 1 表示 $|1\rangle$

态; $\{|+\rangle, |-\rangle\}$ 基中 0 表示 $|+\rangle$ 态, 1 表示 $|-\rangle$ 态. 例如, B=01100101, V=10110100, 则这些非正交态粒子的状态依次为

$$|1\rangle|+\rangle|-\rangle|1\rangle,\ |0\rangle|-\rangle|0\rangle|+\rangle \tag{2-85}$$

将这些粒子分别穿插在 L_2 的 S_{1j} 位置上 (j=1, 2, 3, $\cdots$, p), 构成量子比特串 L_3.

(5) Alice 把 L_3 发给 Bob.

(6) Bob 对收到的量子比特进行测量. Bob 根据自己计算得到的 S_1' 用相应的基对这些比特串的相应位 (非正交态粒子) 进行测量. 如果测量结果与计算结果相符 (差错率小于某个阈值), 说明 Alice 为真, 继续进行下一步; 否则认为 Alice 为假或者存在窃听, Bob 中断通信.

(7) 在一定的时间 T 内, Bob 用后一半共享信息 S_2 重复上边 Alice 的操作, 发送粒子给 Alice 用来验证自己的身份. 如果 Alice 在这段时间内没有收到 Bob 发来的粒子, 则表示认证没有成功, Alice 把自己的指针下移一位 (即加 1).

(8) 用相同的方法, Alice 认证 Bob 的身份, 并把结果通知 Bob.

(9) 如果双方认证成功, 则分别用相同的基 (如偏振方向为 $\pi/8$ 的那组基) 测量纠缠态粒子, 得到要分发的密钥 K. Alice 和 Bob 测量结果应该相反.

(10) Alice 和 Bob 从 K 中取出一部分更新共享信息 M, 以备下次使用.

2.8.2 安全性分析及其他性质

首先认为此协议是安全的, 理由如下:

(1) 共享信息 S 只有 Alice 和 Bob 知道, 而非正交态粒子是根据 S 来穿插在纠缠态粒子当中. Eve 在不知道 S 的情况下, 不可能在正确的位置穿插进正确的粒子. 如果 Eve 想冒充 Alice 或 Bob, 她只能全部发送纠缠态粒子, 这样在不知道测量基 B 的情况下冒充成功的概率不大于 $p/2$, 当 p 值增大, 也就是插入更多的非正交态粒子时, Eve 成功的概率将会非常小. 协议中用函数 G 就是为了把共享信息 S 扩展, 使得 p 值可以足够大. 当然从信息论的角度来讲, Eve 可能从对 G 的分析中提取到关于 S_1' 或 S_2' 的部分信息, 但这并不影响此协议的安全性. 只要取合适的 G 函数, 使得 S_1' 或 S_2' 尽可能随机, 另外可以适当增加 S 的长度, 再加上非正交态的物理性质 (测不准原理), Eve 不可能通过冒充或窃听得到 S.

(2) Eve 不可能在不影响非正交态粒子状态的情况下区分出两类粒子并把纠缠态粒子替换掉. 因为每个 S 只用一次, Eve 只有一次机会来测量这些粒子并区分. 事实上对 Eve 来说, 序列中的每个粒子 (包括非正交态粒子和纠缠态粒子) 都处于相同的状态, 即最大混合态 $\rho = (|0\rangle\langle 0| + |1\rangle\langle 1|)/2$. 因此, Eve 不可能把序列中的两类粒子区别出来.

(3) 用测不准原理来保证量子信息不被窃听. 同 BB84 协议一样, 此协议中穿插的非正交态粒子可以用来检测量子信息是否被窃听, 安全性也相同.

(4) 除准备信息和结束信息外, 在整个认证过程中没有传递 Eve 可利用的经典信息, 大大提高了安全性.

(5) 每串共享信息只用一次, 而且每次分发密钥成功后, Alice 和 Bob 都要更新 M, Eve 很难得到 M 的信息.

(6) 身份认证与密钥分发同时进行, 可以防止 Eve 跳过认证阶段而直接分发密钥.

另外, 与以前的 QKD 和身份认证方案相比, 此协议还有其他一些优点：

(1) 提高了密钥分发效率. 以前的 QKD 协议分发效率相对较低, 比如 BB84 协议中通信双方采用相同基测量的概率为 1/2, 也就是说最多只有 1/2 的粒子可以用来得到密钥[2]. 而 EPR 协议中双方采用相同基的概率仅为 2/9, 其余的粒子都用来在 Bell 不等式的要求下检测量子信息是否被窃听[3]. 此协议中用少量的粒子来检测窃听, 比如纠缠态粒子与非正交态粒子比例为 4:1 的话, 那么就有 4/5 的粒子能用来做密钥. 而且用户可以根据实际的信道情况对这个比例进行灵活的调整, 如果所用的量子信道噪声较大或安全性较差, 用户可以增大非正交态粒子个数 p 来保证安全; 反之如果量子信道噪声较小或安全性较高, 用户可以减小 p, 来提高密钥分发效率.

(2) 很好地利用了量子物理的性质来解决身份认证问题. 本协议没有再用经典密码学的方法对通信者身份或者传递的经典消息进行认证, 而是充分利用了纠缠态和非正交态的物理特性, 纠缠态粒子用来分发密钥, 非正交态粒子保证量子信息的安全, 同时完成身份认证的任务.

(3) 降低了信道要求. 由于非正交态粒子按共享信息 S 穿插在纠缠态粒子中, 同时达到身份认证和检测窃听的目的, 从而不用传递经典信息, 不但提高了安全性, 还大大降低了信道要求, 不需用到类似认证协议[84~87] 中要求的抗干扰信道或者无差错量子信道, 更容易实现.

最后, 与一些经典协议相比, 此方案也有它的缺点, 那就是它用了两种粒子, 因而要用两套设备来分别制备和测量纠缠态粒子和非正交态粒子, 设备复杂性较高.

2.8.3 结束语

本节提出的协议能够同时完成量子密钥分发和身份认证, 纠缠态粒子和非正交态粒子穿插在一起进行传送, 前者用来分发密钥, 后者用来验证身份和检测窃听, 提高了密钥分发效率, 降低了信道要求. 用户可以根据量子信道的性能灵活调节非正交态粒子所占比例, 达到很好的安全性.

2.9 一种网络多用户量子认证和密钥分发理论方案

如前所述, 人们已经提出了许许多多的 QKD 协议, 其中的许多协议属于两方之间的点对点的密钥分发. 然而在实际应用中要求网络中任意用户之间都可以进行密钥分发. 另外, 即使不需要进行量子密钥分发, 在点对点通信中或量子密码网络中也需要验证用户的身份[93]. 这一节介绍一种网络多用户量子认证和密钥分发理论方案.

2.9.1 分布式客户机/服务器认证结构

如图 2-3 所示, 分布式客户机/服务器认证结构分为三层. 第一层为一个根服务器, 第二层为 m 个子服务器, 根服务器与每个子服务器分别共享 N 个处于 $|\Phi^+\rangle = (1/\sqrt{2})(|00\rangle + |11\rangle)$ 态的粒子对, 每个子服务器之间分别共享 N 个处于 $|\Phi^+\rangle$ 态的粒子对. 每个子服务器拥有 $n(n \gg m)$ 个客户机, 每个子服务器分别与所管辖的每个客户机共享 N 个处于 $|\Phi^+\rangle$ 态的粒子对, 则整个网络中的 EPR 最大纠缠对的数量级为 $\mathrm{O}(nmN)$. 如果网络中的客户机互相共享 N 个 EPR 最大纠缠对, 那么整个网络中的 EPR 最大纠缠对的数量级为 $\mathrm{O}((nmN)^2)$, 因此, 该认证结构大大缓解了网络中的认证密钥的分发问题, 也节省了资源.

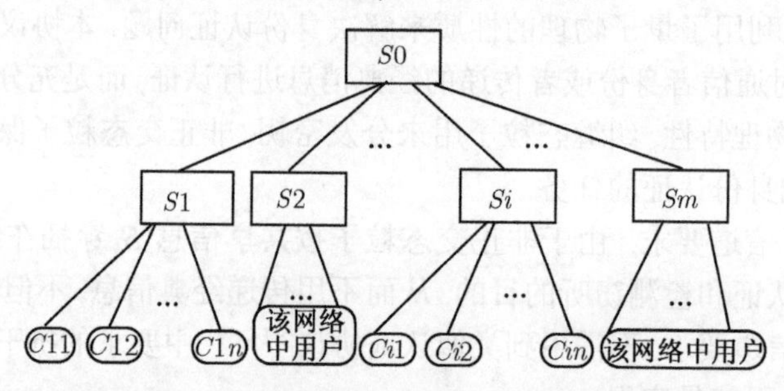

图 2-3 分布式客户机/服务器认证结构

该认证结构中, 子服务器之间可以进行交叉认证, 下面描述的量子认证和密钥分发协议就是基于子服务器之间的交叉认证来设计的.

2.9.2 网络多用户量子认证和密钥分发理论方案

纠缠交换如前 1.1.9 节介绍, 假设粒子 1, 2 处于四个 Bell 态之一, 粒子 3 和 4 处于四个 Bell 态之一, 通过纠缠交换可转化为粒子 2, 3 以及 1 和 4 之间的纠缠, 不同初始状态对应不同的纠缠交换结果.

协议步骤具体如下：

(1) 通过经典信道, 子服务器 $S1$ 所管辖的客户机 $C11$ 发送消息给 $S1$, 他想要和 Cij 进行秘密通信, $S1$ 利用文献 [94] 中的认证协议鉴别 $C11$ 的身份.

(2) 在认证开始前, $C11$ 和 $S1$ 分别把他们的粒子态旋转 θ, 旋转算子为

$$R(\theta)=\begin{pmatrix}\cos\theta & \sin\theta \\ -\sin\theta & \cos\theta\end{pmatrix} \tag{2-86}$$

最大纠缠态 $|\Phi^+\rangle$ 在两边的旋转操作下不变. 该操作的目的是防止窃听者的假冒. 然后 $S1$ 制备 $K(K<N)$ 个处于任意态的粒子 γ_S^i: $|\psi_i\rangle=a_i|0\rangle+b_i|1\rangle\,(i=1,2,\cdots,K)$. 其中 $|a_i|^2+|b_i|^2=1$, a_i,b_i 是随意选择的复数. $S1$ 把粒子 γ_S^i 发送给 $C11$.

(3) $C11$ 使用纠缠对中的相应粒子 β_{C11}^i 和粒子 γ_S^i 进行 C-NOT 操作 (β_{C11}^i 是控制位, γ_S^i 是目标位), 三个粒子的态变为

$$|\Psi_i\rangle=\frac{1}{\sqrt{2}}(a_i|000\rangle+b_i|001\rangle+a_i|111\rangle+b_i|110\rangle) \tag{2-87}$$

然后 $C11$ 把 γ_S^i 发送回 $S1$, $S1$ 使用他的相应粒子 β_{S1}^i(β_{S1}^i 与 β_{C11}^i 纠缠) 和 γ_S^i 进行 C-NOT 操作 (β_{S1}^i 是控制位, γ_S^i 是目标位), 则三粒子的态变为

$$|\Psi_i'\rangle=\frac{1}{\sqrt{2}}(|00\rangle+|11\rangle)\otimes(a_i|0\rangle+b_i|1\rangle)=\left|\Phi^+\right\rangle\otimes|\Psi_i\rangle \tag{2-88}$$

$S1$ 在基 $\{|\psi_i\rangle,|\psi_i\rangle^\perp\}$ 上测量 γ_S^i, 如果 γ_S^i 的态为 $|\psi_i\rangle$, 表明 $C11$ 是真实的, 继续步骤 (4), 否则表明 $C11$ 是假冒的, 协议终止.

(4) 如果 $S1$ 发现 Cij 为自己管辖的客户机, 执行步骤 (5), 否则执行步骤 (5′).

(5) $S1$ 分别对所拥有与 $C11$ 纠缠的粒子序列和与 Cij 纠缠的粒子序列做 Bell 基测量, 并通过经典信道告知 $C11$ 和 Cij, 他已进行了 Bell 基测量.

(6) $C11$ 对自己的每个粒子分别随机地选取 $\{I,\sigma_z,\sigma_x,i\sigma_y\}$ 之一做幺正操作: 这些操作分别对应于 00, 01, 10, 11. 然后把它们发送给 Cij.

(7) Cij 在收到 $C11$ 发送的粒子序列之后, 与自己的粒子序列分别进行 Bell 基测量.

(8) $S1$ 告知 $C11$ 和 Cij 他的测量结果.

(9) 根据纠缠交换, Cij 可以推断出 $C11$ 的操作, 从而得到一个密钥序列. 为了检测在粒子序列传输过程中是否存在窃听, $C11$ 和 Cij 随机选取一个 EPR 纠缠对子集, 对传输中的错误率进行估计.

(10) 如果错误率低于一定的阈值, $C11$ 和 Cij 进行纠错和保密放大, 获得最终秘密密钥, 协议结束.

(5′) $S1$发现Cij为Si管辖的客户机, $S1$分别对所拥有的与$C11$纠缠的粒子序列和与Si纠缠的粒子序列做 Bell 基测量, 这样$C11$的粒子序列和Si的粒子序列纠缠起来. 同时$S1$通过经典信道告知Si自己的客户机$C11$ 想要和Cij秘密通信.

(6′) Si 分别对所拥有与 $C11$ 纠缠的粒子序列和与 Cij 纠缠的粒子序做 Bell 基测量, 这样 $C11$ 和 Cij 的粒子序列纠缠起来.

(7′) 类似于步骤 (6), $C11$ 对自己的每个粒子分别随机地选取 $\{I, \sigma_z, \sigma_x, i\sigma_y\}$ 之一做幺正操作, 然后把它们发送给 Cij.

(8′) Cij 在收到 $C11$ 发送的粒子序列之后, 与自己的粒子序列分别进行 Bell 基测量.

(9′) $S1$ 和 Si 通过经典信道告知 $C11$ 和 Cij 他们的测量结果.

(10′) 根据 $S1$ 和 Si 的测量结果以及自己的测量结果, Cij 可以推断出 $C11$ 的操作, 从而得到一个密钥序列. 为了检测在粒子序列传输过程中是否存在窃听, $C11$ 和 Cij 随机选取一个 EPR 对子集, 对传输中的错误率进行估计.

(11′) 如果错误率低于特定的阈值, $C11$ 和 Cij 进行纠错和保密放大, 获得最终秘密密钥, 协议结束.

2.9.3 安全性分析

整个协议的安全性取决于子服务器之间以及子服务器与所管辖的客户机之间分别成功地共享 EPR 最大纠缠态. 如果子服务器之间以及子服务器与所管辖的客户机之间分别成功地共享 EPR 最大纠缠态, 则所提出的协议是完全安全的. 整个协议分为两个部分: 认证阶段和密钥分发阶段. 密钥分发阶段是基于认证阶段的, 没有认证阶段, 密钥分发阶段不能实施. 在认证阶段, 利用文献 [94] 中的认证协议 (其中详细描述了认证协议的安全性), 子服务器可以鉴别申请者是否假冒. 如果申请者是真实的, 然后可信服务器做纠缠交换操作 (操作过程中并没有粒子传输, 窃听者得不到任何信息). 在申请者向接收者发送粒子序列时, 窃听者也是得不到任何信息的, 因为申请者只发送了 EPR 对中的一个粒子, EPR 对的另一个粒子一直在接收者的手中. 每一个被发送粒子的态均为 $\rho = (1/2)(|0\rangle\langle 0| + |1\rangle\langle 1|)$, Eve 不能根据 EPR 对中的一个粒子获取整个 EPR 纠缠态的信息. 同时, 为了检测窃听, 申请者和接收者还随机选取一些 EPR 对测量结果进行错误率估计, 这也能检测到 Eve 是否存在. Eve 对传输粒子的窃听, 得不到任何信息, 只会给传输的粒子造成干扰.

另外, 在所提出的方案中, 可信服务器的作用只是用来对客户机进行身份认证, 并不参与客户机的密钥分发, 因此即使某一服务器被窃听者控制, 窃听者也不能获取到密钥的信息, 如果他想获取密钥的信息, 只会在申请者和接收者选取一些 EPR 对进行窃听检测时被检测到.

2.9.4 结束语

本节提出了一种网络多用户量子认证和密钥分发理论方案. 该方案利用了一种分布式客户机/服务器结构. 基于该结构实现网络中任意用户之间的身份认证和密

钥分发. 可信服务器只提供用户的身份认证而不参与用户的密钥分发. 网络中的用户只需和所属的可信服务器共享 EPR 纠缠对作为量子认证密钥且通过经典信道和量子信道与服务器通信. 采用量子密钥作为认证密钥的目的是提高认证的安全性以避免现代密码学中经典密钥带来的安全性问题. 用户不需要互相共享 EPR 纠缠对, 这使得网络中的 EPR 对的数量由 $O(n^2)$ 减小到 $O(n)$.

2.10 注　　记

目前对 QKD 的研究在量子信息领域相对比较成熟, 但它依旧是学者们研究的热点, 人们需要更充分地开发量子物理性质来设计易于实现的 QKD 方案, 并深入分析 QKD 在具体实现中的安全性. 此外, QKD 中的安全性分析一直是众多协议的一个未决问题, 给出类似经典信息论方法的安全性证明思路应该比设计一个新的协议更有意义.

实际应用中完整的 QKD 协议应该由量子传输、检测窃听、数据纠错和保密放大[46,47] 四部分组成, 由于纠错和保密放大基本属于经典信息理论研究的内容, 所以目前对 QKD 的研究大多数都只考虑量子传输和检测窃听阶段. 实际信道中噪声是客观存在的, 窃听者通过对 QKD 过程的窃听必然能够在噪声的掩饰下得到少量的密钥信息. 因此, 通信双方要想得到无条件安全的密钥, 必须将量子过程所得的生密钥进行纠错和保密放大处理, 使得窃听者对压缩后密钥 (最终密钥) 所掌握的信息量无限接近于 0. 研究发现, 布尔函数中的无偏多输出相关免疫函数与 QKD 中用于保密放大的弹性函数是一致的[46]. 在 QKD 中, 不同的窃听方法将导致不同特点的信息泄漏, 比如窃听者可能获得了一串密钥中的几个密钥比特, 也可能得到每个密钥比特的一部分信息等. 因此, 针对不同的信息泄漏模式设计高性能的弹性函数, 进而构造相应的保密放大算法, 将对 QKD 的发展有重要意义. 两个研究领域的研究者应该积极研究布尔函数与 QKD 中保密放大的关系, 力求进一步推动布尔函数的应用研究和 QKD 的实用化进程.

在研究身份认证的同时, 人们对量子密码中的消息认证[95] 和信道认证[96] 问题也做了一些研究. 但大多数认证方案都只适用于特定的密码协议, 因此研究具有 "普适性" 的认证方案及相关理论将很有意义.

参 考 文 献

[1] Wiesner S. Conjugate coding. SIGACT News, 1983, (15): 78.

[2] Bennett C H, Brassard G. Quantum cryptography: public-key distribution and coin tossing. Proceedings of IEEE International Conference on Computers, Systems and Signal Processing, IEEE, 1984: 175~179.

[3] Ekert A K. Quantum cryptography based on Bell theorem. Physical Review Letters, 1991, (67): 661.

[4] Bennett C H. Quantum cryptography using any two nonorthogonal states. Physical Review Letters, 1992, (68): 3121.

[5] Bennett C H, Brassard G, Mermin N D. Quantum cryptography without Bell theorem. Physical Review Letters, 1992, (68): 557.

[6] Goldenberg L, Vaidman L. Quantum cryptography based on orthogonal states. Physical Review Letters, 1995, (75): 1239.

[7] Long G L, Liu X S. Theoretically efficient high-capacity quantum-key-distribution scheme. Physical Review A, 2002, (65): 032302.

[8] Koashi M, Imoto N. Quantum cryptography based on split transmission of one-bit information in two steps. Physical Review Letters, 1997, (79): 2383.

[9] Guo G P, Li C F, Shi B S, et al.. Quantum key distribution scheme with orthogonal product states. Physical Review A, 2001, (64): 042301.

[10] Deng F G, Long G L, Liu X S. Two-step quantum direct communication protocol using the Einstein-Podolsky-Rosen pair block. Physical Review A, 2003, (68): 042317.

[11] Peres A. Quantum cryptography with orthogonal states? Physical Review Letters, 1996, (77): 3264.

[12] Zhang Y S, Li C F, Guo G C. Quantum key distribution via quantum encryption. Physical Review A, 2001, (64): 024302.

[13] Gao F, Guo F Z, Wen Q Y, et al.. Quantum key distribution without alternative measurements and rotations. Physics Letters A, 2006 (349): 53.

[14] Cabello A. Quantum key distribution without alternative measurements. Physical Review A, 2000, (61): 052312.

[15] Zhang Y S, Li C F, Guo G C. Comment on “Quantum key distribution without alternative measurements” [Phys. Rev. A 61, 052312 (2000)]. Physical Review A, 2001, (63): 036301.

[16] Cabello A. Addendum to “Quantum key distribution without alternative measurements”. Physical Review A, 2001, (64): 024301.

[17] Song D. Secure key distribution by swapping quantum entanglement. Physical Review A, 2004, (69): 034301.

[18] Lee J, Lee S, Kim J, et al.. Entanglement swapping secures multiparty quantum communication. Physical Review A, 2004, (70): 032305.

[19] Li C, Song H S, Zhou L, et al.. A random quantum key distribution achieved by using Bell states. Journal of Optics B-Quantum and Semiclassical Optics, 2003, (5): 155.

[20] Zhao Z, Yang T, Chen Z B, et al.. Deterministic and highly efficient quantum cryptography with entangled photon pairs. E-print: quant-ph/0211098, 2002.

[21] Huttner B, Imoto N, Gisin N, et al.. Quantum cryptography with coherent states. Physical Review A, 1995, (51): 1863.

[22] Ralph T C. Continuous variable quantum cryptography. Physical Review A, 2000, (61): 010303.

[23] Hillery M. Quantum cryptography with squeezed states. Physical Review A, 2000, (61): 022309.

[24] Reid M D. Quantum cryptography with a predetermined key, using continuous-variable Einstein-Podolsky-Rosen correlations. Physical Review A, 2000, (62): 062308.

[25] Weedbrook C, Lance A M, Bowen W P, et al.. Coherent-state quantum key distribution without random basis switching. Physical Review A, 2006, (73): 022316.

[26] Zhao Y, Han Z, Guo G. Generalized continuous variables quantum key distribution. E-print: quant-ph/0604146, 2006.

[27] Cerf N J, Grangier P. From quantum cloning to quantum key distribution with continuous variables: a review (Invited). Journal of the Optical Society of America B-Optical Physics, 2007, (24): 324

[28] Cai Q Y, Tan Y G. Photon-number-resolving decoy-state quantum key distribution. Physical Review A, 2006, (73): 032305.

[29] Horikiri T, Kobayashi T. Decoy state quantum key distribution with a photon number resolved heralded single photon source. Physical Review A, 2006, (73): 032331.

[30] Lo H K. Quantum key distribution with vacua or dim pulses as decoy states. E-print: quant-ph/0509076, 2005.

[31] Li J, Fang X. Nonorthogonal decoy-state quantum key distribution. E-print: quant-ph/0509077, 2005.

[32] Wang X B. A review on the decoy-state method for practical quantum key distribution. E-print: quant-ph/0509084, 2005.

[33] Ma X, Fung C F, Dupuis F, et al.. Decoy state quantum key distribution with two-way classical post-processing. E-print: quant-ph/0604094, 2006.

[34] Bechmann-Pasquinucci H, Peres A. Quantum cryptography with 3-state systems. Physical Review Letters, 2000, (85): 3313.

[35] Cabello A. Quantum key distribution in the Holevo limit. Physical Review Letters, 2000, (85): 5635.

[36] Shi B S, Jiang Y K, Guo G C. Quantum key distribution using different-frequency photons. Applied Physics B-Lasers and Optics, 2000, (70): 45.

[37] Xue P, Li C F, Guo G C. Efficient quantum-key-distribution scheme with nonmaximally entangled states. Physical Review A, 2001, (64): 032305.

[38] Bub J. Secure key distribution via pre- and post-selected quantum states. Physical Review A, 2001, (63): 032309.

[39] Inoue K, Santori C, Waks E, et al.. Entanglement-based quantum key distribution without an entangled-photon source. Physical Review A, 2003, (67): 062319.

[40] Giorgi G L. Quantum key distribution with vacuum-one-photon entangled states. Physical Review A, 2005, (71): 064303.

[41] Wen K, Long G L. Modified Bennett-Brassard 1984 quantum key distribution protocol with two-way classical communications. Physical Review A, 2005, (72): 022336.

[42] Kye W H, Kim C M, Kim M S, et al.. Quantum key distribution with blind polarization bases. Physical Review Letters, 2005, (95): 040501.

[43] Horodecki K, Leung D, Lo H K, et al.. Quantum key distribution based on arbitrarily weak distillable entangled states. Physical Review Letters, 2006, (96): 070501.

[44] Ali-Khan I, Broadbent C J, Howell J C. Large-alphabet quantum key distribution using energy-time entangled bipartite states. Physical Review Letters, 2007, (98): 060503.

[45] Shor P W, Preskill J. Simple proof of security of the BB84 quantum key distribution protocol. Physical Review Letters, 2000, (85): 441.

[46] Bennett C H, Brassard G, Robert J. Privacy amplification by public discussion. SIAM Journal on Computing, 1988, (17): 210.

[47] Bennett C H, Brassard G, Crepeau C, et al.. Generalized privacy amplification. IEEE Transactions on Information Theory, 1995, (41): 1915.

[48] Hoffmann H, Bostroem K, Felbinger T. Comment on "Secure direct communication with a quantum one-time pad". Physical Review A, 2005, (72): 016301.

[49] Deng F G, Long G L. Reply to "Comment on 'Secure direct communication with a quantum one-time-pad' ". Physical Review A, 2005, (72): 016302.

[50] Deng F G, Long G L. Quantum privacy amplification for a sequence of single qubits. Communications in Theoretical Physics, 2006, (46): 443.

[51] Gisin N, Ribordy G, Tittel W, et al.. Quantum cryptography. Reviews of Modern Physics, 2002, (74): 145.

[52] Gao F, Guo F Z, Wen Q Y, et al.. On the information-splitting essence of two types of quantum key distribution protocols. Physics Letters A, 2006, (355): 172.

[53] Bruss D. Optimal eavesdropping in quantum cryptography with six states. Physical Review Letters, 1998, (81): 3018.

[54] Bechmann-Pasquinucci H, Gisin N. Incoherent and coherent eavesdropping in the six-state protocol of quantum cryptography. Physical Review A, 1999, (59): 4238.

[55] Goldenberg L, Vaidman L. Quantum cryptography with orthogonal states? Reply. Physical Review Letters, 1996, (77): 3265.

[56] Deng F G, Long G L. Controlled order rearrangement encryption for quantum key distribution. Physical Review A, 2003, (68): 042315.

[57] Cabello A. Multiparty key distribution and secret sharing based on entanglement swapping. E-print: quant-ph/0009025, 2000.

[58] Nielsen M A, Chuang I L. Quantum Computation and Quantum information. Cambridge: Cambridge University Press, 2000.

[59] Cai Q Y, Li B W. Improving the capacity of the Bostrom-Felbinger protocol. Physical Review A, 2004, (69): 054301.

[60] Lo H K, Chau H F. Unconditional security of quantum key distribution over arbitrarily long distances. Science, 1999, (283): 2050.

[61] Fuchs C A. Distinguishability and accessible information in quantum theory. E-print: quant-ph/9601020, 1996.

[62] Zukowski M, Zeilinger A, Horne M A, et al.. Event-Ready-Detectors Bell experiment via entanglement swapping. Physical Review Letters, 1993, (71): 4287.

[63] Bose S, Vedral V, Knight P L. Multiparticle generalization of entanglement swapping. Physical Review A, 1998, (57): 822.

[64] Pan J W, Bouwmeester D, Weinfurter H, et al.. Experimental entanglement swapping: Entangling photons that never interacted. Physical Review Letters, 1998, (80): 3891.

[65] Karimipour V, Bahraminasab A, Bagherinezhad S. Entanglement swapping of generalized cat states and secret sharing. Physical Review A, 2002, (65): 042320.

[66] MacWilliams F J, Sloane N J A. The Theory of Error-Correcting Codes (II). Amsterdam: North-Holland Publishing Company, 1977.

[67] Cerf N J, Bourennane M, Karlsson A, et al.. Security of quantum key distribution using d-level systems. Physical Review Letters, 2002, (88): 127902.

[68] Kaszlikowski D, Gnacinnski P,Zukowski M, et al.. Violations of local realism by two entangled N-dimensional systems are stronger than for two qubits. Physical Review Letters, 2000, (85): 4418.

[69] Mor T. No cloning of orthogonal states in composite systems. Physical Review Letters, 1998, (80): 3137.

[70] Bennett C H, DiVincenzo D P, Fuchs C A, et al.. Quantum nonlocality without entanglement. Physical Review A, 1999, (59): 1070.

[71] Bennett C H, DiVincenzo D P, Mor T, et al.. Unextendible product bases and bound entanglement. Physical Review Letters, 1999, (82): 5385.

[72] DiVincenzo D P, Mor T, Shor P W, et al.. Unextendible product bases, uncompletable product bases and bound entanglement. Communications in Mathematical Physics, 2003, (238): 379.

[73] Terhal B M. A family of indecomposable positive linear maps based on entangled quantum states. Linear Algebra Appl, 2000, (323): 61.

[74] Terhal B M. Detecting quantum entanglement. Theoretical Computer Science, 2002, (287): 313.

[75] Zhong Z Z. Entanglement bases and general structures of orthogonal complete bases. Physical Review A, 2004, (70): 044302.

[76] Horodecki M, Horodecki P, Horodecki R. Mixed-state entanglement and distillation: Is there a “bound” entanglement in nature?. Physical Review Letters, 1998, (80): 5239.
[77] Bruß D, Peres A. Construction of quantum states with bound entanglement. Physical Review A, 2000, (61): 030301.
[78] DiVincenzo D P, Terhal B M. Product bases in quantum information theory. E-print: quant-ph/008055, 2000.
[79] Dür W, Vidal G, Cirac J I. Three qubits can be entangled in two inequivalent ways. Physical Review A, 2000, (62): 062314.
[80] Thapliyal A V. Multipartite pure-state entanglement. Physical Review A, 1999, (59): 3336.
[81] Eisert J, Briegel H J. Schmidt measure as a tool for quantifying multiparticle entanglement. Physical Review A, 2001, (64): 022306.
[82] Cabello A. Bell's theorem with and without inequalities for the three-qubit Greenberger-Horne-Zeilinger and W states. Physical Review A, 2002, (65): 032108.
[83] Hardy L. Nonlocality of a single photon revisited. Physical Review Letters, 1994, (73): 2279.
[84] Dusek M, Haderka O, Hendrych M, et al.. Quantum identification system. Physical Review A, 1999, (60): 149.
[85] Zeng G H, Zhang W P. Identity verification in quantum key distribution. Physical Review A, 2000, (61): 022303.
[86] Ljunggren D, Bourennane M, Karlsson A. Authority-based user authentication in quantum key distribution. Physical Review A, 2000, (62): 022305.
[87] Shi B S, Li J, Liu J M, et al.. Quantum key distribution and quantum authentication based on entangled state. Physics Letters A, 2001, (281): 83.
[88] Mihara T. Quantum identification schemes with entanglements. Physical Review A, 2002, (65): 052326.
[89] Lee H, Lim J, Yang H. Quantum direct communication with authentication. Physical Review A, 2006, (73): 042305.
[90] Zhang Z S, Zeng G H, Zhou N R, et al.. Quantum identity authentication based on ping-pong technique for photons. Physics Letters A, 2006, (356): 199.
[91] Wang J, Zhang Q, Tang C J. Multiparty simultaneous quantum identity authentication based on entanglement swapping. Chinese Physics Letters, 2006, (23): 2360.
[92] Barnum H. Quantum secure identification using entanglement and catalysis. E-print: quant-ph/9910072, 1999.
[93] Biham E, Huttner B, Mor T. Quantum cryptographic network based on quantum memories. Physical Review A, 1996, (54): 2651.
[94] Zhang Y S, Li C F, Guo G C. Quantum authentication using entangled state. E-print: quant-ph/0008044v2, 2000.

[95] Curty M, Santos D J, Perez E, et al.. Qubit authentication. Physical Review A, 2002, (66): 022301.

[96] Fujiwara A. Quantum channel identification problem. Physical Review A, 2001, (63): 042304.

第3章 量子秘密共享

秘密共享是密码学的一个重要分支. 它经常被用在以下场合: Alice 想找人代她在一个远方城市做一件重要的事情 (完成这件事需要 Alice 的秘密任务消息), 而她在这个城市有两个代理人, 即 Bob 和 Charlie, 但 Alice 对他们两个并不是完全信任. 于是, Alice 可以把她的秘密消息加密成两份, 分别发给 Bob 和 Charlie. 同时 Alice 确信以下两点: ① 至少有一个代理人是诚实的; ② 两个代理人合作可以解密出她的秘密消息, 但每一个代理人都不能单独获得关于此秘密的任何信息. 这样就可以保证 Alice 的任务能够顺利完成. 这是最简单的秘密共享的例子, 在实际生活中秘密共享还有很多重要的应用[1]. 一般情况下, 秘密共享体制是指 (k,n) 门限方案, 即把消息加密成 n 份, 分别发给 n 个人. 他们当中的任意 k 个人可以重构出这条消息, 而任何人数少于 k 的组合都得不到这条消息的任何信息. 上面的这个例子其实就是一个 (2, 2) 门限方案, 也是量子秘密共享 (quantum secret sharing, QSS) 研究最多的情形.

随着 QKD 的发展, 人们开始研究多方密钥分发问题, 于是很自然地提出了 QSS 这一新的方向. 1999 年 Hillery 等利用 GHZ 三重态提出了第一个 QSS 协议[2]. 紧接着在短短几年之内, 越来越多的学者都开始研究这个方向, 并利用不同的物理性质提出了多种各具特色的 QSS 方案[3~33]. 这些方案有的是通过量子手段在秘密分享者之间共享经典信息[3~18], 有的是直接共享任意的量子消息 (量子态)[16,19~26]. 按照实现秘密共享所依赖的量子态性质, 这些方案又可以分为基于纠缠态的 QSS 和基于直积态的 QSS. 目前, 所见大多数协议都是在秘密分享者之间进行秘密分割. 对于一般的 (k,n) 量子门限秘密共享方案, 文献 [27~33] 给出了其构造方法及所需条件等方面的一些基本结论. 此外, 由于研究 (k,n) 量子门限方案难度较大, 而且 Gottesman 已经在文献 [28] 中给出了一般性结果, 所以目前人们对 QSS 的研究主要集中在 (n,n) 方案, 即经典密码中所说的秘密分割[1]. 本书的 QSS 主要研究共享经典消息的 (n,n) 方案.

假设 Alice 有一消息想让两个代理人 Bob 和 Charlie 共享, 并保证协议的完成具有无条件安全性. 他们可以简单地利用 QKD(例如 BB84 方案) 来实现这项任务: ① Alice 与 Bob 之间分发一个密钥 K_{b}; ② Alice 和 Charlie 之间分发一个密钥 K_{c}; ③ Alice 计算 $K_{\mathrm{a}} = K_{\mathrm{b}} + K_{\mathrm{c}}$. 然后, Alice 就可以用 K_{a} 加密她的消息使得只有 Bob 和 Charlie 两人合作才能得到这个秘密. 但正如文献 [2] 所说, 这种方案不是用量子信道实现秘密共享的最好方式, 它将导致资源的浪费. 因此研究消耗更少资源、具有更高效率和安全性的 QSS 方案是目前发展的方向.

如上所述, QSS 实际上是一种多方的密钥分发, 而不是像经典秘密共享中那样直接把消息加密成多份. 以 (n,n) 方案为例, 假设消息分发者为 Alice, 她的 n 个代理人分别为 Bob_1, Bob_2, $\cdots$, Bob_n. 在 QSS 中, Alice 会给每个代理人分发一串密钥, 分别记为 $k_1, k_2, \cdots, k_n$. 而 Alice 最终也有一串密钥, 记为 k_{A}. 对于一个 (n,n) 方案, 这些密钥通常满足关系 $k_{\text{A}} = k_1 \oplus k_2 \oplus \cdots \oplus k_n$($\oplus$ 表示模 2 加), 这样就能达到门限方案的安全性要求. 也就是说, 当 Alice 以 k_{A} 做密钥用 OTP 对她的消息进行加密并公开后, 只有她的 n 个代理一起合作才能解密出消息, 而其他人或部分代理人不能得到任何相关信息.

本章从最初的 QSS 协议典型代表入手, 介绍 HBB 协议, 使读者对 QSS 有一个初步的了解. 接着在 3.2~3.5 节介绍一些在通信者之间共享经典联合密钥的量子秘密共享协议, 它们都是从三方秘密共享入手来介绍, 大部分都可以推广到多方秘密共享. 在 3.6 节介绍一种可以在通信者之间直接共享经典消息的量子秘密共享协议, 但必须借助一个经典比特串的帮助, 实际还是与共享联合密钥加经典 OTP 的实现方案类似. 最后在 3.7 节给出一个基于 Grover 算法的门限秘密共享方案. 总之, 本章介绍的协议都是从利用不同物理原理设计各具特色的 QSS 协议出发的, 将为读者提供丰富的协议设计思路.

3.1 HBB 协议

HBB 协议[2] 是由 Hillery 等于 1998 年提出的第一个 QSS 方案. 为了方便, 在介绍中仍以三方情形为例, 其中密钥分发者为 Alice, 她的两个代理人分别为 Bob 和 Charlie.

HBB 协议过程如下：

(1) Alice, Bob 和 Charlie 共享有一组 GHZ 态

$$|\psi\rangle_{\text{ABC}} = \frac{1}{\sqrt{2}}(|000\rangle + |111\rangle)_{\text{ABC}} \tag{3-1}$$

其中, 下标 A, B, C 分别表示属于 Alice, Bob 和 Charlie 的粒子.

(2) 三方均对自己的每个粒子进行测量, 测量基随机选取 $B_X = \{|+x\rangle, |-x\rangle\}$ 和 $B_Y = \{|+y\rangle, |-y\rangle\}$ 两者之一. 其中

$$\begin{aligned} |+x\rangle &= \frac{1}{\sqrt{2}}(|0\rangle + |1\rangle), \quad |-x\rangle = \frac{1}{\sqrt{2}}(|0\rangle - |1\rangle) \\ |+y\rangle &= \frac{1}{\sqrt{2}}(|0\rangle + \mathrm{i}\,|1\rangle), \quad |-y\rangle = \frac{1}{\sqrt{2}}(|0\rangle - \mathrm{i}\,|1\rangle) \end{aligned} \tag{3-2}$$

简单分析可知, 如果三方都采用 B_X 基测量, 或有一方采用 B_X 基而另两方采用 B_Y 基测量时, 他们的测量结果是有关联的 (表 3-1). 相反, 如果三方选择的测量基为其他组合, 则测量结果没有关联性.

表 3-1　测量结果的关联性

		Alice			
		$+x$	$-x$	$+y$	$-y$
Bob	$+x$	$\|0\rangle+\|1\rangle$	$\|0\rangle-\|1\rangle$	$\|0\rangle-\mathrm{i}\|1\rangle$	$\|0\rangle+\mathrm{i}\|1\rangle$
	$-x$	$\|0\rangle-\|1\rangle$	$\|0\rangle+\|1\rangle$	$\|0\rangle+\mathrm{i}\|1\rangle$	$\|0\rangle-\mathrm{i}\|1\rangle$
	$+y$	$\|0\rangle-\mathrm{i}\|1\rangle$	$\|0\rangle+\mathrm{i}\|1\rangle$	$\|0\rangle-\|1\rangle$	$\|0\rangle+\|1\rangle$
	$-y$	$\|0\rangle+\mathrm{i}\|1\rangle$	$\|0\rangle-\mathrm{i}\|1\rangle$	$\|0\rangle+\|1\rangle$	$\|0\rangle-\|1\rangle$

注: 表中第一行四项表示 Alice 的测量结果, 第一列四项表示 Bob 的测量结果, 而 16 个表项表示 Charlie 粒子的相应状态.

(3) Alice 随机选取部分数据来检测窃听. 对每个用来检测窃听的实例, Alice 要求 Bob 和 Charlie 公开他们的测量结果. 这里测量结果指测得四个态 $\{|\pm x\rangle, |\pm y\rangle\}$ 中的那个态 (显然这个测量结果已经包含了测量基信息). 为了加强安全性, 对每一个实例, Alice 随机地要求 Bob 或是 Charlie 先做出声明. 注意 Alice 不用公开她在这些实例中测得的任何数据 (包括基和值), 她只需要根据 Bob 和 Charlie 的声明以及自己的测量结果来判断它们是否满足表 3-1 中的关联性. 例如, 对于某个实例, Bob 声明的结果为 $|+y\rangle$, 而 Charlie 的结果为 $|-x\rangle$. 这种情况下如果 Alice 用 B_X 基测量了对应粒子, 则测量结果没有关联性, 丢弃这组数据. 而如果 Alice 测量时用的是 B_Y 基, 那么根据表 3-1 可知, Alice 的测量结果应该为 $|+y\rangle$. 若非如此, 则认为有错误发生. 总之, 通过类似的比较, Alice 可以算出错误率. 如果错误率高于某个阈值, 则放弃这次通信. 否则, 协议继续.

(4) Alice 要求 Bob 和 Charlie 声明对其余粒子进行测量时所使用的测量基 (这里只声明测量基, 不公开测量结果). 通过比较三方的测量基, Alice 判断哪些数据是有效的, 并告诉 Bob 和 Charlie. 根据这些数据, Alice, Bob 和 Charlie 每人可以得到一个二进制密钥串. 编码规则如下: 对 Bob 和 Charlie 的测量结果来说, $\{|+x\rangle, |+y\rangle\}$ 代表 0, $\{|-x\rangle, |-y\rangle\}$ 代表 1. 对 Alice 来说, 当 Alice, Bob 和 Charlie 三方选择的测量基组合为 $\{B_X, B_X, B_X\}$ 时, $|+x\rangle$ 代表 0, $|-x\rangle$ 代表 1; 当三方选择的测量基为其他三种有效组合时, $\{|+x\rangle, |+y\rangle\}$ 代表 1, $\{|-x\rangle, |-y\rangle\}$ 代表 0. 这样 Alice, Bob 和 Charlie 均可得到一串生密钥, 分别记为 $k_{\mathrm{A}}^r, k_{\mathrm{B}}^r, k_{\mathrm{C}}^r$. 上面的编码方法可以保证三个密钥满足 $k_{\mathrm{A}}^r = k_{\mathrm{B}}^r \oplus k_{\mathrm{C}}^r$.

(5) Alice, Bob 和 Charlie 对上面得到的生密钥进行纠错和保密放大, 得到最终密钥, 分别记为 $k_{\mathrm{A}}, k_{\mathrm{B}}, k_{\mathrm{C}}$, 满足关系 $k_{\mathrm{A}} = k_{\mathrm{B}} \oplus k_{\mathrm{C}}$. 至此量子秘密共享顺利完成.

Hillery 等在文献 [2] 中重点论述了利用 GHZ 态实现秘密共享的思想, 而对协议的具体步骤没有给出明确的描述. 实际上本协议中在检测窃听时各参与者声明测量基和测量结果的顺序关系到协议的安全性[3]. 如上协议过程是在综合考虑各方面因素后总结出来的, 相信以上描述的 HBB 协议是完整的. 关于 HBB 协议的安全性, 文献 [2] 证明了 Eve 要想避开检测就必然得不到任何有用信息, 而文献 [3] 讨论了检测窃听时参与者声明测量基和测量结果的顺序跟协议安全性的关系. 有兴趣的读者可以参考这两篇文献.

3.2 基于多粒子纠缠态局域测量的量子秘密共享方案

受文献 [34] 中量子身份认证协议的启发, 本节介绍一个在通信者之间建立共享联合密钥的 QSS 协议, 该协议理论效率为 100%, 且可以直接用于经典消息的分割. 下面首先介绍基于 GHZ 三重态的三方 QSS 协议, 然后推广到多方情形.

3.2.1 协议描述

(1) Alice 产生一列 GHZ 三重态

$$|\psi\rangle = (1/\sqrt{2})(|100\rangle + |111\rangle) \tag{3-3}$$

并将每个态中的第一个粒子留给自己, 而将剩余的两个分别发送给 Bob 和 Charlie.

(2) 对每个粒子, Alice 随机作用 Z 或 I 操作. 如果她作用了 Z, 则

$$|\psi\rangle \rightarrow |\psi_Z\rangle = (1\sqrt{2})(|000\rangle - |111\rangle) \tag{3-4}$$

如果她作用了 I, 则

$$|\psi\rangle \rightarrow |\psi_I\rangle = (1/\sqrt{2})(|000\rangle + |111\rangle) \tag{3-5}$$

现在通信三方共享的纠缠态就变成了 $|\psi_Z\rangle$ 或者 $|\psi_I\rangle$.

(3) 在 Bob 和 Charlie 都宣布他们收到所有的粒子后, Alice 随机选择一些粒子, 并用 $\{|0\rangle, |1\rangle\}$ 进行测量. 同时, 她随机选择 Bob 或 Charlie 并让其测量相应的粒子后公布测量结果, 并与自己的测量结果相比较. 如果错误比特率小于某个特定的值, 则继续进行第 (4) 步.

(4) 所有三人对自己剩余的粒子做 $H = (1/\sqrt{2})[(|0\rangle + |1\rangle)\langle 0| + (|0\rangle - |1\rangle)\langle 1|]$ 操作. 现在

$$|\psi_Z\rangle \rightarrow |\psi_{ZH}\rangle = \frac{1}{2}(|100\rangle + |010\rangle + |001\rangle + |111\rangle) \tag{3-6}$$

$$|\psi_I\rangle \rightarrow |\psi_{IH}\rangle = \frac{1}{2}(|000\rangle + |110\rangle + |101\rangle + |011\rangle) \tag{3-7}$$

然后他们都用 $\{|0\rangle, |1\rangle\}$ 基测量自己的粒子.

(5) Alice 随机要求 Bob 或者 Charlie 公布他们的一些测量结果来检测窃听. 由于 Alice 确切知道对自己的粒子做了 Z 还是 I 操作, 她就知道他们的结果应该满足什么样的相关性. 例如, 如果她作用了 Z, 他们的测量结果应该和为 1; 否则和为 0, 从而她可以检测是否有窃听存在.

(6) 对其余没有用于窃听检测的粒子, Alice 公开宣布她的测量结果. 如果 Bob 和 Charlie 合作, 将他们的测量结果结合在一起, 他们就能知道 Alice 是对她的粒子作用了 Z 还是 I(如果三个人的测量结果和为 1, 说明 Alice 对自己的粒子作用了 Z; 否则, 说明 Alice 作用了 I). 这样, 通信三方就共享了一个联合密钥, 使得当且仅当 Bob 和 Charlie 合作, 他们才能知道 Alice 的操作, 而他们中任意一个单独都得不到任何信息.

就实现上述 QSS 方案所必需的资源来说, 要想建立一个包含 N bit 的联合密钥, 平均只需要 N 个 GHZ 三重态, 而在文献 [2] 中需要 $2N$ 个 GHZ 态, 文献 [3] 中需要 $2N$ 个非正交纠缠态, 文献 [4] 中需要 $2N$ 个粒子, 尽管这些文献中的协议已经比直接将 QKD 和经典秘密共享相结合有很大的改进. 如果是直接结合, 要共享 N bit 的消息 (相当于要建立 N bit 的联合密钥), 平均需要 $4N$ 个粒子. 此外, 一旦在通信者之间建立了联合密钥, 则文献 [2~4] 中的协议, 以及本节的协议都比上面直接结合的混合协议要节约资源. 要传输一个 N bit 的消息, 这些协议只需要一个 N bit 长的密钥, 而那种直接结合的混合协议还需要两个 N bit 的密钥. 在上述协议中, 只有当 Bob 和 Charlie 都宣布他们收到 Alice 发送的所有粒子后, Alice 才要求他们直接测量某些粒子用于检测窃听, 或者是直接对粒子作用 H 操作. 相应地, 就必须有量子存储器来存储这些粒子, 在文献 [35] 中已经给出了一些量子存储方面的试验技术. 事实上, 如果对协议作如下调整：当 Bob 和 Charlie 宣布他们收到来自每一个 GHZ 态的粒子时, Alice 就随机选择是否用这个态来检测窃听. 这样, 适当增加经典通信就会大大降低对量子存储的要求.

因为上面提出的 QSS 协议理论效率达到了 100%, 所以可以对它稍作修改, 使其能够直接对已经编码为经典比特的秘密消息进行分割. Alice 需要将 GHZ 态序列分为两类：用于分割消息的消息态和用于检测窃听的检验态. 如果经典消息比特为 0, 她对自己相应的消息粒子做 I 操作; 否则, 若消息比特为 1, 她就对相应的消息粒子做 Z 操作. 对于检测态, 与前面 QSS 协议中做同样的处理. 在每一个位置, 她随机选择发送消息态还是检测态. 仍然, 只有当 Bob 和 Charlie 都宣布他们收到所有的粒子后, Alice 随机选择一些检验比特, 并要求他们用 $\{|0\rangle, |1\rangle\}$ 基测量相应的粒子后宣布结果, 其他的检验比特要求他们在三人都给自己的粒子作用 H 变换后再测量并宣布测量结果. 如果错误比特率小于某个特定的阈值, 她就宣布自己对应于消息比特的测量结果. 这样如果 Bob 和 Charlie 合作, 他们就能知道 Alice 的经典消息比特, 而他们中任意一人单独都不可能知道.

3.2.2 安全性分析

协议中分两步检测窃听, 一次在作用 H 之前, 一次在作用 H 之后, 从而保证了协议的安全性. 假设存在窃听者 Eve, 她的目的是在不被检测到的前提下窃取 Bob 和 Charlie 甚至 Alice 的密钥. 事实上, 就窃听而言, 代理 (指 Bob 或 Charlie) 往往比外部的窃听者有更强的窃听能力. 因此, 如文献 [2, 3, 11] 所述, 对 QSS 的安全性分析应该集中在阻止不诚实的代理进行欺骗, 本书第 6 章也详细讨论了此结论. 换句话说, 在一个 QSS 方案中如果所有代理都不能成功欺骗, 则这个协议是安全的. 本章很多协议都用这个标准来分析安全性.

1. 窃听者采取截获 —— 重发攻击

假设 Bob 是不诚实的 (记为 Bob*), 他接收自己的粒子的同时, 截获 Alice 发送给 Charlie 的粒子, 企图可以在以后利用三人之间的经典通信和自己收到的两粒子获得 Alice 的密钥比特, 而不被 Alice 和 Charlie 检测到. Bob* 采取的策略是截获从 Alice 处发出的两个粒子, 并发送一个假粒子给 Charlie.

为避免在第 (3) 步被检测到, 他必须保证当 Alice 和 Charlie 都用 $\{|0\rangle, |1\rangle\}$ 基测量他们的粒子时得到相同的结果. 然而由式 (3-4) 知道, 只有当 Alice 和 Charlie 测量来自原始 GHZ 态的两个粒子时, 他们才会有相同的结果, 并且 Bob 和 Charlie 都宣布他们收到 Alice 发送的粒子后, Alice 才随机挑选一些粒子让他们测量来检测窃听. 这就意味着不管 Bob* 发送什么样的假粒子给 Charlie, 在第 (3) 步他都会以 50% 的概率被检测到.

首先, 考虑 Bob* 发送一个假粒子处于态 $|0\rangle$ 或者 $|1\rangle$. 他所能采取的最佳策略就是先测量他截获的两个粒子中的一个, 然后根据测量结果制备假态, 发送假粒子, 这样 Charlie 测量时肯定能得到与 Alice 相同的结果. 例如, 如果 Bob* 测量一个粒子, 而得到结果 $|0\rangle$, 这样它就可以发送 $|0\rangle$ 给 Charlie. 这样他就能在第 (3) 步不被检测到. 然而, 当他测量之后, 最初的 GHZ 三重态就塌缩为 $|000\rangle$. 即使他在其余的步骤都按照原协议进行, 最后利用他的两个粒子和 Alice 宣布的自己的测量结果, 他也得不到任何信息. 换句话说, 他的这种攻击是无意义的. 因为当三人都对自己的粒子作用 H 变换后,

$$|000\rangle \rightarrow \frac{1}{2\sqrt{2}}(|000\rangle + |100\rangle + |010\rangle + |001\rangle + |110\rangle + |101\rangle + |011\rangle + |111\rangle) \quad (3\text{-}8)$$

由式 (3-8) 可以看出他们的三粒子态转化为所有基态的均匀叠加态. 进一步, 由于 Charlie 的粒子与 Alice 的无关, Bob* 的这种攻击会在第 (5) 步以 50%的概率被检测到.

其次, 考虑 Bob* 准备假粒子态 $|\phi^+\rangle = (1/\sqrt{2})(|00\rangle + |11\rangle)$, 他保留其中的一个粒子, 而将另一个粒子发送给 Charlie. 事实上, 因为 Charlie 的粒子与 Alice 的

粒子无任何相关性, 所以在第 (3) 步他会以 50%的概率被检测到. 然而, 如果没有第 (3) 步, 他的攻击策略在第 (5) 步就不能被检测到. 下面说明在这种情况下, 他如何成功获得 Alice 的密钥, 而不需要 Charlie 的帮助, 同时不会被检测到. 在 Bob* 截获到属于每一个 GHZ 态的两个粒子后, 他从准备的假态 $|\phi^+\rangle$ 中选一个粒子发给 Charlie. 当 Alice 要求他们对自己的粒子做 H 变换时, 他对自己截获的由 Alice 发来的两个粒子做 H 变换, 同时对自己准备的假态 $|\phi^+\rangle$ 中留给自己的粒子也做 H 变换. 然后, 当 Alice 要求他们测量某些位置的粒子来检测窃听时, 他测量从 Alice 处截获的两个粒子, 如果测量结果相同, 他对自己的属于假态 $|\phi^+\rangle$ 的粒子做 I 变换, 否则, 如果他的两个测量结果不同, 则他对自己的假粒子做 Z 变换. 因为如果 Bob* 对自己的假粒子做 I 变换, 当他和 Charlie 都对自己的假粒子做 H 变换以后, $|\phi^+\rangle \rightarrow (1\sqrt{2})(|00\rangle + |11\rangle)$, 相反, 如果 Bob* 对自己的假粒子做 Z 变换, 则 $|\phi^+\rangle \rightarrow (1\sqrt{2})(|01\rangle + |10\rangle)$. 可以看出, 测量假态中两粒子所得结果之间的相关性与测量 Alice 发送的属于同一 GHZ 态的两粒子之间的相关性相同. 当 Alice 要求他们宣布测量结果时, Bob* 宣布他测量对应位置假粒子所得的结果, 从而不管他和 Charlie 谁先宣布都可以不被检测到. 在 Alice 宣布她对其余粒子的测量结果以后, 他就能恢复 Alice 的密钥 (即 Alice 对自己的粒子作了 I 变换还是 Z 变换), 而根本不需要 Charlie 的帮助. 从以上分析可以看出, 第 (3) 步对保证协议的安全性起着至关重要的作用.

综上所述, 上面的 QSS 方案相对于截获–重发攻击是安全的.

2. *窃听者采取纠缠攻击*

下面讨论一般的窃听者 Eve(包括不诚实参与者) 采取一种更复杂的攻击的情形, 即她必须纠缠一个辅助粒子到 Alice, Bob 和 Charlie 三人共有的三粒子态上, 以便在以后通过测量自己的辅助粒子来获得关于 Alice, Bob 和 Charlie 三人的测量结果的信息, 这种攻击与文献 [2] 中分析的攻击有点类似. 当 Eve 纠缠一个辅助粒子以后, 得到的新的整体粒子态的一般形式可表示为

$$|\Psi\rangle_{\text{abce}} = \sum_{ijk} |ijk\rangle_{\text{abc}} \otimes \eta_{ijk} \tag{3-9}$$

其中, $i, j, k = 0, 1, \eta_{ijk}$ 是 Eve 的未归一化的态. 在第 (3) 步, 要想不被检测到, Alice, Bob 和 Charlie 的测量结果必须相同. 所以 $|\Psi\rangle$ 的形式只能是 $|\Psi\rangle = |000\rangle\eta_{000} + |111\rangle\eta_{111}$. 然后协议继续执行, Alice 随机选择对自己的粒子做 I 或者是 Z 变换, 然后所有三方都对自己的粒子做 H 变换, 则

$$|\Psi\rangle \rightarrow |\Psi'\rangle = \frac{1}{2\sqrt{2}}(|0\rangle + |1\rangle)^{\otimes 3}\eta_{000} \pm \frac{1}{2\sqrt{2}}(|0\rangle - |1\rangle)^{\otimes 3}\eta_{111}$$

$$= \frac{1}{2\sqrt{2}}(|000\rangle + |110\rangle + |101\rangle + |011\rangle)(\eta_{000} \pm \eta_{111})$$
$$+ \frac{1}{2\sqrt{2}}(|100\rangle + |010\rangle + |001\rangle + |111\rangle)(\eta_{000} \mp \eta_{111}) \quad (3\text{-}10)$$

首先考虑 Alice 对她的粒子做 I 变换的情形. 当 Alice, Bob 和 Charlie 在第 (5) 步检测窃听时, 他们的测量结果加起来必须等于 0. 因此, 可以推出 $\eta_{000} = \eta_{111}$. 这也就意味着

$$|\Psi\rangle = \frac{1}{\sqrt{2}}(|000\rangle + |111\rangle)\eta_{000} \quad (3\text{-}11)$$

其中, η_{000} 没有被归一化. 在 Alice 对她的粒子做 Z 变换的情形有相同的结论. 如果 Eve 在第 (5) 步没有引入任何错误, 他们的测量结果加起来必须等于 1, 从而可以推出 $\eta_{000} = -\eta_{111}$. 这就意味着在 Alice 对他的粒子做 Z 变换以后有

$$|\Psi\rangle \to (1/\sqrt{2})(|000\rangle - |111\rangle)\eta_{000} \quad (3\text{-}12)$$

所以

$$|\Psi\rangle = (1/\sqrt{2})(|000\rangle + |111\rangle)\eta_{000} \quad (3\text{-}13)$$

其中, η_{000} 没有被归一化. 从上面的分析可以看出如果 Eve 想要在第 (3) 步和第 (5) 步都不被检测到, 则他纠缠一个辅助粒子到 GHZ 态上得到的整体粒子态必须是 GHZ 态和辅助粒子的直积态. 这就意味着 Eve 通过观察自己的辅助粒子得不到任何有关 GHZ 态中三粒子的测量结果的信息. 换句话说, 如果 Eve 想要得到关于通信三方的测量结果的信息, 就不可避免地会引入错误, 从而会被检测到.

3.2.3 推广到多方秘密共享

可以直接推广上述 QSS 协议到多方的情形. 在文献 [36] 中已经提出一种方法, 可以在 N 个不同的用户之间分发纠缠态, 以使得这 N 个用户共享形式为

$$|\Phi\rangle = \prod_{i=1}^{n} |u_i\rangle \pm \prod_{i=1}^{n} |u_i^c\rangle \quad (3\text{-}14)$$

的态, 其中 u_i 代表一个二进制变量, 且 $u_i^c = 1 - u_i$. 这里假设 Alice 和她的 $n-1$ 个代理共享一列形式为

$$|\Phi\rangle = \frac{1}{\sqrt{2}}(|00\cdots0\rangle + |11\cdots1\rangle) \quad (3\text{-}15)$$

的纠缠态. 为方便描述, 不妨假设 Alice 的粒子为第 n 个. 对每一个 $|\Phi\rangle$, Alice 随机选择对她的粒子做 I 变换或者 Z 变换. 如果 Alice 对她的粒子做了 I 变换, 则

$$|\Phi\rangle \to |\Phi'\rangle = |\Phi\rangle \to |\Phi''\rangle = \frac{1}{\sqrt{2^{n-1}}} \sum_{\oplus_{j=1}^{n-1} bj \oplus a = 0} |b_1 b_2 \cdots b_{n-1} a\rangle \quad (3\text{-}16)$$

相反, 如果 Alice 对她的粒子做了 Z 变换, 则

$$|\Phi\rangle \rightarrow |\Phi'\rangle = \frac{1}{\sqrt{2}}(|00\cdots0\rangle - |11\cdots1\rangle) \rightarrow |\Phi''\rangle$$

$$= \frac{1}{\sqrt{2^n}} \sum_{\oplus_{j=1}^{n-1} bj \oplus a=1} |b_1 b_2 \cdots b_{n-1} a\rangle \tag{3-17}$$

显然, 如果他们都沿 $\{|0\rangle, |1\rangle\}$ 基测量自己的粒子, 则对应于每一个纠缠态的 n 个粒子的测量结果加起来等于 0 就对应着 Alice 对她的粒子做了 I 变换 (记为 0). 类似地, n 个测量结果加起来等于 1 对应着 Alice 对自己的粒子做了 Z 变换 (记为 1). 当 Alice 宣布他自己的测量结果以后, 只有当 $n-1$ 个代理联合起来才能知道 Alice 所做的操作, 也即 Alice 的密钥比特, 而任何少于 $n-1$ 个的代理都不能获得任何信息.

3.2.4　结束语

本节基于多粒子纠缠态提出一个在通信者之间建立共享联合密钥的量子秘密共享方案, 其中只用到局域操作和局域测量, 这相对于联合测量更易于实现. 在协议中, 平均消耗一个 GHZ 态可以建立 1bit 的联合密钥, 其效率是文献 [2] 和 [3] 的 2 倍. 同时该方案还可以在通信者之间直接进行经典秘密分割. 窃听分析表明该协议是安全的.

3.3　基于 Bell 态局域测量的量子秘密共享方案

考虑 Bell 态 $|\Phi_{12}^-\rangle = (1/\sqrt{2})(|00\rangle - |11\rangle)_{12}$ 和 $|\Psi_{12}^+\rangle = (1/\sqrt{2})(|01\rangle + |10\rangle)_{12}$, 当用测量基 $B_Z = \{|0\rangle, |1\rangle\}$ 分别测量其中的两个粒子时, 测量结果将具有特定的关联性. 例如, 测量 $|\Phi_{12}^-\rangle$ 将得到相同的结果而测量 $|\Psi_{12}^+\rangle$ 会得到相反的结果. 另一方面, 当用 $B_X = \{|+\rangle, |-\rangle\}$ 基测量两个粒子时, 类似的关联仍然存在. 但这种情况下 $|\Phi_{12}^-\rangle$ 产生相反的结果而 $|\Psi_{12}^+\rangle$ 产生相同结果. 表 3-2 总结了以上两态在不同测量基下测量结果的关联性. 利用这种性质可以构造如下两种高效的 (2,2) QSS 协议, 它们最终实现了 $K_{\rm A} = K_{\rm B} \oplus K_{\rm C}$, 其中 $K_{\rm A}$,$K_{\rm B}$,$K_{\rm C}$ 分别表示 Alice, Bob 和 Charlie 的密钥.

表 3-2　用不同基测量 Bell 态中的两个粒子可能得到的结果

	$\|\Phi_{12}^-\rangle$	$\|\Psi_{12}^+\rangle$
B_Z	(0,0)(1,1)	(0,1)(1,0)
B_X	(+,−)(−,+)	(+,+)(−,−)

3.3.1 协议描述

1. 方案 I

(1) Alice 产生一组纠缠粒子对, 每个纠缠态随机地处于 $|\Phi^-\rangle$ 和 $|\Psi^+\rangle$. 假设 $|\Phi^-\rangle$ 代表 0 而 $|\Psi^+\rangle$ 代表 1, Alice 可以得到一个随机比特串 K_{A_0}. 对于每一对纠缠粒子 Alice 将发送其中一个给 Bob, 发送另一个给 Charlie. 分别用 L_{B} 和 L_{C} 表示将发送给 Bob 和 Charlie 的这两组粒子. 假设总共有 n 个纠缠对, p 代表粒子, 则 $L_{\mathrm{B}}=(p_{1\mathrm{B}},p_{2\mathrm{B}},\cdots,p_{n\mathrm{B}})$, $L_{\mathrm{C}}=(p_{1\mathrm{C}},p_{2\mathrm{C}},\cdots,p_{n\mathrm{C}})$, 每个 $(p_{i\mathrm{B}},p_{i\mathrm{C}})$ 为一个纠缠对. 于是 K_{A_0} 包含 n 个比特, 其中第 i 个比特 $K_{\mathrm{A}_0}=0$(当 $(p_{i\mathrm{B}},p_{i\mathrm{C}})$ 处于 $|\Phi^-\rangle$ 态时) 或 $K_{\mathrm{A}_0}=1$(当 $(p_{i\mathrm{B}},p_{i\mathrm{C}})$ 处于 $|\Psi^+\rangle$ 态时).

(2) Alice 生成一组非正交态粒子, 每个粒子随机地处于四个态 $|0\rangle$, $|1\rangle$, $|+\rangle$ 和 $|-\rangle$ 之一. 然后把这些粒子穿插进 L_{B} 和 L_{C} 的随机位置. 注意只有 Alice 知道这些非正交态粒子的位置和状态. 得到的两个新的粒子序列分别记为 L'_{B} 和 L'_{C}.

(3) Alice 分别发送 L'_{B} 和 L'_{C} 给 Bob 和 Charlie. 收到所有粒子后, Bob 和 Charlie 通过公开信道告知 Alice.

(4) Alice 声明插入的非正交态粒子的位置和基信息.

(5) Alice 与 Bob, Charlie 一起检测窃听. 根据 Alice 声明的信息, Bob 和 Charlie 从 L'_{B} 和 L'_{C} 中选出这些非正交态粒子并用相应的基测量. 这样 Alice 就可以通过比较初始态和这些测量结果来检测窃听. 如果错误率低于某个特定的阈值, Alice 认为信道中不存在窃听 (反之 Alice 认为有窃听并停止这次通信). 注意此时剩下的两个粒子序列正好为 L_{B} 和 L_{C}.

(6) Alice 公布一个随机的二进制比特串 K_b(总共 n 个比特) 并把 $K_{\mathrm{A}}=K_{\mathrm{A}_0}\oplus K_b$ 作为她的密钥.

(7) Bob 和 Charlie 根据 Alice 声明的随机比特串选择相应的测量基测量他们的粒子. 例如, 当 K_b 的第 i 个比特为 0 (1) 时, Bob 和 Charlie 用 B_Z (B_X) 基来测量各自的粒子 $p_{i\mathrm{B}}$ 和 $p_{i\mathrm{C}}$. Bob 和 Charlie 记录所有粒子的测量结果作为各自的密钥 K_{B} 和 K_{C}. 这里测量结果 $|0\rangle$ 和 $|+\rangle$ 对应于 0 而 $|1\rangle$ 和 $|-\rangle$ 对应于 1.

最后, Alice, Bob 和 Charlie 各得到一个密钥, 分别为 $K_{\mathrm{A}},K_{\mathrm{B}}$ 和 K_{C}. 由表 3-2 不难得出 $K_{\mathrm{A}}=K_{\mathrm{B}}\oplus K_{\mathrm{C}}$, 这意味着秘密共享的任务已经完成. 以后 Alice 可以用 K_{A} 来加密她的消息, 只有 Bob 和 Charlie 合作才能正确解密. 如 3.3.2 节分析, 插入的单粒子保证了这个协议的安全性. 但是, 这种操作在实现中将带来额外的复杂性. 因此, 在下面的方案 II 中给出一种新的方法来检测窃听.

2. 方案 II

(1) Charlie 产生一组纠缠粒子对, 每个纠缠对随机处于 $|\Phi^-\rangle$ 或 $|\Psi^+\rangle$ 态. 对于每一对纠缠粒子 Charlie 将发送其中一个给 Alice, 另一个给 Bob. 与方案 I 类似,

这里分别用 L_{A} 和 L_{B} 表示这两个粒子序列.

(2) Charlie 发送 L_{A} 给 Alice 并检测窃听. 具体地, Alice 随机选出一些粒子并等概率地用 B_Z 和 B_X 基对它们进行测量. 然后 Alice 把这些粒子的位置和测量基告诉 Charlie 以便让他用相同的基测量手中的对应粒子. Alice 和 Charlie 可以通过比较初始态和测量结果来检测窃听. 如果错误率超过某个特定阈值则停止这次通信.

(3) Charlie 发送 L_{B} 给 Bob(在上一步中用于检测窃听的粒子除外) 并与 Alice 一起检测窃听. 具体地, 当 Bob 收到所有粒子之后, Alice 再一次从手中的序列中选出一部分粒子并像上一步中那样测量. 然后 Alice 公布这些粒子的位置, 并要求 Charlie 声明这些纠缠对的初始态. 之后 Alice 告诉 Bob 这些检测粒子的测量基, 并让他用相同的基测量手中相应的粒子. 注意这里测量基信息必须在 Charlie 声明初始态以后再公布. 最后, Bob 把测量结果告诉 Alice. 这样 Alice 就可以通过比较初始态和测量结果来检测窃听. 如果错误率低于某个特定阈值, 继续执行下面的步骤.

(4) Alice 随机地用 B_Z 或 B_X 基测量手中剩余的粒子并告诉 Bob 这些测量基信息. 然后 Bob 用相同基测量手中剩余粒子并记录结果. 与方案 I 类似, 这些结果可以转化为二进制数, 进而构成 Alice 和 Bob 的密钥, 即 K_{A} 和 K_{B}. 同时, 测量基信息也可以转化为比特串 K_b.

(5) Charlie 得到密钥. 假设 $|\Phi^-\rangle$ 代表 0 而 $|\Psi^+\rangle$ 代表 1, Charlie 可以从第 (3) 步后剩余的纠缠对中得到一个比特串 K'_{C}. Charlie 的最终密钥为 $K_{\mathrm{C}} = K'_{\mathrm{C}} \oplus K_b$.

最后, Alice, Bob 和 Charlie 各自得到一串密钥 K_{A},K_{B} 和 K_{C}. 容易验证 $K_{\mathrm{A}} = K_{\mathrm{B}} \oplus K_{\mathrm{C}}$. 这个方案中不再需要插入非正交态粒子检测窃听, 但此时 Charlie 必须有能力产生纠缠对. 如 3.3.2 节所分析, 要得到安全性这一点是必需的.

3.3.2 安全性分析

先来分析方案 I. 不失一般性, 假设 Bob 是不诚实的, 他将努力窃取 Alice 的密钥. 因为 K_{B} 已经被公布, K_{A} 的信息来自每个纠缠对的初始态. Bob 的第一种窃听策略是截获 L'_{C}, 随机用 B_Z 或 B_X 基测量这些粒子, 然后把它们重新发送给 Charlie. 考虑其中一个粒子 $p_{i\mathrm{C}}$. 如果 Bob 选的测量基与之后 Charlie 用的基相同, Bob 将顺利得到 Charlie 的测量结果, 这意味着得到 K_{C} 中的一个密钥比特. 但是, Bob 不能区分 L'_{C} 中的非正交态粒子和来自纠缠对的粒子, 因为它们均处于最大混合态 $\rho = (|0\rangle\langle 0| + |1\rangle\langle 1|)/2$. 因此, 对每个非正交态粒子 Bob 将引入 1/4 的错误概率[37]. Bob 的第二种策略是截获 L'_{C}, 对 L'_{B} 和 L'_{C} 中相同位置上的两个粒子做 Bell 测量, 之后把 L'_{C} 重新发送给 Charlie. 他的目的是得到 Alice 的密钥, 即所有纠缠对的初始状态. 但是这种策略不会成功, 因为粒子 $p_{i\mathrm{B}}$ ($p_{i\mathrm{C}}$) 在 L'_{B} (L'_{C}) 中的位置已经被插入的非正交态粒子打乱, Bob 不能确定哪两个粒子最初处于一个纠缠态.

第三种策略是截获 L'_{C} 并发送假冒粒子序列给 Charlie. 这样 Bob 可以在 Alice 公布非正交态粒子的位置后扔掉它们并用 Bell 基测量 L'_{B} 和 L'_{C} 中剩余的粒子对, 进而完全得到 Alice 的密钥. 但是, 当 Bob 发送假冒粒子时他不知道非正交态粒子的位置和状态. 因此不管 Bob 准备什么样的假冒粒子序列发给 Charlie 都将在 Alice 和 Charlie 检测窃听时引入错误.

方案 II 与方案 I 类似, 唯一的不同在于方案 II 中不再插入非正交态粒子来检测窃听. 如上所述, 没有这些非正交态粒子 Bob 可以通过截获–重发攻击成功窃取 Alice 的密钥. 为了达到安全性, Charlie 必须代替 Alice 来产生纠缠对. 这种情况下 (指方案 II)Alice(而不是任何代理) 拥有同时得到两个合法粒子序列的机会, 她可以用 Bell 基测量每对粒子, 进而得到 Charlie 的密钥. 但这种情况不必担心, 因为 Alice 是消息发送者, 她根本没有必要实施这种攻击. 注意方案 II 中两个代理的功能并不对称, 这一点与方案 I 不同. 先考虑 Bob 不诚实的情况, 这与上面的分析类似. 如果 Bob 截获 L_{A} 并随机用 B_Z 或 B_X 基测量这些粒子, 一旦选错基他将引入 1/2 的错误概率. 另一方面, 因为 L_{B} 在 Alice 得到 L_{A} 后发出, Bob 不可能用针对方案 I 的第二种策略来成功窃听. 于是如果 Bob 想用 Bell 基测量每对纠缠粒子他只有发送假冒粒子序列给 Alice(见针对方案 I 的第三种策略). 这种攻击也必将引入错误, 因为假冒粒子与 Charlie 的粒子没有关联. 现在分析来自 Charlie 的攻击. Charlie 的目的是得到 Alice 的测量结果, 即 K_{A}. 他可以通过如下步骤来窃听: 在第 (3) 步中他发送假冒粒子序列 (而不是 L_{B}) 给 Bob, 这样他可以在 (4) 步后通过用相应基测量 L_{B} 中的每个粒子来得到 K_{A}. 但这些假冒粒子无法通过第 (3) 步中的窃听检测过程. 应该注意的是, 当 Charlie 公布 Alice 选出的纠缠对的初始态时, 他还不知道之后 Alice 和 Bob 将要用到的测量基的信息. 因此不管 Charlie 准备什么样的假冒序列, 他都不能给出总能在第 (3) 步中顺利通过检测的初始态.

3.3.3 结束语

本节基于 Bell 态在局域测量下的性质提出两种量子秘密共享协议, 与 3.2 节的协议一样, 比用到联合测量的协议较容易实现. 它们均达到接近 100%的效率. 此外, 在如上两个秘密共享方案中仅用到二粒子纠缠态, 因为产生并操作多粒子纠缠态非常困难[38,39], 因此从实际应用的角度考虑, 本节介绍的方案比 3.2 节的更易于实现. 经分析两方案对常见的几种攻击策略都是安全的.

3.4 基于局域操作的量子秘密共享方案

本节以及后面 3.5 节和 3.6 节的协议都用到了联合 Bell 测量, 这相比 3.2 节和 3.3 节的协议较难实现. 但本着利用不同原理设计具有不同特点协议的原则, 本节介绍一个基于 Bell 态局域操作的量子秘密共享协议, 该协议是受文献 [40] 的启发而提出的. 首先由 Alice 产生一系列处于某个 Bell 态的纠缠对, 然后把每个纠缠对中的一个粒子发送给 Bob, 然后 Bob 再传递给 Charlie. Bob 和 Charlie 分别随机地对这些粒子进行局域操作 I 或 Z,之后把它们发回给 Alice. Alice 通过联合测量, 就可以判断出 Bob 和 Charlie 所采用的操作组合.

当对 Bell 态中的一个粒子作用算符 I 时, 这个态将不发生变化. 如果作用算符 Z, 这个 Bell 态将变成另外一个 Bell 态. 如 $|\Psi^+\rangle$ 态, 分别用 p_1 和 p_2 表示这两个粒子. 如果对 p_2 作用算符 I, 态 $|\Psi^+\rangle$ 保持不变. 但如果对 p_2 作用算符 Z, 态 $|\Psi^+\rangle$ 将变成态 $|\Psi^-\rangle$. 此外, 因为 $Z^2=I$, 如果对 p_2 作用两次算符 Z, 态 $|\Psi^+\rangle$ 不变.

总之, 由上面的分析可以得到下面两个等式: ① $(I_1\otimes I_2)^n|\Psi^+\rangle=|\Psi^+\rangle$; ② $(I_1\otimes Z_2)^n|\Psi^+\rangle=|\Psi^+\rangle$ (当 n 为偶数时) 或 $|\Psi^-\rangle$(当 n 为奇数时). 这就是本节协议的理论基础.

3.4.1 协议描述

下面给出基于局域操作的秘密共享协议的具体描述. 此协议不像文献 [2, 3] 中方案那样把纠缠粒子分发给各参与者并让他们随机选取不同的基进行测量, 而是把纠缠态粒子当成一种载体, 它记载着所有参与者的综合操作. 具体步骤如下:

(1) Alice 生成一系列 EPR 对, 其状态为 $|\Psi^+\rangle$. Alice 从每一对粒子中任选一个发送给 Bob 并保存另外一个. 这里用 L_{A} 和 L_{B} 分别表示 Alice 和 Bob 的两组粒子.

(2) 为了检测窃听, Bob 随机地从 L_{B} 中选取一些粒子在 $B_z=\{|0\rangle,|1\rangle\}$ 基下测量. 然后通过公共信道把测量结果告诉 Alice. 此时 Alice 对 L_{A} 中相应的粒子做同样的测量并与 Bob 的测量结果比较是否相同. 如果错误率小于一定的阈值, 协议继续.

(3) Bob 对 L_{B} 中其余的粒子随机地作用算符 I 和 Z, 分别对应二进制 0 和 1. 然后他把这些粒子发送给 Charlie.

(4) 当 Charlie 收到这些粒子之后, Alice 和 Charlie 用同样的方法来检测窃听. 为了方便, 从现在起用 L_{C} 来表示这组粒子而不再用 L_{B}. Charlie 从 L_{C} 中选取一些粒子与 Alice 进行窃听检测. 如果没有窃听, 他们的结果应该相反 (因为这些粒子对状态为 $|\Psi^\pm\rangle$). 如果错误率小于一定的阈值, 协议继续.

(5) Charlie 对 L_{C} 中的其他粒子随机地作用算符 I 和 Z, 分别对应二进制 0 和 1. 之后他把这些粒子发回给 Alice.

(6) Alice 对 L_{A} 和 L_{C} 中的相应粒子做 Bell 测量. 如果不存在窃听者, 她应该只能得到两种结果, 即 $|\Psi^+\rangle$ 或 $|\Psi^-\rangle$. 令 $|\Psi^+\rangle$ 对应于二进制 0, $|\Psi^-\rangle$ 对应于 1, 于

是 Alice 得到一个二进制比特串.

(7) 最后, Alice, Bob 和 Charlie 各得到一个等长的二进制比特串 (不包括用来检测窃听的那部分), 并把它们作为自己的密钥, 分别用 K_{A}, K_{B} 和 K_{C} 表示. 于是, 容易看出 K_{A}, K_{B} 和 K_{C} 中的每一位互相对应, 并且 K_{A} 中的每一位的值等于 K_{B} 和 K_{C} 中的相应位的模 2 加. 表 3-3 给出了 Bob 和 Charlie 的操作与 Alice 的测量结果之间的对应关系.

表 3-3　Bob 和 Charlie 的操作与 Alice 的测量结果之间的对应关系

Bob	$I(0)$	$I(0)$	$Z(1)$	$Z(1)$
Charlie	$I(0)$	$Z(1)$	$I(0)$	$Z(1)$
Alice	$\Psi^+(0)$	$\Psi^-(1)$	$\Psi^-(1)$	$\Psi^+(0)$

注: 前两行表示 Bob 和 Charlie 的局域操作和对应的二进制数, 第三行代表 Alice 的测量结果.

显然, 除了少量检测纠缠对, 每个 EPR 对都能在 Alice, Bob 和 Charlie 间生成 1bit 联合密钥. 因此, 这个协议理论上也可以达到 100%的效率.

当然本协议中也并不一定要用 $|\Psi^+\rangle$ 作为最初的状态, 用其他三个 Bell 态也可以, 即 $|\Phi^+\rangle$,$|\Phi^-\rangle$ 或 $|\Psi^-\rangle$. 甚至 Alice 可以随机地生成不同的 Bell 态组成这一系列 EPR 对, 只要她能记住每个位置对应的态就可以了. 这并不违反本协议的基本思想, 能够达到相同的目的.

3.4.2　安全性分析

下面说明上述协议是安全的. 假设存在窃听者 Eve, 她的目的就是从每个粒子中分析 Bob 和 Charlie 的操作并不被检测到. 通过下面的讨论可以看到, 这是不可能实现的.

首先, Eve 不能从传输的粒子上得到任何信息. 考虑其中一个粒子 p_i. 作为纠缠态 $|\Psi^+\rangle$ 或 $|\Psi^-\rangle$ 中的一个粒子, 它的约化密度矩阵为

$$\rho_1=\mathrm{tr}_2\rho_{\Psi^+}=\mathrm{tr}_2\rho_{\Psi^-}=\frac{1}{2}\left(|0\rangle\langle 0|+|1\rangle\langle 1|\right) \tag{3-18}$$

这是最大混合态. 由于每个粒子都处于相同的状态, Eve 不能得到任何信息.

其次, “截获–重发” 攻击对本方案是无效的. 不失一般性, Eve 可以对每个从 Alice 到 Bob 的粒子纠缠上一个附加粒子, 其目的是当这些粒子发回给 Alice 时她可以把自己的附加粒子与之做联合测量, 进而得到 Bob 和 Charlie 的编码信息. 实际上, 可以直接借鉴 BF 协议[41](见 5.1 节) 中的结论来说明这种方法是不可行的, 两者情况类似. 假设 Bob 通过对某个量子比特作用 I 或 Z 来编码, 选择这两个操作的概率分别是 p_0 和 p_1. 一般地, $p_0=p_1=1/2$. 于是 Eve 可以从某个量子比特

中提取到的信息量 (用 I_{E} 表示) 与被检测到的概率 (用 d 表示) 之间的关系可以表示为[41]

$$I_{\mathrm{E}}(d) = -d\log_2 d - (1-d)\log_2(1-d) \tag{3-19}$$

这个结论表明任何有效的窃听都将被检测到, 因此这个秘密共享协议对 "截获–重发" 攻击是安全的.

最后, 假设某一个参与者 (如 Bob) 是不诚实的, 他试图通过窃听达到不用与 Charlie 合作也能恢复出 Alice 的秘密的目的. 这种攻击看起来更有威胁. 但是, 与上面讨论的 Eve 的策略一样, Bob 将不可避免地带来错误并当 Alice 和 Charlie 检测窃听时被发现. 因此不诚实的 Bob 也不能成功进行欺骗.

3.4.3 推广到多方秘密共享

理解了如上秘密共享的基本思想后, 很容易把它推广到多方的秘密共享方案. 假设这里总共有 n 个参与者 (不包括 Alice). Alice 把她产生的粒子按顺序传递给每一个参与者. 接收到这些粒子后, 参与者将从中选出一部分用来与 Alice 检测窃听. 然后他 (或她) 随机选取两个算符中的一个对剩下的每个粒子进行编码, 最后把它们发送给下一个参与者. 当所有参与者编码完毕, 这些粒子又被发回给 Alice. Alice 对每对粒子做 Bell 测量, 并得到结果 $|\Psi^+\rangle$ 或 $|\Psi^-\rangle$. 最后, 按照如前所述的对应方法, Alice 和其他所有参与者都将得到一个二进制比特串, 并把它们作为密钥. 我们用 K_{A} 表示 Alice 的密钥, 用 K_i 表示第 i 个参与者的密钥. 于是有

$$K_{\mathrm{A}} = \sum_{i=1}^{n} K_i \tag{3-20}$$

其中, 求和为模 2 加. 因此, 他们成功地共享了一个联合密钥, 使得只有当所有 n 个参与者合作才能恢复 Alice 的秘密.

3.4.4 结束语

从上面的论述可以看出, 对 Bell 态的局域操作可以用于秘密共享, 即可以在 Alice 与其他参与者间分发一串密钥, 使得它们只有互相合作才能恢复出 Alice 的秘密. 本节介绍的协议不再把纠缠态粒子分发给各个参与者并让他们随机选取测量基来测量, 而是简单地把 EPR 对中的一个粒子按顺序发送给每个参与者, 这些粒子是记录所有参与者的综合操作的载体. 而且, 此协议理论上也可以达到接近 100% 的效率. 此外, 在推广到多方秘密共享协议时, 纠缠态的粒子数不随参与者的数目增加. 也就是说, 不管有多少参与者参加, 都不需要用多粒子纠缠态, 两粒子纠缠态是足够的. 这是此方案的一个优点, 比 3.2 节的方案易于推广.

3.5 基于纠缠交换的环式量子秘密共享方案

本小节基于 Bell 态之间的纠缠交换提出一个 QSS 方案, 方案可以扩展到多方, 而且即使是多方 QSS 仍然只需要 Bell 态, 也不需要多粒子纠缠态. 下面先介绍三方秘密共享.

3.5.1 协议描述

(1) Alice, Bob 和 Charlie 分别产生一列 Bell 态 $|\Psi^+\rangle$, 记为 $|\Psi^+\rangle_{A_1A_2}$, $|\Psi^+\rangle_{B_1B_2}$, $|\Psi^+\rangle_{C_1C_2}$, 下标 A, B, C 分别表示该粒子的初始拥有者 Alice, Bob 和 Charlie, 1 和 2 分别表示保留粒子和发送粒子. 本节用 $S(X_y)$ 表示 X_y 粒子序列, $X \in \{A, B, C\}$, $y \in \{1, 2\}$.

(2) Alice (Bob, Charlie) 选出每个 $|\Psi^+\rangle$ 态中的发送粒子组成发送序列 $S(A_2)$ ($S(B_2), S(C_2)$), 发送给 Bob (Charlie, Alice), 建立 Alice–Bob, Bob–Charlie, Charlie–Alice 信道, 这样三方构成一个环 (参与者作节点, 量子信道作边).

(3) 检测窃听. Alice 从收到的 $S(C_2)$ 序列中随机选择一些粒子, 告诉 Charlie 所选粒子的位置. Alice 和 Charlie 分别随机选择 $\{|+\rangle, |-\rangle\}$ 和 $\{|0\rangle, |1\rangle\}$ 基测量所选粒子 C_2 和 C_1. Charlie 公开其测量基和测量结果, Alice 比较其测量基和结果. 如果没有窃听, 当双方选择 $\{|+\rangle, |-\rangle\}$ 时, 测量结果相同; 当双方选择 $\{|0\rangle, |1\rangle\}$ 时, 测量结果相反. Charlie 和 Bob, Bob 和 Alice 以相同的方法检测其量子信道是否安全. 如果错误率小于特定的阈值, 则认为不存在窃听, 继续执行下一步操作. 否则终止通信.

(4) Alice (Bob, Charlie) 按顺序选择保留序列 $S(A_1)(S(B_1), S(C_1))$ 的每个粒子和接收序列 $S(A_2)(S(B_2), S(C_2))$ 的对应粒子做 Bell 基测量, 记录结果. 根据纠缠交换原理, Bob 和 Charlie 合作可以得到 Alice 的测量结果.

例如, 对于第 i 对粒子 ($1 \leqslant i \leqslant n$), 若 Bob, Charlie 的测量结果为 $|\Phi^+\rangle_{B_1A_2}$ 和 $|\Psi^-\rangle_{C_1B_2}$, 由于已知 B_1B_2 初始态为 $|\Psi^+\rangle_{B_1B_2}$, 从而可以判断 Alice 测量后 C_1A_2 粒子处于 $|\Phi^-\rangle_{C_1A_2}$, 由纠缠交换原理知 Alice 的测量结果必为 $|\Phi^-\rangle_{A_1C_2}$.

(5) 最后, Alice 随机选择部分粒子对, 让 Bob 和 Charlie 公开对应粒子对的 Bell 测量结果, 公开的先后顺序由 Alice 随机确定, 比较这些结果可以判断是否存在参与者窃听.

至此, QSS 协议已经完成, 利用纠缠交换加密消息, 只有当 Bob 与 Charlie 合作才能得到 Alice 的消息. 通信结束后, 三方各自的粒子对仍处于最大纠缠态, 资源可以重用.

3.5.2 安全性分析

协议的安全性主要基于量子信道的安全, 因此本协议的安全证明与文献 [42] 相似. 但是这些协议主要分析参与者都是可信方的情况, 而 QSS 协议中允许其中部分参与者不可信, 不可信参与者与其他窃听者 Eve 相比更具有优势, 因此 QSS 对安全性的要求更高. 下面以第 i $(1 \leqslant i \leqslant n)$ 对粒子为例分析参与者窃听的情况, 不妨假设 Bob 不可信 (称为 Bob*), 他想单独获得 Alice 的密钥, 而不被 Alice 和 Charlie 发现.

因为协议中有三个粒子需要传输, 建立三个量子信道. 因此 Bob* 有三种窃听方法: 窃听 Charlie–Alice 信道, 窃听 Alice–Bob 信道, 或者窃听 Bob–Charlie 信道. 下面分别分析这三种情况.

1) 窃听 Charlie–Alice 信道

对于该信道, Bob* 只能访问 C_2, 而 C_2 处于完全混合态 $\rho_{\mathrm{C}_2} = \mathrm{tr}_{\mathrm{C}_1}\{|\Psi^+\rangle\langle\Psi^+|\} = (|0\rangle\langle 0| + |1\rangle\langle 1|)/2$. Bob* 在第 (2) 步截获 C_2 企图窃听. 根据 Stinespring 扩张定理, Bob* 的窃听操作可以通过在更大的 Hilbert 空间上作用幺正操作实现. 即 $\hat{E}$ 作用于 $|\mathrm{C}_2, \mathrm{E}\rangle$, E 为附加粒子, 因此 Charlie, Alice 和 Bob* 的系统为

$$|\varphi\rangle_{\mathrm{C}_1\mathrm{C}_2\mathrm{E}} = a_0\,|00\rangle\,|\varepsilon_{00}\rangle + a_1\,|01\rangle\,|\varepsilon_{01}\rangle + a_2\,|10\rangle\,|\varepsilon_{10}\rangle + a_3\,|11\rangle\,|\varepsilon_{11}\rangle \tag{3-21}$$

其中, $|\varepsilon_{i,j}\rangle$ 描述 Bob* 的态, $\sum\limits_{i,j\in\{0,1\}} \langle\varepsilon_{i,j}\,|\,\varepsilon_{i,j}\rangle = 1$. 第 (3) 步 Charlie 和 Alice 检测信道安全性, Charlie 和 Alice 随机使用 $\{|+\rangle, |-\rangle\}$ 和 $\{|0\rangle, |1\rangle\}$ 测量粒子. 如果采用 $\{|0\rangle, |1\rangle\}$ 测量粒子, 要使其不能发现窃听, 则要求出现 $|00\rangle$ 和 $|11\rangle$ 的概率为零, 即

$$a_0 = 0, \quad a_3 = 0 \tag{3-22}$$

如果采用 $\{|+\rangle, |-\rangle\}$ 测量粒子, 则要求出现 $|+-\rangle$ 和 $|-+\rangle$ 的概率为零, 即

$$\begin{cases} a_0\,|\varepsilon_{00}\rangle - a_1\,|\varepsilon_{01}\rangle + a_2\,|\varepsilon_{10}\rangle - a_3\,|\varepsilon_{11}\rangle = 0 \\ a_0\,|\varepsilon_{00}\rangle + a_1\,|\varepsilon_{01}\rangle - a_2\,|\varepsilon_{10}\rangle - a_3\,|\varepsilon_{11}\rangle = 0 \end{cases} \tag{3-23}$$

由式 (3-22) 和 (3-23) 得到

(1) $a_0 = a_3 = a_1 = a_2 = 0$;

(2) $|\varepsilon_{01}\rangle = |\varepsilon_{10}\rangle$, 且$a_0 = a_3 = 0, a_1 = a_2 = \dfrac{1}{\sqrt{2}}$.

第 (1) 种情况导致 $|\varphi\rangle_{\mathrm{C}_1\mathrm{C}_2\mathrm{E}}$=0, 不合题意, 舍去.

第 (2) 种情况, 得到

$$|\varphi\rangle_{\mathrm{C}_1\mathrm{C}_2\mathrm{E}} = \left|\Psi^+\right\rangle|\varepsilon_{01}\rangle \tag{3-24}$$

式 (3-24) 表明 Bob* 的附加粒子 E 与 C_1C_2 粒子所处的态为直积态, 即如果 Bob* 的窃听不被 Alice 和 Charlie 发现, 则 Bob* 得不到任何信息.

2) 窃听 Alice–Bob 和 Bob–Charlie 信道

对于这两个信道, Bob* 都是信道的参与者, 因此 Bob* 可以在第 (3) 步检测窃听后对信道做任何操作. 然而, 下面用与文献 [43] 类似的方法说明, Bob* 的窃听行为或者被 Alice, Charlie 发现, 或者得不到任何信息.

不失一般性, 设 Alice 使用 Bell 基测量, 得到结果 $|\Psi^+\rangle_{\mathrm{A_1C_2}}$, 从而 C_1A_2 与 Bob* 的附加粒子构成多粒子纠缠态 $|\varphi\rangle_{\mathrm{C_1A_2E_1}}$, B_1B_2 与 Bob* 的附加粒子构成 $|\varphi\rangle_{\mathrm{B_1B_2E_2}}$, 其中下标 E_1, E_2 表示 Bob* 附加的粒子 (可以是多个粒子, 这里我们考虑 E_1, E_2 个数相同的情况).

$|\varphi\rangle_{\mathrm{C_1A_2E_1}}$ 的 Schmidt 分解为

$$|\varphi\rangle_{\mathrm{C_1A_2E_1}} = \sum_{j=1}^{4} a_j\,|\phi_j\rangle_{\mathrm{C_1A_2}}\,|\varepsilon_j\rangle_{\mathrm{E_1}} \tag{3-25}$$

其中, $|\phi_j\rangle_{\mathrm{C_1A_2}}$ 和 $|\varepsilon_j\rangle_{\mathrm{E_1}}$ 分别是正交归一化态, a_j 为非负实数 (j=1,2,3,4, 当附加粒子个数为 1 时, j =1,2).

$|\phi_j\rangle_{\mathrm{C_1A_2}}$ 可以表示为四个 Bell 态的线性组合

$$|\phi_j\rangle_{\mathrm{C_1A_2}} = b_{j1}\,|\Phi^+\rangle + b_{j2}\,|\Phi^-\rangle + b_{j3}\,|\Psi^+\rangle + b_{j4}\,|\Psi^-\rangle \tag{3-26}$$

其中, $b_{ji}(j,i$=1,2,3,4) 为复数. 带入式 (3-25) 整理得到

$$|\varphi\rangle_{\mathrm{C_1A_2E_1}} = \sum_{i=1}^{4}(|\Phi^+\rangle\, a_ib_{i1}\,|\varepsilon_i\rangle + |\Phi^-\rangle\, a_ib_{i2}\,|\varepsilon_i\rangle + |\Psi^+\rangle\, a_ib_{i3}\,|\varepsilon_i\rangle + |\Psi^-\rangle\, a_ib_{i4}\,|\varepsilon_i\rangle) \tag{3-27}$$

同理, 可以得到 $|\varphi\rangle_{\mathrm{B_1B_2E_2}}$ 的表达式

$$|\varphi\rangle_{\mathrm{B_1B_2E_2}} = \sum_{i=1}^{4}(|\Phi^+\rangle\, e_if_{i1}\,|\varepsilon_i\rangle + |\Phi^-\rangle\, e_if_{i2}\,|\varepsilon_i\rangle + |\Psi^+\rangle\, e_if_{i3}\,|\varepsilon_i\rangle + |\Psi^-\rangle\, e_if_{i4}\,|\varepsilon_i\rangle) \tag{3-28}$$

其中, e_k 为非负实数 ($k=1,2,3,4$, 只有当附加粒子个数为 1 时, $k=1,2$), $f_{pq}(p,q=1,2,3,4)$ 为复数, 为描述方便, 定义如下向量:

$$u_l = (a_1b_{1l}, a_2b_{2l}, a_3b_{3l}, a_4b_{4l}), \quad v_l = (e_1f_{1l}, e_2f_{2l}, e_3f_{3l}, e_4f_{4l}), \quad l=1,2,3,4 \tag{3-29}$$

Charlie 和 Bob 分别对 C_1B_2 和 B_1A_2 做 Bell 基测量, 可以计算出现各种测量结果组合的概率. 以 "Charlie 得到 $|\Phi^+\rangle_{\mathrm{C_1B_1}}$, Bob 得到 $|\Psi^-\rangle_{\mathrm{B_1A_2}}$" 为例, 展开式中该项

的概率为

$$P=\frac{1}{4}\sum_{r,s=1}^{4}\left|a_r b_{r1} e_s f_{s4}+a_r b_{r2} e_s f_{s3}-a_r b_{r3} e_s f_{s2}+a_r b_{r4} e_s f_{s1}\right|^2 \tag{3-30}$$

要使 Alice 和 Charlie 不能发现 Bob* 的窃听, 则要求 P=0, 即

$$u_1^{\mathrm{T}}v_4+u_2^{\mathrm{T}}v_3-u_3^{\mathrm{T}}v_2+u_4^{\mathrm{T}}v_1=0 \tag{3-31}$$

$$u_1^{\mathrm{T}}v_4+u_2^{\mathrm{T}}v_3+u_3^{\mathrm{T}}v_2-u_4^{\mathrm{T}}v_1=0 \tag{3-32}$$

$$-u_1^{\mathrm{T}}v_4+u_2^{\mathrm{T}}v_3+u_3^{\mathrm{T}}v_2+u_4^{\mathrm{T}}v_1=0 \tag{3-33}$$

$$u_1^{\mathrm{T}}v_4-u_2^{\mathrm{T}}v_3+u_3^{\mathrm{T}}v_2+u_4^{\mathrm{T}}v_1=0 \tag{3-34}$$

综合式 (3-31)~(3-34) 可得

$$u_1^{\mathrm{T}}v_4=u_2^{\mathrm{T}}v_3=u_3^{\mathrm{T}}v_2=u_4^{\mathrm{T}}v_1=0 \tag{3-35}$$

同理, 出现结果 $|\Phi^-\rangle_{\mathrm{C_1B_2}}|\Psi^+\rangle_{\mathrm{B_1A_2}}, |\Psi^+\rangle_{\mathrm{C_1B_2}}|\Phi^-\rangle_{\mathrm{B_1A_2}}$ 和 $|\Psi^-\rangle_{\mathrm{C_1B_2}}|\Phi^+\rangle_{\mathrm{B_1A_2}}$ 的概率为零, 得到

$$u_1^{\mathrm{T}}v_2=u_2^{\mathrm{T}}v_1=u_3^{\mathrm{T}}v_4=u_4^{\mathrm{T}}v_3=0 \tag{3-36}$$

出现$|\Phi^+\rangle_{\mathrm{C_1B_2}}|\Psi^+\rangle_{\mathrm{B_1A_2}}, |\Phi^-\rangle_{\mathrm{C_1B_2}}|\Psi^-\rangle_{\mathrm{B_1A_2}}, |\Psi^+\rangle_{\mathrm{C_1B_2}}|\Phi^+\rangle_{\mathrm{B_1A_2}}, |\Psi^-\rangle_{\mathrm{C_1B_2}}|\Phi^-\rangle_{\mathrm{B_1A_2}}$ 的概率为零, 得到

$$u_1^{\mathrm{T}}v_3=u_2^{\mathrm{T}}v_4=u_3^{\mathrm{T}}v_1=u_4^{\mathrm{T}}v_2=0 \tag{3-37}$$

综合式 (3-35)~(3-37) 得到 6 种满足条件的结果:

(1) $u_1=u_2=u_3=u_4=0$;

(2) $v_1=v_2=v_3=v_4=0$;

(3) $\begin{cases}u_1=u_2=u_3=0\\ v_1=v_2=v_3=0\end{cases}$;

(4) $\begin{cases}u_1=u_2=u_4=0\\ v_1=v_2=v_4=0\end{cases}$;

(5) $\begin{cases}u_1=u_3=u_4=0\\ v_1=v_3=v_4=0\end{cases}$;

(6) $\begin{cases}u_2=u_3=u_4=0\\ v_2=v_3=v_4=0\end{cases}$.

第 (1) 种和第 (2) 种情况, 分别导致 $|\varphi\rangle_{\mathrm{C_1A_2E_1}}$=0 和 $|\varphi\rangle_{\mathrm{B_1B_2E_2}}$=0, 不合题意, 舍去.

第 (3) 种情况, 代入式 (3-27) 和 (3-28) 得到

$$
\begin{cases}
|\varphi\rangle_{\mathrm{C_1A_2E_1}} = |\varPsi^-\rangle \sum_{i=1}^{4} a_i b_{i4} |\varepsilon_i\rangle \\
|\varphi\rangle_{\mathrm{B_1B_2E_2}} = |\varPsi^-\rangle \sum_{i=1}^{4} e_i f_{i4} |\varepsilon_i\rangle
\end{cases}
\tag{3-38}
$$

式 (3-38) 表明 Bob* 的附加粒子与 Charlie–Alice 及 Bob–Charlie 信道的粒子所处状态为直积态. 类似地, 第 (4), (5), (6) 情况也可以得到相同的结论.

综上所述, 如果 Bob* 不被 Alice 和 Charlie 发现, 则得不到任何信息; 反之, 一定会被检测到. 从而证明该协议是安全的.

3.5.3 推广到多方秘密共享

上述三方 QSS 方案中, 各参与者使用的都是 Bell 态, 因此可以在环上任意添加或删除节点扩展到 $N(N>3)$ 方 QSS. 首先每一方准备一列两粒子 Bell 态 (m_0, n_0), 然后每一方发送每个 Bell 态的一个粒子给下一个参与者, 自己保留另一个粒子. N 个参与者节点和量子信道构成一个环. 确认每一方都收到粒子后, 用三方 QSS 第 (3) 步的方法检测每个信道的安全性, 然后 N 方分别做 Bell 基测量, 记录结果. 最后由消息发送方再次检测内部窃听. 显然, 上述过程完成后, 只有 $N-1$ 方合作才能得到发送方的信息, 任何少于 $N-1$ 方参与者将得不到任何信息.

3.5.4 结束语

本节提出了一种基于 Bell 态纠缠交换的环式量子秘密共享方案, 分析表明该方案是安全的. 方案可以容易地扩展到多方 QSS, 并且与 3.4 节的协议一样, 不需要使用多粒子纠缠态. 通信结束后, 参与者的粒子仍然处于最大纠缠态, 可以重复利用.

3.6 基于经典密钥的高效量子秘密共享方案

受量子安全直接通信[41,42] 和密集编码[44] 的启发, 本节提出一种高效的 QSS 方案, 一个 GHZ 态可用于共享两比特经典信息. 并且 Alice 和 Bob, Charlie 之间不再需要建立联合密钥, 借助一个经典比特串 K, Alice 可以直接让他们共享其秘密消息. 进一步地, 3.6.3 节说明可以用 Bell 态代替相对难处理的 GHZ 态来实现该协议.

3.6.1 基于 GHZ 态的量子秘密共享协议描述

设三粒子 GHZ 态为

$$G_0 = (1/\sqrt{2})(0_{\rm A}0_{\rm B}0_{\rm C} + 1_{\rm A}1_{\rm B}1_{\rm C}) \tag{3-39}$$

若对其第二个粒子做幺正变换 $U_0 = I$ 或 $U_1 = \sigma_x = |1\rangle\langle 0| + |0\rangle\langle 1|$, 则 G_0 保持不变或变为

$$G_1 = (1/\sqrt{2})(0_{\rm A}1_{\rm B}0_{\rm C} + 1_{\rm A}0_{\rm B}1_{\rm C}) \tag{3-40}$$

将 G_0 和 G_1 按后两个粒子在 Bell 基下展开得

$$\begin{aligned} G_0 &= (1/\sqrt{2})(|x+\rangle_{\rm A}\,|\phi^+_{\rm BC}\rangle + |x-\rangle_{\rm A}\,|\phi^-_{\rm BC}\rangle) \\ G_1 &= (1/\sqrt{2})(|x+\rangle_{\rm A}\,|\psi^+_{\rm BC}\rangle - |x-\rangle_{\rm A}\,|\psi^-_{\rm BC}\rangle) \end{aligned} \tag{3-41}$$

其中, $|x\pm\rangle_{\rm A} = (1/\sqrt{2})(|0\rangle_{\rm A} \pm |1\rangle_{\rm A})$, 四个 Bell 态为

$$|\phi^\pm_{\rm BC}\rangle = (1/\sqrt{2})(|0\rangle_{\rm B}\,|0\rangle_{\rm C} \pm |1\rangle_{\rm B}\,|1\rangle_{\rm C}), \quad |\psi^\pm_{\rm BC}\rangle = (1/\sqrt{2})(|0\rangle_{\rm B}\,|1\rangle_{\rm C} \pm |1\rangle_{\rm B}\,|0\rangle_{\rm C}) \tag{3-42}$$

在文献 [42] 中 Deng 等介绍了一个基于 EPR 对的 QSDC 方案, 该协议分两步发送校验序列和消息序列保证了整个通信的安全, 因为解码必须要同时拥有一个 EPR 对中的两个粒子. 基于式 (3-41) 中 GHZ 态和 Bell 态的关系, 受文献 [42] 的启发, 设计量子秘密共享方案如下：

(1) Alice 产生与消息 M 等长的随机比特串 R, 并计算 $S = M \oplus R$, 即 S 由 M 和 R 逐位异或得来.

(2) Alice 准备一列形式为 G_0 的 GHZ 三重态. 并将其分为三个部分序列：留在自己手中的 A 序列, 发送给 Bob 的 B 序列和发送给 Charlie 的 C 序列.

(3) Alice 将 C 序列中的粒子发送给 Charlie 并检测窃听. 当 Charlie 收到所有的粒子后, Alice 随机选取 A 序列的一些粒子和 B 序列中相对应的粒子用于窃听检测, 对这些粒子对中的两粒子进行 Bell 基测量, 并告知 Charlie 她所选的粒子位置. Charlie 用 X 基测量自己对应的粒子, 并告知 Alice 他的测量结果. Alice 比较两人的测量结果. 如果没有窃听, 两人的结果有如下所示完全确定的相关性：

$$G' = (1/\sqrt{2})(|\phi^+_{\rm AB}\rangle\,|x+\rangle + |\phi^-_{\rm AB}\rangle\,|x-\rangle) \tag{3-43}$$

即如果 Alice 测量得到 $|\phi^+\rangle$, 则 Charlie 得到 $|x+\rangle$, Alice 得到 $|\phi^-\rangle$, 则 Charlie 得到 $|x-\rangle$. 如果错误比特率小于某个固定的阈值, 协议继续.

(4) Alice 将 B 序列中剩余的粒子编码后发送给 Bob, 同时将上一步中用于检测窃听的 B 序列中的粒子随机穿插在编码的粒子中发送给 Bob, 用于在下一步检测窃听. Alice 将 S 依次分为若干单元, 每单元 2bit. 根据 S, Alice 决定对要编码的粒子做 U_0 还是 U_1 变换, 然后发送给 Bob. 若 S 中的单元为 00 或者 01, 则做 U_0

变换; 若为 10 或者 11, 则做 U_1 变换. 也就是说 U_0 对应 0, U_1 对应 1, 它们所对应的都是 S 中每个单元的第一比特. 这里 Alice 必须记住穿插的用于下一步检测窃听的粒子位置.

(5) Alice 和 Bob 检测窃听. 当 Bob 收到所有的粒子后, Alice 告诉他用于检测窃听的粒子位置. Alice 和 Bob 都用 Z 基测量这些粒子, Bob 告诉 Alice 自己的测量结果. Alice 比较两人的测量结果是否满足既定的相关性. 在第 (3) 步测量完后, Alice 和 Bob 的对应粒子处于 Bell 态 $|\phi^+\rangle$ 或 $|\phi^-\rangle$, 所以可重新用于检测窃听. 如果错误比特率小于一定的阈值, 说明没有窃听.

上述步骤 (3)~(5) 也可以变为 Alice 将 C 序列发送给 Charlie, 将 B 序列按上述第 (4) 步编码后发送给 Bob, 然后三人按文献 [2] 中的方法检测窃听. 若错误比特率小于某个特定的阈值, 则协议继续.

(6) Bob 和 Charlie 一起用 Bell 基测量他们剩余的 (即 Alice 编码过消息 S 的) 对应于同一 GHZ 态的粒子, 对应的结果 $|\phi^+\rangle$, $|\phi^-\rangle$, $|\psi^+\rangle$ 和 $|\psi^-\rangle$ 分别解码为 00, 01, 10 和 11, 得到比特串 S_1.

(7) 当 Bob 和 Charlie 全部测量完毕后, Alice 用 X 基测量自己剩余的粒子, 并随机选取一些位置让他们公布测量结果. 根据自己所做的变换和测量结果, Alice 能够检测到 Bob 和 Charlie 测量的是否是来自于同一 GHZ 态的粒子. 为了保证消息的绝对安全, 这里用于检测的粒子应该是前面没有编码 S 的粒子, 也就是说 Alice 最好在前面编码的时候留出一些粒子在这里检测窃听.

根据式 (3-41), Alice 知道 Bob 和 Charlie 的解码比特串 S_1. 例如, 如果她对相应的 B 序列中的粒子做了 U_1 变换, 且测量结果为 $|x+\rangle$, 则对应 S_1 中比特为 10; 若结果为 $|x-\rangle$, 则对应 S_1 中比特为 11.

(8) Alice, Bob 和 Charlie 三人对 S_1 进行纠错. 为了保持消息的完整性, 可以采用保留校验比特的纠错码, 比如 CASCADE 码[45].

(9) Alice 计算并公布一个公开的比特串 K. 她仍然以 2bit 为单元对 S 与 S_1 进行划分, 并根据每个单元是否相同计算得到比特串 K'. 具体如下：若对应单元相同, 则得到 K' 中对应比特为 00, 若对应单元不同, 则 K' 中比特为 01(这里利用了 S 与 S_1 中每单元第一比特一定相同的性质). 例如, S=00,01,11,10,01,11, S_1=00,00,10,10,01,10, 则 K' =00,01,01,00,00,01. 于是有 $K' = S \oplus S_1$ 和 $S = K' \oplus S_1$ 成立. 又因为 $S = M \oplus R$, 所以 $M = K' \oplus S_1 \oplus R$. 记 $K = K' \oplus R$, Alice 公布 K.

(10) Bob 和 Charlie 通过计算 $M = K \oplus S_1$ 恢复 Alice 的消息 M.

3.6.2 安全性分析

在理想情况下, 即假设量子信道几乎是无噪声的, 由式 (3-41) 可知, 传输过程中的 B, C 序列中的两粒子, 在 Alice 未测量自己的粒子之前, 处于两个 EPR 态的最大混合态. 在文献 [46] 中给出了基于 EPR 对的量子密码协议的安全性分析, 详细给出了 Eve 所获得的互信息与她所引入的错误率之间的权衡关系. 在本协议中, 由于传输中的两粒子处于两 EPR 对的最大混合态, 所以就一般的攻击来说比文献 [46] 中的情况具有更高的安全性.

其实, 信道损失较大主要是给了 Eve 截获–重发的机会. Eve 可以截获在第 (3) 步中发给 Charlie 的粒子, 自己保留部分粒子, 而将其余的粒子以损失较小的信道发送给 Charlie, 只要保证 Charlie 接收到的粒子符合原来的信道效率即可. 这样在 Alice 给 Bob 发送 B 序列粒子的时候, Eve 可以截获其中与她第一次截获的粒子相应的粒子, 而对它们进行 Bell 基测量, 从而可推知 S 的部分信息, 然后在 Alice 公布 K 的时候得到 M 的部分信息, 这是直接传输消息的通信所不允许的. 在文献 [42] 中提出一个利用纠缠交换技术解决这类问题的方法, 可以避免上面提到的攻击.

下面说明 Alice 为什么不能直接编码其消息 M, 其根本原因是秘密共享不同于一般的双方通信. 在秘密共享协议中, 合法通信者 Bob 或 Charlie 可能有一人是不诚实的, 即攻击者可能是他们两人中的一个. 不妨假设 Bob 是不诚实的, 他试图自己获得消息 M 的全部或部分信息, 而使 Charlie 得不到任何信息. 从上面的分析可知在第 (3) 步结束后, 就可以确定 C 序列的粒子安全到达了 Charlie, 在第 (5) 步结束后就可以确定 B 序列的粒子安全到达了 Bob, 所以对于一般的 Eve(不诚实的 Bob 除外), 此协议与文献 [42] 具有相同的安全性. 但不诚实的 Bob 此时可以执行如下攻击：在第 (6) 步, 他自己准备一列处于 $|\psi^+\rangle = (|0\rangle_1|1\rangle_2 + |1\rangle_1|0\rangle_2)/\sqrt{2}$ 的 Bell 态. 用每个 $|\psi^+\rangle$ 中的第一个粒子与自己从 Alice 处得到的 B 序列中的粒子作 Bell 基测量, 而用其中的第二个粒子与 Charlie 的 C 序列中相应的粒子作 Bell 基测量. 从式 (3-44) 所示的纠缠交换过程我们可以看到, 不管 B 序列和 C 序列的粒子本身处于哪个 Bell 态, Bob 通过这一纠缠交换过程都可以准确判断出来, 因为他可以得到每一次纠缠交换后的两个结果. 从而 Bob 能够得到 S_1, 即得到 Alice 发送的 S 的每单元的第一比特. 也就是说, 如果此时 Alice 是直接对 M 编码 (即假设 $M = S$), 则 Bob 得到了 M 的部分信息, 而此时 Charlie 得到的是四个 Bell 态的随机分布, 即一串随机比特. 所以 Alice 不能直接编码其消息 M. 在本协议中, 在确信他们共同测量的是来自自己的粒子后, Alice 才公布 K, 他们才能得到 M, 而在此之前, 他们所能得到的是随机的 S_1.

$$|\psi^+_{\mathrm{BC}}\rangle\otimes|\psi^+_{12}\rangle = (1/2)(|\phi^+_{\mathrm{B1}}\rangle\otimes|\phi^+_{\mathrm{C2}}\rangle - |\phi^-_{\mathrm{B1}}\rangle\otimes|\phi^-_{\mathrm{C2}}\rangle + |\psi^+_{\mathrm{B1}}\rangle\otimes|\psi^+_{\mathrm{C2}}\rangle - |\psi^-_{\mathrm{B1}}\rangle\otimes|\psi^-_{\mathrm{C2}}\rangle)$$

$$|\psi^-_{\mathrm{BC}}\rangle\otimes|\psi^+_{12}\rangle = (1/2)(-|\phi^+_{\mathrm{B1}}\rangle\otimes|\phi^-_{\mathrm{C2}}\rangle + |\phi^-_{\mathrm{B1}}\rangle\otimes|\phi^+_{\mathrm{C2}}\rangle - |\psi^+_{\mathrm{B1}}\rangle\otimes|\psi^-_{\mathrm{C2}}\rangle + |\psi^-_{\mathrm{B1}}\rangle\otimes|\psi^+_{\mathrm{C2}}\rangle)$$

$$|\phi^+_{\mathrm{BC}}\rangle\otimes|\psi^+_{12}\rangle = (1/2)(|\phi^+_{\mathrm{B1}}\rangle\otimes|\psi^+_{\mathrm{C2}}\rangle + |\phi^-_{\mathrm{B1}}\rangle\otimes|\psi^-_{\mathrm{C2}}\rangle + |\psi^+_{\mathrm{B1}}\rangle\otimes|\phi^+_{\mathrm{C2}}\rangle + |\psi^-_{\mathrm{B1}}\rangle\otimes|\phi^-_{\mathrm{C2}}\rangle)$$

$$|\phi^-_{\rm BC}\rangle\otimes|\psi^+_{12}\rangle=(1/2)(|\phi^+_{\rm B1}\rangle\otimes|\psi^-_{\rm C2}\rangle+|\phi^-_{\rm B1}\rangle\otimes|\psi^+_{\rm C2}\rangle+|\psi^+_{\rm B1}\rangle\otimes|\phi^-_{\rm C2}\rangle+|\psi^-_{\rm B1}\rangle\otimes|\phi^+_{\rm C2}\rangle) \tag{3-44}$$

许多量子安全直接通信协议都是来源于 QKD 协议的思想, 例如, 文献 [42] 中的安全通信协议是受文献 [47] 的启发而提出的. 基于上述攻击, 作者发现现有的所有在通信者之间共享联合密钥的 QSS 协议都不能直接转化为量子直接秘密共享协议, 这说明量子直接秘密共享要比两方量子直接通信更难实现. 避开这一难点, 本节的协议借助经典的方法实现量子 "直接" 秘密共享, 比较切实可行. 协议中第 (7) 步的检测窃听防止了不诚实 Bob 的上述攻击, 即使他采用上述攻击, 只能得到随机的比特串 S_1, 而同时 Alice 就能发现这种欺骗. Alice 最后公布 K, 相当于公开了一次一密加密算法的密钥, 不会影响协议的安全性.

3.6.3 基于 Bell 态的量子秘密共享协议

3.6.1 节协议的本质是通过 Bell 测量实现秘密共享, 所以可以考虑用 Bell 态代替相对难处理的 GHZ 态而达到相同的目的. 基于此思想, 本小节介绍一个简化的秘密共享方案, 一个 Bell 态可用于共享 2bit 的经典信息. 仍然假设 Alice 的消息为 M, 她先随机生成一个与消息等长的比特串 R, 计算 $S=M\oplus R$. 然后利用局域操作将 S 编码到 Bell 态序列中, 将 Bell 态序列分为两个部分序列, 通过分批传输两序列让 Bob 和 Charlie 共享 S. 他们两人到一起对相应粒子对进行 Bell 基测量即可获得 S. 如果在所有检测窃听过程中都没有发现窃听, Alice 公布她的随机比特串 R, 此时他们就可以得到 Alice 的消息 $M=R\oplus S$.

协议步骤具体如下:

(1) Alice 产生一个与消息 M 等长的随机比特串 R, 并计算 $S=M\oplus R$, 即 S 由 M 和 R 逐位异或得来.

(2) Alice 准备一列形式为 $|\psi^-\rangle=(1/\sqrt{2})(|0\rangle|1\rangle-|1\rangle|0\rangle)$ 的 EPR 对, 并将其分为两个部分序列. 所有 EPR 对中第一个粒子组成 B 序列, 第二个粒子组成 C 序列, 也即每个 EPR 对可表示为 $\{\rm P_1(B),P_2(C)\}$, 其中 1, 2 分别表示两粒子序号, B, C 表示属于哪一个部分序列.

(3) Alice 将 B 序列中的粒子分为四部分, 也即 $\rm B=B_1+B_2+B_3+B_4$, 其中 $\rm B_1$, $\rm B_2$ 和 $\rm B_3$ 中的粒子都是从 B 中随机选取的, 分别用于在第 (6)、(4)、(7) 步检测窃听, $\rm B_4$ 中的粒子用于消息的共享. 同时她将 C 序列中的粒子也对应地分为四部分, 即 $\rm C=C_1+C_2+C_3+C_4$, 其中 C 中粒子与 B 中粒子对应, $\rm C_\mathit{i}$ 与 $\rm B_\mathit{i}$ 中的粒子对应. Alice 必须记住每个部分中的粒子的位置, 也即 $\rm B_2$ 中的粒子在 $\rm B-B_1$ 序列中的位置, $\rm B_1$ 中的粒子在 $\rm B-B_2$ 序列中的位置, 以及 $\rm B_3$ 中的粒子在 $\rm B-B_1-B_2$ 序列中的位置. 这里以一个简单的例子来解释两序列的和与差的概念. 如果序列 $\rm P=\alpha_1,\alpha_2,\cdots,\alpha_{10},Q=\alpha_1,\alpha_4,\alpha_5,\alpha_9,R=\alpha_2,\alpha_3,\alpha_6,\alpha_7,\alpha_8,\alpha_{10}$, 其

中每个 α_i 表示一个粒子, 则有 $\mathrm{P}=\mathrm{Q}+\mathrm{R}$. 也就是说, Q 中的粒子与 R 中的粒子合起来就是 P 中的粒子, 且分开的序列中与原序列中粒子保持次序. 同理 $\mathrm{R}=\mathrm{P}-\mathrm{Q}$, 表示 P 中粒子除去 Q 中粒子后剩余的粒子, 这些粒子保持原来的次序, 但重新编号. 比如在本例中, R 序列中第三个粒子是 α_6, 第 6 个粒子是 α_{10}.

(4) Alice 将 $\mathrm{B}-\mathrm{B}_1$ 序列中的粒子发送给 Bob 并检测窃听. 当 Bob 收到所有粒子后, Alice 对 C_2 中的粒子随机选择 X 基或 Y 基进行测量. Alice 告知 Bob 她所选的粒子位置 (也即 C_2 中的粒子在 $\mathrm{C}-\mathrm{C}_1$ 序列中的位置) 和所用测量基, Bob 用与之相同的基测量自己对应的粒子 (也即 B_2 中的粒子), 并告知 Alice 测量结果. Alice 根据每个 EPR 对中两粒子的相关性检测窃听. 如果错误比特率小于一定的阈值, 则协议继续.

(5) Alice 将 $\mathrm{C}-\mathrm{C}_2$ 序列中的粒子 (也即 C 序列中除去第 (4) 步用于检测窃听的粒子) 编码后发送给 Charlie. 根据计算得到的 S, Alice 通过对其中 C_4 中的粒子进行局域操作对 Bell 态进行编码. 具体为 Alice 根据 S 中的比特分别为 00, 01, 10 或 11, 对 C_4 中的粒子做幺正变换 $U_0=I=|0\rangle\langle 0|+|1\rangle\langle 1|$, $U_1=\sigma_z=|0\rangle\langle 0|-|1\rangle\langle 1|$, $U_2=\sigma_x=|1\rangle\langle 0|-|0\rangle\langle 1|$, 或者是 $U_3=\mathrm{i}\sigma_y=|0\rangle\langle 1|-|1\rangle\langle 0|$. 这些幺正变换将态 $|\psi^-\rangle$ 分别变为 $|\psi^-\rangle$, $|\psi^+\rangle$, $|\phi^-\rangle$ 和 $|\phi^+\rangle$. 对于 C_1 和 C_3 中的粒子, Alice 随机做四个幺正变换之一, 但自己知道做了什么样的变换, 以便以后检测窃听.

(6) Alice 和 Charlie 进行窃听检测. 当 Charlie 收到所有的粒子后, 对于用于窃听检测的 B_1 序列中的粒子, Alice 随机选择 X 基或 Y 基进行测量, 并告知 Charlie 用于窃听检测的粒子位置和她所选用的测量基, Charlie 用相同的基测量相应的 (C_1 中的) 粒子, 并告知 Alice 测量结果, Alice 根据自己所做的变换和所选测量基, 以及测量结果判断是否有窃听. 如果错误比特率小于某个固定的阈值, 则协议继续.

(7) Bob 和 Charlie 结合在一起获得 S. 当 Bob 和 Charlie 想要获得 Alice 的消息时, 对他们收到的相应的粒子做 Bell 基测量. 全部测量完毕后, Alice 与他们进行最后一次检测窃听. Alice 要求他们公布对应于 $\mathrm{B}_3(\mathrm{C}_3)$ 中粒子对的测量结果. 根据自己对 C_3 中粒子所做的操作, Alice 知道他们对应于每个位置的测量结果应该是哪个 Bell 态. 如果错误比特率小于某个固定的阈值, 则协议继续. 对应于 $\mathrm{B}_4(\mathrm{C}_4)$ 中粒子对的测量结果, 根据 Alice 的编码, 他们分别将 $|\psi^-\rangle$, $|\psi^+\rangle$, $|\phi^-\rangle$ 和 $|\phi^+\rangle$ 解码为 00, 01, 10 和 11.

(8) Alice, Bob 和 Charlie 三人对解码比特串进行纠错, 最后得到 S. 为了保持消息的完整性, 仍可以采用保留校验比特的 CASCADE 码[45].

(9) Alice 公布随机比特串 R, Bob 和 Charlie 计算 $M=R\oplus S$, 得到 Alice 的消息.

与 3.6.2 节的安全性分析类似, 可以简单分析本协议的安全性. 本节提出的量子秘密共享协议通过分批传输两个粒子序列, 三次检测窃听, 保证了协议的安全性.

就两个部分序列中的粒子能否安全到达 Bob 和 Charlie 来说, 协议的安全性与文献 [42, 46] 中的一样. 用一对共轭基检测窃听, 如果在 Alice 发送 $B - B_1$ 序列中粒子的时候, 有 Eve(或者是不诚实的 Charlie) 窃听, 就会在第 (4) 步引入 50%的错误, 不可避免地被检测到. 注意, 只有在 Bob 宣布收到所有粒子后, Alice 才公布用于检测窃听的粒子位置和测量基. 在发送 $C - C_2$ 中的粒子给 Charlie 时也一样. 也就是说协议此时与两个通信用户利用 Bell 态的协议[46] 就安全性来说是等价的.

量子秘密共享协议与文献 [42, 46] 中的协议相比, 主要是参与协议的共享者之中有一个可能是不诚实的, 比如说 Bob 不诚实. 事实上, 即使 B_4 中的粒子安全地给了 Bob, C_4 中的粒子安全地给了 Charlie, Bob 仍然可以在遵守协议的情况下得到 Alice 要发送的 S. 他只需要在第 (7) 步中准备相同数目的 Bell 态, 比如 $|\psi^+\rangle$, 对 B_4 中的粒子和每个 $|\psi^+\rangle$ 中的第一个粒子作 Bell 基测量, 而用每个 $|\psi^+\rangle$ 中的第二个粒子与 Charlie 的对应粒子作 Bell 基测量, 通过这一纠缠交换过程, 根据两次的测量结果, 他可以完全确定 Alice 编码的 Bell 态是什么, 从而推知 Alice 的串 S. 所以这里提出的协议不是直接进行消息 M 的共享, 而是先共享 S. 虽然不诚实的 Bob 可以得到 S, 但是在第 (7) 步中, Alice 和 Bob, Charlie 进行第三次检测窃听, 如果 Bob 和 Charlie 共同测量的不是来自 Alice 的一对粒子, 他们的测量结果就会均匀地塌缩为四个 Bell 态之一, 也就是说在第三次检测中, 会引入 3/4 的错误, 不可避免地会被 Alice 和 Charlie 检测到. 此时 Bob 所能得到的就是串 S, 由于 R 是随机的, 并且是保密的, 所以 S 也是与消息 M 无关的随机串. 只有 Bob 和 Charlie 对所有的 $B_3 + B_4$ 和 $C_3 + C_4$ 中的对应粒子共同测量完毕后, Alice 才会公布 C_3 中粒子的位置, 让他们公布测量结果来检测窃听, 所以不诚实的 Bob 在被检测到之前得不到有关 M 的任何信息.

3.6.4 结束语

吸取 QSDC 和量子密集编码的思想, 在 3.6.1 节提出一个基于 GHZ 三重态的量子 "直接" 秘密共享方案. 将一列 GHZ 三重态分为三个部分序列, 利用分批传输粒子序列 B 和 C, 并三次检测窃听, 保证了协议的安全性. 第一次检测窃听用过的粒子由于仍保持最大相关性, 可用于第二次检测窃听, 大大节约了资源. 在安全性分析中, 利用了已有量子密码协议的安全性, 并着重就直接共享消息的秘密共享方案不同于 QSDC 的安全性做了分析. 除去用于窃听检测的粒子, 一个 GHZ 态可以用于共享 2bit 的经典消息, 如果用于在三者之间建立联合密钥, 则一个 GHZ 态可以分发 2bit 的密钥, 所以此协议比 3.2.2 节介绍的协议具有更高的效率. 再者, 该协议不需要在通信三方之间首先建立联合密钥, 而是通过最后公开一个比特串 K, 直接让 Bob 和 Charlie 共享 Alice 的经典消息比特, 简化了原来的量子秘密共享方案.

如前所述, 目前多粒子纠缠态的制备和保存仍有很大的难度, 而对 Bell 态的研究相对比较成熟, 所以在 3.6.3 节又提出一个只用 Bell 态实现秘密共享的方案. 该协议的思想与 3.6.1 节的协议类似, 借助量子信道和一个随机比特串, Alice 直接让 Bob 和 Charlie 共享其秘密消息. 如果用于生成共享联合密钥, 一个 Bell 态也可以生成 2bit 的联合密钥, 效率是文献 [3] 中的四倍, 比前面两节利用联合测量的 QSS 协议效率也高.

最后必须承认, 本节介绍的借助随机比特串提高效率的两个协议实际都相当于共享联合密钥的 QSS 加经典的 OTP 来实现最终消息的共享, 与本书 6.3 节和 6.4 节分析的结论一致.

3.7 基于 Grover 算法的门限量子密码方案

前面介绍的都是共享经典消息的 (n,n) 方案, 这也是目前量子秘密共享研究的主流. 这一节介绍一个量子门限秘密共享方案, 实际是对门限电子钞票方案[48] 的一种改进.

(t,n) 门限密码是秘密共享和一些密码函数相结合的产物[49~52]：把一个秘密分割成 n 个共享, 使得使用其中任意 t 个共享可以恢复这个秘密, 而小于 t 个共享不能恢复这个秘密.

文献 [27~29] 给出了 (t,n) 门限秘密共享方案的一些结论. 2004, Tokunaga 提出了一个量子门限密码方案[48], 利用 n 个共享中任意 k 个共享发行量子钞票, 将钞票的秘密隐藏在量子态中, 任意 k 个共享验证量子钞票中是否包含对应的秘密. 该门限协议和原始的非门限协议产生量子比特的数目一样多. 因为对于每个发行者、每个验证者、钞票持有人都不能得知量子钞票的秘密, 在没有发生欺骗的情况下同一量子钞票可以被存储和重复利用. Tokunaga 的方案要求参与者都是诚实的, 但假设有不诚实的参与者更符合门限密码的本意.

Tokunaga 方案的量子操作是单量子比特上的保密模 2 加法, 比特信息加载在非正交单量子态上, 相同的演化可以在不同的非正交单量子态上完成模 2 加法. 保密模 2 加法最早是由 Deng 等在量子安全直接通信协议[53,54] 中提出的. 之后, Zhang 等用它构造了多方量子秘密共享协议[18]. Lucamarini 和 Mancini[55] 证明了这些基于保密模 2 加法的协议[18,48,53,54] 对于外部窃听者是渐进安全的. 但是, 一个不诚实的参与者利用 Deng 等介绍的多光子信号代替单光子信号[11], 或者利用本书 6.9 节介绍的假冒态 (也可参考文献 [56]), 可以获得 Zhang 多方量子秘密共享方案[18] 和 Tokunaga 量子门限密码方案[48] 中的另一方的秘密输入, 使得两个方案不再安全. 为避免针对单量子比特上的保密模 2 加法的这些攻击, 所有的参与者不得不挑选传输粒子的一个样本子集来检测欺骗. 文献 [11, 56] 中的方案可以用来修正 Tokunaga 门限量子方案以提高其安全性. 然而, 修正的门限协议所产生的量子比特的数目一定超过原始的非门限协议产生的量子比特数目. 所以, 本节改用两个量子比特上的量子操作来修改文献 [48] 中的量子门限协议.

基于 Grover 算法的 2 量子比特操作可以用于设计门限量子密码协议. 每一个参与者在每个 2 量子比特信号上做 8 种操作之一作为输入. 不诚实的参与者仅可提取 3bit 操作信息中的 2bit 信息, 同时不得不引入 3/8 错误率. 这一特性保证门限量子密码协议能够抵御假冒信号攻击. 因为三个量子比特的 Grover 算法已经被实验实现, 本节介绍的门限量子密码协议比较实际可行. 此外, 本节还提出一种抵抗文献 [11, 57, 58] 中提到的特洛伊木马攻击的检测方案, 该检测方案以 1/2 概率检测到每一个多量子比特信号, 同时使得每个合法的量子比特保持不变.

3.7.1 基于 Grover 算法的 2 量子比特操作

$n=4$ 的 Grover 搜索算子是一个特殊的算子, 只搜索一次就可以 100%成功, 而别的 Grover 搜索算子不可能搜索一次成功. 为了清楚表达模 4 加法在两个单量子比特上的操作, 下面给出量子态和演化矩阵的具体表示.

2 量子比特的 Grover 算子是

$$V=\frac{1}{2}\begin{pmatrix}-1&1&1&1\\1&-1&1&1\\1&1&-1&1\\1&1&1&-1\end{pmatrix} \tag{3-45}$$

V 可以完成基 $\{|00\rangle,|01\rangle,|10\rangle,|11\rangle\}$ 和 $\{|\overline{00}\rangle,|\overline{01}\rangle,|\overline{10}\rangle,|\overline{11}\rangle\}$ 间的相互转化, 其中

$$\begin{aligned}|\overline{00}\rangle&=\frac{1}{2}(-|00\rangle+|01\rangle+|10\rangle+|11\rangle),\quad &|\overline{01}\rangle&=\frac{1}{2}(|00\rangle-|01\rangle+|10\rangle+|11\rangle)\\|\overline{10}\rangle&=\frac{1}{2}(|00\rangle+|01\rangle-|10\rangle+|11\rangle),\quad &|\overline{11}\rangle&=\frac{1}{2}(|00\rangle+|01\rangle+|10\rangle-|11\rangle)\end{aligned} \tag{3-46}$$

算符 U 对基态进行如下作用：$U|00\rangle=|01\rangle$, $U|01\rangle=|10\rangle$, $U|10\rangle=|11\rangle$, $U|11\rangle=|00\rangle$, $U|\overline{00}\rangle=|\overline{01}\rangle$, $U|\overline{01}\rangle=|\overline{10}\rangle$, $U|\overline{10}\rangle=|\overline{11}\rangle$ 和 $U|\overline{11}\rangle=|\overline{00}\rangle$. 用矩阵表示为

$$U=\begin{pmatrix}0&0&0&1\\1&0&0&0\\0&1&0&0\\0&0&1&0\end{pmatrix}$$

I,U,UU,UUU 操作分别在一个非正交 2 量子比特信号上编码一个经典 quaterit 00, 01, 10, 11. 规定一个四进制系统由四个数字 (00,01,10,11) 组成, 其中每一个数字称为 “quaterit”.

3.7.2 基于 Grover 算法的 (t,n) 门限量子方案

本小节详细介绍基于 Grover 算法量子钞票协议的 (t,n) 门限方案, 具体与文献 [48] 的写法类似. 但本协议和文献 [48] 中的协议主要有三处不同: ① 假设一些参与者是不诚实的, 而不是假设所有参与者都诚实. ② 利用 2 量子比特操作而不是单量子比特操作, 从而可以抵抗文献 [56] 中介绍的攻击. ③ 引入附加的检测步骤来抵抗文献 [11, 57, 58] 中介绍的特洛伊木马攻击.

每一个钞票 L_K 包括一个秘密的二进制串 K, 这里 L_K 是序列数. 为方便阅读, 这里采用与文献 [48] 相同的术语. 为描述简单, 不区分域 F_{2^N} 上的元素和它的二进制表示.

1. 分发阶段

在这个阶段, 一个分发者将秘密 K 分割为 n 个经典秘密共享并且分发给 n 个中心.

(1) 对于每个钞票 L_K, 分发者均匀地选择一个初始二进制串

$$K=(a_1,b_1,a_2,b_2,\cdots,a_m,b_m), \tag{3-47}$$

其中, $a_i\in(00,01,10,11)$ 和 $b_i\in(0,1)$.

(2) 分发者用如下域 F_{2^N} 上 Shamir 秘密共享方案作 K 的 n 个共享 $S_1,\cdots,S_n$, 其中 $N=3m$. 分发者选择域 F_{2^N} 中 n 个互不相同的非零元素 $x_j(j=1,\cdots,n)$, 并随机选择域 F_{2^N} 上一个秘密的 $t-1$ 阶多项式 $f(x)$, 这里 $f(0)=K$. 然后, 分发者在域 F_{2^N} 上计算 $S_j=f(X_j)(j=1,\cdots,n)$.

(3) 对于每个 $\{k_1,\cdots,k_t\}\subseteq\{1,\cdots,n\}$. 分发者在域 F_{2^N} 上计算下列值:

$$K^{[k_j]}=S_{k_j}\prod_{1\leqslant m\leqslant t,m\neq j}\frac{x_{k_m}}{x_{k_m}-x_{k_j}},\quad j=1,\cdots,t \tag{3-48}$$

令

$$K^{[k_j]}=(a_1^{[k_j]},b_1^{[k_j]},a_2^{[k_j]},b_2^{[k_j]},\cdots,a_m^{[k_j]},b_m^{[k_j]}) \tag{3-49}$$

其中, $a_i^{[k_j]}\in\{00,01,10,11\}$ 且 $b_i^{[k_j]}\in\{0,1\}$. 这些值满足等式

$$K=\oplus_{j=1}^{t}K^{[k_j]} \tag{3-50}$$

其中, $\oplus$ 表示模 2 加法, 0⊕0=0, 0⊕1=1, 1⊕0=1, 1⊕1=0. 分发者计算 $\Theta_{j=1}^{t}a_i^{[k_j]}$, 这里 Θ 表示模 4 加法, 例如, 00Θ01=01, 01Θ01=10, 10Θ01=11, 11Θ01=00. 假如存在一个

$$a_i\neq\Theta_{j=1}^{t}a_i^{[k_j]} \tag{3-51}$$

分发者返回到步骤 (2), 并且重新选择不同的 $x_j(j=1,\cdots,n)$ 或者不同的 $f(x)$.

(4) 对于钞票 L_K, 分发者秘密地发送 S_j 给参与者 $P_j(j=1,\cdots,n)$. 每一个 x_j 用作参与者 P_j 的对应值, 是公开的.

2. 前计算阶段

这个阶段, 每个合作的参与者 $P_{k_j}(k_j\in\{1,\cdots,n\})$ 将他的秘密 S_{k_j} 和 t 个合作参与者的公开的值 $x_{k_m}(m=1,\cdots,t)$ 代入式 (3-48) 中, 计算出前信息 $K^{[k_j]}$. 在每次发行和验证中, 合作参与者的集合可以不同. 在下列合作过程中, $K^{[k_j]}$ 被秘密地保留在 P_{k_j}, 并且初始秘密 K 蕴含在量子态中, 不为参与者所知.

3. 发行阶段

在这个阶段, t 个参与者合作发行一个蕴含秘密 K 的钞票 $(L_K,|\phi\rangle)$. 这里, 假设 t 个参与者是 $P_1,\cdots,P_t$. 下面依 P_1 到 P_t 的顺序描述协议, 但是顺序并不重要, 任何顺序都可以.

(1) P_1 产生量子态

$$\left|\phi^{[1]}\right\rangle=\left|\psi_{a_1^{[1]},b_1^{[1]}}\right\rangle\otimes\left|\psi_{a_2^{[1]},b_2^{[1]}}\right\rangle\otimes\cdots\otimes\left|\psi_{a_m^{[1]},b_m^{[1]}}\right\rangle \tag{3-52}$$

并且送 $(L_K,|\phi^{[1]}\rangle)$ 给 P_2, 这里 $\left|\psi_{a_i^{[1]},b_i^{[1]}}\right\rangle$ 被定义为

$$\begin{aligned}&|\psi_{00,0}\rangle=|00\rangle,\quad|\psi_{01,0}\rangle=|01\rangle,\quad|\psi_{10,0}\rangle=|10\rangle,\quad|\psi_{11,0}\rangle=|11\rangle,\\&|\psi_{00,1}\rangle=|\overline{00}\rangle,\quad|\psi_{01,1}\rangle=|\overline{01}\rangle,\quad|\psi_{10,1}\rangle=|\overline{10}\rangle,\quad|\psi_{11,1}\rangle=|\overline{11}\rangle\end{aligned} \tag{3-53}$$

值 $b_i^{[1]}$ 决定基的种类. 假如 $b_i^{[1]}$ 是 0, $a_i^{[1]}$ 用基 $\{|00\rangle,|01\rangle,|10\rangle,|11\rangle\}$ 编码; 假如 $b_i^{[1]}$ 是 1, $a_i^{[1]}$ 用基 $\{|\overline{00}\rangle,|\overline{01}\rangle,|\overline{10}\rangle,|\overline{11}\rangle\}$ 编码.

(2) 对于每个 $j=2,\cdots,t$, 当 P_j 收到 P_{j-1} 传送的 $(L_K,|\phi^{[j-1]}\rangle)$ 后, 他检测特洛伊木马攻击并且将他的秘密输入到 $|\phi^{[j-1]}\rangle$.

检测方案具体如下：对于 $|\phi^{[j-1]}\rangle$ 中的每个量子比特 $|d\rangle$, 称为数据量子比特, P_j 以相同概率随机选择辅助量子比特 $|a\rangle=0$ 或者 $|a\rangle=1$, 并且在 $|a\rangle$ 上执行 Hadamard 变换 H. 他在辅助量子比特和数据量子比特上执行 CNOT 操作 C_{ad}. 然后, 在辅助量子比特和数据量子比特上执行幺正变换

$$T_{ad}=\frac{1}{\sqrt{2}}\begin{pmatrix}1&0&0&1\\0&1&1&0\\1&0&0&-1\\0&1&-1&0\end{pmatrix} \tag{3-54}$$

此后, 他用基 $\{|0\rangle, |1\rangle\}$ 测量辅助量子比特 $|a\rangle$. 对于合法的单量子比特 $|d\rangle$, 矩阵乘法

$$T_{ad} \cdot C_{ad} \cdot (H_a \otimes I_d) = I_a \otimes I_d \tag{3-55}$$

可知辅助量子比特和数据量子比特都是不变的. 假如辅助量子比特 $|a\rangle$ 翻转, 量子比特 $|d\rangle$ 一定是一个多量子比特信号. 对于 $|\phi^{[j-1]}\rangle$ 中所有量子比特, 即便仅有一个多量子比特信号被检测, P_j 拒绝这个钞票. 第 3.7.4 节将证明检测方案可以 1/2 的概率检测到每个多量子比特信号.

确认没有特洛伊木马攻击被检测到, P_j 将下列变换:

$$W^{[j]} = U_1^{[j]} V_1^{[j]} \otimes U_2^{[j]} V_2^{[j]} \otimes \cdots \otimes U_m^{[j]} V_m^{[j]} \tag{3-56}$$

作用到 $|\phi^{[j-1]}\rangle$, 这里

$$\begin{aligned} &U_i^{[j]} = U(a_i^{[j]}), \quad V_i^{[j]} = V(b_i^{[j]}), \quad U(00) = I, \quad U(01) = U, \\ &U(10) = UU, \quad U(11) = UUU, \quad V(0) = I, \quad V(1) = V \end{aligned} \tag{3-57}$$

然后通过幺正变换 $W^{[j]} : |\phi^{[j-1]}\rangle \mapsto |\phi^{[j]}\rangle$ 获得 $|\phi^{[j]}\rangle$, 并且发送 $(L_K, |\phi^{[j]}\rangle)$ 给 P_{j+1}(P_{t+1} 是钞票发行给的用户).

4. 验证阶段

在这个阶段, t 个参与者合作验证量子钞票 $(L_K, |\phi'\rangle)$ 的有效性. 假如 $|\phi'\rangle$ 蕴含秘密 K, 量子钞票 $(L_K, |\phi'\rangle)$ 是有效的. 这里, 假设 t 个参与者是 $P'_1, \cdots, P'_t$. t 个参与者集合可以不同于合作发行量子钞票的参与者集合. 每个 P'_j 在预计算阶段计算 $K^{[k_j]'} = (a_1^{[k_j]'}, b_1^{[k_j]'}, a_2^{[k_j]'}, b_2^{[k_j]'}, \cdots, a_m^{[k_j]'}, b_m^{[k_j]'})$. 令 $|\phi^{[0]'}\rangle = |\phi'\rangle$, P'_0 是商店.

(1) 对于每个 $j = 1, \cdots, t$, 在 P'_j 接收 P'_{j-1} 的 $(L_K, |\phi^{[j-1]'}\rangle)$ 并且确信没有特洛伊木马攻击之后, 他将下列变换 $W^{[j]'}$ 作用到 $|\phi^{[j-1]'}\rangle$:

$$W^{[j]'} = \underline{U_1^{[j]'}} V_1^{[j]'} \otimes \underline{U_2^{[j]'}} V_2^{[j]'} \otimes \cdots \otimes \underline{U_m^{[j]'}} V_m^{[j]'} \tag{3-58}$$

其中

$$V_i^{[j]'} = V(b_i^{[j]'}), \quad \underline{U_i^{[j]'}} = U(\underline{a_i^{[j]'}}), \quad \underline{00} = 00, \quad \underline{01} = 11, \quad \underline{10} = 10, \quad \underline{11} = 01 \tag{3-59}$$

P'_j 通过幺正变换 $W^{[j]'} : |\phi^{[j-1]'}\rangle \mapsto |\eta^{[j]'}\rangle$ 获得 $|\eta^{[j]'}\rangle$. 另外, P'_j 选择一个秘密 $x^{[j]'} = (x_1^{[j]'}, x_2^{[j]'}, \cdots, x_m^{[j]'})$, 这里 $x_i^{[j]'}$ 从 $\{0,1\}$ 中随机地选择. P'_j 通过幺正变换 $V(x_1^{[j]'}) \otimes V(x_2^{[j]'}) \otimes \cdots \otimes V(x_m^{[j]'}) : |\eta^{[j]'}\rangle \mapsto |\phi^{[j]'}\rangle$ 获得 $|\phi^{[j]'}\rangle$. P'_j 将 $(L_K, |\phi^{[j]'}\rangle)$ 送给 P'_{j+1}(P'_{t+1} 是可信任的测量者).

(2) 最后, 可信的测量者要求 $P_j'(j=1,\cdots,t)$ 将 $x^{[j]'}$ 秘密地传送给他, 并且用基 $(\oplus_{j=1}^{t}x_1^{[j]'},\cdots,\oplus_{j=1}^{t}x_m^{[j]'})$ 测量 $|\phi^{[t]'}\rangle$. 可信的测量者获得并且公布测量结果串 $(c_1,\cdots,c_m)$. 参与者检测对于所有 $i=1,\cdots,m$ 是否有 $c_i=00$ 成立. 只要有一个测量结果不是 00, 参与者就拒绝钞票.

假如 $(L_K,|\phi'\rangle)$ 是一个无效的量子钞票, 一个不诚实的测量者总可以通过公布测量结果串 $(c_1,\cdots,c_m)=(00,\cdots,00)$ 来欺骗参与者. 因此一个可信任的测量者是必要的. 可信任的测量者秘密地收到 $x^{[j]'}$ 也是必要的, 否则参与者 P_t' 总可以发送 $|\phi^{[t]'}\rangle=|00\rangle\otimes\cdots\otimes|00\rangle$ 来欺骗可信任的测量者.

3.7.3 安全性分析

不失一般性, 假设仅有一个参与者是内部的骗子. 一个不诚实的参与者, 称为 Bob, 他可以采取符合量子力学规律的任何窃听策略. 他的目的是窃取另一个参与者 (称为 Alice) 的输入, 和其他 $t-2$ 个参与者重构量子钞票. 为分析简便, 假设 Alice 等概率地在每个 2 量子比特信号上做 8 种操作之一, 并且每个 2 量子比特操作是独立的.

令 $|\phi_u\rangle$ 是 Bob 应该传送给 Alice 的 2 量子比特量子态. 替代 $|\phi_u\rangle$, Bob 准备一个假冒态 $|\theta\rangle$ 并且将它发送给 Alice. 从 Alice 操作过的假冒态中, Bob 试图提取 Alice 的输入信息. 基于提取的信息, Bob 重构另一个量子态 $|\phi_v\rangle$ 并且将它转发给 Alice 的下一个参与者.

Bob 的假冒态可以表示为

$$\begin{aligned}|\theta\rangle=&|00\rangle\left[(a_0+\mathrm{i}a_1)|A\rangle+(b_0+\mathrm{i}b_1)|B\rangle+(c_0+\mathrm{i}c_1)|C\rangle+(d_0+\mathrm{i}d_1)|D\rangle\right]\\&+|01\rangle\left[(e_0+\mathrm{i}e_1)|A\rangle+(f_0+\mathrm{i}f_1)|B\rangle+(g_0+\mathrm{i}g_1)|C\rangle+(h_0+\mathrm{i}h_1)|D\rangle\right]\\&+|10\rangle\left[(l_0+\mathrm{i}l_1)|A\rangle+(j_0+\mathrm{i}j_1)|B\rangle+(k_0+\mathrm{i}k_1)|C\rangle+(q_0+\mathrm{i}q_1)|D\rangle\right]\\&+|11\rangle\left[(m_0+\mathrm{i}m_1)|A\rangle+(n_0+\mathrm{i}n_1)|B\rangle+(r_0+\mathrm{i}r_1)|C\rangle+(s_0+\mathrm{i}s_1)|D\rangle\right]\end{aligned}\tag{3-60}$$

其中, $|A\rangle,|B\rangle,|C\rangle$ 和 $|D\rangle$ 是正交归一化的态, i 是虚数单位, 其余系数是实数, 并且

$$\begin{aligned}&a_0^2+a_1^2+b_0^2+b_1^2+c_0^2+c_1^2+d_0^2+d_1^2+e_0^2+e_1^2+f_0^2+f_1^2\\&+g_0^2+g_1^2+h_0^2+h_1^2+l_0^2+l_1^2+j_0^2+j_1^2+k_0^2+k_1^2\\&+q_0^2+q_1^2+m_0^2+m_1^2+n_0^2+n_1^2+r_0^2+r_1^2+s_0^2+s_1^2=1\end{aligned}\tag{3-61}$$

Bob 发送前面 2 量子比特信号给 Alice, 其余的自己留下.

Alice 编码之后, 假冒态 $|\theta\rangle$ 变换为

$$
\begin{aligned}
&|\theta_{000}\rangle=(U(00)V(0)\otimes I)\,|\theta\rangle\,,|\theta_{010}\rangle=(U(01)V(01)\otimes I)\,|\theta\rangle\\
&|\theta_{100}\rangle=(U(10)V(0)\otimes I)\,|\theta\rangle\,,|\theta_{110}\rangle=(U(11)V(0)\otimes I)\,|\theta\rangle\\
&|\theta_{001}\rangle=(U(00)V(1)\otimes I)\,|\theta\rangle=\frac{1}{2}(-|\theta_{000}\rangle+|\theta_{010}\rangle+|\theta_{100}\rangle+|\theta_{110}\rangle)\\
&|\theta_{011}\rangle=(U(01)V(1)\otimes I)\,|\theta\rangle=\frac{1}{2}(|\theta_{000}\rangle-|\theta_{010}\rangle+|\theta_{100}\rangle+|\theta_{110}\rangle)\\
&|\theta_{101}\rangle=(U(10)V(1)\otimes I)\,|\theta\rangle=\frac{1}{2}(|\theta_{000}\rangle+|\theta_{010}\rangle-|\theta_{100}\rangle+|\theta_{110}\rangle)\\
\text{或}\,&|\theta_{111}\rangle=(U(11)V(1)\otimes I)\,|\theta\rangle=\frac{1}{2}(|\theta_{000}\rangle+|\theta_{010}\rangle+|\theta_{100}\rangle-|\theta_{110}\rangle)
\end{aligned}
\tag{3-62}
$$

Alice 等概率地在假冒态上执行 8 种操作, 态可以写作

$$
\begin{aligned}
w=&|\theta_{000}\rangle\langle\theta_{000}|+|\theta_{010}\rangle\langle\theta_{010}|+|\theta_{100}\rangle\langle\theta_{100}|+|\theta_{110}\rangle\langle\theta_{110}|\\
&+|\theta_{001}\rangle\langle\theta_{001}|+|\theta_{011}\rangle\langle\theta_{011}|+|\theta_{101}\rangle\langle\theta_{101}|+|\theta_{111}\rangle\langle\theta_{111}|
\end{aligned}
\tag{3-63}
$$

它可以重新写为正交基

$$
\begin{aligned}
&\{|00A\rangle\,,|00B\rangle\,,|00C\rangle\,,|00D\rangle\,,|01A\rangle\,,|01B\rangle\,,|01C\rangle\,,|01D\rangle\,,\\
&|10A\rangle\,,|10B\rangle\,,|10C\rangle\,,|10D\rangle\,,|11A\rangle\,,|11B\rangle\,,|11C\rangle\,,|11D\rangle\}
\end{aligned}
\tag{3-64}
$$

下的矩阵形式. 下面重新标记 w 为矩阵形式.

Bob 可以从假冒信号中提取信息. 假设 Bob 和 Alice 的平均互信息量为 I(Alice, Bob), 根据 Holevo 界可知

$$
I(\text{Alice},\text{Bob})\leqslant S(w)-\sum_{i,j,k=0}^{1}\frac{1}{8}S(|\theta_{ijk}\rangle\langle\theta_{ijk}|)=-\text{tr}\{w\log_2 w\}
\tag{3-65}
$$

为了计算 von-Neumann 熵 $\text{tr}\{w\log_2 w\}$, 需要计算矩阵 w 的特征值 λ. 为了简化计算, 可以等价地计算 $XwX^{\dagger}$ 的特征值. $XwX^{\dagger}$ 是 16×16 阶的分块对角矩阵, 在对角上, 一块为 8×8 矩阵, 两块为 4×4 矩阵

$$
\begin{pmatrix}
\frac{1}{4}(a-e+i-m)^2 & \frac{1}{4}(a-e+i-m)(b-f+j-n) & \frac{1}{4}(a-e+i-m)(c-g+k-r) & \frac{1}{4}(a-e+i-m)(d-h+q-s)\\
\frac{1}{4}(a-e+i-m)(b-f+j-n) & \frac{1}{4}(b-f+j-n)^2 & \frac{1}{4}(b-f+j-n)(c-g+k-r) & \frac{1}{4}(b-f+j-n)(d-h+q-s)\\
\frac{1}{4}(a-e+i-m)(c-g+k-r) & \frac{1}{4}(b-f+j-n)(c-g+k-r) & \frac{1}{4}(c-g+k-r)^2 & \frac{1}{4}(c-g+k-r)(d-h+q-s)\\
\frac{1}{4}(a-e+i-m)(d-h+q-s) & \frac{1}{4}(b-f+j-n)(d-h+q-s) & \frac{1}{4}(c-g+k-r)(d-h+q-s) & \frac{1}{4}(d-h+q-s)^2
\end{pmatrix}
$$

$$
\begin{pmatrix}
\frac{1}{4}(a+e+i+m)^2 & \frac{1}{4}(a+e+i+m)(b+f+j+n) & \frac{1}{4}(a+e+i+m)(c+g+k+r) & \frac{1}{4}(a+e+i+m)(d+h+q+s) \\
\frac{1}{4}(a+e+i+m)(b+f+j+n) & \frac{1}{4}(b+f+j+n)^2 & \frac{1}{4}(b+f+j+n)(c+g+k+r) & \frac{1}{4}(b+f+j+n)(d+h+q+s) \\
\frac{1}{4}(a+e+i+m)(c+g+k+r) & \frac{1}{4}(b+f+j+n)(c+g+k+r) & \frac{1}{4}(c+g+k+r)^2 & \frac{1}{4}(c+g+k+r)(d+h+q+s) \\
\frac{1}{4}(a+e+i+m)(d+h+q+s) & \frac{1}{4}(b+f+j+n)(d+h+q+s) & \frac{1}{4}(c+g+k+r)(d+h+q+s) & \frac{1}{4}(d+h+q+s)^2
\end{pmatrix}
$$

$$
\left(\begin{matrix}
\frac{1}{4}((a-i)^2+(e-m)^2) & \frac{1}{4}((a-i)(b-j)+(e-m)(f-n)) & \frac{1}{4}((a-i)(c-k)+(e-m)(g-r)) & \frac{1}{4}((a-i)(d-q)+(e-m)(h-s)) \\
\frac{1}{4}((a-i)(b-j)+(e-m)(f-n)) & \frac{1}{4}((b-j)^2+(f-n)^2) & \frac{1}{4}((c-k)(b-j)+(g-r)(f-n)) & \frac{1}{4}((b-j)(d-q)+(f-n)(h-s)) \\
\frac{1}{4}((a-i)(c-k)+(e-m)(g-r)) & \frac{1}{4}((b-j)(c-k)+(f-n)(g-r)) & \frac{1}{4}((c-k)^2+(g-r)^2) & \frac{1}{4}((c-k)(d-q)+(g-r)(h-s)) \\
\frac{1}{4}((a-i)(d-q)+(e-m)(h-s)) & \frac{1}{4}((b-j)(d-q)+(f-n)(h-s)) & \frac{1}{4}((c-k)(d-q)+(g-r)(h-s)) & \frac{1}{4}((d-q)^2+(h-s)^2) \\
0 & \frac{1}{4}((b-j)(e-m)+(f-n)(i-a)) & \frac{1}{4}((c-k)(e-m)+(g-r)(i-a)) & \frac{1}{4}((e-m)(d-q)+(i-a)(h-s)) \\
\frac{1}{4}((a-i)(f-n)+(e-m)(j-b)) & 0 & \frac{1}{4}((c-k)(f-n)+(g-r)(j-b)) & \frac{1}{4}((f-n)(d-q)+(j-b)(h-s)) \\
\frac{1}{4}((a-i)(g-r)+(e-m)(k-c)) & \frac{1}{4}((b-j)(g-r)+(f-n)(k-c)) & 0 & \frac{1}{4}((g-r)(d-q)+(k-c)(h-s)) \\
\frac{1}{4}((a-i)(h-s)+(e-m)(q-d)) & \frac{1}{4}((b-j)(h-s)+(f-n)(q-d)) & \frac{1}{4}((c-k)(h-s)+(g-r)(q-d)) & 0
\end{matrix}\right.
$$

$$
\left.\begin{matrix}
0 & \frac{1}{4}((b-j)(m-e)+(f-n)(a-i)) & \frac{1}{4}((c-k)(m-e)+(g-r)(a-i)) & \frac{1}{4}((d-q)(m-e)+(h-s)(a-i)) \\
\frac{1}{4}((e-m)(b-j)+(a-i)(n-f)) & 0 & \frac{1}{4}((c-k)(n-f)+(g-r)(b-j)) & \frac{1}{4}((d-q)(n-f)+(h-s)(b-j)) \\
\frac{1}{4}((e-m)(c-k)+(a-i)(r-g)) & \frac{1}{4}((b-j)(r-g)+(f-n)(c-k)) & 0 & \frac{1}{4}((d-q)(r-g)+(h-s)(c-k)) \\
\frac{1}{4}((e-m)(d-q)+(a-i)(s-h)) & \frac{1}{4}((b-j)(s-h)+(f-n)(d-q)) & \frac{1}{4}((c-k)(s-h)+(g-r)(d-q)) & 0 \\
\frac{1}{4}((e-m)^2+(a-i)^2) & \frac{1}{4}((b-j)(a-i)+(f-n)(e-m)) & \frac{1}{4}((c-k)(a-i)+(g-r)(e-m)) & \frac{1}{4}((d-q)(a-i)+(h-s)(e-m)) \\
\frac{1}{4}((e-m)(f-n)+(a-i)(b-j)) & \frac{1}{4}((b-j)^2+(f-n)^2) & \frac{1}{4}((c-k)(b-j)+(g-r)(f-n)) & \frac{1}{4}((d-q)(b-j)+(h-s)(f-n)) \\
\frac{1}{4}((e-m)(g-r)+(a-i)(c-k)) & \frac{1}{4}((b-j)(c-k)+(f-n)(g-r)) & \frac{1}{4}((c-k)^2+(g-r)^2) & \frac{1}{4}((d-q)(c-k)+(h-s)(g-r)) \\
\frac{1}{4}((e-m)(h-s)+(a-i)(d-q)) & \frac{1}{4}((b-j)(d-q)+(f-n)(h-s)) & \frac{1}{4}((c-k)(d-q)+(g-r)(h-s)) & \frac{1}{4}((d-q)^2+(h-s)^2)
\end{matrix}\right)
\tag{3-66}
$$

产生 16 个特征值

$$
\begin{aligned}
\lambda_{1,2} =& \frac{1}{4}[(a_0-l_0)^2+(a_1-l_1)^2+(b_0-j_0)^2+(b_1-j_1)^2+(c_0-k_0)^2+(c_1-k_1)^2 \\
&+(e_0-m_0)^2+(e_1-m_1)^2+(f_0-n_0)^2+(f_1-n_1)^2+(d_0-q_0)^2 \\
&+(d_1-q_1)^2+(g_0-r_0)^2+(g_1-r_1)^2+(h_0-s_0)^2+(h_1-s_1)^2] \\
&\pm\frac{1}{2}(b_1f_0-b_0f_1+c_1g_0-c_0g_1+d_1h_0-d_0h_1+e_1l_0-e_0l_1+f_1j_0 \\
&-f_0j_1+g_1k_0-g_0k_1+a_1e_0-a_0e_1+l_1m_0-l_0m_1+a_0m_1 \\
&-a_1m_0+b_0n_1-b_1n_0+j_1n_0-j_0n_1+h_1q_0-h_0q_1+r_1c_0-r_0c_1 \\
&+k_1r_0-k_0r_1+s_1d_0-s_0d_1+q_1s_0-q_0s_1) \\
\lambda_3 =& \frac{1}{4}[(a_0-e_0+l_0-m_0)^2+(b_0-f_0+j_0-n_0)^2 \\
&+(c_0-g_0+k_0-r_0)^2+(d_0-h_0+q_0-s_0)^2 \\
&+(a_1-e_1+l_1-m_1)^2+(b_1-f_1+j_1-n_1)^2 \\
&+(c_1-g_1+k_1-r_1)^2+(d_1-h_1+q_1-s_1)^2], \\
\lambda_4 =& \frac{1}{4}[(a_0+e_0+l_0+m_0)^2+(b_0+f_0+j_0+n_0)^2 \\
&+(c_0+g_0+k_0+r_0)^2+(d_0+h_0+q_0+s_0)^2 \\
&+(a_1+e_1+l_1+m_1)^2+(b_1+f_1+j_1+n_1)^2 \\
&+(c_1+g_1+k_1+r_1)^2+(d_1+h_1+q_1+s_1)^2] \\
\lambda_{5\sim 16} =& 0
\end{aligned}
\tag{3-67}
$$

这里 $X=$

$$
\begin{pmatrix}
\frac{1}{\sqrt{2}} & 0 & 0 & 0 & 0 & 0 & 0 & 0 & \frac{-1}{\sqrt{2}} & 0 & 0 & 0 & 0 & 0 & 0 & 0 \\
0 & \frac{1}{\sqrt{2}} & 0 & 0 & 0 & 0 & 0 & 0 & 0 & \frac{-1}{\sqrt{2}} & 0 & 0 & 0 & 0 & 0 & 0 \\
0 & 0 & \frac{1}{\sqrt{2}} & 0 & 0 & 0 & 0 & 0 & 0 & 0 & \frac{-1}{\sqrt{2}} & 0 & 0 & 0 & 0 & 0 \\
0 & 0 & 0 & \frac{1}{\sqrt{2}} & 0 & 0 & 0 & 0 & 0 & 0 & 0 & \frac{-1}{\sqrt{2}} & 0 & 0 & 0 & 0 \\
0 & 0 & 0 & 0 & \frac{1}{\sqrt{2}} & 0 & 0 & 0 & 0 & 0 & 0 & 0 & \frac{-1}{\sqrt{2}} & 0 & 0 & 0 \\
0 & 0 & 0 & 0 & 0 & \frac{1}{\sqrt{2}} & 0 & 0 & 0 & 0 & 0 & 0 & 0 & \frac{-1}{\sqrt{2}} & 0 & 0 \\
0 & 0 & 0 & 0 & 0 & 0 & \frac{1}{\sqrt{2}} & 0 & 0 & 0 & 0 & 0 & 0 & 0 & \frac{-1}{\sqrt{2}} & 0 \\
0 & 0 & 0 & 0 & 0 & 0 & 0 & \frac{1}{\sqrt{2}} & 0 & 0 & 0 & 0 & 0 & 0 & 0 & \frac{-1}{\sqrt{2}} \\
\frac{1}{2} & 0 & 0 & 0 & \frac{-1}{2} & 0 & 0 & 0 & \frac{1}{2} & 0 & 0 & 0 & \frac{-1}{2} & 0 & 0 & 0 \\
0 & \frac{1}{2} & 0 & 0 & 0 & \frac{-1}{2} & 0 & 0 & 0 & \frac{1}{2} & 0 & 0 & 0 & \frac{-1}{2} & 0 & 0 \\
0 & 0 & \frac{1}{2} & 0 & 0 & 0 & \frac{-1}{2} & 0 & 0 & 0 & \frac{1}{2} & 0 & 0 & 0 & \frac{-1}{2} & 0 \\
0 & 0 & 0 & \frac{1}{2} & 0 & 0 & 0 & \frac{-1}{2} & 0 & 0 & 0 & \frac{1}{2} & 0 & 0 & 0 & \frac{-1}{2} \\
\frac{1}{2} & 0 & 0 & 0 & \frac{1}{2} & 0 & 0 & 0 & \frac{1}{2} & 0 & 0 & 0 & \frac{1}{2} & 0 & 0 & 0 \\
0 & \frac{1}{2} & 0 & 0 & 0 & \frac{1}{2} & 0 & 0 & 0 & \frac{1}{2} & 0 & 0 & 0 & \frac{1}{2} & 0 & 0 \\
0 & 0 & \frac{1}{2} & 0 & 0 & 0 & \frac{1}{2} & 0 & 0 & 0 & \frac{1}{2} & 0 & 0 & 0 & \frac{1}{2} & 0 \\
0 & 0 & 0 & \frac{1}{2} & 0 & 0 & 0 & \frac{1}{2} & 0 & 0 & 0 & \frac{1}{2} & 0 & 0 & 0 & \frac{1}{2}
\end{pmatrix}
\tag{3-68}
$$

因此, 可以得到

$$I(\text{Alice}, \text{Bob}) \leqslant -\lambda_1 \log_2 \lambda_1 - \lambda_2 \log_2 \lambda_2 - \lambda_3 \log_2 \lambda_3 - \lambda_4 \log_2 \lambda_4 \tag{3-69}$$

当且仅当 $\lambda_1 = \lambda_2 = \lambda_3 = \lambda_4 = 1/4$, $I(\text{Alice}, \text{Bob})$ 达到最大值 2bit.

令 $\lambda_1 = \lambda_2 = \lambda_3 = \lambda_4$, 利用 (3-67) 式, 解出系数之间的关系, 可以得到 $I(\text{Alice}, \text{Bob}) = 2$, 当且仅当 $|\theta_{000}\rangle, |\theta_{010}\rangle, |\theta_{100}\rangle$ 和 $|\theta_{110}\rangle$ 是标准正交态.

Bob 获得 $I(\text{Alice}, \text{Bob})$ 最大值, 他不得不引入 3/8 quarterit 错误率. 令 $x = pqr$ 是 Alice 的输入并且 $y = ijk$ 是 $I(\text{Alice}, \text{Bob}) = 2$ 时 Bob 抽取的结果, 这里 $i, j, k, p, q, r = 0, 1$. 为了引入最少的错误, 基于概率中极大似然理论, Bob 不得不转发量子态 $|\phi_v\rangle = (U(ij)V(k))|\phi_u\rangle$ 给 Alice 的下一个参与者. 最终的测量结果以概率 $1 - |\langle\phi_v|(U(pq)V(r))|\phi_u\rangle|^2$ 不是 00. 因此 quarterit 错误率是 $1 - |\langle\phi_v|U(pq)V(r))|\phi_u\rangle|^2$. 假如 Bob 获得提取结果 $y = ijk$, quarterit 错误率是 $1 - \sum\limits_{p,q,r=0}^{1} P(x = pqr|y = ijk)\left|\langle\phi_u|(U(ij)V(k))^+(U(pq)V(r))|\phi_u\rangle\right|^2$. 可以得到

$$P(y = ijk|x = pqk) = |\langle\theta|(U(ij)V(k) \otimes I)^+(U(pq)V(k) \otimes I)|\theta\rangle|^2 = \delta_{ij,pq} \tag{3-70}$$

$$P(y = ijk|x = pq\bar{k}) = |\langle\theta|(U(ij)V(k) \otimes I)^+(U(pq)V(\bar{k}) \otimes I)|\theta\rangle|^2 = \frac{1}{4} \tag{3-71}$$

并且 $P(x = pqk) = \dfrac{1}{8}$, 这里 $\bar{0} = 1, \bar{1} = 0$ 并且 $\delta_{ij,pq}$ 是 Kronecker 函数. 利用贝叶斯定理

$$P(x|y) = \frac{P(y|x)P(x)}{\sum\limits_x P(y|x)P(x)} \tag{3-72}$$

可以得到 $P(x = pqk|y = ijk) = \dfrac{1}{2}\delta_{ij,pq}$ 和 $P(x = pq\bar{k}|y = ijk) = \dfrac{1}{8}$. quarterit 错误率是

$$\begin{aligned} 1 - &\sum_{p,q=0}^{1} P(x = pqk|y = ijk)|\langle\phi_u|(U(ij)V(k))^+(U(pq)V(k))|\phi_u\rangle|^2 \\ - &\sum_{p,q=0}^{1} P(x = pq\bar{k}|y = ijk)|\langle\phi_u|(U(ij)V(k))^+(U(pq)V(\bar{k}))|\phi_u\rangle|^2 = \frac{3}{8} \end{aligned} \tag{3-73}$$

3.7.4 特洛伊木马攻击可以被检测

特洛伊木马攻击基于这样的原理：通过测量未知量子态的许多复制品, 可以准确地知道未知态. 令 Bob 准备多量子比特态 $\sum\limits_{i_1 i_2 \cdots i_m} a_{i_1 i_2 \cdots i_m} |i_1 i_2 \cdots i_m\rangle_{1,2,\cdots,m}$ $(m \geqslant 2)$ 来代替一个数据量子比特 $|d\rangle$.

在上面描述的特洛伊木马攻击的检测方案中, Alice 随机准备 $|a\rangle=0$ 或 $|a\rangle=1$. 操作 $H|a\rangle$ 之后, 系统态为

$$|\eta_1^0\rangle=\frac{1}{\sqrt{2}}\sum_{i_1i_2\cdots i_m}a_{i_1i_2\cdots i_m}(|0\rangle+|1\rangle)|i_1i_2\cdots i_m\rangle_{1,2,\cdots,m}\qquad(|a\rangle=|0\rangle)$$

或

$$|\eta_1^1\rangle=\frac{1}{\sqrt{2}}\sum_{i_1i_2\cdots i_m}a_{i_1i_2\cdots i_m}(|0\rangle-|1\rangle)|i_1i_2\cdots i_m\rangle_{1,2,\cdots,m}\qquad(|a\rangle=|1\rangle)\tag{3-74}$$

这里用上标 0 和 1 表示分别对应 $a=0$ 和 $a=1$ 的态, 下面采用相同的标记. 为简单起见, 后面的等式中省略 "或" 字.

执行操作 $C_{a1},C_{a2},\cdots,C_{am}$ 来代替 C_{ad}, 系统态为

$$\begin{aligned}|\eta_2^0\rangle&=\frac{1}{\sqrt{2}}\sum_{i_1i_2\cdots i_m}a_{i_1i_2\cdots i_m}(|0\rangle|i_1i_2\cdots i_m\rangle_{1,2,\cdots,m}+|1\rangle|\overline{i_1i_2\cdots i_m}\rangle_{1,2,\cdots,m})\\|\eta_2^1\rangle&=\frac{1}{\sqrt{2}}\sum_{i_1i_2\cdots i_m}a_{i_1i_2\cdots i_m}(|0\rangle|i_1i_2\cdots i_m\rangle_{1,2,\cdots,m}-|1\rangle|\overline{i_1i_2\cdots i_m}\rangle_{1,2,\cdots,m})\end{aligned}\tag{3-75}$$

执行操作 $T_{a1},T_{a2},\cdots,T_{am}$ 来代替 T_{ad}, 由于 $T(|a\rangle\otimes|d\rangle)=H|a\rangle\otimes|a\oplus d\rangle$, 系统态为

$$\begin{aligned}|\eta_3^0\rangle=&\frac{1}{\sqrt{2^{m+1}}}\sum_{i_1i_2\cdots i_m}|0\rangle|i_1i_2\cdots i_m\rangle_{1,2,\cdots,m}\\&\times\left\{\sum_{x_2\cdots x_m}[(-1)^{\tau(i_1x_2\cdots x_m\oplus i_1i_2\cdots i_m)}+(-1)^{\tau(i_1x_2\cdots x_m\oplus\overline{i_1i_2\cdots i_m})}]a_{i_1x_2\cdots x_m}\right\}\\&+\frac{1}{\sqrt{2^{m+1}}}\sum_{i_1i_2\cdots i_m}|1\rangle|i_1i_2\cdots i_m\rangle_{1,2,\cdots,m}\\&\times\left\{\sum_{x_2\cdots x_m}[(-1)^{\tau(i_1x_2\cdots x_m1\oplus i_1i_2\cdots i_m0)}+(-1)^{\tau(i_1x_2\cdots x_m1\oplus\overline{i_1i_2\cdots i_m}0)}]a_{i_1x_2\cdots x_m}\right\}\\|\eta_3^1\rangle=&\frac{1}{\sqrt{2^{m+1}}}\sum_{i_1i_2\cdots i_m}|0\rangle|i_1i_2\cdots i_m\rangle_{1,2,\cdots,m}\\&\times\left\{\sum_{x_2\cdots x_m}[(-1)^{\tau(i_1x_2\cdots x_m\oplus i_1i_2\cdots i_m)}+(-1)^{\tau(i_1x_2\cdots x_m\oplus\overline{i_1i_2\cdots i_m})+1}]a_{i_1x_2\cdots x_m}\right\}\\&+\frac{1}{\sqrt{2^{m+1}}}\sum_{i_1i_2\cdots i_m}|1\rangle|i_1i_2\cdots i_m\rangle_{1,2,\cdots,m}\\&\times\left\{\sum_{x_2\cdots x_m}[(-1)^{\tau(i_1x_2\cdots x_m1\oplus i_1i_2\cdots i_m0)}+(-1)^{\tau(i_1x_2\cdots x_m1\oplus\overline{i_1i_2\cdots i_m}0)+1}]a_{i_1x_2\cdots x_m}\right\}\end{aligned}\tag{3-76}$$

其中, $\bar{0}=1,\bar{1}=0$, 并且 $\tau(x_1x_2\cdots x_n)$ 表示 $x_kx_{k+1}=11(k=1,2,\cdots,n-1)$ 的数目, 例如, $\tau(1100111)=3$, $\tau(1011011)=2$.

检测方案可以以 1/2 的概率检测一个多量子比特信号. 当 $m\geqslant 4$ 时, $|\eta_3^0\rangle$ 中 $|0\rangle|i_1\cdots i_{m-3}i_{m-2}i_{m-1}i_m\rangle$ 和 $|\eta_3^1\rangle$ 中 $|1\rangle|i_1\cdots i_{m-3}\overline{i_{m-2}}i_{m-1}\overline{i_m}\rangle$ 的概率幅 $\sum\limits_{x_2\cdots x_m}$ 中每一对应项全部相同, 因此两者概率幅相同, 而 $|\eta_3^0\rangle$ 中 $|1\rangle|i_1\cdots i_{m-3}i_{m-2}i_{m-1}i_m\rangle$ 和 $|\eta_3^1\rangle$ 中 $|0\rangle|i_1\cdots i_{m-3}\overline{i_{m-2}}i_{m-1}\overline{i_m}\rangle$ 的概率幅相反. 下面验证 $m=2,3$ 的情形, 当 m=3 时

$$\begin{aligned}|\eta_3^0\rangle=&\frac{1}{2}\sum_{i_1i_2i_3}|0\rangle|i_1i_2i_3\rangle_{123}(a_{i_1i_2i_3}+a_{i_1\overline{i_2}i_3})\\&+\frac{1}{2}\sum_{i_1i_2i_3}|1\rangle|i_1i_2i_3\rangle_{123}(-a_{i_1i_2\overline{i_3}}+a_{i_1\overline{i_2}\overline{i_3}})\\|\eta_3^1\rangle=&\frac{1}{2}\sum_{i_1i_2i_3}|0\rangle|i_1i_2i_3\rangle_{123}(a_{i_1i_2\overline{i_3}}-a_{i_1\overline{i_2}\overline{i_3}})\\&+\frac{1}{2}\sum_{i_1i_2i_3}|1\rangle|i_1i_2i_3\rangle_{123}(a_{i_1i_2i_3}+a_{i_1\overline{i_2}i_3})\end{aligned}\tag{3-77}$$

当 m=2 时

$$\begin{aligned}|\eta_3^0\rangle&=\frac{1}{\sqrt{2}}\sum_{i_1i_2}a_{i_1\overline{i_2}}|0\rangle|i_1i_2\rangle_{12}+\frac{1}{\sqrt{2}}\sum_{i_1i_2}a_{i_1i_2}|1\rangle|i_1i_2\rangle_{12}\\|\eta_3^1\rangle&=\frac{1}{\sqrt{2}}\sum_{i_1i_2}a_{i_1i_2}|0\rangle|i_1i_2\rangle_{12}-\frac{1}{\sqrt{2}}\sum_{i_1i_2}a_{i_1\overline{i_2}}|1\rangle|i_1i_2\rangle_{12}\end{aligned}\tag{3-78}$$

由此得到结论: 如果在 $|\eta_3^0\rangle$ 中以概率 α 获得测量结果 $|a\rangle=|1\rangle$ 使得辅助量子比特翻转, 那么在 $|\eta_3^1\rangle$ 中一定以概率 $1-\alpha$ 获得测量结果 $|a\rangle=|0\rangle$ 使得辅助量子比特翻转. 因为 $|\eta_3^0\rangle$ 和 $|\eta_3^1\rangle$ 等概率出现, 所以辅助量子比特以概率 1/2 翻转.

因为检测过程应用的是量子态的线性操作, 不仅可以检测纯态, 也可以检测混合态. 对于合法 2 量子比特 $|\overline{00}\rangle,|\overline{01}\rangle,|\overline{10}\rangle$ 或 $|\overline{11}\rangle$, 每个单量子比特的混合态分别输入检测中, 并且两个辅助量子比特是不变的. 当 Bob 发送 $m(m\geqslant 2)$ 个 2 量子比特的复制品代替合法 2 量子比特, Alice 检测两个辅助量子比特是否翻转, 可以以概率 $1-(1/2)^2=3/4$ 检测到特洛伊木马攻击.

3.7.5 结束语

这一节介绍了一个基于 2 量子比特操作的门限量子协议. 该门限协议所产生的量子态的量子比特的数目等于原始的非门限协议产生的量子态的量子比特的数目, 并且合法参与者可以抵抗内部欺骗者的假冒态攻击和特洛伊木马攻击. 提出的基于 Grover 算法的 2 量子比特操作可以用于设计量子安全直接通信和多方量子秘密共享协议. 提出的检测特洛伊木马攻击方案可以用于其他量子密码协议的设计中.

3.8　注　记

人们对量子秘密共享的研究主要包括两个方面. 一是利用量子方法共享量子消息, 也即在通信者之间直接共享量子态 (quantum state sharing, QSTS). QSTS 实际相当于受控隐形传态, 所以构造 QSTS 方案一般都需要利用纠缠态. 更一般地, 对于 (k,n) 门限方案, 则需要利用量子纠错码, 这一点文献 [29] 中给出了一般结论. 目前这方面的研究相对较少.

对量子秘密共享另一方面的研究就是利用量子方法共享经典消息 (quantum secret sharing, QSS). 其思想基本都是首先在通信者之间共享联合密钥然后再结合经典 OTP 来实现. 这是目前研究最多的一个方面, 也是本书研究的重点. 在这方面, 人们也更多的研究 (n,n) 秘密分割方案. 对于 (k,n) 门限方案研究甚少, 事实上, 可以用 QKD 加经典秘密共享和 OTP 一起构造此类门限方案.

总之, 目前人们对量子秘密共享的研究主要集中在利用量子方法在通信者之间共享经典联合密钥的 (n,n) 方案. 从 1999 年 Hillery 提出第一个此类协议以来, 经过近十年的研究, 一方面取得了许多成果, 但另一方面, 其有效性和可行性也引起了大家的怀疑. 由于存在不可信的参与方, 所以 QSS 的安全性分析比一般的 QKD 要复杂得多. 很多精心设计的 QSS 协议在不久之后会被发现存在安全漏洞, 详见本书第 6 章. 而且正如本书 6.11 节所讨论的, QSS 协议的安全性不如 QKD 与经典秘密共享相结合来实现的秘密共享安全性高, 所以必须对其有效性提出质疑.

此外, 目前对量子秘密共享的研究还处于初级阶段. 对于参与者增减问题、秘密重构时存在骗子的情况、无仲裁参与的秘密共享、不暴露共享的秘密共享、可验证的秘密共享等的研究还没有涉及, 因此距离真正的秘密共享还很远.

参 考 文 献

[1] Schneier B. Applied Cryptography: Protocols, Algorithms, and Source Code in C. Second Edition. New York: Wiley, 1996.

[2] Hillery M, Buzek V, Berthiaume A. Quantum secret sharing. Physical Review A, 1999, (59): 1829.

[3] Karlsson A, Koashi M, Imoto N. Quantum entanglement for secret sharing and secret splitting. Physical Review A, 1999, (59): 162.

[4] Guo G P, Guo G C. Quantum secret sharing without entanglement. Physics Letters A, 2003, (310): 247.

[5] Karimipour V, Bahraminasab A, Bagherinezhad S. Entanglement swapping of generalized cat states and secret sharing. Physical Review A, 2002, (65): 042320.

[6] Bagherinezhad S, Karimipour V. Quantum secret sharing based on reusable Greenberger-Horne-Zeilinger states as secure carriers. Physical Review A, 2003, (67): 044302.

[7] Sen A, Sen U, Zukowski M. Unified criterion for security of secret sharing in terms of violation of Bell inequalities. Physical Review A, 2003, (68): 032309.

[8] Xiao L, Long G L, Deng F G, et al.. Efficient multiparty quantum-secret-sharing schemes. Physical Review A, 2004, (69): 052307.

[9] Zhang Z J, Man Z X. Multiparty quantum secret sharing of classical messages based on entanglement swapping. Physical Review A, 2005, (72): 022303.

[10] Hsu L Y, Li C M. Quantum secret sharing using product states. Physical Review A, 2005, (71): 022321.

[11] Deng F G, Li X H, Zhou H Y, et al.. Improving the security of multiparty quantum secret sharing against Trojan horse attack. Physical Review A, 2005, (72): 044302.

[12] Yan F L, Gao T. Quantum secret sharing between multiparty and multiparty without entanglement. Physical Review A, 2005, (72): 012304.

[13] Takesue H, Inoue K. Quantum secret sharing based on modulated high-dimensional time-bin entanglement. Physical Review A, 2006, (74): 012315.

[14] Deng F G, Zhou H Y, Long G L. Circular quantum secret sharing. Journal of Physics a-Mathematical and General, 2006, (39): 14089.

[15] Deng F G, Long G L, Zhou H Y. An efficient quantum secret sharing scheme with Einstein-Podolsky-Rosen pairs. Physics Letters A, 2005, (340): 43.

[16] Zhang Y Q, Jin X R, Zhang S. Secret sharing of quantum information via entanglement swapping in cavity QED. Physics Letters A, 2005, (341): 380.

[17] Zhang Z J, Gao G, Wang X, et al.. Multiparty quantum secret sharing based on the improved Bostrom-Felbinger protocol. Optics Communications, 2007, (269): 418.

[18] Zhang Z J, Li Y, Man Z X. Multiparty quantum secret sharing. Physical Review A, 2005, (71): 044301.

[19] Lance A M, Symul T, Bowen W P, et al.. Tripartite quantum state sharing. Physical Review Letters, 2004, (92): 177903.

[20] Bandyopadhyay S. Teleportation and secret sharing with pure entangled states. Physical Review A, 2000, (62): 012308.

[21] Deng F G, Li X H, Li C Y, et al.. Quantum state sharing of an arbitrary two-qubit state with two-photon entanglements and Bell-state measurements. European Physical Journal D, 2006, (39): 459.

[22] Deng F G, Li X H, Li C Y, et al.. Multiparty quantum-state sharing of an arbitrary two-particle state with Einstein-Podolsky-Rosen pairs. Physical Review A, 2005, (72): 044301.

[23] Hsu L Y. Quantum secret-sharing protocol based on Grover's algorithm. Physical Review A, 2003, (68): 022306.

[24] Li Y M, Zhang K S, Peng K C. Multiparty secret sharing of quantum information based on entanglement swapping. Physics Letters A, 2004, (324): 420.

[25] Deng F G, Li X H, Li C Y, et al.. Multiparty quantum secret splitting and quantum state sharing. Physics Letters A, 2006, (354): 190.

[26] Gordon G, Rigolin G. Generalized quantum-state sharing. Physical Review A, 2006, (73): 062316.

[27] Nascimento A C A, Mueller-Quade J, Imai H. Improving quantum secret-sharing schemes. Physical Review A, 2001, (64): 042311.

[28] Gottesman D. Theory of quantum secret sharing. Physical Review A, 2000, (61): 042311.

[29] Cleve R, Gottesman D, Lo H K. How to share a quantum secret. Physical Review Letters, 1999, (83): 648.

[30] Smith A. Quantum secret sharing for general access structures. E-print: quant-ph/0001087, 2000.

[31] Singh S K, Srikanth R. Generalized quantum secret sharing. Physical Review A, 2005, (71): 012328.

[32] Ogawa T, Sasaki A, Iwamoto M, et al.. Quantum secret sharing schemes and reversibility of quantum operations. Physical Review A, 2005, (72): 032318.

[33] Imai H, Muller-Quade J, Nascimento A C A, et al.. An information theoretical model for quantum secret sharing. Quantum Information & Computation, 2005, (5): 69.

[34] Mihara T. Quantum identification schemes with entanglements. Physical Review A, 2002, (65): 052326.

[35] Guo G C, Guo G G. Entanglement of individual photon and atomic ensembles. Quantum Information and Computation, 2003, (3): 627.

[36] Cinchetti M, Twamley J. Entanglement distribution between N distant users via a center. Physical Review A, 2001, (63): 052310.

[37] Bennett C H, Brassard G. Quantum cryptography: public-key distribution and coin tossing. Proceedings of IEEE International Conference on Computers, Systems and Signal Processing, IEEE, New York, Bangalore, India, 1984: 175~179.

[38] Bouwmeester D, Pan J W, Daniell M, et al.. Observation of three-photon Greenberger-Horne-Zeilinger entanglement. Physical Review Letters, 1999, (82): 1345.

[39] Pan J W, Daniell M, Gasparoni S, et al.. Experimental demonstration of four-photon entanglement and high-fidelity teleportation. Physical Review Letters, 2001, (86): 4435.

[40] Shi B S, Li J, Liu J M, et al.. Quantum key distribution and quantum authentication based on entangled state. Physics Letters A, 2001, (281): 83.

[41] Bostrom K, Felbinger T. Deterministic secure direct communication using entanglement. Physical Review Letters, 2002, (89): 187902.

[42] Deng F G, Long G L, Liu X S. Two-step quantum direct communication protocol using the Einstein-Podolsky-Rosen pair block. Physical Review A, 2003, (68): 042317.

[43] Gao F, Guo F Z, Wen Q Y, et al.. Quantum key distribution without alternative measurements and rotations. Physics Letters A, 2006, (349): 53.

[44] Bennett C H, Wiesner S J. Communication via one- and two-particle operators on Einstein -Podolsky -Rosen states. Physical Review Letters, 1992, (69): 2881.

[45] Brassard G, Salrail L. Secret-key reconciliation by public discussion. Advances in Cryptology-EUROCRYPT'93. Springer Verlag, Berlin, 1993: 410.

[46] Inamori H, Rallan L, Vedral V. Security of EPR-based quantum cryptography against incoherent symmetric attacks. Journal of Physics a-Mathematical and General, 2001, (34): 6913.

[47] Long G L, Liu X S. Theoretically efficient high-capacity quantum-key-distribution scheme. Physical Review A, 2002, (65): 032302.

[48] Tokunaga Y, Okamoto T, Imoto N. Threshold quantum cryptography. Physical Review A, 2005, (71): 012314.

[49] Desmedt Y. Society and group oriented cryptography: a new concept. Advances in Cryptology-CRYPTO'87. Lecture Notes in Computer Science, 1988, (293): 120.

[50] Desmedt Y, Frankel Y. Threshold cryptosystems. In Advances in Cryptology-CRYPTO '89. Lecture Notes in Computer Science, 1990, (435): 307.

[51] Desmedt Y, Frankel Y. Shared generation of authenticators and signatires. Advances in Cryptology-CRYPTO '91. Lecture Notes in Computer Science, 1992, (576): 457.

[52] Santis A D, Desmedt Y, Frankel Y, et al. How to share a function securely. Proceedings of the twenty-sixth annual ACM symposium on theory of computing. New York, Montreal, Quebec: ACM Press, 1994: 522.

[53] Deng F G, Long G L. Secure direct communication with a quantum one-time pad. Physical Review A, 2004, (69): 052319.

[54] Cai Q Y, Li B W. Deterministic secure communication without using entanglement. Chinese Physics Letters, 2004, (21): 601.

[55] Lucamarini M, Mancini S. Secure deterministic communication without entanglement. Physical Review Letters, 2005, (94): 140501.

[56] Qin S J, Gao F, Wen Q Y, et al.. Improving the security of multiparty quantum secret sharing against an attack with a fake signal. Physics Letters A, 2006, (357): 101.

[57] Gisin N, Ribordy G, Tittel W, et al.. Quantum cryptography. Reviews of Modern Physics, 2002, (74): 145.

[58] Gisin N, Fasel S, Kraus B, et al.. Trojan-horse attacks on quantum-key-distribution systems. Physical Review A, 2006, (73): 022320.

第4章 量子加密

大家知道，基于量子力学原理的量子算法具有强大的计算能力，经典密码体制的安全性在量子计算环境下将受到严重威胁. 为了解决这个问题，可以“师夷长技以制夷”，即把量子力学基本原理用到密码设计工作中来，以求得到更加安全的密码算法，这就是所谓的“量子加密体制”. 量子密钥分发解决了经典一次一密[1] 中的密钥管理问题，然而正如文献 [2] 所述，经典一次一密在实际应用中仍然存在许多安全问题. 而且由量子态叠加原理可知，一个有 n 个量子位的系统，可以制备出 2^n 个不同的叠加态，即量子系统有强大的信息存储能力，因此研究量子加密算法有重要意义.

量子密码作为量子信息的一个研究分支，在过去几年内发展非常迅速. 但经典密码体制中著名的公钥加密体制和私钥加密体制在量子环境中的对应研究还很不成熟. 文献 [3~5] 给出了量子公钥算法的一些结论，其中所包含的算法只有当某些特定的量子算法 (如能解决离散对数问题的 Shor 算法) 在量子计算机上被有效实现后才有实际意义. 文献 [2, 6~18] 中提出一些量子私钥加密算法并建立了相关的一些结论. 文献 [2, 6~12] 指出了量子加密的用途，说明量子加密实际是经典一次一密的推广，给出要加密 n 量子比特消息所需要的经典密钥长度的一个界，指出不可克隆加密实际是可验证 QKD 的一种推广，指出量子加密中密钥可以重复使用的本质以及如何重复使用，指出量子加密与隐形传态、消息认证等之间的关系，等等，这些结论极大地丰富了量子私钥加密理论. 所提出的加密算法有的是利用加密手段在通信者之间传输量子信息，有的则是利用加密手段在通信者之间实现 QKD[15~17]，其算法较之公钥算法容易实现. 这一章主要讨论量子私钥加密算法. 也就是说，Alice 和 Bob 共享某个秘密密钥 K，K 可能是经典比特串也可能是量子比特串. Alice 利用自己的 K 将消息 M 通过某些量子操作加密为密文 C，Bob 利用自己的 K 通过一些逆操作由 C 恢复出明文 M. 特别地，在 4.1 节分别介绍两种典型的基于经典密钥和量子密钥的加密算法. 在 4.2 节介绍一个 d 级系统中的利用 Bell 态作为密钥的量子加密算法.

4.1 两种基本加密算法

Ambainis 等[11] 以及 Boykin 等[12] 研究了如何使用经典密钥加密量子消息，并分析了如何加密量子消息达到最优. Leung 分析了量子 Vernam 密码理论及其特点[7]. 本节综合上述文献, 介绍两种典型的量子加密方法.

对于经典密码, Shannon 使用互信息定义了信息论安全密码[19], 即要求

$$I(M;C) = H(C) - H(C|M) = 0 \tag{4-1}$$

其中, M 是消息随机变量, C 是密文随机变量. $H(X)$ 是随机变量 X 的熵

$$H(X) = -\sum_{x} p(X=x)\log_2(p(X=x)) \tag{4-2}$$

式 (4-1) 表明 $p(c|m) = p(c)$, 即密文 c 与消息 m 无关. Bob 使用密钥 k 可以恢复消息 m, 即 $I(M;C|K) = H(M)$, 因此无条件安全的密码需要满足 $H(K) \geqslant H(M)$, $H(C) \geqslant H(M)$. 由此可以验证, 经典密码中一次一密具有无条件安全性.

与经典密码相同, 设计无条件安全的量子加密算法同样需要满足上述信息论条件, 即对于任意输入量子态 ρ, 输出量子态 ρ' 与 ρ 不相关.

4.1.1 基于经典密钥的量子加密算法

基于上述信息论条件, 文献 [11, 12] 提出了基于经典密钥的量子加密算法, 又称作秘密量子信道 (private quantum channel, PQC). 文献 [11] 将 PQC 定义如下.

设 $S \subseteq H_{2^n}$ 为一个纯 n 量子比特的集合, $\varepsilon = \left\{\sqrt{p_i}U_i|1 \leqslant i \leqslant N\right\}$ 为超算子, 其中 U_i 为空间 H_{2^m} 上的幺正变换, $\sum\limits_{i=1}^{N} p_i = 1$, ρ_a 为 $(m-n)$ 量子比特密度矩阵, ρ' 为 m 量子比特密度矩阵. 当且仅当下面条件对所有 $|\phi\rangle \in S$ 成立时

$$\varepsilon(|\phi\rangle\langle\phi| \otimes \rho_a) = \sum_{i=1}^{N} p_i U_i(|\phi\rangle\langle\phi| \otimes \rho_a)U_i^\dagger = \rho' \tag{4-3}$$

称 $[S, \varepsilon, \rho_a, \rho']$ 为一个秘密量子信道 (PQC).

上面的定义中如果 $n = m$(即没有辅助态), 则 ρ_a 可以省略.

文献 [11] 还指出, 如果 $[S, \varepsilon, \rho']$ 是一个不含辅助粒子的 PQC, $\frac{1}{2^n}I_{2^n}$ 是 S 中态的组合, 则 $\rho' = \frac{1}{2^n}I_{2^n}$. 这是因为如果 $\frac{1}{2^n}I_{2^n}$ 可以写成 S 集合中态的组合, 那么由量子态的叠加关系可得

$$\rho' = \varepsilon\left(\frac{1}{2^n}I_{2^n}\right) = \sum_{i=1}^{N} p_i U_i \frac{1}{2^n} I_{2^n} U_i^\dagger = \sum_{i=1}^{N} \frac{p_i}{2^n} U_i U_i^\dagger = \sum_{i=1}^{N} \frac{p_i}{2^n} I_{2^n} = \frac{1}{2^n} I_{2^n} \tag{4-4}$$

下面给出一个具体的 PQC 例子, 在该 PQC 中采用两个经典比特加密一个量子比特. 算法具体描述如下 (图 4-1).

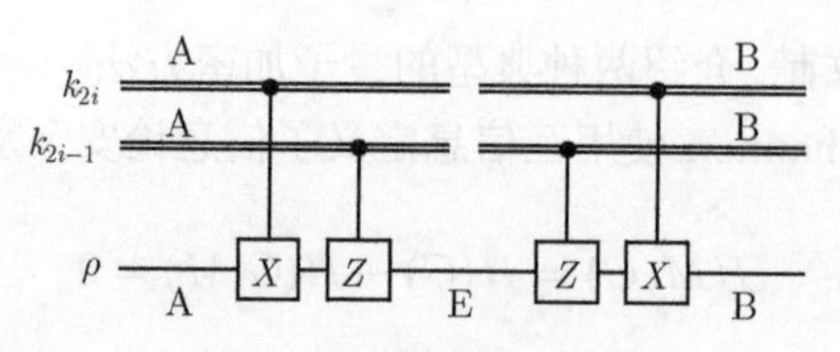

图 4-1　秘密量子信道

A,B,E分别代表Alice, Bob和Eve. 双线表示经典比特, 当相应经典比特为1时执行X或Z操作

四个 Pauli 矩阵为 $I=\begin{pmatrix}1&0\\0&1\end{pmatrix}, Z=\begin{pmatrix}1&0\\0&-1\end{pmatrix}, X=\begin{pmatrix}0&1\\1&0\end{pmatrix}, ZX=\begin{pmatrix}0&1\\-1&0\end{pmatrix}$.

(1) Alice 要发送 n 比特量子消息 ρ. Alice 和 Bob 共享 $2n$ 比特密钥 k, 第 i 位为 $k_i\in\{0,1\}$, 选择 $p_k=\dfrac{1}{2^n}, U_k=\otimes_{i=1}^n Z_i^{k_{2i}}X_i^{k_{2i-1}}$.

(2) Alice 对 ρ 作用 U_k 得到 $\rho'=U_k\rho U_k^\dagger$, 将 ρ' 发送给 Bob.

(3) Bob 根据自己的密钥对 ρ' 作用 $U_k^\dagger$ 操作从而恢复消息 ρ.

对 Eve 来说, 由于 Eve 不知道密钥, 在她看来, ρ' 与 Alice 发送的消息 ρ 相独立, 处于完全混合态 $\sum\limits_k p_kU_k\rho U_k^\dagger=\dfrac{1}{2^n}I$. 因此通过这种加密方法可以安全地传输量子消息.

此外, 文献 [11] 和 [12] 还给出了量子 PQC 的两条重要性质:

(1) 安全加密任意 n bit 量子态, 最少需要 $2n$ bit 经典密钥, 即 $H(K)\geqslant 2n$.

(2) 一个加密集合 $\{p_k,U_k\}$ 是一个最优加密集合 ($k=2n$), 当且仅当 p_k 服从均匀分布, 并且 $\{U_k\}$ 是明文空间的一组标准正交基.

4.1.2　基于量子密钥的量子加密算法

除了使用经典密钥加密量子消息之外, 还可以使用量子密钥加密量子消息. Leung 提出了用 EPR 纠缠对作为密钥的量子加密算法[7]. 在该算法中使用两个 EPR 对加密一个量子比特. 以加密一个量子比特为例介绍该算法 (图 4-2).

(1) Alice 和 Bob 初始共享两对 EPR 态 $|\Phi^+\rangle=(1/\sqrt{2})(|00\rangle+|11\rangle)$, 用 $\mathrm{a}_1,\mathrm{b}_1$ 两个寄存器表示第一个 $|\Phi^+\rangle$, 用 $\mathrm{a}_2,\mathrm{b}_2$ 表示第二个 $|\Phi^+\rangle$, Alice 拥有寄存器 a_1 和 a_2, Bob 拥有寄存器 b_1 和 b_2.

(2) Alice 对消息 m 作用 CNOT-$X_{\mathrm{a}_1}^m$ 和 CNOT-$Z_{\mathrm{a}_2}^m$ 得到 m', 并发送给 Bob. (CNOT-U_a^m 表示以 a 为控制位, m 为目标位, 当 a 为 1 时对 m 执行 U 操作, 否则不做任何操作.)

(3) Bob 收到 m' 后, 作用 CNOT-$Z_{\mathrm{b}_2}^{m'}$ 和 CNOT-$X_{\mathrm{b}_1}^{m'}$, 如果不存在 Eve 窃听, Bob 可以正确恢复消息 m.

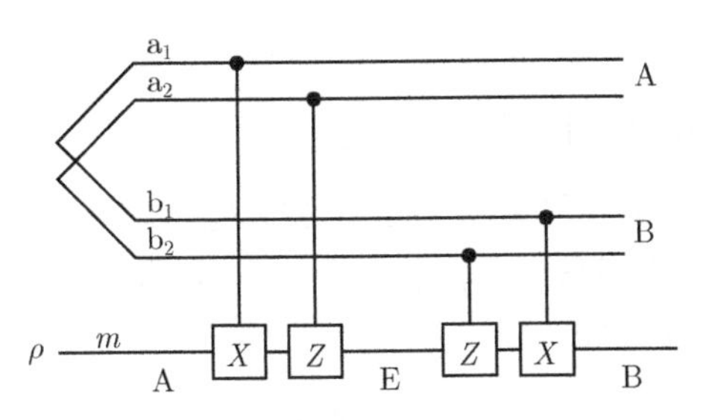

图 4-2 基于 EPR 密钥的量子加密算法

文献 [7] 证明使用 EPR 对作为密钥比经典密钥具有优势, 即可以纠错. 因为如果消息传输过程中发生 X 错误, 则会使 $\{a_2, b_2\}$ 由 $|\Phi^+\rangle$ 变为 $|\Phi^-\rangle$, 发生 Z 错误, 则使 $\{a_1, b_1\}$ 由 $|\Phi^+\rangle$ 变为 $|\Phi^-\rangle$, 发生 XZ 错误, 则同时使 $\{a_1, b_1\}$ 和 $\{a_2, b_2\}$ 都变为 $|\Phi^-\rangle$. Alice 和 Bob 使用 $\{|+\rangle, |-\rangle\}$ 基分别测量自己拥有的粒子, 然后公开比较测量结果, 就可以区别 $|\Phi^+\rangle$ 与 $|\Phi^-\rangle$ (因为 $|\Phi^+\rangle = (1/\sqrt{2})(|++\rangle + |--\rangle)$, $|\Phi^-\rangle = (1/\sqrt{2})(|+-\rangle + |-+\rangle)$), 从而确定是否发生错误. Bob 可以根据两者的结果执行相应的幺正操作恢复出正确的消息.

此外, 由于传输的密文是量子的, 一旦有窃听就可以检测到, 所以量子加密算法中的密钥可以重用[7], 这是经典一次一密不可能拥有的性质. 如果发现通信错误率小于一定的阈值, 则可以将纠错等步骤完成后剩余的量子密钥经过保密放大处理后重复使用.

4.2 d 级系统量子加密算法

在文献 [7] 中, Leung 提出一类与经典一次一密相对应的量子 Vernam 算法. 并证明此算法有两个非常迷人的性质: ① 量子密钥可以回收再用. ② 传输过程中出现的任意错误都可以被检测到并予以纠正.

一般来说, 几乎所有的量子密码协议只要两级量子系统就可以实现. 但在考虑量子硬件时就必须考虑高维系统. 众所周知, 随着量子系统数目的增加, 量子比特之间的耦合变得越来越困难. 而要得到同等维数的 Hilbert 空间, 如果需要耦合 n 个两级量子系统, 则耦合 d 级系统只需要 $2n/d(< n)$ 个, 从而比较容易实现. 这是 d 级系统优于两级系统的一个方面. 此外, 在大多数情况下, 利用 d 级系统实现的协议中窃听者引入的错误要比采用相同策略在相应的两级系统协议中引入的错误大, 因而更容易被检测到. 这就说明一般的 d 级协议都比相应的两级协议更安全[20~22]. 再者, d 级系统下的协议具有通用性, 通常当 $d = 2$ 时就是相应的两级协议. 本节内容的核心就是在 d 级系统下实现量子 Vernam 密码算法, 同时证明 d 级 Vernam 密码算法中所用的量子密钥可以回收再用, 通信者可以检测并纠正传输过

程中发生的任意错误.

4.2.1　d 级系统中的态和门

首先简要回顾一下扩展的 d 级 Bell 态和一些基本的量子门[20,23,24]. 对于 d 级系统中的量子态, 其计算基态为 $|k\rangle$ $(k=0,1,\cdots,d-1)$. 通过一个量子傅里叶变换, 可以得到其对偶基态 $|\bar{l}\rangle$, 即

$$|\bar{l}\rangle=\frac{1}{\sqrt{d}}\sum_{k=0}^{d-1}\zeta^{kl}|k\rangle \tag{4-5}$$

其中, $\zeta=\mathrm{e}^{2\pi\mathrm{i}/d}$. d 级系统中一个一般的量子态为

$$|\varphi\rangle=\sum_{i=0}^{d-1}\alpha_i|i\rangle \tag{4-6}$$

其中, $\sum\limits_{i=0}^{d-1}|\alpha_i|^2=1$. 对所熟悉的 Bell 态的扩展是 d^2 个最大纠缠态, 构成了两个 qudit 系统空间的一组正交基. 它们的具体形式为

$$|\psi(n,m)\rangle=\frac{1}{\sqrt{d}}\sum_{j=0}^{d-1}\zeta^{nj}|j,j+m\rangle \tag{4-7}$$

其中, $m,n=0,1,\cdots,d-1$. 这里所有量子态矢量中的运算都是模 d 运算. 幺正算符

$$U_{m,n}=\sum_{k=0}^{d-1}\zeta^{kn}|k+m\rangle\langle k| \tag{4-8}$$

是对两级系统中 Pauli 错误的扩展, 构成两个 qudit 系统空间中的一组错误算子, 其中 m 表示位错误, n 表示相位错误. 也就是说

$$U_{m,0}=\sum_{k=0}^{d-1}|k+m\rangle\langle k| \qquad U_{0,n}=\sum_{k=0}^{d-1}\zeta^{kn}|k\rangle\langle k| \tag{4-9}$$

分别单独表示位错误和相位错误. 特别地,

$$R\equiv U_{1,0}=\sum_{k=0}^{d-1}|k+1\rangle\langle k| \qquad P\equiv U_{0,1}=\sum_{k=0}^{d-1}\zeta^{k}|k\rangle\langle k| \tag{4-10}$$

分别是对两级系统中 X 门和 Z 门的扩展.

算符 $U_{m,n}$ 不一定是厄米算符. 例如, 根据定义

$$R|j\rangle=|j+1\rangle \qquad P|j\rangle=\zeta^{j}|j\rangle \tag{4-11}$$

而

$$R^{-1}|j\rangle \equiv L|j\rangle = |j-1\rangle, \quad P^{-1}|j\rangle \equiv N|j\rangle = \zeta^{-j}|j\rangle \tag{4-12}$$

扩展的 Hadamard 门定义为

$$H \equiv \frac{1}{\sqrt{d}}\sum_{i,j=0}^{d-1}\zeta^{ij}|i\rangle\langle j| \tag{4-13}$$

可以将一个计算基态转变为它的对偶基态. 对任意的幺正算符 U, 定义控制 U 门为

$$U_c(|j\rangle \oplus |j\rangle) = |i\rangle \otimes U^i|j\rangle \tag{4-14}$$

其中, 第一个 qudit 为控制位, 第二个 qudit 为目标位. 例如

$$R_c(|i\rangle\otimes|j\rangle) = |j\rangle\otimes|j+i\rangle \quad L_c(|i\rangle\otimes|j\rangle) = |i\rangle\otimes|j-i\rangle$$

$$P_c|i,j\rangle = \zeta^{ij}|i,j\rangle \qquad N_c|i,j\rangle = \zeta^{-ij}|i,j\rangle \tag{4-15}$$

如果只考虑上述四个控制门作用到目标位上的效果, 则作用到其上的门分别等价于

$$U_{i,0}|j\rangle = |j+i\rangle \quad U_{-i,0}|j\rangle = |j-i\rangle$$

$$U_{0,i}|j\rangle = \zeta^{ij}|j\rangle \quad U_{0,-i}|j\rangle = \zeta^{-ij}|j\rangle \tag{4-16}$$

为方便起见, 在下面的第 4.2.2 节就用上述等价算符来分析.

4.2.2 d 级系统量子加密算法

在这一节介绍 d 级系统中的量子 Vernam 算法, 并对该算法做进一步的分析. 用扩展的 Bell 态作量子加密密钥. d 级系统中纠缠态的基本单位为 “edit”. 要发送一个式 (4-6) 中给出的 qudit$|\varphi\rangle$, Alice 和 Bob 事先要共享两个 edit 即 $\{\mathrm{a}_1, \mathrm{b}_1\}$ 和 $\{\mathrm{a}_2, \mathrm{b}_2\}$, 它们都处于态

$$|\psi(0,0)\rangle = \frac{1}{\sqrt{d}}\sum_{j=0}^{d-1}|j\rangle|j\rangle \tag{4-17}$$

Alice 拥有粒子 a_1 和 a_2, Bob 拥有粒子 b_1 和 b_2. 下面采用下标 s 来标记携带消息的量子比特. 如图 4-3 所示, 图中从左到右, A, B 和 E 分别表示 Alice, Bob 和 Eve 所掌握的寄存器. Alice 和 Bob 的初始态为

$$\begin{aligned}|\varPhi_0\rangle &= |\psi(0,0)\rangle_{\mathrm{a}_1\mathrm{b}_1}\otimes|\psi(0,0)\rangle_{\mathrm{a}_2\mathrm{b}_2}\otimes|\varphi\rangle \\ &= \frac{1}{d}\sum_{i=0}^{d-1}|j\rangle|i\rangle\sum_{j=0}^{d-1}|j\rangle|j\rangle\sum_{k=0}^{d-1}\alpha_k|k\rangle \\ &= \frac{1}{d}\sum_{i,j,k}\alpha_k|i\rangle_{\mathrm{a}_1}|i\rangle_{\mathrm{b}_1}|j\rangle_{\mathrm{a}_2}|j\rangle_{\mathrm{b}_2}|k\rangle_m\end{aligned} \tag{4-18}$$

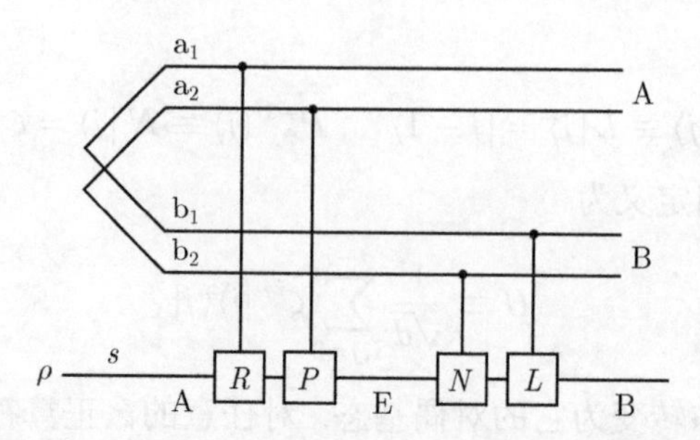

图 4-3　发送一个 qudit 的量子 Vernam 加密算法

Alice 以 a_1 为控制位, s 为目标位, 作控制门 R_c. 然后以 a_2 为控制位, s 为目标位, 作用控制门 P_c. 则 $|\Phi_0\rangle$ 变为

$$|\Phi_1\rangle = \frac{1}{d}\sum_{i,j,k}\alpha_k\,|i\rangle_{\mathrm{a}_1}|i\rangle_{\mathrm{b}_1}|j\rangle_{\mathrm{a}_2}|j\rangle_{\mathrm{b}_2}\zeta^{j(k+i)}\,|k+i\rangle_m \tag{4-19}$$

当 Bob 收到消息 qudit s 后, 以 b_2 为控制位, s 为目标位, 作用控制门 N_c. 然后以 b_1 为控制位, s 为目标位, 作用控制门 L_c. 则

$$\begin{aligned}|\Phi_1\rangle &\rightarrow \frac{1}{d}\sum_{i,j,k}\alpha_k\,|i\rangle_{\mathrm{a}_1}|i\rangle_{\mathrm{b}_1}|j\rangle_{\mathrm{a}_2}|j\rangle_{\mathrm{b}_2}\zeta^{j(k+i)}\zeta^{-j(k+i)}\,|k+i\rangle_m\\ &\rightarrow \frac{1}{d}\sum_{i,j,k}\alpha_k\,|i\rangle_{\mathrm{a}_1}|i\rangle_{\mathrm{b}_1}|j\rangle_{\mathrm{a}_2}|j\rangle_{\mathrm{b}_2}\,|k+i-i\rangle_m\\ &= |\Phi_0\rangle\end{aligned} \tag{4-20}$$

从上式可以看出, Bob 的操作使消息 qudit 与加密密钥解纠缠, 从而得到 $|\varphi\rangle$. 要发送一个具有 n 个 qudit 的态 $|\psi\rangle$, 只要 Alice 和 Bob 共享 $2n$ 个 edit $(a_1, b_1), (a_2, b_2), \cdots, (a_{2n}, b_{2n})$, 然后逐位应用上述协议就可以了.

4.2.3　安全性分析

当 Alice 发送一个 qudit

$$\rho = \sum_{m,n}\alpha_m\alpha_n^*\,|m\rangle\langle n| \tag{4-21}$$

给 Bob 时, 他们利用两个处于态 $|\psi(0,0)\rangle$ 的 edit 来加解密. 由于 s 是携带传输消息的唯一寄存器, 所以这里只考虑控制门在 s 上作用的效果, 并用 $U_{0,j}$ 和 $U_{i,0}$ 分别表示与控制门 R_c 和 P_c 作用到 s 上等价的操作. 对 Eve 来说, Alice 发送的态为

$$\rho' = \frac{1}{d^2}\sum_{i,j=0}^{d-1}U_{0,j}U_{i,0}\rho U_{i,0}^{\dagger}U_{0,j}^{\dagger} = \frac{1}{d^2}\sum_{i,j,m,n=0}^{d-1}\alpha_m\alpha_n^*\zeta^{j(m-n)}\,|m+i\rangle\langle n+i|$$

$$
\begin{aligned}
&= \frac{1}{d}\sum_{i,m=0}^{d-1}\alpha_m\alpha_m^* |m+i\rangle\langle m+i| = \frac{1}{d}\left[|\alpha_0|^2+\cdots+|\alpha_{d-1}|^2\right] \\
&\quad \times [|0\rangle\langle 0| + |1\rangle\langle 1| + \cdots + |d-1\rangle\langle d-1|] \\
&= \frac{I}{d}
\end{aligned} \tag{4-22}
$$

这是一个不依赖于 Alice 发送态 ρ 的完全混合态. 其中第三个等式是通过对 j 求和, 并利用恒等式

$$
\frac{1}{d}\sum_{j=0}^{d-1}\zeta^{jn} = \delta(n,0) \tag{4-23}
$$

得到的.

要发送一个含 n 个 qudit 的态 ρ, 记第 k 个 qudit 为 ρ^k, 如上所述, 只需逐位发送每个 qudit 即可. 设 K 是一个包含 $2n$ 个 edit 的加密密钥, 其中每两个 edit 形成一组, 并设第 k 组的两个 edit 用于加解密传输的第 k 个消息 qudit. Alice 要传输给 Bob 的态为

$$
\rho' = U_k\rho U_k^\dagger \tag{4-24}
$$

其中, $U_k = \otimes_k \sum_{i,j} U_{0,j}^k U_{i,0}^k$. $U_{0,j}^k$ 和 $U_{i,0}^k$ 分别表示作用到第 k 个 qudit 上的 R_c 和 R_c. 对 Eve 来说, 这个含有 n 个 qudit 的态 ρ' 实际等于

$$
\frac{1}{d^{2n}}\sum_K U_k\rho U_K^\dagger = \frac{1}{d^{2n}}\sum_{k=1}^{n}\otimes_k\sum_{i,j}^{d-1} U_{i,j}^k U_{i,0}^k \rho^k (U_{i,0}^k)^\dagger (U_{0,j}^k)^\dagger = \frac{1}{d^n}I^{\otimes n} \tag{4-25}
$$

从上式可以看出, 对每一个输入态 ρ, 输出态 ρ' 都是一个最大混合态 $\frac{1}{d^n}I^{\otimes n}$. 则根据文献 [12], 该加密方案是信息论安全的.

4.2.4 纠错

如果没有窃听存在, 图 4-3 中的电路不受任何干扰, 最后消息 qudit 和用作加密密钥的 edit 解纠缠并都恢复为初始状态. 下面假设在通信过程中 Eve 能够控制 Alice 发送给 Bob 的消息 qudit, 从而会对 Bob 接收到的 qudit 引入一定的错误. 不失一般性, 可以将所有的错误都表示为如上定义的 Pauli 错误 $U_{m,n}$. 下面将说明 4.2.2 节提出的 d 级量子加密算法能够检测并纠正传输过程中出现的任意 Pauli 错误 (从而可以检测并纠正任意错误) . 首先, 与文献 [7] 类似, 可以得到下面四个基本的错误图样 (图 4-4).

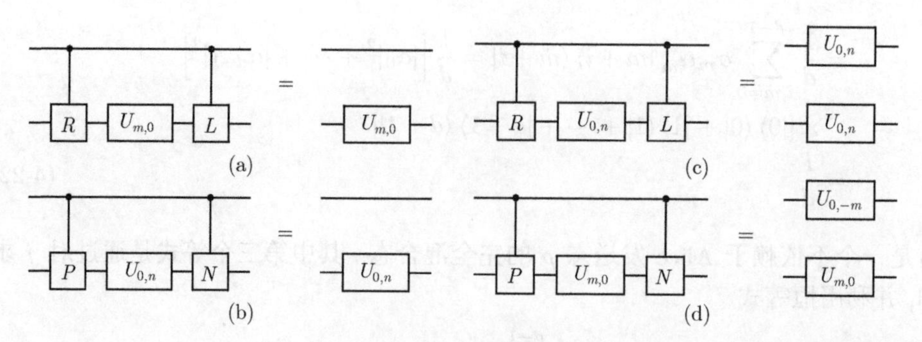

图 4-4 Alice 与 Bob 用一个 edit$|\psi(0,0)\rangle$ 加解密消息 qudit, 所有可能出现的四种错误图样

图 4-4 中 (a) 表示密文 qudit 如果发生一个 $U_{m,0}$ 错误, 则解密后的消息 qudit 相当于明文 qudit 发生了一个 $U_{m,0}$ 错误; (b) 表示密文 qudit 如果发生一个 $U_{0,n}$ 错误, 则解密后的消息 qudit 相当于明文 qudit 发生了一个 $U_{0,n}$ 错误; (c) 表示密文 qudit 如果发生一个 $U_{0,n}$ 错误, 则解密后的消息 qudit 相当于明文 qudit 发生了一个 $U_{0,n}$ 错误, 同时加密密钥 edit 上也发生一个 $U_{0,n}$ 错误; (d) 表示密文 qudit 如果发生一个 $U_{m,0}$ 错误, 则解密后的消息 qudit 相当于明文 qudit 上发生了一个 $U_{m,0}$ 错误, 同时加密密钥 edit 上也发生一个 $U_{0,-m}$ 错误.

这四个电路都很简单, 这里只简单解释一下最后一个电路. 不失一般性, 设消息为式 (4-6) 给出的 $|\varphi\rangle$. 系统的初始态为 $|\psi(0,0)\rangle|\varphi\rangle$, 三个寄存器依次为 (a, b, s). 则系统状态按如下变化:

$$\frac{1}{\sqrt{d}}\sum_{i,j}\alpha_i\,|j\rangle|\,j\rangle\,|i\rangle \to \frac{1}{\sqrt{d}}\sum_{i,j}\alpha_i\,|j\rangle|\,j\rangle\zeta^{ji}\,|i\rangle \tag{4-26}$$

$$\to \frac{1}{\sqrt{d}}\sum_{i,j}\alpha_i\,|j\rangle|\,j\rangle\zeta^{ji}\,|i+m\rangle \tag{4-27}$$

$$\to \frac{1}{\sqrt{d}}\sum_{i}\zeta^{-jm}\,|j\rangle|\,j\rangle\sum_{i}\alpha_i\,|i+m\rangle \tag{4-28}$$

其中, 式 (4-26) 描述加密过程, 式 (4-27) 描述在消息 qudit s 上发生了一个 $U_{m,0}$ 错误, 式 (4-28) 描述解密后的加密密钥和消息量子态. 可以看出 Bob 解密后加密密钥和消息 qudit 相互解纠缠, 并可以看出他们各自发生了什么样的 Pauli 错误. 结合上面的四种情形, 可以得到传输一个 qudit 时, d 级量子加密方案可能的错误情况 (图 4-5).

密文 qudit 如果发生一个 $U_{m,0}$ 错误, 则解密后的消息 qudit 相当于明文 qudit 发生了一个 $U_{m,0}$ 错误, 同时在 b_2 上发生一个 $U_{0,-m}$ 错误, 将 (a_2, b_2) 由 $|\psi(0,0)\rangle$ 变成

$$|\psi(0,-m)\rangle = \frac{1}{\sqrt{d}}\sum_{j}\zeta^{-jm}\,|j\rangle|\,j\rangle \tag{4-29}$$

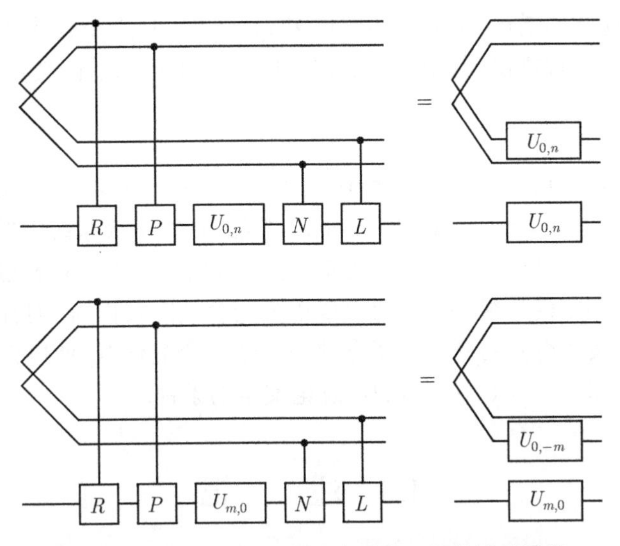

图 4-5 d 级 Vernam 算法中所有可能的错误图样

同样, 密文 qudit 上的一个 $U_{0,n}$ 错误在延伸至明文 qudit 的同时, 还将 (a_1, b_1) 由 $|\psi(0,0)\rangle$ 变成

$$|\psi(0,n)\rangle = \frac{1}{\sqrt{d}}\sum_j \zeta^{jn}|j\rangle|j\rangle \tag{4-30}$$

密文 qudit 上的一个 $U_{m,n}$ 错误将 (a_1, b_1) 变成 $|\psi(0,n)\rangle$, 同时将 (a_2, b_2) 变成 $|\psi(0,-m)\rangle$(即 $|\psi(0,d-m)\rangle$). Alice 和 Bob 通过沿 $\{|\bar{l}\rangle\}$ 基测量他们各自的属于共享 edit 的粒子, 并公布各自的测量结果, 可以区分所有的 $|\psi(0,n)\rangle$, 对每一个 $n\in\{0,1,\cdots,d-1\}$, 因为

$$\begin{aligned}\frac{1}{\sqrt{d}}\sum_j \zeta^{jn}|j\rangle|j\rangle &= \frac{1}{d\sqrt{d}}\sum_j \zeta^{jn}\sum_i \zeta^{-ji}|\bar{i}\rangle\sum_l \zeta^{-jl}|\bar{l}\rangle\\ &= \frac{1}{d\sqrt{d}}\sum_{j,i,l}\zeta^{j(n-i-l)}|\bar{i}\rangle|\bar{l}\rangle\\ &= \frac{1}{\sqrt{d}}\sum_{i,l=0}^{d-1}|\bar{i}\rangle|\bar{l}\rangle\end{aligned} \tag{4-31}$$

其中, 最后一个等式是通过对 j 求和得来的, 并且当且仅当 $n=(i+l)\mathrm{mod}d$ 时才成立. 因此, 当 Alice 和 Bob 宣布测量结果时, 就可以确定 n 的值. 根据共享的 edit 的最后形式, 就知道消息 qudit 上发生了什么样的错误, 从而能够通过局域操作来纠正错误. 传输多个 qudit 时只需逐位纠错即可.

上面说明了 d 级 Vernam 算法能够纠正任意的 Pauli 错误. 根据文献 [7], 该方案也可以纠正任意的错误. 并且当传输许多 qudit 时, 只用少数共享的 edit 就可以以很高概率纠正所有错误, 其余用于加密密钥的 edit 可以以语义安全被回收再用.

4.2.5 结束语

利用扩展的 Bell 态和量子门, 本节介绍了一个基于 d 级系统 (qudit) 的量子加密算法, 它实际也可以看作是量子 Vernam 算法[7] 在 d 级系统中的实现. 在该算法中, 通信双方仅通过局域操作和经典通信就可以检测并纠正传输过程中发生的任意错误, 且用于加密的纠缠态密钥可以以语义安全被回收再用. 对任意的输入明文态 ρ, 通过加密操作得到的密文量子态都是一个完全混合态, 所以该加密算法是信息论安全的, 也即满足 4.1 节提出的信息论安全的条件.

4.3 注记

目前量子密码中 QKD 的研究已经比较成熟, 实验也取得了较大的进步, 从而为量子加密算法提供了条件. 相比较, 量子加密的研究进展缓慢得多. 究其原因, 主要有二: ① 量子加密体制相对于 "QKD + 经典 OTP" 模式的优势不是很明显, 而后者不论在理论上还是实验上都已经发展得比较成熟, 因此人们对量子加密体制还没有足够的研究动机; ② 由于量子信息论和量子计算的研究还很不完善, 目前可证明无条件安全性的量子加密体制的模式比较单一, 即通过随机的量子门操作把携带信息的量子比特进行随机化, 使得传输在信道中的粒子对 Eve 来说是最大混合态, 进而 Eve 不能提取到任何信息, 如本章介绍的几个算法. 这种加密模式资源消耗大, 实用价值相对较低. 总之, 探索量子加密体制的可行性和有效性仍将是今后的一个主要研究内容. 随着越来越多的学者投入该领域的研究, 相信在不久的将来量子加密的有效性和实用性会有一个明确的结论.

参考文献

[1] Vernam G S. Cipher printing telegraph systems for secret wire and radio telegraphic communications. Journal of the American Institute of Electrical Engineers, 1926, (55): 109.

[2] Gottesman D. Uncloneable encryption. Quantum Information & Computation, 2003, (3): 581.

[3] Brown M S. Classical cryptosystems in a quantum setting. E-print: quant-ph/0404061, 2004.

[4] Okamoto T, Tanaka K, Uchiyama S. Quantum public-key cryptosystems. Advances in Cryptology-Crypto 2000, Proceedings, 2000, (1880): 147.

[5] Kanter I, Kanter E, Ein-Dor L. Secure and linear cryptosystems using error-correcting codes. EUROPHYSICS LETTERS, 2000, (51): 244.

[6] Oppenheim J, Horodecki M. How to reuse a one-time pad and other notes on authentication, encryption, and protection of quantum information. Physical Review A, 2005, (72): 042309

[7] Leung D W. Quantum Vernam cipher. Quantum Information & Computation, 2002, (2): 14.

[8] Mosca M, Tapp A, Wolf R D. Private quantum channels and the cost of randomizing quantum information. E-print: quant-ph/0003101 v2, 2000.

[9] Damgard I, Pedersen T B, Salvail L. A quantum cipher with near optimal key-recycling. Advances in Cryptology - Crypto 2005, Proceedings, 2005, (3621): 494.

[10] Damgard I, Pedersen T, Salvail L. On the key-uncertainty of quantum ciphers and the computational security of one-way quantum transmission. Advances in Cryptology - EUROCRYPT, 2004, (3027): 91.

[11] Ambainis A, Mosca M, Tapp A, et al.. Private quantum channels. Proceedings of 41st Annual Symposium on Foundations of Computer Science, 2000, (547).

[12] Boykin P O, Roychowdhury V. Optimal encryption of quantum bits. Physical Review A, 2003, (67): 042317.

[13] Chen C Y, Hsueh C C. Quantum secret key encryption algorithm based on quantum discrete logarithm problem. E-print: quant-ph/0408112, 2004.

[14] Zeng G, Saavedra C, Keitel C H. Asymmetrical quantum cryptographic algorithm. E-print: quant-ph/0202021 v1, 2002.

[15] Zhang Y S, Li C F, Guo G C. Quantum key distribution via quantum encryption. Physical Review A, 2001, (64): 024302.

[16] Karimipour V, Bahraminasab A, Bagherinezhad S. Quantum key distribution for d-level systems with generalized Bell states. Physical Review A, 2002, (65): 052331.

[17] Deng F G, Long G L. Controlled order rearrangement encryption for quantum key distribution. Physical Review A, 2003, (68): 042315.

[18] Zhou N R, Zeng G H. A realizable quantum encryption algorithm for qubits. Chinese Physics, 2005, (14): 2164.

[19] Shannon C E. Communication theory of secrecy systems. Bell System Technical Journal, 1949, (28): 657.

[20] Cerf N J, Bourennane M, Karlsson A, et al.. Security of quantum key distribution using d-level systems. Physical Review Letters, 2002, (88): 127902.

[21] Lee J, Lee S, Kim J, et al.. Entanglement swapping secures multiparty quantum communication. Physical Review A, 2004, (70): 032305.

[22] Kaszlikowski D, Gnacinnski P, Zukowski M, et al.. Violations of local realism by two entangled N-dimensional systems are stronger than for two qubits. Physical Review

Letters, 2000, (85): 4418.

[23] Alber G, Delgado A, Gisin N, et al.. Generalized quantum xor gate for teleportation and state purification in arbitrary dimensional hilbert spaces. E-print: quant-ph/0008022, 2000.

[24] Gottesman D. Fault-tolerant quantum computation with higher-dimensional systems Chaos Solitons Fractals, (also at E-print: quant-ph/9802007) 1999, (10): 1749.

第 5 章　量子安全直接通信

除了将 QKD 与经典一次一密乱码本相结合的常用通信方式外, 人们还研究了利用量子信道直接传输消息, 即量子安全直接通信 (QSDC). QSDC 用量子力学性质 "取代" 了经典密码中的密钥, 它不需要类似于经典密码中的加解密过程就能达到很好的安全性. 2002 年, Beige 提出了第一个 QSDC 协议[1], 但通信最后仍需要传输经典消息才能够读取每个量子比特携带的消息. 紧接着 Boström 等又提出一个 QSDC 协议[2](称为 "Ping-Pong" 或 BF 协议), 该协议简单方便, 但仍存在一些不足之处[3~7]. 邓富国等吸取文献 [8] 中 QKD 协议的思想, 利用密集编码[9] 设计了一个高效的 QSDC 方案[10]. 在文献 [11] 中, 邓富国等还指出一个安全的 QSDC 协议必须满足的条件. 此后不久 Nguyen 又提出一个可以双向通信的 QSDC 协议[12]. 同时还出现了多种利用单粒子[13~15]、纠缠交换[16~18] 或隐形传态实现的 QSDC 协议[19,20]. 总之, 在过去短短几年内人们提出了许多 QSDC 方案[2~7,10~38].

本章以最初提出的典型 QSDC 协议 ——BF 协议入手, 让大家对 QSDC 有一个了解, 然后提出一个对 BF 协议的改进协议, 给出一种研究思路.

5.1　BF　协　议

量子密码的初衷就是由 QKD 和 OTP 组成具有完美安全性的密码系统. 人们最初之所以用量子方法来分发密钥, 是因为最早的量子密码协议传输的数据都是随机的, 而不是确定性的. 例如, 在 2.1 节介绍的 BB84 协议中, Alice 发送光子序列后, 不能确定其中哪些光子所承载的数据是可用的 (若 Bob 选择的测量基与 Alice 的不同, 则测得的数据无效), 最终 Alice 和 Bob 得到的是相同的随机比特. 随着 QKD 的发展, 出现了基于正交态的量子密码协议, 如 2.1 节介绍的 GV95 协议. 在这些方案中, Alice 和 Bob 不需要像 BB84 中那样丢弃一半数据, 同时 Alice 想发送哪个值, Bob 就能收到这个值. 因此, 这种方案所分发的密钥具有确定性 (密钥仍然是 Alice 产生的随机数). 既然 Alice 可以安全地、确定性地发送一串密钥给 Bob, 那她就应该可以直接发送秘密消息给 Bob. 这样的好处就是可以一步到位, 不需要先分发密钥, 再用 OTP 加密传输消息. 基于这种考虑, 人们提出了 QSDC 协议. 下面就以 K. Boström 等提出的 BF 协议为例介绍如何用量子方法实现安全通信.

BF 协议的具体步骤如下:

(1) Bob 产生一个 Bell 态 $|\psi^+\rangle = \left(1/\sqrt{2}\right)(|01\rangle + |10\rangle)$. 发送其中一个粒子 (称

为 travel qubit) 给 Alice, 而自己保存另外一个粒子 (称为 home qubit).

(2) Alice 收到 travel qubit 后, 以概率 c 执行下面的控制模式, 以概率 $1-c$ 执行消息模式.

控制模式:

(C1) Alice 用 $B_Z=\{|0\rangle,|1\rangle\}$ 基测量 travel qubit, 并把测量结果告诉 Bob.

(C2) Bob 收到 Alice 的消息后也对自己的 home qubit 做相同的测量, 并比较他们两个的测量结果. 如果结果相同, 则说明有窃听, 退出本次通信; 若结果相反, 则继续执行上面的第 (1) 步.

消息模式:

(M1) Alice 根据要发送给 Bob 的消息对 travel qubit 实施幺正操作. 若要发送比特 0, 则作用 I 操作 (即不变, 相当于不做任何操作), 反之则作用 Z 操作. 对 Bell 态 $|\psi^+\rangle$ 中的一个粒子做 Z 操作后纠缠态会发生以下变化:

$$Z\otimes I\left|\psi^+\right\rangle=\left|\psi^-\right\rangle \tag{5-1}$$

操作完成后 Alice 再把 travel qubit 发送给 Bob.

(M2) Bob 收到 travel qubit 后对手中的两个粒子做 Bell 测量, 判断当前的纠缠态是 $|\psi^+\rangle$ 还是 $|\psi^-\rangle$. 若是前者, Bob 知道 Alice 发来的消息比特为 0, 反之则为 1.

(M3) 继续从第 (1) 步开始重复上面的步骤, 直到 Alice 把消息比特发送完毕为止.

这就是著名的 BF 协议. 原文中从某些角度给出了它的安全性证明. 但这个协议仍有很多需要改进的地方, 有兴趣的读者可以参考文献 [4~7, 39]. 尽管如此, BF 协议是最早的 QSDC 协议之一, 其基本思想对今后的 QSDC 研究具有重要的参考价值.

自 BF 协议之后, 人们又提出了大量的 QSDC 方案, 其中不少方案甚至把 QSDC 与 QKD 混为一谈. 但正如文献 [10] 所说, 真正的 QSDC 要求 Bob 收到光子后能够立刻读出 Alice 在里面编码的消息.

5.2 对 BF 协议的改进及其安全性分析

5.1 节介绍的 BF 协议, 既可以用于分发密钥, 也可以用于直接传输消息. 大家知道, Bell 态 $\left|\Psi^\pm\right\rangle=\left(1/\sqrt{2}\right)\left(|01\rangle\pm|10\rangle\right)$ 中可以编码 1bit 的信息, 并且要想从中提取信息必须同时拥有两个粒子, 只有其中一个粒子是得不到任何信息的. BF 协议正是利用了这个性质. 为了得到 Alice 的信息, Bob 准备两个量子比特, 其状态为 $|\Psi^+\rangle$. 他自己保留其中一个粒子并把另外一个发送给 Alice. 收到 Bob 发来的

粒子以后, Alice 通过幺正变换 I 或 Z 操作来分别表示二进制 0 或 1. 之后 Alice 把操作过的粒子发回给 Bob. 最后, Bob 通过一个 Bell 测量就可以得到 Alice 的信息. 为了检测窃听, Alice 可以随机地在消息模式和控制模式之间相互转换. 在控制模式中, Alice 和 Bob 都在 $B_z = \{|0\rangle, |1\rangle\}$ 基下测量他们各自的粒子, 并比较测量结果. 如果两个结果相反, 则认为没有人窃听, 通信继续. 否则认为存在窃听者, 中断通信. 在 BF 协议提出之后, 人们又对它做了较深入的研究. 研究表明, 如果量子信道是有噪声的, 则攻击者 Eve 可以窃听到部分信息[4], 并且这种 BF 协议易遭受拒绝服务攻击[5]. 此外, BF 协议的通信容量可以进一步提高[6], 并可以引入纠缠交换来对抗拒绝服务攻击[40].

根据量子力学原理, 在 (设计完备的) 量子密码中任何有效的窃听都将被合法用户检测到, 因此量子密码在理论上具有无条件安全性. 也就是说, 在量子密码协议中, 用户必须选出一部分粒子或者密钥比特来检测窃听. 显然, 窃听检测效率的高低直接关系到资源的利用效率. 本节对 BF 协议提出一种不同的检测窃听的方法, 使得此协议的安全性得到提高. 另外, 这个改进的方案可以用于量子秘密共享.

5.2.1 改进的 BF 协议

下面介绍改进的 BF 协议, 其安全性比原来的协议更好. 为了简单, 在本小节中称原来的协议为 OBF, 而把下面的协议称为 MBF.

首先分析一下 OBF 中检测窃听的方式. 如上所述, 为了检测窃听, Alice 和 Bob 都在 B_z 基下测量他们的粒子. 因为这两个粒子本来是处于 $|\Psi^+\rangle$ 态, 所以他们认为如果两个测量结果相反则没有窃听. 很明显, 这种方法没有最大程度的利用 $|\Psi^+\rangle$ 态的性质. 大家知道, 两个量子比特有四维态空间, 并且四个 Bell 态 ($|\Psi^\pm\rangle = \left(1/\sqrt{2}\right)(|01\rangle \pm |10\rangle)$, $|\Phi^\pm\rangle = \left(1/\sqrt{2}\right)(|00\rangle \pm |11\rangle)$) 构成这个空间的一组完备正交基. 实际上, 仅考虑做这种测量时, $|\Psi^-\rangle$ 和 $|\Psi^+\rangle$ 有相同的性质, 这两个态都肯定产生相反的结果. 因此, 任何形如 $|\psi\rangle = \alpha|\Psi^+\rangle + \beta|\Psi^-\rangle$ $(|\alpha|^2 + |\beta|^2 = 1)$ 的态都能通过这个检测窃听过程, 这会使在计算检测概率 d 时产生不小的误差. 为了得到更准确的 d 值, Bob 可以在控制模式中把两个粒子都发送给 Alice, 让 Alice 把两个粒子放在一起做 Bell 测量. 只有当测量结果为 $|\Psi^+\rangle$ 时才认为此次通信是安全的. 这就是 MBF 的基本思想.

假设要传递的消息是一个序列 $x^N = (x_1, \cdots, x_N)$, 其中 $x_i \in \{0, 1\}$ $(i = 1, 2, \cdots, N)$. 为了简单, 这里先考虑理想情况, 即假设信道没有噪声并且设备是完美的. 改进方案的具体步骤如下:

(1) Bob 按照如下步骤准备量子比特:

① Bob 生成 N 个状态为 $|\Psi^+\rangle$ 的 EPR 对. 这些量子比特用来传输消息, 对应于 OBF 中的消息模式. Bob 从每一对中选取一个粒子发给 Alice 而保留另外一个.

这里引入两个符号 S_1 和 S_2, 分别表示这两组量子比特.

② Bob 生成 $cN/(1-c)$ 个状态为 $|\Psi^+\rangle$ 的 EPR 对, 它们用来检测窃听, 对应于 OBF 中的控制模式. 与文献 [2] 中相同, 这里的 c 表示控制模式的概率. 为了方便, 用 S_3 表示这组量子比特. 注意 S_3 包括这步中产生的所有 $2cN/(1-c)$ 个粒子.

③ Bob 把 S_3 中的粒子穿插到 S_1 序列, 位置随机. 这样就得到一个新的序列, 其中某些粒子对确定地处于 $|\Psi^+\rangle$ 态, 但它们的位置只有 Bob 知道. 把这个序列记为 S_4.

(2) Bob 保存序列 S_2(即 home qubits), 并把序列 S_4(即 travel qubits) 发送给 Alice.

(3) 当 Alice 收到这些量子比特后, Bob 告诉她哪些位置的粒子组成状态为 $|\Psi^+\rangle$ 的 EPR 对 (注意 Bob 的声明必须是在 Alice 收到粒子之后).

(4) Alice 提出这些检测对, 并对每一对做 Bell 测量. 如果没有窃听者存在, 则每个结果都应该是 $|\Psi^+\rangle$. 否则, Alice 中断这次通信.

(5) 定义 $\hat{C}_0 := I$ 及 $\hat{C}_1 := Z$. 对 $x_i \in \{0,1\}$, Alice 对剩下的 N 个量子比特进行编码, 即做幺正变换 $\hat{C}_{x_i}$. 编码完成后 Alice 把这些量子比特发回给 Bob.

(6) Bob 收到这些粒子后, 把每个粒子与 home qubits 中相应的一个结合并做 Bell 测量, 测量结果应该是 $|\Psi^+\rangle$ 或 $|\Psi^-\rangle$, 分别代表 0 或 1. 至此, 此次通信成功完成.

如上过程仅考虑了理想情况. 在实际应用中, 必须考虑信道噪声和设备的瑕疵. 因此, Alice 和 Bob 需要设置一个错误率阈值 ε. 具体来说, 当 Alice 和 Bob 检测粒子的安全性时, 若错误率低于 ε, 则认为没有窃听. 相反若错误率高于 ε 则放弃这次通信. 此外, 若量子信道中噪声较严重, Alice 和 Bob 可以利用奇偶校验 [41] 或纠错码 [42] 来确保载体状态处于 $|\Psi^+\rangle$. 在传输过程中, 粒子的丢失也是不可避免的, 这个问题可以用一些其他的纠错码技术 (可参考本书第 8 章) 来克服.

5.2.2 安全性分析

从上面的论述可以看出, MBF 与 OBF 的主要区别在于检测窃听的方法. 在文献 [2] 中作者分析了 OBF 在独立攻击下的安全性, 为此分别计算了窃听者 Eve 可以得到的信息量 (用 I 表示) 和 Eve 被检测到的概率 (用 d 表示), 并给出函数 $I(d)$, 即当 $p_0 = p_1 = 1/2$ 时

$$I(d) = -d\log_2 d - (1-d)\log_2(1-d) \tag{5-2}$$

其中, p_0 和 p_1 分别表示 Alice 对 travel qubits 编码 0 和 1 的概率. 因此, 可以用相同的方法进行分析并比较两个结果.

这里也考虑一般意义上的独立攻击. 也就是说, 对每个 travel qubit t_i, Eve 准备一个附加粒子 a_i, 其初始状态为 $|x\rangle$. 当 Bob 发送 t_i 给 Alice 时, Eve 对复合系统 t_i 和 a_i 实施一个联合操作 $\hat{E}_i$, 然后将 t_i 发送给 Alice. 当 Alice 对 t_i 进行编码操作后, 她会把 t_i 发回给 Bob. 此时 Eve 再次截获 t_i 并对复合系统 t_i 和 a_i 进行联合测量, 以图提取 Alice 在 t_i 上编码的具体消息. 需要注意的是, 对 Eve 来说, 所有的 travel qubit 都处于一个相同的量子态, 即最大混合态 $\rho = (1/2)(|0\rangle\langle 0| + |1\rangle\langle 1|)$. 因此, Eve 不能分辨出哪些粒子是用来检测窃听的, 她只能对 Bob 发送给 Alice 的所有粒子相同对待, 进行同样的窃听, 即联合操作 $\hat{E}$. 此外, 因为所有的量子操作都可以等价为更大 Hilbert 空间上的幺正操作, 对附加粒子的维数不做限制, 这样就可以把联合操作 $\hat{E}$ 看作是一个幺正操作. 最后, 因为每个 travel qubit 都处于最大混合态, 都可以像文献 [2] 中那样被看作是一个状态为 $|0\rangle$ 或 $|1\rangle$ 的量子比特, 两者概率相等, 均为 p=1/2.

不失一般性, 假设攻击操作 $\hat{E}$ 为

$$|\varphi_0'\rangle = \hat{E}\,|0x\rangle = \alpha\,|0x_0\rangle + \beta\,|1x_1\rangle \tag{5-3}$$

$$|\varphi_1'\rangle = \hat{E}\,|1x\rangle = m\,|0y_0\rangle + n\,|1y_1\rangle \tag{5-4}$$

其中, $|\varphi_i'\rangle$ 是 Eve 攻击量子比特 $|i\rangle$ 后复合系统的状态, $|x_i\rangle$ 和 $|y_i\rangle$ 是由 $\hat{E}$ 确定的附加粒子所处的纯态, 并且有 $|\alpha|^2 + |\beta|^2 = 1, |m|^2 + |n|^2 = 1$.

首先计算检测概率. 考虑一对检测比特, 其初始状态为 $|\Psi^+\rangle$. 当 Eve 的攻击发生后, 复合系统的状态变为

$$\begin{aligned}|\Psi^+\rangle_{\text{Eve}} &= \hat{E}\otimes\hat{E}\left\{\frac{1}{\sqrt{2}}\left[|0x1x\rangle + |1x0x\rangle\right]\right\}\\ &= \frac{1}{\sqrt{2}}\left[(\alpha\,|0x_0\rangle + \beta\,|1x_1\rangle)\otimes(m\,|0y_0\rangle + n\,|1y_1\rangle)\right.\\ &\quad \left.+ (m\,|0y_0\rangle + n\,|1y_1\rangle)\otimes(\alpha\,|0x_0\rangle + \beta\,|1x_1\rangle)\right]\end{aligned} \tag{5-5}$$

为了简单, 下面展开这个式子的时候把第二和第三个量子比特的位置互换. 展开结果为

$$\begin{aligned}|\Psi^+\rangle_{\text{Eve}} = \frac{1}{\sqrt{2}}\big(&\alpha m\,|00x_0y_0\rangle + \alpha n\,|01x_0y_1\rangle + \beta m\,|10x_1y_0\rangle + \beta n\,|11x_1y_1\rangle\\ &+ \alpha m\,|00y_0x_0\rangle + \beta m\,|01y_0x_1\rangle + \alpha n\,|10y_1x_0\rangle + \beta n\,|11y_1x_1\rangle\big)\end{aligned} \tag{5-6}$$

当 Alice 对这个检测对做 Bell 测量时, 测量结果可能是 $|\Psi^+\rangle$, $|\Psi^-\rangle$,$|\Phi^+\rangle$ 和 $|\Phi^-\rangle$. 很明显检测概率为

$$d = p\left(|\Psi^-\rangle\right) + p\left(|\Phi^+\rangle\right) + p\left(|\Phi^-\rangle\right) = 1 - p\left(|\Psi^+\rangle\right) \tag{5-7}$$

其中, p 表示概率. 例如, $p(|\Psi^-\rangle)$ 表示得到 $|\Psi^-\rangle$ 的概率. 由于态矢量 $|x_0\rangle, |x_1\rangle, |y_0\rangle$ 和 $|y_1\rangle$ 之间的关系不确定, 得到各个 Bell 态的概率不易求出. 但是可以由式 (5-5) 给出下面两个概率：

$$p(|\Phi^+\rangle) + p(|\Phi^-\rangle) = |\alpha m|^2 + |\beta n|^2 \tag{5-8}$$

$$p(|\Psi^+\rangle) + p(|\Psi^-\rangle) = |\alpha n|^2 + |\beta m|^2 \tag{5-9}$$

于是可以得到 d 的一个下界

$$d_l = p(|\Phi^+\rangle) + p(|\Phi^-\rangle) = |\alpha m|^2 + |\beta n|^2 \leqslant d \tag{5-10}$$

另一方面, 还要计算 Eve 从 travel qubits 里提取的信息量. 令 $|\alpha|^2 = a, |\beta|^2 = b, |m|^2 = s$ 以及 $|n|^2 = t$, 其中 a, b, s, t 是正实数并且 $a + b = s + t = 1$. 则

$$d_l = as + bt = a(1-t) + (1-a)t = a + t - 2at \tag{5-11}$$

于是有

$$t = \frac{d_l - a}{1 - 2a} \tag{5-12}$$

考虑最一般的情况, 也就是 Alice 编码 0 和 1 的概率相等, 均为 $p_0 = p_1 = 1/2$. 当 Bob 发送 $|0\rangle$ 时, Eve 可以提取的信息量为[2]

$$I_0 = -a\log_2 a - (1-a)\log_2(1-a) = H(a) \tag{5-13}$$

其中, 函数 H 的定义如下：$H(x) = -x\log_2 x - (1-x)\log_2(1-x)$. 类似地, 当 Bob 发送 $|1\rangle$ 时, Eve 可以得到的信息量为

$$I_1 = -t\log_2 t - (1-t)\log_2(1-t) = H(t) \tag{5-14}$$

Eve 可以得到的平均信息量

$$I = \frac{1}{2}(I_0 + I_1) = \frac{1}{2}[H(a) + H(t)] \tag{5-15}$$

由式 (5-12), 可以得到

$$I = \frac{1}{2}\left[H(a) + H\left(\frac{d_l - a}{1 - 2a}\right)\right] \tag{5-16}$$

由于式 (5-16) 中有变量 a, 到此还不能直接比较 OBF [式 (5-2)] 和 MBF [式 (5-16)] 的结果. 为了解决这个问题, 可以把检测概率 (的下界) 看作是一个常数并计算式 (5-16) 中 I 的最大值. 经过简单的数学计算, 可以得到当 $a = t$, 即 $d_l = 2a - 2a^2$ 时, I 取最大值

$$I(d_l) = H\left(\frac{1 - \sqrt{1 - 2d_l}}{2}\right) \tag{5-17}$$

上面的结果是在 $d_l \leqslant 1/2$ 的条件下得到的. 实际上, 也没有必要讨论 $d_l > 1/2$ 的情况 (很明显这种情况下错误概率太大, 不满足保密通信的要求).

可以看出, 函数 $I(d_l)$ 与式 (5-2) 中的 $I(d)$ 函数有类似的代数性质. 如果 Eve 想得到全部信息 ($I=1$), 检测概率 (的下界) 为 $d_l(I=1)=1/2$. 如果她不想对 travel qubits 引入干扰, 则她能得到的信息量为 $I(d_l=0)=0$. 为了更深入地比较两个结果, 图 5-1 描绘了这两个函数的图像. 可以看出, 要想提取到相同的信息量, MBF 中的 Eve 必须面对比 OBF 中更大的检测概率. 这也说明 MBF 的安全性比 OBF 更好. 当然为了得到这点好处 Bob 需要多发送 $cN/(1-c)$ 个量子比特用来检测窃听. 换句话说, Bob 以传送更多的量子比特为代价得到了更好的安全性.

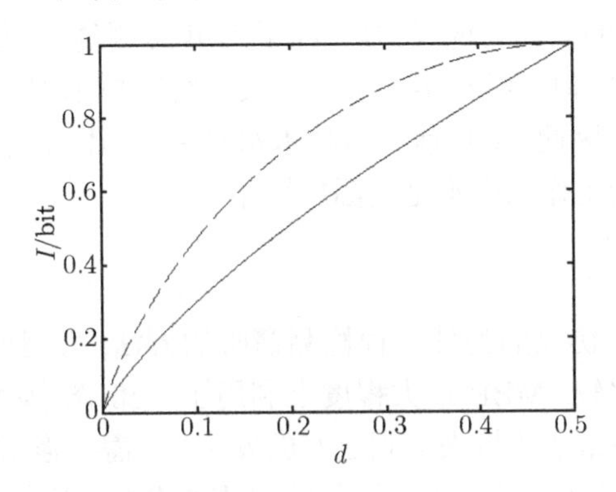

图 5-1　两个结果的比较

注: 虚线表示 OBF 中的函数 $I(d)$, 实线表示 MBF 中的函数 $I(d_l)$. 很明显, 要得到相同的信息量, MBF 中 Eve 面对的检测概率更大. 同样, 如果引入相同的干扰(即相同的检测概率), Eve 在 MBF 中得到的信息量更少.

还有一点需要注意, 在上面的分析中用的是检测概率的下界, 即 $d_l=p(|\Phi^+\rangle)+p(|\Phi^-\rangle)$. 但这并不表示像文献 [2] 中那样 $|\Psi^+\rangle$ 和 $|\Psi^-\rangle$ 都能通过 Alice 检测窃听的步骤. 相反, 只有 $|\Psi^+\rangle$ 能够通过. 用 d_l 仅仅是为了便于比较两个结果. 实际上 MBF 中的函数 $I(d_l)$ 也是一个界, 在具体实现时可能会得到一个 (比图 5-1 中的实线) 更好的结果.

如前面所讲的那样, BF 协议并不完美. 因此有人可能会觉得继续讨论这个方案意义不大. 同时, 当考虑具体实现的时候, 改进协议也有其缺点. 举例来说, 在 MBF 中, 光子作为一个序列来传输, 这就需要有量子存储设备, 并且信息也不像 OBF 中那样能够即时传到 (当然用来分发密钥时不用考虑这个问题). 但是, 这里给出的 MBF 与以前出现的对 OBF 的改进协议有很大不同, 它对今后的量子通信研究有着重要意义, 理由如下：第一, 讨论了一种用于分发 Bell 态的新的窃听检测方法, 即插入 “纠缠检测位”, 这种方法有其一般性意义, 并不局限在 BF 协议. 前面已经证明, 新的检测方法比原来的方法更能保证协议的安全性. 实际上, 分发的 Bell 态用来做什么通常并不重要, 无论具体的应用场合是什么 (BF 或者其他方案), 人们只关心 Alice 和 Bob 是否安全地共享了 Bell 态. 因此, 以上工作的意义已经超出

了 BF 协议的范畴. 第二, 有了新的检测措施后, MBF 也体现出一些优点. 一方面, 像上面分析的那样, 因为 MBF 中的检测措施比 OBF 中的更有效, 所以 MBF 安全性更高; 另一方面, 由于通信者对要传输的消息采用纠错码来处理, 这使得 MBF 可以抵抗拒绝服务攻击[5]. 此外, 为了检测窃听 Alice 和 Bob 用 Bell 基来测量检测粒子, 而不是用 $B_z = \{|0\rangle, |1\rangle\}$ 基. 这就使得文献 [4] 中的攻击方法对 MBF 无效. 最后, 用函数 $I(d)$(即信息量与干扰之间的函数关系) 来比较量子保密通信协议中不同检测策略的效率, 这至少在理论上有助于协议设计者选择更好的检测方法.

至于 MBF 方案的具体实现, 其难点在于 Bell 态测量. 虽然 Bell 测量还没有在一般意义上彻底解决, 但已经在实验中基于某些特殊技术被实现. 况且 OBF 本身也需要 Bell 态测量. 因此, 从目前实验技术水平来看, 不管是 OBF 还是 MBF, 其价值主要体现在理论工作上而不是实际应用中.

5.2.3 结束语

本节给出了 BF 协议的另外一种检测窃听的方法, 并对两种检测方法的检测效率进行了详细的比较. MBF 最大程度上利用了 Bell 态 $|\Psi^+\rangle$ 的性质, 使得 Bob 可以通过多传输一些量子比特来达到更好的安全性. 需要强调的是, 本节用来比较不同检测策略效率高低的方法 (即 "信息量–干扰" 分析) 对今后的理论研究有一定的指导意义, 它将有助于大家在设计协议时选择更高效的检测策略, 实际意义很大 (详见 6.12 节).

5.3 注 记

目前 QSDC 仍然是很多学者研究的热点问题. 需要注意的是, 由于 QSDC 中直接传输秘密消息 (而不是由随机比特组成的密钥), QSDC 的安全性要求要比 QKD 高很多. 比如 QKD 协议一般不需要保证密钥信息完全不被泄露出去. 当这种信息泄漏发生时, 通信双方只需要能够检测到窃听的存在, 进而丢弃本次通信中所分发的密钥即可. 相反, QSDC 中无论窃听是否会被检测到, 都必须严格保证传输的秘密消息不会被泄露 (包括部分泄漏). 此外, 在实际应用中 (即考虑噪声的情况), 现有的 QSDC 协议都需要量子保密放大[43~45] 过程才能达到无条件安全.

本章没有对 QSDC 协议做更多的介绍, 主要基于以下两点原因①:

(1) 当前对 QSDC 的研究存在诸多问题. 首先, QSDC 应该具有即时性, 接收方收到粒子后就能直接通过测量得到发送方发来的消息. 而目前很多 QSDC 协议并不具有这个特点, 即接收方收到粒子后还需要发送方传输经典信息来协助 "解密".

① 需要指出的是, 目前大家对 QSDC 的研究还存在一定的争议, 以下观点仅代表作者对 QSDC 的认识.

这种情况跟 "QKD + OTP" 的通信模式没有任何区别. 严格来说, 这类协议不能算是 QSDC 协议. 否则, 几乎所有的 QKD 协议也都可以称为 QSDC 协议. 第二, 随着 QSDC 的发展, 人们还提出了很多双向 QSDC 协议 (又称为量子对话). 但显然这种通信多是不安全的, 具体讨论见本书 6.4 节.

(2) 作为量子保密通信的两种不同模式, QSDC 与 "QKD + OTP" 相比几乎没有优势. 从需求角度来说, QSDC 表面上比 "QKD + OTP" 节省一次经典通信, 即后者传输 OTP 密文的过程. 但所有的 QSDC 都仍然离不开经典通信来检测窃听, 加之经典通信本身的代价很小, 这使得人们很难找到 QSDC 比 "QKD + OTP" 更胜任的应用场合. 相反, 种种迹象表明, 这种节省是得不偿失的. 一方面, 节省这次经典通信的代价往往需要做更多量子通信. 比如要传输同样长度的消息, QKD 中的粒子一般单向传输一次即可, 而 QSDC 中往往需要往返双向传输才行. 与此同时, 量子保密放大过程也需要消耗大量传输后的粒子, 不可避免地降低协议的效率. 另一方面, 真正安全的 QSDC 需要经过量子保密放大和量子存储才能实现, 这大大增加了它在实际实现上的难度.

参考文献

[1] Beige A, Englert B G, Kurtsiefer C, et al.. Secure communication with a publicly known key. Acta Physica Polonica A, 2002, (101): 357.

[2] Boström K, Felbinger T. Deterministic secure direct communication using entanglement. Physical Review Letters, 2002, (89): 187902.

[3] Zhang Z J, Man Z X, Li Y. Improving Wojcik's eavesdropping attack on the ping-pong protocol. Physics Letters A, 2004, (333): 46.

[4] Wojcik A. Eavesdropping on the "ping-pong" quantum communication protocol. Physical Review Letters, 2003, (90): 157901.

[5] Cai Q Y. The "Ping-Pong" protocol can be attacked without eavesdropping. Physical Review Letters, 2003, (91): 109801.

[6] Cai Q Y, Li B W. Improving the capacity of the Bostrom-Felbinger protocol. Physical Review A, 2004, (69): 054301.

[7] Wang C, Deng F G, Long G L. Multi-step quantum secure direct communication using multi-particle Green-Horne-Zeilinger state. Optics Communications, 2005, (253): 15.

[8] Long G L, Liu X S. Theoretically efficient high-capacity quantum-key-distribution scheme. Physical Review A, 2002, (65): 032302.

[9] Bennett C H, Wiesner S J. Communication via one- and two-particle operators on Einstein -Podolsky -Rosen states. Physical Review Letters, 1992, (69): 2881.

[10] Deng F G, Long G L, Liu X S. Two-step quantum direct communication protocol using the Einstein-Podolsky-Rosen pair block. Physical Review A, 2003, (68): 042317.

[11] Deng F G, Li X H, Li C Y, et al.. Quantum secure direct communication network with Einstein-Podolsky-Rosen pairs. Physics Letters A, 2006, (359): 359.

[12] Nguyen B A. Quantum dialogue. Physics Letters A, 2004, (328): 6.

[13] Deng F G, Long G L. Secure direct communication with a quantum one-time pad. Physical Review A, 2004, (69): 052319.

[14] Lucamarini M, Mancini S. Secure deterministic communication without entanglement. Physical Review Letters, 2005, (94): 140501.

[15] Cai Q Y, Li B W. Deterministic secure communication without using entanglement. Chinese Physics Letters, 2004, (21): 601.

[16] Man Z X, Zhang Z J, Li Y. Deterministic secure direct communication by using swapping quantum entanglement and local unitary operations. Chinese Physics Letters, 2005, (22): 18.

[17] Gao T, Yan F L, Wang Z X. A simultaneous quantum secure direct communication scheme between the central party and other M parties. Chinese Physics Letters, 2005, (22): 2473.

[18] Wang J, Zhang Q, Tang C J. Quantum secure communication protocols based on entanglement swapping. E-print: quant-ph/0603236, 2006.

[19] Wang J, Zhang Q, Tang C J. Quantum secure direct communication without using perfect quantum channel. International Journal of Modern Physics C, 2006, (17): 685.

[20] Yan F L, Zhang X Q. A scheme for secure direct communication using EPR pairs and teleportation. European Physical Journal B, 2004, (41): 75.

[21] Gao T, Yan F L, Wang Z X. Quantum secure conditional direct communication via EPR pairs. International Journal of Modern Physics C, 2005, (16): 1293.

[22] Wang C, Deng F G, Li Y S, et al.. Quantum secure direct communication with high-dimension quantum superdense coding. Physical Review A, 2005, (71): 044305.

[23] Lee H, Lim J, Yang H. Quantum direct communication with authentication. Physical Review A, 2006, (73): 042305.

[24] Xia Y, Fu C B, Li F Y , et al.. Controlled secure direct communication by using GHZ entangled state. Journal of the Korean Physical Society, 2005, (47): 753.

[25] Jin X R, Ji X, Zhang Y Q , et al.. Three-party quantum secure direct communication based on GHZ states. Physics Letters A, 2006, (354): 67.

[26] Zhu A D, Xia Y, Fan Q B, et al.. Secure direct communication based on secret transmitting order of particles. Physical Review A, 2006, (73): 022338.

[27] Wang J, Zhang Q, Tang C J. Quantum secure direct communication based on order rearrangement of single photons. Physics Letters A, 2006, (358): 256.

[28] Zhou J T, Pei W J, Wang K, et al.. Secure communication scheme based on asymptotic model of deterministic randomness. Physics Letters A, 2006, (358): 283.

[29] Wang J, Zhang Q, Tang C J. Multiparty controlled quantum secure direct communication using Greenberger-Horne-Zeilinger state. Optics Communications, 2006, (266): 732.

[30] Cao H J, Song H S. Quantum secure direct communication scheme using a W state and teleportation. Physica Scripta, 2006, (74): 572.

[31] Wang J, Chen H Q, Zhang Q, et al.. Multiparty controlled quantum secure direct communication protocol. Acta Physica Sinica, 2007, (56): 673.

[32] Wang J, Zhang Q, Tang C J. Quantum secure direct communication without a pre-established secure quantum channel. International Journal of Quantum Information, 2006, (4): 925.

[33] Wang J, Zhang Q, Tang C J. Quantum secure communication scheme with W state. Communications in Theoretical Physics, 2007, (48): 637.

[34] Deng F G, Li X H, Li C Y, et al.. Quantum secure direct communication network with superdense coding and decoy photons. Physica Scripta, 2007, (76): 25.

[35] Marino A M, Stroud J C R. Deterministic secure communications using two-mode squeezed states. E-print: quant-ph/0605229, 2006.

[36] Li X H,Deng F G, Li C Y, et al.. Deterministic secure quantum communication without maximally entangled states. Journal of the Korean Physical Society, 2006, (49): 1354.

[37] Wang J, Zhang Q, Tang C J. Quantum secure direct communication with pure entangled states. E-print: quant-ph/0606236, 2006.

[38] Joo J, Park Y J, Lee J, et al.. Quantum secure communication via a W state. Journal of the Korean Physical Society, 2005, (46): 763.

[39] Zhang Z J, Li Y, Man Z X. Improved Wojcik's eavesdropping attack on ping-pong protocol without eavesdropping-induced channel loss. Physics Letters A, 2005, (341): 385.

[40] Zhang Z J, Man Z X, Li Y. The improved Bostrom-Felbinger protocol against attacks without eavesdropping. International Journal of Quantum Information, 2004, (2):521.

[41] Lo H K, Chau H F. Unconditional security of quantum key distribution over arbitrarily long distances. Science, 1999, (283): 2050.

[42] Shor P W, Preskill J. Simple proof of security of the BB84 quantum key distribution protocol. Physical Review Letters, 2000, (85): 441.

[43] Hoffmann H, Bostroem K, Felbinger T. Comment on "Secure direct communication with a quantum one-time pad". Physical Review A, 2005, (72): 016301.

[44] Deng F G, Long G L. Reply to "Comment on 'Secure direct communication with a quantum one-time-pad' ". Physical Review A, 2005, (72): 016302.

[45] Deng F G, Long G L. Quantum privacy amplification for a sequence of single qubits. Communications in Theoretical Physics, 2006, (46): 443.

第6章　量子密码协议的分析

众所周知，密码编码学和密码分析学是密码学的两个重要组成部分. 密码编码学主要研究对数据进行变换的原理、手段和方法，目的是为了设计出安全的密码体制. 密码分析学主要研究消息的破译和消息的伪造，试图发现明文或密钥. 尽管密码编码学和密码分析学表面看来相互对立，但在整个密码学的发展中，它们却是相辅相成、互相促进的. 一般而言，一种先进的密码算法被设计出来后，密码分析家就会对其进行分析，评估其安全性. 一旦该密码算法被破译就需要寻找更安全的密码算法，密码学就是在这种不断的创立和破解中发展的.

就量子密码学而言，大家通常认为：量子密码系统的安全性由量子力学基本原理保证，无论窃听者有多大的计算能力也不能成功攻破它. 具体地，根据量子力学原理，窃听者要想从未知量子信号中提取有用信息，将不可避免地干扰量子信号的状态，进而会在检测窃听过程中被合法通信者发现[1]. 因此，目前人们普遍热衷于提出新的量子密码协议，而对于协议分析却研究很少. 的确，对于一个设计完美的量子密码方案，任何有效的窃听都将被合法通信者发现，因此可以说在理论上量子密码具有无条件安全性[2~4]. 然而，人们并不是总能提出这种近乎完美的协议. 由于不同的攻击手段对量子态引起的扰动各不相同，而检测窃听的方法又多种多样，所以并不是所有的检测方法都能够检测到任何可能的扰动. 因此，即使经过精心设计的量子密码协议[5~22]也有可能被某些设计时没有考虑到的特殊攻击方法所攻破[23~34]. 也就是说，窃听者可能通过某些巧妙的量子攻击方法成功窃听而不被合法用户检测到. 事实上，密码分析学与编码学的方法不同，它不依赖数学逻辑的不变真理，必须凭经验，依赖客观世界觉察得到的事实. 因而，密码分析更需要发挥人们的聪明才智，更具有挑战性. 因此，研究者有必要投入更多的精力研究量子密码分析技术.

本章主要研究各种量子密码协议的分析问题，找出常见协议可能存在的漏洞并给出某些有效的改进方法. 在 6.1~6.3 节分别研究了对几种不同的量子密钥分发协议的攻击方法，并给出了具体的改进策略. 此外，6.3 节还包括对一个“半直接”量子安全通信协议的分析. 由于要在通信者之间直接传输消息，所以一般的攻击对量子安全直接通信协议比密钥分发协议的威胁更大. 比如在 6.3 节分析的一次一密不能用于提高效率，在双向量子安全直接通信协议中就会直接导致信息泄露. 具体地，在 6.4 节讨论了几种双向量子安全直接通信协议中的安全问题，Eve 不需要进行任何主动攻击仅从公开声明中就能得到部分秘密信息. 以上协议都是在假设通信者之间共享公开的参考系进行的, 一旦通信双方共享了秘密参考系, 他们的通信将得到很大安全保障. 但共享秘密参考系还存在一些不易解决的难题, 6.5 节详细讨论了共享参考系的一致性问题. 正如 6.1 节所指出的, 由于不可信参与方比外部窃听者有更多的优势, 所以三方以及更多方量子秘密共享协议的安全性分析更为复杂. 6.6~6.10 节研究对几类量子秘密共享协议的安全性分析, 分别从外部攻击和参与者攻击两个方面进行讨论, 从不同攻击策略的强弱性中读者可以体会到如果一个协议可以抵抗参与者攻击, 则也可以抵抗对外部攻击. 最后在 6.11 节给出一种通用的量子秘密共享协议的攻击模型, 应用这种模型分析了一种著名的量子秘密共享协议, 结果表明该协议是不安全的. 这些协议分析方法的介绍将对今后的协议设计与分析工作有重要的指导意义.

6.1 对一种量子考试协议的窃听与改进

最近 Nguyen 提出了一种新颖的量子考试协议[5]. 此协议中老师 Alice 可以组织一次远程考试, 参与考试的是她的学生 Bob 1, Bob 2,$\cdots$, Bob N. 与经典考试类似, 所有的考题及学生的答案都不能泄漏, 尤其是任何考生都不能得到其他考生的答案. 然而, 分析表明, 这个量子考试方案并不完全满足这种要求. 具体来说, 一个不诚实的考生可以在考试中作弊. 本节给出具体的作弊方法, 并提出一种可行的改进方法.

6.1.1 量子考试方案简介

事实上文献 [5] 中提出了两种类似的量子考试方案, 本节以第一个方案 (即所谓的绝对安全方案) 为例进行讨论. 为了方便, 采用与文献 [5] 相同的标记. 整个方案比较复杂, 本节只描述相关的答案收集部分 (包括纠缠共享阶段). 在这个部分, Alice 生成一系列不同的多粒子纠缠态

$$|\varPhi_p\rangle_{\mathrm{a}_p 1_p \cdots N_p} = \frac{1}{\sqrt{2}}\left(\left|0 s_{1_p} s_{2_p} \cdots s_{N_p}\right\rangle_{\mathrm{a}_p 1_p \cdots N_p} + \left|1 \bar{s}_{1_p} \bar{s}_{2_p} \cdots \bar{s}_{N_p}\right\rangle_{\mathrm{a}_p 1_p \cdots N_p}\right) \tag{6-1}$$

其中, $s_{n_p} = 0$ 或 $1, \forall 1 \leqslant n \leqslant N$, 且 $\bar{s}_{n_p} = s_{n_p} \oplus 1$($\oplus$ 代表模 2 加). 注意这里 s_{n_p} 的值只有 Alice 自己知道. 对每个 $|\varPhi_p\rangle$Alice 保存 a_p 粒子, 并把粒子 $1_p, 2_p, \cdots, N_p$ 分别发送给 Bob 1, Bob 2, $\cdots$, Bob$N$. 然后 Alice 从中选取一个子集 $\{|\varPhi_l\rangle\}$ 用于检测窃听. 具体地, 对每个 $|\varPhi_l\rangle$Alice 随机用 $B_z: \{|0\rangle, |1\rangle\}$ 或 $B_x: \{(|0\rangle + |1\rangle)/\sqrt{2}, (|0\rangle - |1\rangle)/\sqrt{2}\}$ 基测量粒子 a_l 并通知每个 Bob 对其相应的粒子做相同的基测量. 这样他们可以通过验证对每个 $n = 1, 2, \cdots, N$ 是否有

$$j_{\mathrm{a}_l}^z = \delta_{0, s_{n_l}} j_{n_l}^z + \delta_{1, s_{n_l}}\left(j_{n_l}^z \oplus 1\right) \tag{6-2}$$

(当用 B_z 基测量时) 或

$$j^x_{\mathrm{a}_l} = \prod_{n=1}^{N} j^x_{n_l} \tag{6-3}$$

(当用 B_x 基测量时) 成立来检测这个纠缠态分发过程的安全性, 其中 j 表示测量结果, $j^z_{\mathrm{a}_l}\left(j^z_{n_l}\right)=\{0,1\}$ 表示测得 $\{|0\rangle,|1\rangle\}$, $j^x_{\mathrm{a}_l}\left(j^x_{n_l}\right)=\{+1,-1\}$ 表示测得 $\{|+\rangle,|-\rangle\}$. 如果没有检测到窃听, 这些共享的纠缠态将被用于后面的答案收集过程. 当需要的时候, Alice 和所有的 Bob 用 B_z 基测量剩下的 $|\Phi_p\rangle$ 态 $\left\{|\Phi_m\rangle_{\mathrm{a}_m 1_m\cdots N_m}\right\}$ 并记录测量结果作为密钥. 分别用 $\left\{j^z_{\mathrm{a}_m}\right\}$ 和 $\left\{j^z_{n_m}\right\}$ 表示 Alice 和 Bob n 的密钥. 每个 Bob 用这个密钥来加密自己的答案 (用一次一密的加密方法) 并把密文发送给 Alice. 由于知道 $j^z_{\mathrm{a}_m}$ 和 s_{n_m}, Alice 可以得到每个 Bob 的密钥 [式 (6-2)]. 因此, 在考试的最后, Alice 能够正确解密学生们的密文并得到每个学生的答案.

6.1.2　窃听策略描述

可以看出, 这个答案收集过程主要包括一个多方量子密钥分发方案. 因为这里的一次一密具有无条件安全性, 所以整个过程的安全性就在于密钥分发的安全性. 经观察发现, 态 $|\Phi_p\rangle_{\mathrm{a}_p 1_p\cdots N_p}$ 具有正奇偶性, 即 $j^x_{\mathrm{a}_p}\prod_{n=1}^{N} j^x_{n_p}=+1$. 量子考试方案中就巧妙地利用了这一性质来检测窃听 [式 (6-3)]. 因此, 式 (6-2) 和 (6-3) 中的限制条件可以保证这个考试对多种攻击方法都是安全的[5]. 但是, 需要注意 $|\Phi_p\rangle_{\mathrm{a}_p 1_p\cdots N_p}$ 的另外一个性质, 即人们可以通过一个 CNOT 操作把附加粒子 $|0\rangle$ 纠缠进这个多粒子纠缠态, 而通过另外一个 CNOT 操作再把这个附加粒子解纠缠出来. 这两个 CNOT 操作的控制位可以是 $|\Phi_p\rangle_{\mathrm{a}_p 1_p\cdots N_p}$ 中的任意两个粒子. 举例说明, 对某个特定的 p, 多粒子纠缠态和附加粒子构成复合系统

$$\begin{aligned}|\Gamma\rangle^1 &= |\Phi\rangle_{\mathrm{a}1\cdots N}|0\rangle_g \\ &= \frac{1}{\sqrt{2}}\left(|0s_1s_2\cdots s_N\rangle_{\mathrm{a}1\cdots N}|0\rangle_g + |1\bar{s}_1\bar{s}_2\cdots\bar{s}_N\rangle_{\mathrm{a}1\cdots N}|0\rangle_g\right)\end{aligned} \tag{6-4}$$

其中, 下标 g 代表附加粒子. 这时如果对粒子 $k(1\leqslant k\leqslant N)$ 和附加粒子做一个 CNOT 操作 C_{kg}(第一个下标 k 代表控制位, 第二个下标 g 代表目标位, 下同), 复合系统的状态变为

$$|\Gamma\rangle^2 = \frac{1}{\sqrt{2}}\left(|0s_1s_2\cdots s_N\rangle_{\mathrm{a}1\cdots N}|s_k\rangle_g + |1\bar{s}_1\bar{s}_2\cdots\bar{s}_N\rangle_{\mathrm{a}1\cdots N}|\bar{s}_k\rangle_g\right) \tag{6-5}$$

此时如果再对粒子 $r(1\leqslant r\leqslant N)$ 和附加粒子做一个 CNOT 操作 C_{rg}, 上述量子态变为

$$|\Gamma\rangle^3 = \frac{1}{\sqrt{2}}\left(|0s_1s_2\cdots s_N\rangle_{\mathrm{a}1\cdots N}|s_k\oplus s_r\rangle_g + |1\bar{s}_1\bar{s}_2\cdots\bar{s}_N\rangle_{\mathrm{a}1\cdots N}|\bar{s}_k\oplus\bar{s}_r\rangle_g\right)$$

$$= \frac{1}{\sqrt{2}}\left(|0s_1s_2\cdots s_N\rangle_{\mathrm{a}1\cdots N}|s_k\oplus s_r\rangle_g + |1\bar{s}_1\bar{s}_2\cdots\bar{s}_N\rangle_{\mathrm{a}1\cdots N}|s_k\oplus s_r\rangle_g\right)$$
$$= |\Phi\rangle_{\mathrm{a}1\cdots N}|s_k\oplus s_r\rangle_g \tag{6-6}$$

可以看出, 附加粒子从多粒子纠缠态中解纠缠出来. 更重要的是, 原始态 $|\Phi\rangle_{\mathrm{a}1\cdots N}$ 并没有改变. 因此, 如果窃听者 Eve 利用上面的操作进行窃听, 她将不引入任何错误. 同时, 如果 Eve 用 B_z 基测量附加粒子她将得到 $s_k\oplus s_r$. 因为 $s_k\oplus s_r$ 的值恰好暗示着对粒子 k 和 r 的测量结果的关联性 (如下文所述), 可以称态 $|\Phi\rangle_{\mathrm{a}1\cdots N}$ 是"可提取相关性" 的, 正是这个性质给了不诚实的学生作弊的机会. 不失一般性, 假设不诚实的学生是 Bob r, 他想窃取 Bob k 的答案 (可能 Bob k 是学习成绩较好的学生). Bob r 可以采取如下的策略来达到目的.

(1) 对每个 p, Bob r 准备一个附加粒子 $|0\rangle$ 并在 Alice 分发多粒子纠缠态 $\left\{|\Phi_p\rangle_{\mathrm{a}_p1_p\cdots N_p}\right\}$ 时做两个 CNOT 操作 $C_{k_pg_p}$ 和 $C_{r_pg_p}$.

(2) Bob r 用 B_z 基测量每个附加粒子, 得到 $s_{k_p}\oplus s_{r_p}$.

(3) 与 Alice 合作, Bob r 执行合法操作来检测窃听并得到密钥. 如上所述, 经过第 (1) 步和第 (2) 步操作后, 所有的载体状态 $\left\{|\Phi_p\rangle_{\mathrm{a}_p1_p\cdots N_p}\right\}$ 保持不变, 没有任何干扰出现. 因此, Alice 不能检测到这种窃听, 同时 Bob r 将正确得到他的密钥 $\{j^z_{r_m}\}$.

(4) Bob r 经过简单计算得到 Bob k 的密钥 $\{j^z_{k_m}\}$. 具体地, Bob r 从 $\{s_{k_p}\oplus s_{r_p}\}$ 中删去对应于用来检测窃听的态 $\{|\Phi_l\rangle\}$ 的比特, 剩余的比特为 $\{s_{k_m}\oplus s_{r_m}\}$, 它们与载体态 $\{|\Phi_m\rangle_{\mathrm{a}_m1_m\cdots N_m}\}$ 及密钥比特 $\{j^z_{r_m}\}$ 一一对应. 需要强调的是, 对一个特定的 m, 附加粒子的测量结果 $s_{k_m}\oplus s_{r_m}$ 意味着两个密钥比特 $j^z_{k_m}$ 和 $j^z_{r_m}$, 即 $j^z_{k_m}+j^z_{r_m}=s_{k_m}\oplus s_{r_m}$. 由式 (6-1) 可以看出, 或者 $j^z_{k_m}=s_{k_m}, j^z_{r_m}=s_{r_m}$ 成立, 或者 $j^z_{k_m}=\bar{s}_{k_m}, j^z_{r_m}=\bar{s}_{r_m}$ 成立. 因此, 知道了 $\{s_{k_m}\oplus s_{r_m}\}$ 和 $\{j^z_{r_m}\}$, Bob r 可以通过计算 $j^z_{k_m}=s_{k_m}\oplus s_{r_m}\oplus j^z_{r_m}$ 轻易得到 Bob k 的密钥 $\{j^z_{k_m}\}$.

(5) 在 Alice 收集答案的过程中 Bob r 窃取 Bob k 的答案. 显然, 有了密钥 $\{j^z_{k_m}\}$, Bob r 可以解密 Bob k 发给 Alice 的密文, 然后就可以随意抄袭 Bob k 的答案.

通过如上策略, 一个不诚实的考生可以窃取其他任何考生的答案. 并且这种窃听不难实现, 因为它仅需要与合法通信方相类似的设备. 读者可能会提出质疑：在上面的例子中, 如果 Bob r 与 Alice 和 Bob k 之间的量子信道较远的话他不能在一定时间内连续实施如上的两个 CNOT 操作. 事实上这一点完全不用担心. Bob r 没必要往返于他的量子信道和 Bob k 的量子信道之间, 他可以请求其位于 Bob k 信道附近的同伴, 如 Charlie, 来实施第一个 CNOT 操作 $C_{k_pg_p}$ 并把附加粒子发给他.

需要强调的是, 在分析各种攻击策略时人们常常会忽略来自合法参与者的攻击. 事实上, 在多方量子密钥分发方案中, 参与者往往比外部攻击者具有更强的攻击能力, 因为参与者可以利用其对部分载体粒子的合法控制和对检测窃听过程的参与来提升自己的攻击能力. 这种攻击称为 “参与者攻击 (participant attack)”. 可以看到, 在量子考试方案中, 窃听结果 $\{s_{k_m} \oplus s_{r_m}\}$ 对外部窃听者来说似乎意义不大, 但对参与者 Bob 来说确是非常有用的. 分析 MQKD 的安全性时, 更应该致力于防止不诚实的参与者对密钥的窃听.

6.1.3 改进方案

下面介绍一种改进量子考试方案使它能够抵抗如上的参与者攻击的方法. 为了保持原方案的特点, 尽量对其改动越少越好. 因为这种安全威胁的根本原因是 $|\Phi\rangle_{\mathrm{a}1\cdots N}$ 的特殊性质, 即可提取相关性, Alice 可以穿插一些不同的粒子来检测上面的攻击. 例如, 在 Alice 发送粒子序列给 Bob 们的时候, 她在序列的随机位置插入一些单粒子比特, 这些粒子随机处于 $\{|+\rangle, |-\rangle\}$ 中的一个状态①. 注意这里要求对每个序列, 这些单粒子插入的位置是不同的. 当所有 Bob 收到各自的序列后, Alice 告诉每个 Bob, 其序列中哪些位置的粒子是检测粒子, 并让他用 B_x 基测量这些粒子. 然后 Alice 和 Bob 就能检测这些粒子的状态. 如果错误率足够小, 他们继续原方案中的其他步骤来完成量子考试. 因为对不诚实的 Bob 来说, 插入的单粒子和来自于 $|\Phi\rangle_{\mathrm{a}1\cdots N}$ 的粒子都处于最大混合态 $\rho = 1/2\left(|0\rangle\langle 0| + |1\rangle\langle 1|\right)$, 他不能区分出哪些是检测粒子, 哪些是载体粒子. 因此, 当不诚实的 Bob 想通过以上策略来作弊时, 一旦他对某个检测粒子和其附加粒子做 CNOT 操作, 他将以概率 1/2 引入错误. 于是, 改进后的方案可以抵抗如上的参与者攻击. 此外, 由于新方案保留了原方案的基本框架, 它对其他各种攻击策略来说仍然是安全的 (例如, 测量–重发攻击, 干扰攻击, 纠缠–测量攻击等[5]).

6.1.4 结束语

本节介绍了一种对量子考试方案的欺骗策略, 并给出了可能的改进方法, 即在所传输的序列中插入不同的检测粒子. 值得强调的是在分析多方量子密钥分发方案的安全性时, 不能忽略参与者攻击, 它通常比外来攻击更具威胁.

6.2 对基于 d 级推广 Bell 态的 QKD 协议的攻击

V. Kariminpour 等在文献 [6] 中提出了一种基于共享可重用 Bell 态的 d 级量子密钥分发协议 (简称 KBB 协议), 并证明在一些独立攻击策略下此协议是安全

① 这里 $\{|+\rangle, |+\rangle\}$ 的作用仅为防止本节所描述的攻击. 为了得到更好的安全性, 原方案中检测窃听的方法仍然需要. 用四个状态 $\{|0\rangle, |1\rangle, |+\rangle, |-\rangle\}$ 来准备插入的单粒子, 这种方法能够彻底确保这些序列的安全性 (类似于 BB84 协议). 之所以没有选择后者, 是因为要尽可能保持原方案的特点, 当然包括其检测窃听的方法.

的, 其中 Eve 可以提取的信息量为零并且引入的错误率为 $(d-1)/d$. 然而, 研究表明, Eve 可以通过一种特殊的攻击策略得到大约一半的密钥而不被 Alice 和 Bob 检测到.

6.2.1 KBB 协议简述

采用与文献 [6] 相同的符号简单介绍这个 QKD 方案 (图 6-1). 首先, Alice 和 Bob 共享有一个推广的 Bell 态

$$|\Psi_{00}\rangle = \frac{1}{\sqrt{d}}\sum_{j=0}^{d-1}|j,j\rangle_{\mathrm{a,b}} \tag{6-7}$$

记要发送的第 i 个 qudit 为 q_i, 它被编码为基态 $|q_i\rangle_k$. 要发送密钥 qudit q_i 给 Bob, Alice 对 $|q_i\rangle_k$ 做一个 CR 操作 (controlled-right shift), 将它纠缠进实现共享的 Bell 态. 之后 Alice 发送这个 qudit 给 Bob. Bob 可以通过一个 CL 操作 (controlled-left shift) 来测得密钥 quditq_i. 因为传输的每个 qudit 都处于最大混合态, Eve 不能提取到密钥的任何信息. 同时, 为了加强协议的安全性, Alice 和 Bob 在加密每个 $|q_i\rangle_k$ 之前对共享的 Bell 态做 $H\otimes H^*$ 操作.

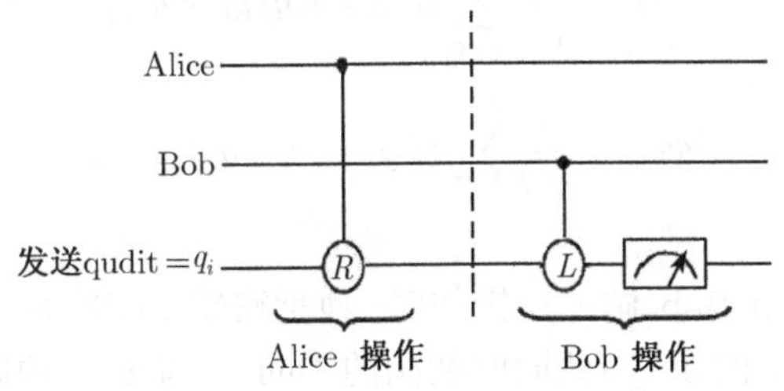

图 6-1 文献 [6] 中的 QKD 方案[①]

6.2.2 窃听策略描述

现在分步介绍 Eve 对每个 qudit 的窃听策略. "第 i 轮" 表示对第 i 个 qudit(即 $|q_i\rangle_k$) 的处理过程, 并把 Alice 和 Bob 的 $H\otimes H^*$ 操作作为每一轮的开始. $|\psi_{i0}\rangle_{\mathrm{a,b,e}}$ 和 $|\psi_{i1}\rangle_{\mathrm{a,b,e}}$ 表示第 i 轮开始时和结束时 Alice, Bob 和 Eve 共享的量子态. 假设 Eve 准备一个处于 $|0\rangle$ 态的附加粒子, 她的窃听过程如下：

(1) 在第一轮中, Eve 把她的附加粒子纠缠进 Alice 和 Bob 共享的 Bell 态中. 具体地, Eve 截获传输的 qudit, 对其附加粒子做一个 CR 操作. 之后把传输的 qudit 重新发送给 Bob(图 6-2). Alice, Bob 和 Eve 的粒子初始态可以表示为

$$|\psi_{10}\rangle_{\mathrm{a,b,e}} = \frac{1}{\sqrt{d}}\sum_{j=0}^{d-1}|j,j,0\rangle_{\mathrm{a,b,e}} \tag{6-8}$$

① 为了简单, 本节图中没有画出所有的 H 和 H^* 操作.

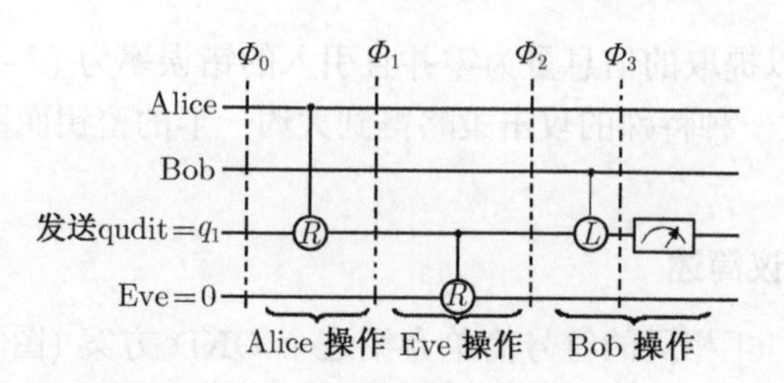

图 6-2　Eve 在第一轮中的攻击

则图 6-2 中各阶段的状态如下：

$$|\Phi_0\rangle = \frac{1}{\sqrt{d}}\sum_{j=0}^{d-1}|j,j,q_1,0\rangle_{\mathrm{a,b},k,\mathrm{e}} \tag{6-9}$$

$$|\Phi_1\rangle = \frac{1}{\sqrt{d}}\sum_{j=0}^{d-1}|j,j,j+q_1,0\rangle_{\mathrm{a,b},k,\mathrm{e}} \tag{6-10}$$

$$|\Phi_2\rangle = \frac{1}{\sqrt{d}}\sum_{j=0}^{d-1}|j,j,j+q_1,j+q_1\rangle_{\mathrm{a,b},k,\mathrm{e}} \tag{6-11}$$

$$|\Phi_3\rangle = \frac{1}{\sqrt{d}}\sum_{j=0}^{d-1}|j,j,q_1,j+q_1\rangle_{\mathrm{a,b},k,\mathrm{e}} \tag{6-12}$$

在最后阶段, 当 Bob 做 CL 操作时, 他把密钥 qudit 从纠缠态中解纠缠出来, 并能够正确得到 q_1 的值. 与此同时初始的 Bell 态与 Eve 的附加粒子纠缠在一起, 状态为

$$|\psi_{11}\rangle_{\mathrm{a,b,e}} = \frac{1}{\sqrt{d}}\sum_{j=0}^{d-1}|j,j,j+q_1\rangle_{\mathrm{a,b,e}} \tag{6-13}$$

(2) 在第二轮中, Eve 力图在避开检测的同时保持她与 Alice 和 Bob 间的纠缠. 如文献 [6] 中所证, Eve 在这一轮中不能得到密钥信息. 但她可以采取如下措施以避免被检测到.

首先, 当 Alice 和 Bob 对他们的 "Bell 态" 做 $H\otimes H^*$ 操作时, Eve 也对她的附加粒子做 H 操作. 于是三者间的纠缠态将变为

$$\begin{aligned}|\psi_{20}\rangle_{\mathrm{a,b,e}} &= H\otimes H^*\otimes H\,|\psi_{11}\rangle_{\mathrm{a,b,e}} = \frac{1}{\sqrt{d}}\sum_{j=0}^{d-1}H\otimes H^*\otimes H\,|j,j,j+q_1\rangle_{\mathrm{a,b,e}} \\ &= \frac{1}{d^2}\sum_{j,k,l,m=0}^{d-1}\zeta^{jk-jl+m(j+q_1)}\,|k,l,m\rangle_{\mathrm{a,b,e}}\end{aligned} \tag{6-14}$$

对 j 求和并利用等式 $1/d\sum_{j=0}^{d-1}\zeta^{jn}=\delta(n,0)$, 可得

$$|\psi_{20}\rangle_{\mathrm{a,b,e}}=\frac{1}{d}\sum_{k,l=0}^{d-1}\zeta^{q_1(l-k)}\,|k,l,l-k\rangle_{\mathrm{a,b,e}} \tag{6-15}$$

之后, Eve 截获传输的 qudit 并对它做 CR 操作, 再把它重新发送给 Bob(图 6-3). 则图 6-3 中各阶段的量子态分别为

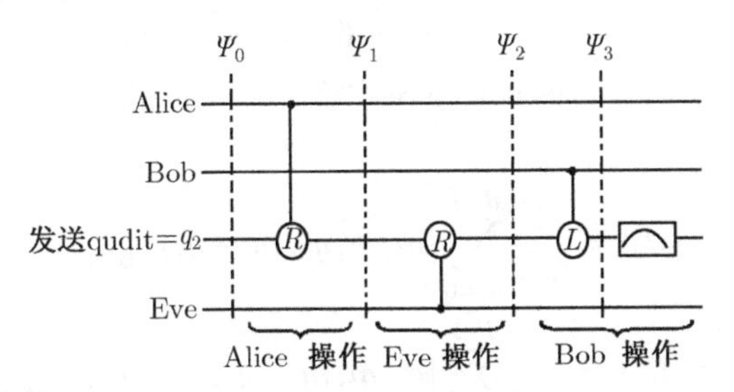

图 6-3 Eve 在第二轮中的攻击

$$|\Psi_0\rangle=\frac{1}{d}\sum_{k,l=0}^{d-1}\zeta^{q_1(l-k)}\,|k,l,q_2,l-k\rangle_{\mathrm{a,b},k,\mathrm{e}} \tag{6-16}$$

$$|\Psi_1\rangle=\frac{1}{d}\sum_{k,l=0}^{d-1}\zeta^{q_1(l-k)}\,|k,l,k+q_2,l-k\rangle_{\mathrm{a,b},k,\mathrm{e}} \tag{6-17}$$

$$|\Psi_2\rangle=\frac{1}{d}\sum_{k,l=0}^{d-1}\zeta^{q_1(l-k)}\,|k,l,l+q_2,l-k\rangle_{\mathrm{a,b},k,\mathrm{e}} \tag{6-18}$$

$$|\Psi_3\rangle=\frac{1}{d}\sum_{k,l=0}^{d-1}\zeta^{q_1(l-k)}\,|k,l,q_2,l-k\rangle_{\mathrm{a,b},k,\mathrm{e}} \tag{6-19}$$

在最后阶段, 当 Bob 做 CL 操作时他把密钥 qudit$|q_2\rangle_k$ 从纠缠态中解纠缠出来, 并得到正确的 q_2 值. 此时剩下的量子态为

$$|\psi_{21}\rangle_{\mathrm{a,b,e}}=\frac{1}{d}\sum_{k,l=0}^{d-1}\zeta^{q_1(l-k)}\,|k,l,l-k\rangle_{\mathrm{a,b,e}} \tag{6-20}$$

(3) 在第三轮中, Eve 窃听密钥 qudit. 首先, 与第 (2) 步类似, 当 Alice 和 Bob 分别对他们各自的粒子做 H 和 H^* 操作时 Eve 也对其附加粒子做 H 操作. 则纠缠态变为

$$|\psi_{30}\rangle_{\mathrm{a,b,e}}=H\otimes H^*\otimes H\,|\psi_{21}\rangle_{\mathrm{a,b,e}}=\frac{1}{\sqrt{d}}\sum_{m=0}^{d-1}|m,m,m-q_1\rangle_{\mathrm{a,b,e}} \tag{6-21}$$

之后, Eve 截获传输的 qudit, 依次对它做 CL 操作, 测量和 CR 操作并重新把它发送给 Bob(图 6-4). 图 6-4 中不同阶段的量子态如下:

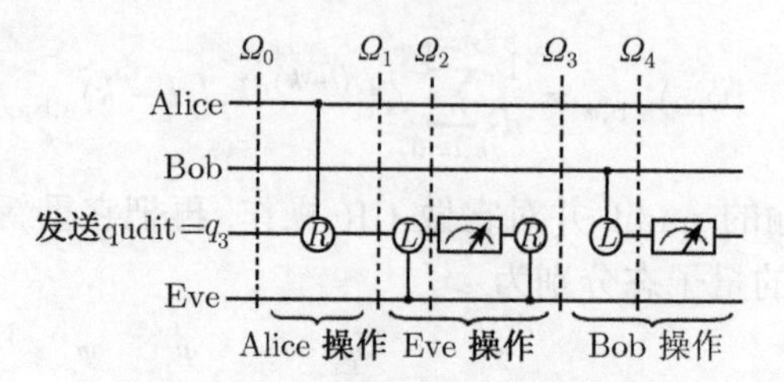

图 6-4 Eve 在第三轮中的攻击

$$|\Omega_0\rangle = \frac{1}{\sqrt{d}}\sum_{m=0}^{d-1}|m,m,q_3,m-q_1\rangle_{\mathrm{a,b},k,\mathrm{e}} \tag{6-22}$$

$$|\Omega_1\rangle = \frac{1}{\sqrt{d}}\sum_{m=0}^{d-1}|m,m,m+q_3,m-q_1\rangle_{\mathrm{a,b},k,\mathrm{e}} \tag{6-23}$$

$$|\Omega_2\rangle = \frac{1}{\sqrt{d}}\sum_{m=0}^{d-1}|m,m,q_3+q_1,m-q_1\rangle_{\mathrm{a,b},k,\mathrm{e}} \tag{6-24}$$

$$|\Omega_3\rangle = \frac{1}{\sqrt{d}}\sum_{m=0}^{d-1}|m,m,m+q_3,m-q_1\rangle_{\mathrm{a,b},k,\mathrm{e}} \tag{6-25}$$

$$|\Omega_4\rangle = \frac{1}{\sqrt{d}}\sum_{m=0}^{d-1}|m,m,q_3,m-q_1\rangle_{\mathrm{a,b},k,\mathrm{e}} \tag{6-26}$$

可以看出, Eve 用 CL 操作把密钥 qudit 解纠缠出来, 再测量, 然后用 CR 操作恢复纠缠态. 结果, Eve 得到测量结果 q_3+q_1, 而且 Bob 能够正确地得到 q_3 的值. 最后, Alice, Bob 和 Eve 之间的纠缠态为

$$|\psi_{31}\rangle_{\mathrm{a,b,e}} = \frac{1}{\sqrt{d}}\sum_{m=0}^{d-1}|m,m,m-q_1\rangle_{\mathrm{a,b,e}} \tag{6-27}$$

(4) 在第四轮中, Eve 用与第二轮中类似的方法, 即第 (2) 步中的策略来避开检测. 在 Alice, Bob 和 Eve 的 $H\otimes H^*\otimes H$ 操作后, 他们将纠缠态变为

$$|\psi_{40}\rangle_{\mathrm{a,b,e}} = H\otimes H^*\otimes H\,|\psi_{31}\rangle_{\mathrm{a,b,e}} = \frac{1}{d}\sum_{k,l=0}^{d-1}\zeta^{-q_1(l-k)}\,|k,l,l-k\rangle_{\mathrm{a,b,e}} \tag{6-28}$$

之后 Eve 做图 6-3 中的操作, 各阶段量子态如下:

$$|\Theta_0\rangle = \frac{1}{d}\sum_{k,l=0}^{d-1}\zeta^{-q_1(l-k)}\,|k,l,q_4,l-k\rangle_{\mathrm{a,b},k,\mathrm{e}} \tag{6-29}$$

$$|\Theta_1\rangle = \frac{1}{d}\sum_{k,l=0}^{d-1}\zeta^{-q_1(l-k)}|k,l,k+q_4,l-k\rangle_{\mathrm{a,b},k,\mathrm{e}} \tag{6-30}$$

$$|\Theta_2\rangle = \frac{1}{d}\sum_{k,l=0}^{d-1}\zeta^{-q_1(l-k)}|k,l,l+q_4,l-k\rangle_{\mathrm{a,b},k,\mathrm{e}} \tag{6-31}$$

$$|\Theta_3\rangle = \frac{1}{d}\sum_{k,l=0}^{d-1}\zeta^{-q_1(l-k)}|k,l,q_4,l-k\rangle_{\mathrm{a,b},k,\mathrm{e}} \tag{6-32}$$

其中, Θ_p 分别对应于图 6-3 中的 $\Psi_p(p=0,1,2,3)$.

可以看出, 在最后阶段, Bob 将得到正确的 q_4 值, 留下量子态

$$|\psi_{41}\rangle_{\mathrm{a,b,e}} = \frac{1}{d}\sum_{k,l=0}^{d-1}\zeta^{-q_1(l-k)}|k,l,l-k\rangle_{\mathrm{a,b,e}} \tag{6-33}$$

(5) 在第五轮中, Eve 用与第三轮中相同的方法, 即第 (3) 步中的策略来窃听密钥 qudit. Alice, Bob 和 Eve 的 $H\otimes H^*\otimes H$ 操作后, 他们把纠缠态变为

$$|\psi_{50}\rangle_{\mathrm{a,b,e}} = H\otimes H^*\otimes H|\psi_{41}\rangle_{\mathrm{a,b,e}} = \frac{1}{\sqrt{d}}\sum_{j=0}^{d-1}|j,j,j+q_1\rangle_{\mathrm{a,b,e}} \tag{6-34}$$

然后 Eve 采取如图 6-4 所示的操作, 各阶段的量子态如下:

$$|\Upsilon_0\rangle = \frac{1}{\sqrt{d}}\sum_{j=0}^{d-1}|j,j,q_5,j+q_1\rangle_{\mathrm{a,b},k,\mathrm{e}} \tag{6-35}$$

$$|\Upsilon_1\rangle = \frac{1}{\sqrt{d}}\sum_{j=0}^{d-1}|j,j,j+q_5,j+q_1\rangle_{\mathrm{a,b},k,\mathrm{e}} \tag{6-36}$$

$$|\Upsilon_2\rangle = \frac{1}{\sqrt{d}}\sum_{j=0}^{d-1}|j,j,q_5-q_1,j+q_1\rangle_{\mathrm{a,b},k,\mathrm{e}} \tag{6-37}$$

$$|\Upsilon_3\rangle = \frac{1}{\sqrt{d}}\sum_{j=0}^{d-1}|j,j,j+q_5,j+q_1\rangle_{\mathrm{a,b},k,\mathrm{e}} \tag{6-38}$$

$$|\Upsilon_4\rangle = \frac{1}{\sqrt{d}}\sum_{j=0}^{d-1}|j,j,q_5,j+q_1\rangle_{\mathrm{a,b},k,\mathrm{e}} \tag{6-39}$$

其中, Υ_p 分别对应于图 6-4 中的 $\Omega_p(p=0,1,2,3,4)$. 可以看到 Eve 的测量结果为 q_5-q_1.

显然, 在最后阶段 Bob 将正确地得到 q_5 的值, 留下量子态

$$|\psi_{51}\rangle_{\mathrm{a,b,e}} = \frac{1}{\sqrt{d}}\sum_{j=0}^{d-1}|j,j,j+q_1\rangle_{\mathrm{a,b,e}} \tag{6-40}$$

可以验证 $|\psi_{51}\rangle_{\mathrm{a,b,e}} = |\psi_{11}\rangle_{\mathrm{a,b,e}}$ 成立. 因此, 在后面的轮次里, Eve 可以重复使用与第 (2)~(5) 步中相同的策略来窃听, 直到 Alice 传输完最后一个密钥 qudit.

总结整个窃听策略的具体描述:

(1) 在第一轮中, Eve 按照图 6-2 所示进行操作.

(2) 当 Alice 和 Bob 在每一轮开始分别对各自粒子做 H 和 H^* 操作时 (第一轮除外), Eve 也对其附加粒子做 H 操作.

(3) 在每个偶数轮, Eve 按照图 6-3 所示进行操作.

(4) 在每个奇数轮 (第一轮除外), Eve 按照图 6-4 进行操作.

从如上分析可知, 利用这种窃听策略 Eve 不会引入任何错误, 同时她能得到以下结果:

$$q_3 + q_1, q_5 - q_1, q_7 + q_1, q_9 - q_1, \cdots. \tag{6-41}$$

通过尝试 q_1 的可能值, Eve 可以据此推测出大约一半密钥 qudit. 需要强调的是, Eve 还可以利用另一个有用的因素来帮助推测. 即在 QKD 过程的结尾, Alice 和 Bob 将公开比较一部分密钥 qudit 来检测窃听, 这将泄漏有用信息给 Eve. 具体地, 只要他们声明任何一个奇数密钥 qudit, Eve 就可以确定关于 q_1 的 d 个可能值中哪一个为真.

通过上面对窃听策略的描述, 看似 Eve 只能得到密钥的 (合法通信者知道的) 一个固定子集, 即奇数位的密钥. 但事实并不是这样. 在上面的论述中做了一个假设, 即 Eve 从 Alice 和 Bob 的第一轮开始攻击. 这种情况下, Eve 可以得到 $q_1, q_3, q_5, q_7, \cdots$ (即奇数位的密钥). 然而, 如果 Eve 从 Alice 和 Bob 的第二轮开始攻击, Eve 将提取到 $q_2, q_4, q_6, q_8, \cdots$ 的值 (即偶数位的密钥). 此外, 如果需要, Eve 还可以通过攻击得到部分奇数位的密钥和部分偶数位的密钥, 这可以通过一个附加的奇偶变换操作来实现. 也就是说, Eve 可以用 CL 操作把附加粒子从纠缠态中解纠缠出来 (停止这次攻击) 并在下一轮实施新的攻击. 举例说明, 假设 Alice 和 Bob 要分发的密钥为 $q_1, q_2, q_3, \cdots, q_{2k}, q_{2k+1}, q_{2k+2}, \cdots, q_n$(其中 k 为整数且 $2k+2 < n$). Eve 在 Alice 和 Bob 分发 q_1 时开始攻击, 并在分发 q_{2k+1} 的时候停止攻击. 然后 Eve 在 Alice 和 Bob 分发 q_{2k+2} 时开始新的攻击. 于是 Eve 就可以得到密钥 $q_1, q_3, q_5, \cdots, q_{2k+1}; q_{2k+2}, q_{2k+4}, q_{2k+6}, \cdots$. 这样, 在 Eve 不知道 Alice 和 Bob 要分发的密钥总数的情况下 (通常如此), Eve 可以通过较频繁的奇偶变换操作来平衡她所能得到的奇数位密钥和偶数位密钥. 因此, Eve 可以随意地得到奇数位或偶数位密钥. 这是所有密钥的一个随机子序列, 而不是合法通信者预先知道的固定子集.

6.2.3 结束语

总之, 虽然 Eve 不能在每个偶数轮提取密钥信息, 她仍然可以采取巧妙的策略来避开检测并保持与 Alice 和 Bob 之间的纠缠, 以便在下一轮中窃听到密钥信息. 上述窃听策略正是基于这一点. 分析表明, 利用这种攻击策略, Eve 可以在不被检测到的情况下得到大约一半密钥信息. 因此, 文献 [6] 中的 QKD 协议对这种攻击来说是不安全的.

6.3 一次一密乱码本不能用来提高量子通信的效率

随着量子密码学的不断发展, 人们提出了很多巧妙的 QKD 和 QSDC 协议. 众所周知, 效率是评价协议优劣的一个重要指标. 因此, 在设计协议的时候, 高效往往是设计者们追求的目标. 然而, 有些提高效率的方法是不恰当的, 它们的可行性有待重新思考. 本节讨论两个典型例子, 它们并不能真正实现想达到的高效性. 也就是说, 片面追求不现实的效率将使协议变得不安全.

Li 等在文献 [7] 中提出了一种基于纠缠交换的 QKD 方案. 此协议中, Alice 和 Bob 事先共享足够的 EPR 纠缠对 (状态已知). 不失一般性, 考虑如下两对纠缠态: $|\Phi^+\rangle_{\mathrm{AB}}^{12}=1/\sqrt{2}\,(|00\rangle+|11\rangle)$, $|\Psi^+\rangle_{\mathrm{AB}}^{34}=1/\sqrt{2}\,(|01\rangle+|10\rangle)$, 其中上标 1, 2, 3, 4 代表不同的粒子. Alice 拥有粒子 1, 3 而粒子 2, 4 在 Bob 一方. 当他们分发密钥比特时, Alice 和 Bob 在这两个 EPR 纠缠对之间执行纠缠交换操作. 根据纠缠交换的规律, Alice 和 Bob 不但知道自己的测量结果, 还能推知对方的结果. 文献 [7] 的作者认为, 这两个测量结果可以给 Alice 和 Bob 带来四个密钥比特. 举例来说, 当 Alice 对粒子 1, 3 做 Bell 测量时得到 $|\Psi^+\rangle_{\mathrm{AA}}^{13}$, 她可以推知 Bob 的测量结果为 $|\Phi^+\rangle_{\mathrm{BB}}^{24}$. 如果四个 EPR 态 $|\Phi^+\rangle$, $|\Phi^-\rangle$, $|\Psi^+\rangle$ 和 $|\Psi^-\rangle$ 分别代表 00, 01, 10 和 11, Alice 将得到四个密钥比特 1000, 其中 10 来自 $|\Psi^+\rangle_{\mathrm{AA}}^{13}$ 而 00 对应于 $|\Phi^+\rangle_{\mathrm{BB}}^{24}$. 同理, Bob 也可以得到这四个密钥比特. 因此, 四个粒子带来四个密钥比特, 这意味着比 BB84 协议高一倍的效率.

然而, 事实并非如此. 根据纠缠交换原理, 对两个给定的 EPR 纠缠对, 它们做纠缠交换后的两个测量结果并不都是随机的. 相反, 它们具有强关联性. 仍考虑上面的例子, 因为

$$|F^+\rangle_{\mathrm{AB}}^{12}|\Psi^+\rangle_{\mathrm{AB}}^{34}=\frac{1}{2}\Big\{|F^+\rangle_{\mathrm{AA}}^{13}|\Psi^+\rangle_{\mathrm{BB}}^{24}+|F^-\rangle_{\mathrm{AA}}^{13}|\Psi^-\rangle_{\mathrm{BB}}^{24}+|\Psi^+\rangle_{\mathrm{AA}}^{13}|F^+\rangle_{\mathrm{BB}}^{24}+|\Psi^-\rangle_{\mathrm{AA}}^{13}|F^-\rangle_{\mathrm{BB}}^{24}\Big\} \tag{6-42}$$

包括 Eve 在内的任何知道初始态 $|F^+\rangle_{\mathrm{AB}}^{12}$ 和 $|\Psi^+\rangle_{\mathrm{AB}}^{34}$ 的人都能得出如下结论, 即 Alice 和 Bob 的测量结果必为 $\Big\{|F^+\rangle_{\mathrm{AA}}^{13}|\Psi^+\rangle_{\mathrm{BB}}^{24}, |F^-\rangle_{\mathrm{AA}}^{13}|\Psi^-\rangle_{\mathrm{BB}}^{24}, |\Psi^+\rangle_{\mathrm{AA}}^{13}|F^+\rangle_{\mathrm{BB}}^{24}, |\Psi^-\rangle_{\mathrm{AA}}^{13}|F^-\rangle_{\mathrm{BB}}^{24}\Big\}$ 四者之一 (出现概率相等, 均为 1/4). 因此, Eve 知道 Alice 和 Bob

所得的密钥比特必为 {0010, 0111, 1000, 1101} 四者之一 (概率均为 1/4), 而其他 12 种可能的结果如 0000, 0100 等不可能出现. 实际上, 这对 Eve 来说只包含

$$I = -\sum_{i=1}^{4}\frac{1}{4}\log_2\frac{1}{4} = 2 \tag{6-43}$$

bit 未知信息. 于是, 如果 Alice 把如上结果作为 OTP 的四个密钥比特来加密消息, Eve 可以从在信道中公开传送的密文得到被加密消息的一半信息. 举例来说, 假设 $\{p_1,p_2,p_3,p_4\}$ 和 $\{k_1,k_2,k_3,k_4\}$ 分别代表 4bit 明文和密钥. 则对应的密文为 $\{c_1,c_2,c_3,c_4\}=\{p_1\oplus k_1,p_2\oplus k_2,p_3\oplus k_3,p_4\oplus k_4\}$. 观察上面可能得到的密钥比特的规律可以发现, 总有 $k_1\oplus k_3=1$ 和 $k_2\oplus k_4=0$ 成立. 因此当密文被公开时, Eve 可推知 $p_1\oplus p_3=c_1\oplus k_1\oplus c_3\oplus k_3=c_1\oplus c_3\oplus 1, p_2\oplus p_4=c_2\oplus k_2\oplus c_4\oplus k_4=c_2\oplus c_4$, 这就意味着泄露了 2bit 明文信息. 总之, 为了保证安全性, 文献 [7] 中协议的效率为每个纠缠交换带来 2bit 密钥, 而不是文中声称的 4bit.

无独有偶, 文献 [8] 给出了一种 "半直接 (semi-direct)" 量子安全通信方案. 这个方案中, 三个用户 Alice, Bob 和 Charlie 每使用一个 GHZ 态就可以互相交换 1bit 秘密信息. 也就是说, 他们中的每个人都可以安全地把 1bit 信息发送给另外两个人, 而外部的窃听者 Eve 得不到关于这个比特的任何信息. 抛开这部分协议的具体过程不谈, 只考虑它用来提高效率的方法. 在下面的讨论中, 假设这种量子过程传送的消息是无条件安全的. 如上所述, 这种量子过程的传输效率是 1bit/GHz 态. 为了达到更高的效率, 用户利用这种量子过程来传送秘密信息的奇数位比特, 而偶数位比特的传送由如下的经典步骤来完成, 即用奇数位比特来逐位加密偶数位比特. 举例来说, 假设 Alice 的秘密信息为 $\{a_1,a_2,a_3,\cdots,a_N\}$. Alice 首先用量子过程把 a_1 发送给 Bob 和 Charlie. 之后 Alice 计算 $a_1'=a_1\oplus a_2$($\oplus$ 表示模 2 加), 并公布 a_1'. 由于知道 a_1, Bob 和 Charlie 只要计算 $a_2=a_1'\oplus a_1$ 就能推知 a_2. 与此相反, 作为外部的窃听者, Eve 得不到任何关于 a_2 的信息, 因为她不知道 a_1. 类似地, Alice 用量子过程发送 a_3 而用经典方法发送 a_4, 以此类推. 文献 [8] 的作者认为, 每个奇数位比特在加密中只用了一次, 因此如同一次一密乱码本 (OTP) 那样, 它们的保密性没有丝毫泄漏. 通过这种方法, 整个方案的效率就翻了一番, 达到 2 bit/GHz 态.

的确, 上面用来传送偶数位比特的方法看起来很像 OTP. 但是事实并非如此. 考虑如下情形: Alice 想发送两个秘密消息比特 $\{p_1,p_2\}$ 给 Bob, 而他们事先共享有两个密钥比特 $\{k_1,k_2\}$. 在一个真正的 OTP 中, Alice 用密钥来加密明文, 得到密文 $\{c_1,c_2\}=\{p_1\oplus k_1,p_2\oplus k_2\}$. 之后 Alice 公开发送 $\{c_1,c_2\}$ 给 Bob. 由于知道 $\{k_1,k_2\}$, Bob 可以解密出明文 $\{p_1,p_2\}=\{c_1\oplus k_1,c_2\oplus k_2\}$. 相反 Eve 从 $\{c_1,c_2\}$ 中得不到关于明文的任何信息. 于是 Alice 可以通过上面的方法安全地传送两个消息比特给 Bob. 不同的是, 在文献 [8] 中, Alice 用第一个消息比特 a_1(而不是一个密

钥比特) 来加密 a_2, 并公布密文 a_1'. 从信息论和密码学角度来说, 这将造成一个比特的无效传输. 也就是说, Eve 可以从公开的 a_1' 中得到消息比特 $\{a_1, a_2\}$ 的部分信息. 例如, $a_1' = 0$, 则 Eve 知道 $\{a_1, a_2\}$ 必为 00 和 11 两者之一, 而这对她来说只意味着 $\log_2 2 = 1\text{bit}$ 信息. 当 $a_1' = 1$ 时也有类似的结论. 因此, 虽然 Eve 不能从公开的 a_1' 中推知这两个消息比特的具体值, 她仍可以得到关于它们的 1bit 信息. 这种情况下, 每次 Alice 用文献 [8] 中的方案发送两个消息比特时, Bob 能得到全部信息而 Eve 也可以得到 1bit. 也就是说, 实际上 Alice 只 "安全地" 发送给 Bob 1bit 信息. 从这个角度来说, 文献 [8] 中这种用来提高效率的方法是无效的.

上述两种错误都与对 OTP 的正确理解有关. Shannon 已经证明[35], 满足以下三个条件的 OTP 才具有真正的无条件安全性: ① 密钥是真正随机的; ② 密钥长度与消息长度相同; ③ 密钥永远不重用. 文献 [7] 中密钥比特是相关的而不是真正随机的, 而文献 [8] 中用户使用部分消息比特而不是密钥比特来加密另一部分消息比特. 这两种加密方式都不是真正的 OTP. 因此, 只有满足上述条件的 OTP 才能达到完美安全性. 这里需要强调的是, 无条件安全性是量子密码 (通常为 QKD&OTP) 的一个极其重要的特点, 绝不能为了提高其他方面 (如效率) 的性能而牺牲安全性.

如上分析表明, OTP 不能被用来提高量子通信协议的效率. 事实上, 人们已经证明这种效率受 Holevo 量所限[1], 即 n 个量子比特最多只能用来传输 n 个经典比特信息. 因此, 每个量子比特带来 1bit 密钥, 这种效率已经达到了理论上的最高值 (full efficiency). 对一个二级系统来说, 即为每个粒子带来 1bit 密钥 (这里不考虑多级量子系统[6,24,36], 它们通常能达到比二级系统更高的效率). 例如, 如果具有量子存储设备, 延迟选择 BB84 协议[37] 在理论上可以达到这种最高效率. 从这个角度来说, 文献 [7, 8] 中声称的高效率也是不可能达到的, 因为它们甚至超过了量子力学所允许的最高值. 下面在 6.4 节用类似的方法给出对几个双向量子安全直接通信协议的具体分析.

6.4 重新审视量子对话和双向量子安全直接通信的安全性

众所周知, 公开的经典通信在量子密码中是必须的, 并且必须保证传输的秘密信息不会从这些经典通信中泄露出去. 否则就得不到所期望达到的安全性. 本节从信息论和密码学的角度分析两个量子对话协议和一个双向量子安全直接通信协议的安全性, 指出这些协议中传输的信息将会被部分地泄露出去. 也就是说, 任何窃听者都可以从合法通信者的公开声明中提取到部分秘密信息. 由于量子安全直接通信协议是直接在通信者之间传输消息, 这种问题将造成严重的信息泄露.

本节内容安排如下: 6.4.1~6.4.3 节从安全性角度分析了三种典型的双向 QSDC 协议, 详细说明了其中存在的信息泄露问题; 6.4.4 节给出必要的总结和讨论.

6.4.1 对 NBA 和 MZL 协议的分析

2004 年 Nguyen 基于 Bell 态提出了一种量子对话协议[9]. 之后 Man, Zhang 和 Li 指出这个协议对截获-重发攻击来说是不安全的, 并给出一种改进方案[10]. 为了方便, 分别称这两个方案为 NBA 协议和 MZL 协议.

这里并不致力于寻找巧妙的攻击策略, 而主要讨论信息泄露问题, Eve 不需要进行任何主动攻击就能得到部分秘密信息. 由于 Eve 仅从公开声明中提取信息, 不会被任何检测窃听过程发现, 因此, 不必考虑协议中的检测窃听过程 (一般称为控制模式, 简写为 CM), 而把讨论重点放在消息传输过程 (一般称为消息模式, 简写为 MM). 从这种意义上来说 NBA 协议和 MZL 协议是相同的, 因为它们之间的不同仅仅在于 CM. 本小节以第一个量子对话协议 ——NBA 协议为例来进行论述.

首先简单介绍 NBA 协议的 MM 部分. Bob 产生一串 EPR 对作为载体, 每对粒子处于状态

$$|\Psi^+\rangle = \frac{1}{\sqrt{2}}(|01\rangle + |10\rangle) \tag{6-44}$$

Bob 可以通过对其中一个粒子做四种操作 $\{I, \sigma_x, i\sigma_y, \sigma_z\}$ 之一在每个 EPR 对中编码 2bit 秘密信息. 然后 Bob 把这个粒子发送给 Alice. 类似地, Alice 也可以用相同的方式对其进行编码, 并把粒子发回给 Bob. 最后, Bob 对两个光子进行 Bell 测量, 同时声明测量结果. 可以看出, 这个通信过程看上去像是一个重复的密集编码 [38]. 根据测量结果和他们各自的编码操作, Alice 和 Bob 就能推断出对方所发来的消息比特. 举例来说, 假设测量结果为 $|\Psi^-\rangle = 1/\sqrt{2}(|01\rangle - |10\rangle)$. 如果 Bob 的编码操作为 σ_z, 他就能判断出 Alice 的操作为 I. 相反, Alice 也可以根据她的操作 I 推断出 Bob 的操作 σ_z. 如果操作 $\{I, \sigma_x, i\sigma_y, \sigma_z\}$ 分别对应于消息比特 $\{00, 01, 10, 11\}$, 那么在这个例子中 Bob 就将 “11” 发给了 Alice, 同时 Alice 将 “00” 发给了 Bob(表 6-1). 类似地, Alice 和 Bob 可以使用更多的 EPR 对来交换他们的全部秘密消息.

表 6-1 当测量结果为 $|\Psi^-\rangle$ 时 Alice 和 Bob 的可能的编码操作及其对应的消息比特

Alice	$I(00)$	$\sigma_x(01)$	$i\sigma_y(10)$	$\sigma_z(11)$
Bob	$\sigma_z(11)$	$i\sigma_y(10)$	$\sigma_x(01)$	$I(00)$

注: 第一行和第二行分别代表 Alice 和 Bob 的操作和消息比特. 如果 Alice 在编码时采用了某一种操作, 她就知道 Bob 肯定采用了同一列中的操作. 这样, Alice 和 Bob 就能交换 2bit 秘密消息.

现在来观察 NBA 协议的通信效果. 显然, 在一个 EPR 对的帮助下, Alice 和 Bob 可以传输四个消息比特 (每人各 2bit). 那么这里是否真的安全地传输了 4bit 消息呢? 答案是否定的. 为了说明这一点, 采用与 6.3 节类似的方法, 可以分析 Eve 能从公开声明中得到什么. 事实上, 任何知道这些公开信息, 即初态 $|\Psi^+\rangle$ 和测量结果 $|\Psi^-\rangle$ 的人都可以得到一个结论, 那就是 Alice 和 Bob 的编码操作一定

是下面四种可能之一：$\{(I,\sigma_z),\ (\sigma_x,i\sigma_y),\ (i\sigma_y,\sigma_x),\ (\sigma_z,I)\}_{\mathrm{AB}}$(下标 A 和 B 分别表示 Alice 和 Bob 的操作). 因此, Eve 知道 Alice 和 Bob 传输的消息比特必为 $\{(00,11),(01,10),(10,01),(11,00)\}_{\mathrm{AB}}$ 之一, 且出现概率相同. 这对 Eve 来说仅包含 $-4\times\dfrac{1}{4}\log_2\dfrac{1}{4}=2\mathrm{bit}$ 未知信息. 所以, 四个消息比特中的 2bit 信息在不知不觉中被泄露出去 (举例来说, 当初态为 $|\Psi^+\rangle$ 而测量结果为 $|\Psi^-\rangle$ 时, Eve 知道 Alice 和 Bob 发送的消息比特的逐位异或值为 "11", 这意味着 2bit 信息泄露). 换句话说, 在一个 EPR 对所传输的 4bit 秘密信息中, 只有 2bit 被安全地传送. 当初态和测量结果为其他 Bell 态时, 这一结论仍然成立.

有人可能会说, Eve 不能得到任何一个消息比特的具体值, 因此 NBA 协议仍然是安全的. 这种想法是不对的. 在一个密码学协议中, 尤其是追求无条件安全的量子密码协议中, 所有的秘密信息都应该被安全地传输. 当一个协议中只有部分秘密信息在传输中能够保证安全时, 不能说它是一个安全协议. 实际上, 正如第 6.4.4 节中将要总结的那样, 这种不安全性相当于在 OTP 中重复使用密钥.

6.4.2 对 JZ 协议的分析

Ji 和 Zhang 于近期提出了一个基于单粒子的量子对话协议 (JZ 协议)[11]. 然而在这个协议中, 也存在信息泄露的问题.

JZ 协议的过程是这样的. Bob 产生 N 组单粒子, 每个粒子随机处于如下四个状态之一：$\{|0\rangle,|1\rangle,|+\rangle,|-\rangle\}$, 其中

$$|+\rangle=\frac{1}{\sqrt{2}}(|0\rangle+|1\rangle),\quad |-\rangle=\frac{1}{\sqrt{2}}(|0\rangle-|1\rangle) \tag{6-45}$$

在这 N 组粒子中, 只有一组用来传输消息比特, 其他组都用来检测窃听. 与第 6.4.1 节中类似, 因为 Eve 不采取任何主动攻击, 这里不需要考虑检测窃听的过程. 不失一般性, 可以通过只讨论一个用作信息载体的粒子来理解 JZ 协议的思想. 生成这个粒子之后, Bob 可以通过对它实施两个操作 $\{I,i\sigma_y\}$ 之一将 1bit 秘密消息编码进来 (以上两个操作分别对应 $\{0,1\}$). 注意上述四种量子态在 I 操作下保持不变, 而在 $i\sigma_y$ 操作下会发生翻转, 即

$$i\sigma_y|0\rangle=|1\rangle,\quad i\sigma_y|1\rangle=|0\rangle,\quad i\sigma_y|+\rangle=|-\rangle,\quad i\sigma_y|-\rangle=|+\rangle \tag{6-46}$$

编码之后 Bob 将这个粒子发送给 Alice. 收到粒子后, Alice 也用同样的方式将她的 1bit 秘密消息编码进去. 此时 Bob 公开告知 Alice 这个粒子的初始状态. 然后 Alice 用一个正确的基, $B_z=\{|0\rangle,|1\rangle\}$ 或 $B_x=\{|+\rangle,|-\rangle\}$, 来测量这个粒子. 这里所谓的正确的基是指粒子初始状态所在的基 (注意在操作 I 和 $i\sigma_y$ 下上述四种状态可能不变也可能翻转, 但它们所处的基均不变). 最后 Alice 公开她的测量结果. 通过这个过程, Alice 和 Bob 每人都可以得到对方发来的 1bit 秘密消息. 举例来说, 假设粒

子的初始状态为 $|+\rangle$. 如果 Bob 对它作用了 $i\sigma_y$(即发送消息比特 “1”), 且 Alice 的测量结果为 $|-\rangle$, 则 Bob 知道 Alice 在编码时实施了 I 操作, 因为 $I\left(i\sigma_y\left|+\right\rangle\right)=\left|-\right\rangle$. 也就是说, Bob 知道 Alice 发来的消息比特为 “0”. 与此同时, 根据粒子的初始状态 $|+\rangle$、测量结果 $|-\rangle$ 以及自己的编码操作 I, Alice 可判断出 Bob 的编码操作为 $i\sigma_y$, 进而得到 Bob 发来的比特 “1”. 用这种方法, Alice 和 Bob 可以用更多的粒子来交换他们的全部秘密消息.

可以看出在 JZ 协议中, 用户利用一个粒子可以传输 2bit 秘密消息 (Alice 和 Bob 分别传输 1bit). 现在来观察 Eve 可以从公开的经典通信 (即粒子的初始状态和测量结果) 中得到多少信息. 考虑同样的例子, 即初始状态为 $|+\rangle$ 而测量结果为 $|-\rangle$. 这种情况下 Eve 知道 Alice 和 Bob 的编码操作不是 $[I,i\sigma_y]_{\text{AB}}$ 就是 $[i\sigma_y,I]_{\text{AB}}$. 对 Eve 来说这种不确定性仅包含 1bit 信息 (假设两者发生的概率相同). 因此, 2bit 消息中只有 1bit 信息被安全地传输, 而另外 1bit 被泄露出去. 同理, 当粒子的初始状态和测量结果为其他情况时, 这一结论仍然成立.

6.4.3 对 MXN 协议的分析

随着量子对话的不断发展, 人们提出了多方情形下的双向 QSDC. 2006 年, Man, Xia 和 Nguyen 基于 GHZ 态提出了这样一种协议 (MXN 协议)[12]. 但分析表明, MXN 协议中很多所传输的秘密信息将被泄露出去.

这里先简单介绍 MXN 协议. 同样不用关心它的检测窃听过程. 在协议的开始, Alice, Bob 和 Charlie 共享有一串 GHZ 三粒子纠缠态, 它们的状态为

$$|\text{GHZ}_{000}\rangle_{\text{ABC}}=\frac{1}{\sqrt{2}}\left(|000\rangle+|111\rangle\right)_{\text{ABC}} \tag{6-47}$$

他们将每两个这样的 GHZ 态作为一个单元来传输各自的秘密消息. 考虑三者共享的两个 GHZ 态 $|\text{GHZ}_{000}\rangle_{123}$ 和 $|\text{GHZ}_{000}\rangle_{456}$. 这里下标 1~6 代表不同的粒子, 其中 1, 4 属于 Alice, 2, 5 属于 Bob, 而 3, 6 属于 Charlie. 此时 Alice 通过对粒子 4 实施四个幺正操作 $\{I,\sigma_z,i\sigma_y,\sigma_x\}$ 之一 (分别对应于消息比特 $\{00,01,10,11\}$), 将 2bit 秘密消息编码进 $|\text{GHZ}_{000}\rangle_{456}$. 与此同时 Bob(Charlie) 也可以对粒子 5(6) 作用两个操作 $\{I,i\sigma_y\}$ 之一 (分别对应于消息比特 $\{0,1\}$) 将自己的 1bit 秘密消息编码进同一个 GHZ 态. 编码过后, $|\text{GHZ}_{000}\rangle_{456}$ 将变成 8 个 GHZ 态之一 $|\text{GHZ}_{xyz}\rangle_{456}$. 不难看出, 如果一个用户知道了 $|\text{GHZ}_{xyz}\rangle_{456}$ 的具体状态, 他 / 她就能知道另外两个用户在这一 GHZ 态中编码的消息比特. 举例来说, 如果 Bob 在编码阶段对粒子 5 作用了操作 I (即他想发送给 Alice 和 Charlie 的消息比特为 “0”), 且粒子 4~6 的终态为

$$|\text{GHZ}_{xyz}\rangle_{456}=|\text{GHZ}_{101}\rangle_{456}=\frac{1}{\sqrt{2}}\left(|001\rangle-|110\rangle\right)_{456} \tag{6-48}$$

则 Bob 知道 Charlie 对粒子 6 实施了 $i\sigma_y$ 操作而 Alice 对粒子 4 实施了 I 操作. 进而得到 Alice 的消息比特 "00" 以及 Charlie 的消息比特 "1". 因此, 为了实现这种通信, 三个用户只需找到一种方法来弄清楚他们共享的 $|\mathrm{GHZ}_{xyz}\rangle_{456}$ 处于哪一个 GHZ 态. 在 MXN 协议中, 他们可以在另外一个纠缠态 $|\mathrm{GHZ}_{000}\rangle_{456}$ 的帮助下达到这个目的. 具体地, Alice, Bob 和 Charlie 分别对自己手中的粒子对 (1, 4), (2, 5) 及 (3, 6) 做 Bell 测量, 并公开声明测量结果. 这种情况下, 将会发生下面的纠缠交换[39]:

$$|\mathrm{GHZ}_{000}\rangle_{123}|\mathrm{GHZ}_{xyz}\rangle_{456} \Rightarrow |\varphi^1\rangle_{14}|\varphi^2\rangle_{25}|\varphi^3\rangle_{36} \tag{6-49}$$

其中, $|\varphi^1\rangle_{14}$, $|\varphi^2\rangle_{25}$ 和 $|\varphi^3\rangle_{36}$ 分别表示 Alice, Bob 和 Charlie 的测量结果. 根据纠缠交换的规律, 任何知道这三个测量结果的人都可以推断出 $|\mathrm{GHZ}_{xyz}\rangle_{456}$(详见文献 [12]). 于是三者都可以得到另外两用户发来的消息比特. 这样, 利用更多的 GHZ 态, 三个用户可以用同样方法交换他们所有的秘密消息.

如上协议中, 用户可以利用两个 GHZ 态来传输 4bit 秘密消息 (Alice 2bit, Bob 和 Charlie 各 1bit). 现在来分析是否所有这些比特都被安全地传输. 如上所述, 当测量结果 $|\varphi^1\rangle_{14}$, $|\varphi^2\rangle_{25}$ 和 $|\varphi^3\rangle_{36}$ 被声明以后, 任何人都可以判断出 $|\mathrm{GHZ}_{xyz}\rangle_{456}$ 的具体状态, 包括 Eve. 这就意味着这些消息比特的部分信息将被泄露出去. 为了说明这一点, 可以再次考虑上面的例子, 即编码操作后粒子 4~6 处于状态 $|\mathrm{GHZ}_{101}\rangle_{456}$ [(6-48) 式]. 这种情况下 Eve 可以推断 Alice, Bob 和 Charlie 的编码操作必为 $[I, I, i\sigma_y]_{\mathrm{ABC}}$ 和 $[\sigma_x, i\sigma_y, I]_{\mathrm{ABC}}$ 之一. 于是她知道传输的消息比特为 $[00, 0, 1]_{\mathrm{ABC}}$ 或 $[11, 1, 0]_{\mathrm{ABC}}$. 对 Eve 来说这种不确定性仅包含 $-2\times\frac{1}{2}\log_2\frac{1}{2}=1\mathrm{bit}$ 信息 (假设两者发生的概率相同). 因此, 实际上四个 bit 消息中只有 1bit 信息被安全地传输, 而有 3bit 信息被泄露出去. 同理, 当 $|\mathrm{GHZ}_{xyz}\rangle_{456}$ 为其他 GHZ 态时可以得到同样的结论.

上面的分析都是基于三方 MXN 协议, 在这些协议中 75%的信息将被泄露. 事实上, 这一问题在推广的 N 方协议中更加严重. 这种情况下 N 个用户可以利用一对 N 粒子 GHZ 态来传输 $N+1$ 个消息比特 (Alice 2bit, 其他 $N-1$ 方各 1bit). 通过类似的分析得到以下结论, 即在传输的 $N+1$ 个消息比特中, 只有 1bit 信息安全送达, 而 Nbit 信息被泄露出去.

6.4.4 信息泄漏与重复使用密钥的 OTP 的等价性

为了更好地理解这种不安全性, 可以将涉及的方案简化成一个 QKD 协议, 借此将这种安全性讨论转移到大家更熟悉的密码学算法 OTP 中. 不失一般性, 以 JZ 协议为例, 考虑其中一个作为信息载体的粒子. 在简化方案中, Bob 先准备这个粒子, 使它随机地处于四个状态 $\{|0\rangle, |1\rangle, |+\rangle, |-\rangle\}$ 之一 (分别对应于 $\{0, 1, 0, 1\}$), 并

将它发送给 Alice. 当 Alice 收到这个粒子以后, Bob 告知 Alice 她所在的基, 即 B_z 或 B_x. 此时 Alice 用相应的测量基来测量这个粒子, 得到一个密钥比特 k(值为 0 或 1). 这个过程与延迟选择 (delayed choice)BB84 协议中的情况 [37] 类似. 然后 Alice 和 Bob 用 OTP 算法来加密他们各自的消息比特 (明文)p_{A} 和 p_{B}, 分别得到密文 $c_{\mathrm{A}} = p_{\mathrm{A}} \oplus k$ 和 $c_{\mathrm{B}} = p_{\mathrm{B}} \oplus k$($\oplus$ 表示模 2 加). 最后, 他们公开声明各自的密文. 由于知道密钥比特 k, Alice 和 Bob 都能得到对方所发送的消息比特 (即明文). 通过这种方法, Alice 和 Bob 可以分别传送 1bit 秘密消息给对方, 其效果与 JZ 协议中非常相似. 然而, 众所周知, OTP 中的密钥绝对不能重复使用, 否则将会变得不安全 [25,35]. 显而易见, 上面的通信过程中密钥被使用了两次, 因此这种通信是不安全的. 事实上, 根据公开声明的密文 c_{A} 和 c_{B}, Eve 可以推断出传输的消息比特不是 $[c_{\mathrm{A}}, c_{\mathrm{B}}]_{\mathrm{AB}}$ 就是 $[c_{\mathrm{A}} \oplus 1, c_{\mathrm{B}} \oplus 1]_{\mathrm{AB}}$, 而这种不确定性仅包含 1bit 信息, 而不是 2bit. 因此, JZ 协议的通信效果跟上面的 QKD&OTP 通信是一样的, 但 OTP 中的密钥被使用了两次. 类似地, 从通信效果上来看, 上述所有存在信息泄露问题的双向 QSDC 协议都等价于一个重复使用密钥的 OTP 加密算法 (密钥被使用两次或更多). 而两者都不是真正安全的保密通信.

为了避免秘密信息的泄露, 首先应该正确估计量子信道的保密容量. 例如, 在 JZ 协议中, 一个量子比特只能保密传输 1bit 消息, 当要传输的比特数大于 1 的时候就必然会发生信息泄露. 因此, 如果用一个粒子去传输 1bit 消息, 就能够保证通信的安全性. 换句话说, 适当降低通信效率是解决上述信息泄露问题的一种可行方法.

6.4.5 结束语

本节分析了三种双向 QSDC 协议的安全性, 指出所传输的秘密消息的部分信息将会在无意中被泄露出去. 由于信息泄露的问题与那些可以使 Eve 成功获得确切秘密的攻击策略有很大不同, 这种威胁很容易被忽视. 因此, 这个问题还没有引起广泛注意. 例如, 除了本节分析的协议以外, 还有不少协议 [40~44] 中存在这种风险. 作为密码学研究中 (包括经典密码学和量子密码学) 用于分析安全性的一种有效工具, 信息论已经得到各国学者的广泛认可. 因此, 当分析协议的安全性时, 需要从信息论和密码学的角度去思考问题. 总之, 希望所讨论的信息泄露问题能够在今后的研究中引起大家的关注.

6.5 共享参考系的一致性需要重新考虑

通常情况下, 通信者在进行量子通信之前需要共享参考系 (reference frame, RF). 如果通信双方能够共享一个秘密的参考系, 将对后续的保密通信有很大帮助.

最近 Chiribella 等在文献 [45] 中提出了四种秘密传输参考系的协议. 本节指出, 在这些协议中, 窃听者可以在不被检测到的情况下改变传输中的参考系, 这意味着分发所得的共享参考系的一致性需要重新考虑. 此外, 本节还讨论了检查这种一致性的方法.

参考系[46] 是一种不可描述信息 (unspeakable information), 因此分发一个 RF 往往比密钥分发[47] 中那样分发一串密钥比特更加困难. Chiribella 等在最近的一篇快报中提出了四种用来秘密传输 RF 的量子密码学协议[45]. 这些设计巧妙的协议能够保证窃听者不能得到传输于通信者 (Alice 和 Bob) 之间的 RF 的任何信息. 这里换一个角度来思考协议的安全问题. 考虑一种原文没有提到的特殊威胁, 即在通信完成之后, Alice 发送的 RF 与 Bob 收到的 RF 之间的一致性没有得到保证. 下面将给出一种特殊的攻击方法使得 Eve 能在不被发现的情况下破坏这种一致性.

以文献 [45] 中的第一个协议为例来说明问题. 在这个协议中, Alice 与 Bob 事先共享有一串密钥, 在共享密钥的帮助下 Alice 能秘密地传输一个方向 (z 轴) 信息给 Bob. 协议的过程是这样的：Alice 发送一串 spin–1/2 粒子给 Bob, 这些粒子的状态取决于她与 Bob 之间的共享密钥, 即自旋向上和向下分别对应于密钥比特 0 和 1. 收到这些粒子以后, Bob 分别沿着自己的三个坐标轴 x, y, z 对它们进行测量, 并比较共享密钥比特与测量结果的值. 通过计算三种测量各自所对应的错误率, Bob 可以估计出他自己的三个坐标轴 x, y, z 与 Alice 的 z 轴之间的夹角 $\theta_x, \theta_y, \theta_z$[图 6-5(a)]. 这样 Bob 就以一定的精确度得到了 Alice 的 z 轴方向. 为了检测窃听, Bob 检查三个夹角余弦的平方和是否以较高精度趋近于 1.

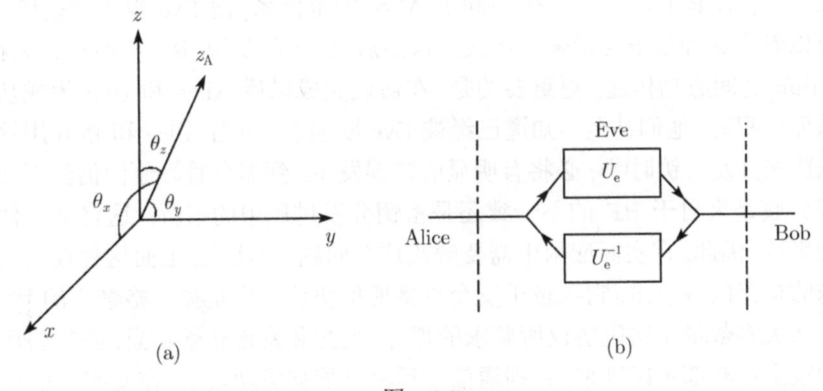

图 6-5

注：(a) 估计 Alice 的 z 轴方向 $z_{\rm A}$ 的方法. 三个夹角满足 $\cos^2\theta_x + \cos^2\theta_y + \cos^2\theta_z = 1$;
(b) Eve 为了避开一般性的 “准备–测量” 检测而采取的附加策略.

在这个协议中, 如果 Eve 为了得到 Alice 的 z 轴信息而盲目地对信道中传输的粒子进行测量, 其窃听将对粒子的自旋带来去极化效应, 进而被 Bob 所发现 (即

Bob 得到的三个夹角不匹配). 然而 Eve 可以采取一种特殊的攻击方法. 她对信道中传输的每个粒子做一个幺正操作 U_e, 使得它们的自旋方向被旋转一个角度. 因为 Eve 不知道 U_e 在 Alice 的表象中到底是什么操作, 所以她不知道这个角度的具体值 (因此这里 U_e 是随机选取的). 但是, Eve 不需要知道这个角度. 这里 Eve 的目的是破坏通信而不是窃取所发送的方向信息 (实际上, 由于没有 Alice 和 Bob 所共享的密钥, Eve 不可能通过测量粒子提取到所传输方向的任何信息, 这一点跟一次一密乱码本中的情况类似). 由于这种攻击的作用仅仅是将每个粒子的自旋方向旋转一个相同的角度, Bob 将接收到一个不同于 Alice 的 z 轴的方向. 更严重的是, 他检测不到 Eve 的存在 (显然不管接收到的是什么方向, 它与 Bob 的坐标轴的三个夹角 $\theta_x,\theta_y,\theta_z$ 都满足 $\cos^2\theta_x+\cos^2\theta_y+\cos^2\theta_z=1$).

在文献 [45] 的其他三个协议中, Alice 可以秘密传输一个卡氏系 (Cartesian frame) 给 Bob. 但在这些协议中存在着同样的问题. 考虑 Alice 将发送给 Bob 的任意一个态 $|\varphi\rangle$. 因为 $|\varphi\rangle$ 是 Alice 根据她的卡氏系产生的, 从 Bob 的角度来看, 所有的自旋方向都旋转了一个特定的角度. 这种旋转操作可用 $g\in SU(2)$ 表示, 它将 Bob 和 Alice 的坐标轴联系起来. 因此, Bob 的目的就是通过测量 Alice 发给他的所有粒子来推出 g 的值. 这就是这三个协议的基本思想. 这里 Eve 也可以对每个粒子作用一个幺正操作 U_e. 同样地, 这个幺正操作是由 Eve 随机选出的, Eve 并不知道相对于 Alice 的卡氏系 e 的具体值. 这样, Bob 通过测量估计出的联结两套坐标轴之间关系的参数就不再是 g, 而是 eg. 表面上看, 这就像是 Alice 本来发送的就是 eg 而不是 g, 而这是这种攻击所带来的唯一区别. 因此, 一切步骤都将很自然地进行下去. 到最后 Bob 将得到一个不同于 Alice 的卡氏系, 而 Eve 也不会被检测到.

可以看出这种攻击会带来一种很严重的后果, 也就是说, RF 不能按计划在 Alice 和 Bob 之间成功传递. 更重要的是, 在协议完成以后 Alice 和 Bob 为成功共享卡氏系而庆祝时, 他们甚至不知道已经被 Eve 欺骗了. 而当 Alice 和 Bob 用这种不同的 RF 来分发密钥时[48], 必将有明显的错误发生. 到那个时候他们仍然不知道这些错误到底是来自于 RF 的不一致还是密钥分发过程中的窃听. 这将是一件非常棘手的事情. 因此, 在实际应用中需要解决这个问题. 事实上, 上面这种攻击属于一种特殊的拒绝服务攻击, 它在量子安全直接通信协议中也是被严格禁止的 [49,50].

正如大多数量子密码协议所要求的那样, 要想秘密地传输信息, 必须将所有能想到的攻击策略都考虑进来, 否则通信过程将可能被成功攻击. 在文献 [45] 中作者主要考虑了怎样防止 Eve 窃取到所传输的 RF 信息, 而忽略了两个 RF 的一致性问题.

现在讨论怎样检测这种特殊攻击. 与一般的量子密码协议不同, 这里 Alice 和 Bob 在通信之前没有一个共享的 RF. 因此, 他们检测窃听的能力是有限的. 举例来说, 他们只能像文献 [45] 中那样检测所传方向或参考系的唯一性, 或者利用检测粒子的旋转不变子系统来检测. 但这两种方法都对上面的特殊攻击不起作用. 另外一种容易想到的检测办法就是在通信完成后比较通信双方 RF 的一致性. 在 QKD 协议中, Alice 和 Bob 可以通过选出一些密钥比特并公开比较的方法来判断两者的密钥是否相同. 但这种方法在这里是行不通的, 因为这里传输的目标是不能在经典信道中公开讨论的不可描述信息.

另外一种检测这种特殊攻击的方法是利用一般的 "准备–测量" 方式. 具体地, Alice(Bob) 准备某个量子态并把它发送给 Bob(Alice). 当 Bob(Alice) 测量以后, 两者可以公开比较初始态与测量结果, 进而判断他们的 RF 是否一致. 但是这种情况下 Eve 可以通过一些额外操作来使这种检测方法失效. 比如, Eve 对所有从 Alice 一方传输到 Bob 一方的粒子做幺正操作 U_{e}, 同时对所有反方向传输的粒子做幺正操作 U_{e}^{-1}[图 6-5(b)]. 如上所述, 在 Eve 的攻击下, Alice 和 Bob 的 RF 之间的差别正好是 U_{e}. 因此当 Eve 作用 U_{e} 和 U_{e}^{-1} 后, Alice(Bob) 制备的态和 Bob(Alice) 测量的态会在他们各自的参考系下表现出完全相同的物理学性质. 这样, 当 Alice 和 Bob 公开比较时将检测不出任何错误.

由以上分析可知, 要想检测到这种攻击, 检测粒子不能在公开信道中传输. 一种可能的办法是利用某些 Alice 和 Bob 事先共享的量子态来进行检测. 例如, Alice 和 Bob 在传输 RF 之前共享一些自旋单态纠缠对 $|\Psi^-\rangle = 1/\sqrt{2}\,(|01\rangle - |10\rangle)$(即每对中的一个粒子在 Alice 手中, 而另一个在 Bob 手中). 当 Alice 把一个 RF 传送给 Bob 以后, 他们根据各自的 RF 测量每个共享的纠缠对中两粒子的自旋, 并公开比较测量结果. 如果两个 RF 相同, 则两个测量结果必然相反. 通过这种方法, 如果比较中的错误率足够低, Alice 和 Bob 就可以 (以一定精度) 确保两个 RF 的一致性. 然而, 这种检测方法的要求太高, 它需要事先共享纠缠对, 而这些纠缠对本身可能足够秘密传输一个 RF①. 很明显, 如果 Alice 根据她的 RF 测量共享粒子的自旋并声明测量结果, Bob 就能利用类似于文献 [45] 第一个协议中的方法获得 Alice 的 RF.

有人可能会说, Eve 可以在很多其他场合中实施同样的攻击, 例如, 一次一密乱码本、QKD 以及 QSDC. 因此这里再讨论这种攻击好像意义不大. 但是, 在传输 RF 时情况并非如此. 当考虑这种攻击的时候, 传输一个 RF 与传输一串经典或量子消息是完全不同的. 具体来说, 当传输消息时可以用很多方法来轻易避免这种攻击, 比如消息认证、纠错码或者直接选出部分消息比特来检测窃听 [50]. 但所有这些方法在传输 RF 的情形下都是无用的. 从上面的分析可以看出, 这个问题非常棘手并且还远没有被彻底解决. 人们迫切需要找到一种在传输 RF 时检测这种攻击 (或检查共享 RF 之间的一致性) 的有效方法. 因此, 虽然大家都认为这个问题在以前

① 在讨论中 Maccone 指出以一定的精确度来检测两个 RF 的一致性需要消耗的纠缠对数量恰好等于以同样精度秘密传输一个 RF 所需要的纠缠对. 并说明这一结果的详细说明将出现在 quant-ph 上.

的密码协议如一次一密乱码本、QKD 或 QSDC 中是不可避免的, 人们仍然需要在分发 RF 时对它给予足够的重视.

综上所述, 本节对秘密传输 RF 的几个协议提出了一种特殊攻击方法, 用这种方法攻击者可以在不被检测到的情况下改变信道中传输的 RF. 也就是说, 用这些协议分发的 RF 需要重新检查. 此外, 本节还初步讨论了检测两个 RF 一致性的方法. 结果表明, 要想彻底解决这个问题还有很多工作要做. 需要强调的是, 秘密传输 RF 是一种全新的课题, 它可能会成为今后研究的热点. 希望这种特殊攻击方法能够在今后的工作中引起大家的注意并得到进一步的研究.

6.6 对基于可重用 GHZ 载体的量子秘密共享协议的窃听

前面几节分析了几类量子密钥分发协议和双向量子安全直接通信协议的安全漏洞, 给出了具体的攻击策略和改进方法, 并对共享参考系的一致性做了分析讨论, 在后面几节主要研究量子秘密共享协议的安全性. 一般来说, 与两方量子密钥分发协议相比, 量子秘密共享协议的安全性分析更为复杂, 因为秘密共享中可能存在不可信的参与方. 不可信的参与方与外部攻击者相比较, 他具有更大的优势, 一方面他合法地拥有一份子秘密, 另一方面他可以利用其对部分载体粒子的合法控制在检测窃听过程中欺骗合法通信者以掩盖其攻击留下的痕迹. 这一点实际与 6.1 节分析的多方量子密钥分发协议类似.

在文献 [13] 中, Bagherinezhad 和 Karimipour 提出了一种基于可重用 GHZ 态的量子秘密共享协议 (简称为 BK 协议), 并证明其在 "截获 — 重发" 和 "纠缠附加粒子" 两种窃听策略下是安全的. 但是, 研究表明, 该协议是不安全的. 本节给出了针对该协议的两种不同的攻击方法, 第一种攻击策略, 外部窃听者 Eve 可以获得一半的秘密同时不会引入任何错误; 第二种攻击策略, 内部不诚实的参与方则可以获得全部的信息且至多以一个数据比特错误为代价.

6.6.1 BK 协议简述

BK 协议的主要原理如下所述. 在偶数轮, Alice, Bob 和 Charlie 共享载体 $|G\rangle_{\rm abc}=(1/\sqrt{2})\,(|000\rangle+|111\rangle)_{\rm abc}$, Alice 将两个控制非门操作 (CNOT) $C_{\rm a1}$, $C_{\rm a2}$ 作用于量子态 $|qq\rangle_{12}$ 和 $|G\rangle_{\rm abc}$ 上, 整个系统的量子态转化为 $|\Phi^{\rm odd}\rangle=\left(|000\rangle_{\rm abc}|qq\rangle_{12}+|111\rangle_{\rm abc}|1+q,1+q\rangle_{12}\right)/\sqrt{2}$, 这里 $|qq\rangle_{12}$ 表示数据比特 q, CNOT 门的第一个下标表示控制比特, 第二个下标表示目标比特. 在奇数轮, 三方共享载体状态为 $|E\rangle_{\rm abc}=(1/\sqrt{2})\,(|000\rangle+|110\rangle+|101\rangle+|011\rangle)_{\rm abc}$. Alice 执行控制非门操作 $C_{\rm a1}$ 于态 $|\overline{q}\rangle_{12}=(1/\sqrt{2})\,(|0,q\rangle+|1,1+q\rangle)_{12}$ 和 $|E\rangle_{\rm abc}$, 产生量子态 $|\Psi^{\rm even}\rangle=(1/\sqrt{2})\left(|0\rangle_{\rm a}|\overline{0}\rangle_{\rm bc}|\overline{q}\rangle_{12}+|1\rangle_{\rm a}|\overline{1}\rangle_{\rm bc}|\overline{1+q}\rangle_{12}\right)$, 这里态 $|\overline{q}\rangle_{12}$ 表示数据比特 q. 每一轮中, Alice 分别传送粒子

1, 2 给 Bob 和 Charlie. 在目的端, Bob 执行 C_{b1} 后再测量粒子 1; Charlie 执行 C_{c1} 并且测量粒子 2, 两者合作可以恢复 Alice 发送的数据比特. 在每一轮结束时, Alice, Bob 和 Charlie 分别在各自的载体粒子上执行局域 Hadamard 门操作, 将 $|G\rangle$ 和 $|E\rangle$ 互相转化, 即产生适合下一轮的载体. 为了检测通信过程中是否存在窃听者, Alice 公开地将其发送的比特子序列和相应的 Bob, Charlie 测量后获得的比特子序列作比较, 根据错误率确定该次通信成功或者失败.

6.6.2 外部攻击

本小节介绍第一种攻击策略, 在附加粒子的帮助下, 外部攻击者 Eve 可以提取到大约一半密钥信息, 同时不被 Alice, Bob 和 Charlie 发现.

根据协议规定, Alice, Bob 和 Charlie 事先共享一个 GHZ 态

$$|G\rangle = (1/\sqrt{2})\,(|000\rangle + |111\rangle) \tag{6-50}$$

作为载体, Alice 要分发给 Bob 和 Charlie 的密钥为 $q_1, q_2, q_3, \cdots, q_n$. Eve 准备一个状态为 $|0\rangle$ 的附加粒子, 具体的窃听策略如下:

(1) 第一轮, 当 Alice 发送粒子后, Eve 截获在信道中传输的第一个粒子 (用下标 1 表示) 并对这个粒子和她的附加粒子做 CNOT 操作 $C_{1\mathrm{e}}$, 整个系统的量子态变为

$$\begin{aligned} \left|\Psi^0_{\mathrm{abce12}}\right\rangle &= \frac{1}{\sqrt{2}}\,(|000000\rangle + |111111\rangle) \quad (q_1 = 0) \\ \text{或}\left|\Psi^1_{\mathrm{abce12}}\right\rangle &= \frac{1}{\sqrt{2}}\,(|000111\rangle + |111000\rangle) \quad (q_1 = 1) \end{aligned} \tag{6-51}$$

之后 Eve 把截获的粒子重新发送给 Bob. 这里上标 0 和 1 分别对应于 $q_1 = 0$ 和 $q_1 = 1$ 的情况. 这种标记在后文中同样适用, 并且为了简单下文省略"或"字.

很明显 Eve 的操作不会对 Bob 和 Charlie 的解纠缠操作引入任何错误. 当 Bob 和 Charlie 解纠缠后, 四人的复合系统的状态变为

$$\begin{aligned} \left|\Theta^0_{\mathrm{abce}}\right\rangle_{\mathrm{odd}} &= \frac{1}{\sqrt{2}}\,(|0000\rangle + |1111\rangle) \\ \left|\Theta^1_{\mathrm{abce}}\right\rangle_{\mathrm{odd}} &= \frac{1}{\sqrt{2}}\,(|0001\rangle + |1110\rangle) \end{aligned} \tag{6-52}$$

(2) Eve 对她的附加粒子做 Hadamard 操作. 根据 BK 协议, 在把 $|\bar{q}_2\rangle$ 纠缠进载体态之前, Alice, Bob 和 Charlie 也将对各自的粒子做 Hadamard 操作. 于是, 四个 Hadamard 操作把他们之间的纠缠态变为

$$\begin{aligned} \left|\Theta^0_{\mathrm{abce}}\right\rangle_{\mathrm{even}} = H \otimes 4 \left|\Theta^0_{\mathrm{abce}}\right\rangle_{\mathrm{odd}} = \frac{1}{2\sqrt{2}}\big(&|0000\rangle + |0011\rangle + |0101\rangle + |0110\rangle \\ &+ |1001\rangle + |1010\rangle + |1100\rangle + |1111\rangle\big) \end{aligned} \tag{6-53}$$

$$
\begin{aligned}
\left|\Theta_{\text{abce}}^{1}\right\rangle_{\text{even}} = H\otimes 4\left|\Theta_{\text{abce}}^{1}\right\rangle_{\text{odd}} = \frac{1}{2\sqrt{2}}\big(&|0000\rangle - |0011\rangle - |0101\rangle + |0110\rangle \\
&- |1001\rangle + |1010\rangle + |1100\rangle - |1111\rangle\big)
\end{aligned}
$$

(3) 第三轮, 当 Alice 发送粒子后, Eve 截获其中的第一个粒子并对它和附加粒子做 CNOT 操作 C_{e1}, 然后把它重新发送给 Bob. Eve 这样做的目的是避开合法通信者的检测.

根据协议, Bob 和 Charlie 会把信息比特从载体态中解纠缠, 这样, 四方中的每一方均做了一个 CNOT 操作 (他们各自的粒子作为控制位, 两个信息比特作为目标位). 另外从式 (6-53) 中可以看出, $\left|\Theta_{\text{abce}}^{0}\right\rangle_{\text{even}}$ 和 $\left|\Theta_{\text{abce}}^{1}\right\rangle_{\text{even}}$ 中的每一项都是偶重的. 上述的四个 CNOT 操作可以看成是对所传输的 $|\overline{q}\rangle$ 进行翻转. 由前面提到的 $|\overline{q}\rangle$ 在翻转作用下的性质可知, Eve 的操作不会对这一轮的密钥分发引入错误并且保持 $\left|\Theta_{\text{abce}}^{0}\right\rangle_{\text{even}}$ 和 $\left|\Theta_{\text{abce}}^{1}\right\rangle_{\text{even}}$ 不变. 因此, 本轮中虽然 Eve 不能提取到密钥信息但她可以避开合法通信者的窃听检测.

(4) 与 Alice, Bob 和 Charlie 一样, Eve 再次对她的附加粒子做 Hadamard 操作. 这四个 Hadamard 操作把纠缠态 $\left|\Theta_{\text{abce}}^{0}\right\rangle_{\text{even}}$ $(\left|\Theta_{\text{abce}}^{0}\right\rangle_{\text{even}})$ 变成 $\left|\Theta_{\text{abce}}^{0}\right\rangle_{\text{odd}}$ $(\left|\Theta_{\text{abce}}^{1}\right\rangle_{\text{odd}})$ [式 (6-52)]. 这个纠缠态将在下一轮继续充当载体态的角色.

(5) 第三轮, Eve 可以在不引入错误的情况下得到部分密钥信息, 她的操作包括: 截获 Alice 发送的第一个信息比特并做 CNOT 操作 C_{e1}, 测量这个信息比特, 再次做 C_{e1} 并把它重新发送给 Bob.

具体地, 假设要分发的经典比特 (即 q_3) 被编码为 $|q,q\rangle$ $(q=0$ 或 $1)$. 当 Alice 把这两个信息量子比特纠缠进载体态后, 整个系统的状态可以表示为

$$
\begin{aligned}
\left|\Phi_{\text{abce12}}^{0}\right\rangle &= \frac{1}{\sqrt{2}}\left(|0000,q,q\rangle + |1111,q+1,q+1\rangle\right) \\
\left|\Phi_{\text{abce12}}^{1}\right\rangle &= \frac{1}{\sqrt{2}}\left(|0001,q,q\rangle + |1110,q+1,q+1\rangle\right)
\end{aligned} \tag{6-54}
$$

其中的加法为模 2 加.

当 Alice 发送这两个量子比特后, Eve 截获第一个粒子并做 CNOT 操作 C_{e1}, 则系统的量子态变为

$$
\begin{aligned}
\left|\Omega_{\text{abce12}}^{0}\right\rangle &= \frac{1}{\sqrt{2}}\left(|0000,q\rangle + |1111,q+1\rangle\right)_{\text{abce2}}|q\rangle_{1} \\
\left|\Omega_{\text{abce12}}^{1}\right\rangle &= \frac{1}{\sqrt{2}}\left(|0001,q\rangle + |1110,q+1\rangle\right)_{\text{abce2}}|q+1\rangle_{1}
\end{aligned} \tag{6-55}
$$

其中省略了 $\otimes$ 符号. 从上式中可以看出, 第一个信息比特已经被解纠缠出来. 之后 Eve 用 $B_z=\{|0\rangle,|1\rangle\}$ 基对这个粒子进行测量并得到结果 q(当 $q_1=0$ 时) 或

$q+1$(当 $q_1=1$ 时). 用 $r_i(i=1,2,\cdots,n)$ 表示对信息位 q_i 的窃听结果. 于是 Eve 知道, $r_3=q_3$(当 $q_1=0$ 时) 或 $r_3=q_3+1$(当 $q_1=1$ 时). 之后, Eve 再次做 CNOT 操作 C_{e1} 把系统的状态恢复到如式 (6-54) 所示, 并把信息比特重新发送给 Bob.

容易验证, Eve 的操作不会对 Bob 和 Charlie 的解纠缠带来任何错误. 而且, 四者间的纠缠态仍为 $\left|\Theta^0_{\text{abce}}\right\rangle_{\text{odd}}$ 或 $\left|\Theta^1_{\text{abce}}\right\rangle_{\text{odd}}$[式 (6-52)].

(6) 在接下来的轮次里, Eve 采取类似的操作来进行窃听. 也就是说, 在奇数轮中 Eve 做第 (5) 步中的操作, 而在偶数轮中做第 (3) 步中的操作. 此外, 当 Alice, Bob 和 Charlie 在每轮结束的时候对各自的粒子做 Hadamard 操作时, Eve 也对自己的附加粒子做同样的操作 (与第 (2) 步和第 (4) 步相同).

通过上面的策略, Eve 可以避开三个合法通信者的检测并在通信完成后窃听到几乎所有奇数位密钥比特信息. 她的测量结果为 $r_3,r_5,r_7,\cdots,r_{2m+1}(m=1,2,3,\cdots$ 且 $2m+1\leqslant n)$, 由此 Eve 可以得出结论: Alice 分发的奇数位密钥 $q_1,q_3,q_5,\cdots,q_{2m+1}$ 必定是 $0,r_3,r_5,\cdots,r_{2m+1}$ 和 $1,r_3+1,r_5+1,\cdots,r_{2m+1}+1$ 中的一个.

因为仍然包含两种可能的情况, 如上的窃听结果看起来似乎还不太完美. 然而, 根据协议要求, 三个合法通信者需要在通信结束前公开比较所有密钥序列的一个随机子集来检测窃听, 这将泄露给 Eve 有用的信息. 即只要某一个奇数位密钥被公开比较 (发生的概率很大), Eve 就可以据此判断如上两个可能的结果中哪一个是正确的. 这样, Eve 可以以很高的概率完全得到 Alice 分发的所有奇数位密钥 (除非公开比较的子集全部由偶数位构成).

6.6.3　参与者攻击

6.6.2 节的攻击策略使得一个外部窃听者 Eve 获得一半的秘密同时不会被合法通信者发现, 而采用下文的攻击策略, 一个不诚实的参与方 (不妨假设 Bob), 可以在秘密共享之前获得所有秘密比特, 至多引起一个比特错误.

下面介绍具体的攻击策略. 在攻击过程中, 不诚实的参与方 Bob 在一个偶数轮中执行操作使得纠缠分裂, 在随后的每轮中, Bob 利用分裂的纠缠来截取–转发数据比特. 因此下面称这种攻击方法为纠缠分裂攻击.

在开始, 对应 Alice 想分发给 Bob 和 Charlie 的数据比特 $q_1,q_2,\cdots,q_n$, Bob 准备两个变量串 $d_1,d_2,\cdots,d_n$ 和 $e_1,e_2,\cdots,e_n$, 前者用来记录窃取比特, 后者用来记录公布比特. 不失一般性, 假定 Bob 的攻击开始于第二轮.

整个攻击策略由四部分组成: 纠缠分裂、保持分裂纠缠、转发比特和截取比特.

1) 纠缠分裂操作

在第二轮, Bob 开始进行攻击, 他执行幺正操作使得整个系统的纠缠发生分裂. Bob 截取 Alice 传送的量子比特 2, 在粒子 b, 1 和 2 上执行一个幺正操作 U, 这里 $U\left|000\right\rangle=\left|000\right\rangle$, $U\left|001\right\rangle=\left|110\right\rangle$, $U\left|010\right\rangle=\left|111\right\rangle$, $U\left|011\right\rangle=\left|001\right\rangle$, $U\left|100\right\rangle=\left|100\right\rangle$,

$U|101\rangle = |010\rangle, U|110\rangle = |011\rangle$ 和 $U|111\rangle = |101\rangle$. 具体过程如下.

Alice 将一个比特编码在量子比特 1 和 2, 产生量子态

$$\begin{aligned}|\Psi^0_{\mathrm{abc12}}\rangle &= \frac{1}{2\sqrt{2}}\big(|00000\rangle + |00011\rangle + |01100\rangle + |01111\rangle \quad (q_2 = 0)\\ &\quad + |10101\rangle + |10110\rangle + |11001\rangle + |11010\rangle\big)\\ \text{或 } |\Psi^1_{\mathrm{abc12}}\rangle &= \frac{1}{2\sqrt{2}}\big(|00001\rangle + |00010\rangle + |01101\rangle + |01110\rangle \quad (q_2 = 1)\\ &\quad + |10100\rangle + |10111\rangle + |11000\rangle + |11011\rangle\big)\end{aligned} \tag{6-56}$$

其中, 上标 0 和 1 分别表示对应 $q_2 = 0$ 和 $q_2 = 1$ 的态. 这个符号也应用到后面的等式中. 为了简便, 在后文中省略 "或" 字.

Bob 在粒子 b, 1 和 2 上执行上面定义的幺正操作 U 后, 整个量子系统的态变为

$$\begin{aligned}|\Theta^0_{\mathrm{abc12}}\rangle &= \frac{1}{2\sqrt{2}}(|00000\rangle + |00001\rangle + |01100\rangle + |01101\rangle\\ &\quad + |11110\rangle + |11111\rangle + |10010\rangle + |10011\rangle)\\ |\Theta^1_{\mathrm{abc12}}\rangle &= \frac{1}{2\sqrt{2}}(|01010\rangle + |01011\rangle + |00110\rangle + |00111\rangle\\ &\quad + |10100\rangle + |10101\rangle + |11000\rangle + |11001\rangle)\end{aligned} \tag{6-57}$$

即

$$\begin{aligned}|\Theta^0_{\mathrm{a1bc2}}\rangle &= \frac{1}{\sqrt{2}}(|00\rangle + |11\rangle)_{\mathrm{a1}} \otimes \frac{1}{\sqrt{2}}(|00\rangle + |11\rangle)_{\mathrm{bc}} \otimes \frac{1}{\sqrt{2}}(|0\rangle + |1\rangle)_2\\ |\Theta^1_{\mathrm{a1bc2}}\rangle &= \frac{1}{\sqrt{2}}(|01\rangle + |10\rangle)_{\mathrm{a1}} \otimes \frac{1}{\sqrt{2}}(|01\rangle + |10\rangle)_{\mathrm{bc}} \otimes \frac{1}{\sqrt{2}}(|0\rangle + |1\rangle)_2\end{aligned} \tag{6-58}$$

由式 (6-58) 可以看出原来整个系统的纠缠发生了分裂. 初始的载体 GHZ 态分裂为两个 EPR 对. 粒子 a 和 1 是 Alice 和 Bob 之间的 EPR 对, b 和 c 是 Bob 和 Charlie 之间的 EPR 对.

粒子 1 在不同轮中具有不同的作用, 第二轮中的粒子 1 将作为随后的载体的一个部分, 但其他轮中的粒子 1 将会被 Bob 测量. 为了区别, 将第二轮中的这个粒子 1 标记为 $\bar{\mathrm{b}}$.

2) 保持分裂纠缠的操作

在每一轮, Alice 和 Bob 之间、Bob 和 Charlie 之间编码操作和相应的解码操作被完成之后, 两个 EPR 态载体被恢复. 关于这点的分析可以在后面转发比特操作和截取比特操作这两步中看到.

根据 BK 协议, 每轮结束后, Alice 和 Charlie 分别对粒子 a 和 c 执行 Hardamard 操作. 为了保持分裂纠缠, Bob 分别在粒子 b 和 $\bar{\text{b}}$ 上执行同样的操作. 演化表示为

$$\begin{aligned}
&H_{\text{a}} \otimes H_{\bar{\text{b}}} \otimes H_{\text{b}} \otimes H_{\text{c}} \frac{1}{\sqrt{2}}(|00\rangle + |11\rangle)_{\text{a}\bar{\text{b}}} \otimes \frac{1}{\sqrt{2}}(|00\rangle + |11\rangle)_{\text{bc}} \\
&= \frac{1}{\sqrt{2}}(|00\rangle + |11\rangle)_{\text{a}\bar{\text{b}}} \otimes \frac{1}{\sqrt{2}}(|00\rangle + |11\rangle)_{\text{bc}} \\
&H_{\text{a}} \otimes H_{\bar{\text{b}}} \otimes H_{\text{b}} \otimes H_{\text{c}} \frac{1}{\sqrt{2}}(|01\rangle + |10\rangle)_{\text{a}\bar{\text{b}}} \otimes \frac{1}{\sqrt{2}}(|01\rangle + |10\rangle)_{\text{bc}} \\
&= \frac{1}{\sqrt{2}}(|00\rangle - |11\rangle)_{\text{a}\bar{\text{b}}} \otimes \frac{1}{\sqrt{2}}(|00\rangle - |11\rangle)_{\text{bc}} \\
&H_{\text{a}} \otimes H_{\bar{\text{b}}} \otimes H_{\text{b}} \otimes H_{\text{c}} \frac{1}{\sqrt{2}}(|00\rangle - |11\rangle)_{\text{a}\bar{\text{b}}} \otimes \frac{1}{\sqrt{2}}(|00\rangle - |11\rangle)_{\text{bc}} \\
&= \frac{1}{\sqrt{2}}(|01\rangle + |10\rangle)_{\text{a}\bar{\text{b}}} \otimes \frac{1}{\sqrt{2}}(|01\rangle + |10\rangle)_{\text{bc}}
\end{aligned} \tag{6-59}$$

由式 (6-59) 可以发现

若 $q_2 = 0$, 载体在每一轮总是处于态 $(1/\sqrt{2})(|00\rangle + |11\rangle)_{\text{a}\bar{\text{b}}} \otimes (1/\sqrt{2})(|00\rangle + |11\rangle)_{\text{bc}}$;

若 $q_2 = 1$, 载体在每一奇数轮处于态 $(1/\sqrt{2})(|00\rangle - |11\rangle)_{\text{a}\bar{\text{b}}} \otimes (1/\sqrt{2})(|00\rangle - |11\rangle)_{\text{bc}}$, 在每一偶数轮处于态 $(1/\sqrt{2})(|01\rangle + |10\rangle)_{\text{a}\bar{\text{b}}} \otimes (1/\sqrt{2})(|01\rangle + |10\rangle)_{\text{bc}}$.

3) 转发比特操作

这一步主要实现利用已经分裂的纠缠转发比特. 由上面的分析可知, 在每一轮 Bob 和 Charlie 共享三种 EPR 态之一, $(1/\sqrt{2})(|00\rangle + |11\rangle)_{\text{bc}}$, $(1/\sqrt{2})(|00\rangle - |11\rangle)_{\text{bc}}$ 或 $(1/\sqrt{2})(|01\rangle + |10\rangle)_{\text{bc}}$.

为了转发一个比特 ψ, Bob 准备一个处于态 $|\psi\rangle$ 的假冒粒子作为粒子 2, 并在 $|\psi\rangle_2$ 和载体态上执行控制非门操作 C_{b2}, 即对 $(1/\sqrt{2})(|00\rangle + |11\rangle)_{\text{bc}}|\psi\rangle_2$, $(1/\sqrt{2})(|00\rangle - |11\rangle)_{\text{bc}}|\psi\rangle_2$ 或 $(1/\sqrt{2})(|01\rangle + |10\rangle)_{\text{bc}}|\psi\rangle_2$ 执行 C_{b2}, 产生量子态 $(1/\sqrt{2})(|0,0,\psi\rangle + |1,1,\psi\rangle)_{\text{bc}_2}$, $(1/\sqrt{2})(|0,0,\psi\rangle + |1,1,1+\psi\rangle)_{\text{bc}_2}$ 或 $(1/\sqrt{2})(|0,1,\psi\rangle + |1,0,1+\psi\rangle)_{\text{bc}_2}$. 然后 Bob 将假冒的粒子传给 Charlie.

在目的端, 根据 BK 协议, Charlie 在这个态上执行操作 C_{c2}, 产生态 $(1/\sqrt{2})(|00\rangle + |11\rangle)_{\text{bc}}|\psi\rangle_2$, $(1/\sqrt{2})(|00\rangle - |11\rangle)_{\text{bc}}|\psi\rangle_2$ 或 $(1/\sqrt{2})(|01\rangle + |10\rangle)_{\text{bc}}|1+\psi\rangle_2$.

Charlie 测量假冒粒子提取传输比特. 当 Bob 和 Charlie 之间共享载体 $(1/\sqrt{2})(|00\rangle \pm |11\rangle)_{\text{bc}}$ 时, Bob 传送的比特和 Charlie 接收的比特是相同的, 当两人共享载体 $(1/\sqrt{2})(|01\rangle + |10\rangle)_{\text{bc}}$ 时, Bob 传送的比特和 Charlie 接收的比特是相反的.

在第二轮, 分裂纠缠操作之后, Bob 抛弃粒子 2, 然后记录 $e_2 = 0$, $d_2 = 0$, $\psi = 0$. Bob 转发比特 ψ 给 Charlie. 在目的端, 当 $q_2 = 0$ 时 Charlie 收到比特 0, 当 $q_2 = 1$ 时 Charlie 收到比特 1.

4) 截取比特操作和欺骗策略

首先, 考虑每个奇数轮的截取–转发 (轮 $2m+1, 3 \leqslant 2m \leqslant n$).

根据 BK 协议, Alice 执行操作 $C_{a1}C_{a2}$ 之后, 全部态转化为

$$
\begin{aligned}
&(|00\rangle_{a\bar{b}}|q,q\rangle_{12} + |11\rangle_{a\bar{b}}|1+q,1+q\rangle_{12}) \otimes \frac{1}{\sqrt{2}}(|00\rangle + |11\rangle)_{bc}(q_2=0) \\
&(|00\rangle_{a\bar{b}}|q,q\rangle_{12} - |11\rangle_{a\bar{b}}|1+q,1+q\rangle_{12}) \otimes \frac{1}{\sqrt{2}}(|00\rangle - |11\rangle)_{bc}(q_2=1)
\end{aligned} \tag{6-60}
$$

收到粒子 1 和截取粒子 2 之后, Bob 在粒子 $\bar{b}$,1 和 2 上执行两个控制非门操作 $C_{\bar{b}1}$ 和 $C_{\bar{b}2}$, 产生态

$$
\begin{aligned}
&\frac{1}{\sqrt{2}}(|00\rangle + |11\rangle)_{a\bar{b}} \otimes |q,q\rangle_{12} \otimes \frac{1}{\sqrt{2}}(|00\rangle + |11\rangle)_{bc} \\
&\frac{1}{\sqrt{2}}(|00\rangle - |11\rangle)_{a\bar{b}} \otimes |q,q\rangle_{12} \otimes \frac{1}{\sqrt{2}}(|00\rangle - |11\rangle)_{bc}
\end{aligned} \tag{6-61}
$$

然后 Bob 用 $\{|00\rangle, |01\rangle, |10\rangle, |11\rangle\}$ 基测量粒子 1, 2 从而获得表示比特 q 的测量结果 $|q,q\rangle_{12}$. 显然 Alice 传送的比特和 Bob 收到的比特总是相同的.

Bob 记录 $e_{2m+1}=q$, $d_{2m+1}=q$ 和 $\psi=q$. 利用第三阶段所述转发比特操作, Bob 利用载体 $(1/\sqrt{2})(|00\rangle+|11\rangle)_{bc}$ 或者 $(1/\sqrt{2})(|00\rangle-|11\rangle)_{bc}$ 传送比特 ψ 给 Charlie.

从上面的分析可以看到, 由于 Alice, Bob 和 Charlie共享载体$(|00\rangle+|11\rangle)_{a\bar{b}}/\sqrt{2}\otimes(|00\rangle+|11\rangle)_{bc}/\sqrt{2}$ 或 $(|00\rangle-|11\rangle)_{a\bar{b}}/\sqrt{2}\otimes(|00\rangle-|11\rangle)_{bc}/\sqrt{2}$, 三方拥有相同的比特, 这样使得 Bob 可以逃避检测.

下面考虑每个偶数轮的截取–转发过程 (轮 $2m, 4 \leqslant 2m+1 \leqslant n$).

根据 BK 协议, Alice 执行操作 C_{a1} 之后, 全部态转化为

$$
\begin{aligned}
&\frac{1}{\sqrt{2}}(|00\rangle_{a\bar{b}}|\overline{q}\rangle_{12} + |11\rangle_{a\bar{b}}|\overline{1+q}\rangle_{12}) \otimes \frac{1}{\sqrt{2}}(|00\rangle + |11\rangle)_{bc} \quad (q_2=0) \\
&\frac{1}{\sqrt{2}}(|00\rangle_{a\bar{b}}|\overline{q}\rangle_{12} - |11\rangle_{a\bar{b}}|\overline{1+q}\rangle_{12}) \otimes \frac{1}{\sqrt{2}}(|00\rangle - |11\rangle)_{bc} \quad (q_2=1)
\end{aligned} \tag{6-62}
$$

收到粒子 1 和截取粒子 2 之后, Bob 在粒子 $\bar{b}$ 和 1 上执行控制非门操作 $C_{\bar{b}1}$, 产生量子态

$$
\begin{aligned}
&\frac{1}{\sqrt{2}}(|00\rangle + |11\rangle)_{a\bar{b}} \otimes |\overline{q}\rangle_{12} \otimes \frac{1}{\sqrt{2}}(|00\rangle + |11\rangle)_{bc} \\
&\frac{1}{\sqrt{2}}(|01\rangle + |10\rangle)_{a\bar{b}} \otimes |\overline{1+q}\rangle_{12} \otimes \frac{1}{\sqrt{2}}(|01\rangle + |10\rangle)_{bc}
\end{aligned} \tag{6-63}
$$

然后他用基 $\{|\bar{0}\rangle_{12}, |\bar{1}\rangle_{12}, (1/\sqrt{2})(|00\rangle - |11\rangle)_{12}, (1/\sqrt{2})(|01\rangle - |10\rangle)_{12}\}$ 测量粒子 1, 2. 他可以获得两种测量结果 $|\bar{0}\rangle_{12}$ 或 $|\bar{1}\rangle_{12}$, 分别表示比特 0 和比特 1. 可以验证, 当 Alice 和 Bob 共享载体 $(1/\sqrt{2})(|00\rangle + |11\rangle)_{\rm bc}$ 时, Alice 传送的比特和 Bob 收到的比特总是相同的, 然而当 Alice 和 Bob 共享载体 $(1/\sqrt{2})(|01\rangle + |10\rangle)_{\rm bc}$ 时, Alice 传送的比特和 Bob 收到的比特总是相反的.

当 Bob 截取比特 0, 他记录 $d_{2m} = 0$ 并且随机地记录 $e_{2m} = 0, \psi = 0$ 或者 $e_{2m} = 1, \psi = 1$; 当 Bob 截取比特 1, 他记录 $d_{2m} = 1$ 并且随机地记录 $e_{2m} = 0, \psi = 1$ 或者 $e_{2m} = 1, \psi = 0$. 比特 d_{2m} 的消息被分割成比特 e_{2m} 和比特 ψ. 利用第三阶段所述转发比特操作, Bob 利用载体 $(1/\sqrt{2})(|00\rangle + |11\rangle)_{\rm bc}$ 或者 $(1/\sqrt{2})(|01\rangle - |10\rangle)_{\rm bc}$ 传送比特 ψ 给 Charlie.

当 Alice, Bob 和 Charlie 共享载体 $(1/\sqrt{2})(|00\rangle + |11\rangle)_{\rm a\bar{b}} \otimes (1/\sqrt{2})(|00\rangle + |11\rangle)_{\rm bc}$ 时, Alice 的比特 q_{2m} 和 Bob 的比特 d_{2m} 总是相同的, Bob 的比特 ψ 和 Charlie 的比特也是相同的, 使得 Alice 的比特 q_{2m}、Bob 的比特 e_{2m} 和 Charlie 的比特三者之和为 0(模 2). 这样 Bob 就可以逃避检测.

当 Alice, Bob 和 Charlie 共享载体 $(1/\sqrt{2})(|01\rangle + |10\rangle)_{\rm a\bar{b}} \otimes (1/\sqrt{2})(|01\rangle + |10\rangle)_{\rm bc}$ 时, Alice 的比特 q_{2m} 和 Bob 的比特 d_{2m} 总是相反的, Bob 的比特 ψ 和 Charlie 的比特也是相反的, 两个相反使得 Alice 的比特 q_{2m}、Bob 的比特 e_{2m} 和 Charlie 的比特三者之和为 0(模 2). 这样使得 Bob 同样可以逃避检测.

类似 6.6.2 节, 如上的窃听结果看起来似乎还不太完美, 因为 Bob 的窃取比特串 $\{d_m, 1 \leqslant m \leqslant n\}$ 仍然有两种可能性. 然而, 根据 BK 协议, 三方必须比较数据比特子串来检测窃听者. Bob 公开地宣布比特串 $\{e_m, 1 \leqslant m \leqslant n\}$ 的子串. Alice 的比特或者 Charlie 的比特将泄漏给 Bob. 特别地, 只要不是第二个比特的偶数次序的比特被宣布, Bob 都可以明白两种可能的载体中哪一种载体被利用, 决定是否反转比特 $\{d_{2m}, 4 \leqslant 2m \leqslant n\}$. 假如公开的比特中包括第二个比特, 仅仅第二个比特导致概率为 1/2 的错误, 这个错误可以隐藏在量子噪声中. 否则, 根据载体的种类, Bob 可以准确地知道第二个比特 q_2. 利用这种方式, 除了所有比较的比特为奇次序比特或者次序 2 的比特这个小概率事件以外, Bob 都可以准确获得所有密钥比特.

6.6.4 结束语

总之, 本节提出了两种对 BK 协议的攻击策略, 它允许外部攻击者 Eve 在不被合法通信者发现的情况下提取到一半密钥信息, 而内部不诚实的参与方则可以获得所有的秘密信息并且至多产生一个比特错误. 因此, 这种秘密共享协议 [13] 是不安全的.

需要注意的是, 基于同样思想的文献 [51] 中的 QKD 协议在 θ 取 $\pi/4$ 时也有类似的问题, 攻击者可以通过类似的策略窃听到部分密钥信息而不被合法通信者发现. 从上面的攻击策略可以得出两点指导性的结论. 首先, 当利用可重用的最大纠缠态作为载体来传递信息时, 在每轮中对每个载体粒子作用 Hadamard 变换 [13] 或 $\pi/4$ 旋转[51] 是不能有效防止窃听的. 其次, 在设计协议的时候, 必须保证公开比较任意子集来检测窃听时不会泄露对窃听者有用的信息.

6.7 对环形 BD 协议的一种参与者攻击

Brádler 和 Dušek 在文献 [14] 中提出了两种 QSS 方案, 一种是环形的, 一种是星形的. 文中证明了这两种方案在几种常见攻击策略下的安全性. 然而, 本节将对其中的三方环形方案给出一种特殊的攻击方法, 用这种策略不诚实的 Bob 自己就可以得到 Alice 的秘密消息, 并且不引入任何错误. 为了方便, 称这个三方环形 QSS 方案为环形 BD 协议.

6.7.1 环形 BD 协议简述

Alice 产生一个 EPR 纠缠对, 它处于下面四个 Bell 态之一:

$$|\Phi^{\pm}\rangle_{12} = \frac{1}{\sqrt{2}}(|00\rangle \pm |11\rangle)_{12}, \quad |\Psi^{\pm}\rangle_{12} = \frac{1}{\sqrt{2}}(|01\rangle \pm |10\rangle)_{12} \tag{6-64}$$

其中下标表示不同的粒子. 这个纠缠对的初始状态对应于 Alice 的 2bit 秘密. Alice 发送第二个粒子 (在文献 [14] 中称为 travel qubit, 简记为 TB) 给 Bob. Bob 随机地对它做四个 Pauli 操作 $\{I, \sigma_x, \sigma_z, i\sigma_y\}$ 之一并把它发送给 Charlie. Charlie 也对 TB 随机地做这四个操作之一并把它发回给 Alice. 之后 Alice 对粒子 1 和 2 做 Bell 测量, 并公开测量结果. 根据这个测量结果 Bob 和 Charlie 可以合作推出 Alice 的秘密 (纠缠对的初始状态). 通过重复这个过程, Alice 可以把她的其他秘密比特分发给 Bob 和 Charlie [图 6-6 (a)]. 另一方面, 在某些随机时隙, Bob(或 Charlie) 转换到 "关联测量"(correlation measurement, CM) 模式来检测窃听. 具体来说, 收到 TB 之后, Bob(或 Charlie) 不再对它进行 Pauli 操作, 而是直接用 $B_z = \{|0\rangle, |1\rangle\}$ 基测量. 然后 Bob(或 Charlie) 声明测量结果. 这种情况下 Alice 也对手中的粒子 1 做同样的测量. 通过比较两个测量结果, Alice 可以判断信道中是否有窃听存在. 如果 Charlie 是 CM 的发起者, Alice 不但需要 Charlie 的测量结果, 还需要 Bob 的具体操作来检测窃听.

6.7.2 参与者攻击

本节具体介绍不诚实的参与方 Bob 的欺骗策略. 如图 6-6 (b) 所示, 对 TB(粒子 2) 做完 Pauli 操作 $U_{\rm B}$ 后, Bob 留下它并从自己制备的 EPR 纠缠态中取出一个粒子 (假冒粒子, 记为粒子 4) 来发送给 Charlie. 当 Charlie 把这个粒子发送给

Alice 时, Bob 截获它并把真的 TB(粒子 2′) 发回给 Alice. 通过这种方法, Bob 自己可以在 Alice 做完 Bell 测量并声明测量结果后得到 Alice 的秘密. 与此同时, 如果需要, Bob 可以对粒子 3 和 4′ 做 Bell 测量, 以便得到 Charlie 的 Pauli 操作 U_C.

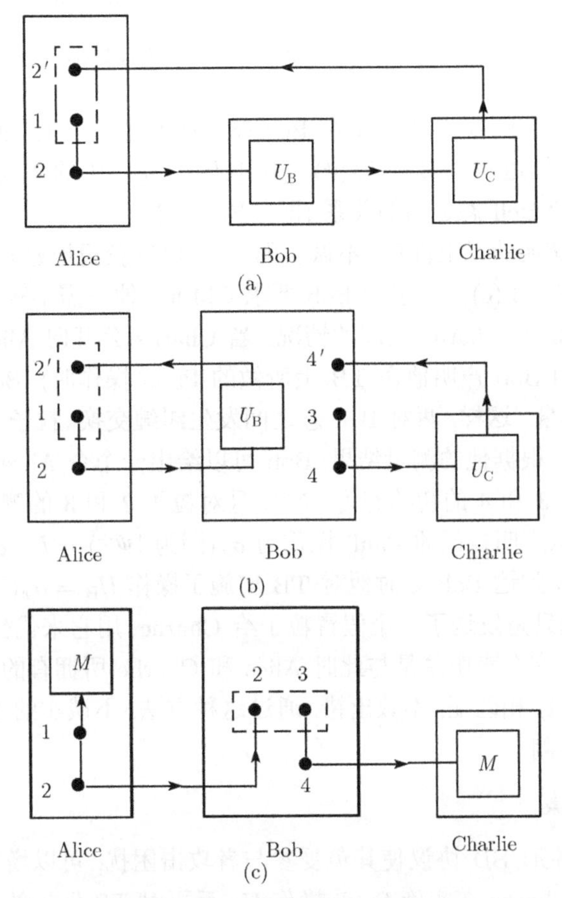

图 6-6 环形 BD 协议 (a) 和参与者攻击 (b), (c)

注：黑点表示粒子, 用直线连在一起的两个粒子代表一个纠缠对. $U_B(U_C)$代表 Bob(Charlie) 所做的 Pauli 操作, M 表示在基 B_z 下的测量. 虚线连成的矩形代表一个 Bell 测量. 此外, 用 $2'(4')$ 来表示作用过 Pauli 操作后的粒子 2 (4). 详细过程请见正文.

上述窃听尚未考虑 CM 过程. 文献 [14] 的作者认为, 当 Bob 采用这种截获–重发策略进行攻击时, 必然会带来干扰, 从而被合法通信者检测到. 然而, 事实并不是这样, Bob 可以用纠缠交换来避过检测.

假设有两个 Bell 态 $|\psi\rangle_{12}$ 和 $|\phi\rangle_{34}$. 如果对其中的粒子 2 和 3 做 Bell 测量, 则会发生纠缠交换

$$|\psi\rangle_{12}\,|\phi\rangle_{34} \Rightarrow |\psi'\rangle_{14}\,|\phi'\rangle_{23} \tag{6-65}$$

其中, $|\psi'\rangle$ 和 $|\phi'\rangle$ 均为 Bell 态. 纠缠交换有一个很有趣的性质 (文献 [52] 中有过类似讨论), 即当如上的纠缠交换发生时, 存在一个 Pauli 算符 $U=\{I,\sigma_x,\sigma_z,i\sigma_y\}$ 使得如下两式同时成立:

$$|\psi'\rangle = I\otimes U\,|\psi\rangle, \quad |\phi'\rangle = I\otimes U\,|\phi\rangle \tag{6-66}$$

其中, 幺正算符 I 和 U 分别作用在 Bell 态中的两个粒子上. 也就是说, 纠缠交换后, 如果一个人知道四个 Bell 态 $|\psi\rangle, |\phi\rangle, |\psi'\rangle$ 及 $|\phi'\rangle$ 中的任意两个, 他 (她) 就可以推知另外两个 Bell 态之间的关系 (即具体的 U).

基于纠缠交换的以上性质, 不诚实的 Bob 可以狡猾地避开检测. 他的策略可以描述如下 (图 6-6 (c)). 由于当 Bob 要求 CM 时, 他只需不实施自己的攻击即可. 因此只考虑 CM 由 Charlie 发起的情况. 当 Charlie 公开向 Alice 请求 CM 时 (或者当 Alice 通知 Bob 声明他在 TB 上所做的 Pauli 操作时), Bob 对手中的粒子 2 和 3 做 Bell 测量. 这样, 两对 Bell 态之间发生纠缠交换, 粒子 1 和 4 将被投影在一个 Bell 态上. 根据他的测量结果, Bob 可以给出一个令 Alice 满意的声明. 举例来说, 如果粒子 3 和 4 的初始态为 $|\Phi^+\rangle$, 且对粒子 2 和 3 的测量结果为 $|\Psi^+\rangle$, 则 Bob 知道他应该声明自己的 Pauli 操作为 σ_x(因为 $|\Psi^+\rangle = I\otimes\sigma_x\,|\Phi^+\rangle$). 这个声明就意味着当 TB 到达 Bob 处时他对 TB 实施了操作 $U_{\rm B}=\sigma_x$(当然实际上 Bob 并没有这样做, 他只是发送了一个假冒粒子给 Charlie, 用它来代替 TB). 由式 (6-65) 和 (6-66) 可知, 这个声明总是与此时 Alice 和 Charlie 所拥有的 Bell 态 (纠缠交换后的粒子 1 和 4) 相匹配, 不致出错. 通过这种方法, 不诚实的 Bob 总是可以成功逃避 Alice 的检测.

6.7.3 改进方案

为了改进环形 BD 协议使其免受参与者攻击困扰, 可以增加一个额外的检测步骤. 具体地, Charlie 在实施 Pauli 操作 $U_{\rm C}$ 后再对 TB 做另外一个操作 $U'_{\rm C}$, 这里 $U'_{\rm C}$ 随机地等于 I 和 H, 后者为 Hadamard 算符, 即

$$H=\frac{1}{\sqrt{2}}\begin{pmatrix}1 & 1\\ 1 & -1\end{pmatrix} \tag{6-67}$$

在收到 Charlie 发来的 TB 后, Alice 执行下面两个操作之一: ① 以概率 δ 要求 Bob 和 Charlie 声明他们对 TB 所做的操作 $U_{\rm B}$, $U_{\rm C}$ 和 $U'_{\rm C}$. 注意这里要求 Bob 必须先于 Charlie 做出声明. 然后 Alice 对 TB 做与 $U'_{\rm C}$ 相同的操作恢复出 Bell 态, 并对粒子 1 和 2′ 做 Bell 测量. 比较纠缠对的初态、末态以及 $U_{\rm B}$、$U_{\rm C}$, Alice 可以判断是否有窃听存在 (尤指参与者攻击). ② 以概率 $1-\delta$ 要求 Charlie 公开 $U'_{\rm C}$, 对 TB

实施相同的操作并对粒子 1 和 2′ 做 Bell 测量. 最后 Alice 像原 BD 协议中那样声明她的测量结果即可.

不难看出, Bob 的参与者攻击将被这个附加步骤所检测到. 恒等算符 I 不改变 Bell 态, 而 Hadamard 算符 H 把 Bell 态旋转为

$$
\begin{aligned}
|\Gamma^{\pm}\rangle &= I \otimes H\,|\Phi^{\pm}\rangle = \frac{1}{\sqrt{2}}\left(|\Phi^{\mp}\rangle + |\Psi^{\pm}\rangle\right) \\
|\Omega^{\pm}\rangle &= I \otimes H\,|\Psi^{\pm}\rangle = \frac{1}{\sqrt{2}}\left(|\Phi^{\pm}\rangle - |\Psi^{\mp}\rangle\right)
\end{aligned} \tag{6-68}
$$

这些态构成了另外一个基 $\{|\Gamma^{+}\rangle, |\Gamma^{-}\rangle, |\Omega^{+}\rangle, |\Omega^{-}\rangle\}$, 它与 Bell 基共轭. 因此, 若 Bob 截获 Charlie 发给 Alice 的粒子 4′ [图 6-6 (b)], 他不能区分 Charlie 实施了哪个操作. 于是, Bob 不知道是否应该在把粒子 2′ 发送给 Alice 之前对它做一个附加的 H 操作. 一旦 Bob 猜错, 他将不能给出总能使 Alice 满意的声明. 例如, Bob 没有对粒子 2′ 做 H 操作而 Charlie 对 4′ 做了. 不失一般性, 设此时的粒子 1 和 2′ 处于 $|\Phi^{+}\rangle$ 态. 当 Charlie 声明他做了 H 操作后, Alice 也将对粒子 2′ 做相同操作. 于是 Bell 态 $|\Phi^{+}\rangle$ 会变成 $|\Gamma^{+}\rangle$. 因此, 当 Alice 对粒子 1 和 2′ 做 Bell 测量时她将随机得到 $|\Phi^{-}\rangle$ 和 $|\Psi^{+}\rangle$. 由于这个测量结果是非确定性的, Bob 不可能总能给出正确的声明.

6.7.4 结束语

本节针对文献 [14] 中的环形量子秘密共享方案提出了一种简单而有效的参与者攻击策略. Bob 可以利用这种策略来独自解密出 Alice 的全部秘密消息. 实际上, 这个协议在多方情形下的推广也同样面临着这种威胁. 6.7.3 节给出了一种可行的改进方法, 改进后的方案能够抵抗参与者攻击.

6.8 对 BD 协议的一种外部攻击

在 6.7 节证明了 K. Brádler 和 M. Dušek 在文献 [14] 中提出的环形结构协议不能抵抗不诚实的参与方 Bob 的攻击, 因为 Bob 可以获得 Alice 所有的秘密并且不引入任何错误. 实际上, 通过进一步的分析可以发现, 文献 [14] 中的两种协议都是不安全的. 本节将给出一种不同的攻击策略. 利用这种策略, 即使外部的攻击者都可以获得 Alice 一半的秘密. 为避免重复, 本节以星形结构的协议为例介绍提出的攻击策略. 对于环形协议的攻击, 原理是相同的. 为了方便, 称这个三方星形 QSS 方案为星形 BD 协议.

6.8.1 星形 BD 协议简述

先来简单介绍星形 BD 协议的具体过程 [图 6-7(a)]. Alice 产生一个三粒子最

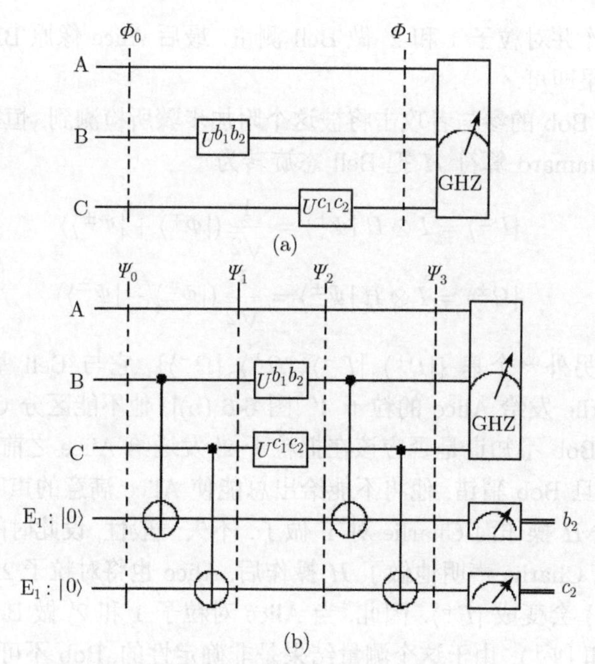

图 6-7　星形 BD 协议 (a) 和攻击策略 (b)

注: 双线表示经典比特, 包括 GHZ 的大矩形表示 GHZ 基测量, $U^{i,j}\in\{I,\sigma_x,\sigma_z,i\sigma_y\}$, 上标 $i,j\in\{0,1\}$.

大纠缠态, 它具有如下状态:

$$|\Phi\rangle_{\mathrm{ABC}}^{kll}=\frac{1}{\sqrt{2}}\left(|0,l,l\rangle_{\mathrm{ABC}}+(-1)^k|1,l\oplus 1,l\oplus 1\rangle_{\mathrm{ABC}}\right) \tag{6-69}$$

其中, A, B, C 表示不同的粒子, $k,l\epsilon\{0,1\}$; "$\oplus$" 表示模 2 加法 k,l 是 Alice 的 2bit 秘密. Alice 将 B 粒子和 C 粒子分别发送给 Bob 和 Charlie. Bob 和 Charlie 随机地对收到的粒子做四个 Pauli 操作 $\{I,\sigma_x,\sigma_z,i\sigma_y\}$ 之一, 然后再发送回 Alice. 之后 Alice 对粒子 A, B, C 做 GHZ 基测量, 并公开测量结果. 根据这个测量结果 Bob 和 Charlie 可以合作推出 Alice 的秘密 (纠缠对的初始状态). 此外, 参与方必须以一定概率选择 "关联测量" 模式 (CM) 来检测窃听, 具体过程见 6.7.1 节环形 BD 协议描述.

6.8.2　外部攻击

文献 [14] 中强调了不需要采用共轭基测量粒子就可以保证安全, 主张 "Eve 是否知道测量基对协议的安全性没有影响". 然而, 本节说明正是由于这点疏忽, 这个协议是不安全的, Eve 可以利用该安全漏洞获得 Alice 一半的秘密. 事实上, 6.7.1 节对环形 BD 协议的参与者攻击也是基于此漏洞进行的.

现在来说明在星形协议中, Eve 如何获得 Alice 一半秘密并且不引入任何错误. 为了描述方便, 采用 $U^{0,0}, U^{0,1}, U^{1,0}, U^{1,1}$ 分别表示四个 Pauli 算子 $I, \sigma_x, i\sigma_y, \sigma_z$. 很容易验证, $U^{i,j}$ 可以将量子态 $|m\rangle$ 转化为 $U^{i,j}|m\rangle = (-1)^{m\cdot i}|m\oplus j\rangle$, 其中上标 i, j 和 $m \in \{0,1\}$. Eve 的攻击策略如图 6-7(b) 所示, 她首先准备两个附加粒子 E1, E2 处于 $|00\rangle$ 状态, 在 Alice 发送 B, C 粒子后, Eve 截获他们并且执行两个控制非门操作 $\mathrm{CNOT_{B,E1}}$ 和 $\mathrm{CNOT_{C,E2}}$, 使得附加粒子与 GHZ 态纠缠, 然后再将 B, C 粒子发送给 Bob 和 Charlie. 这时整个系统的量子态由原始态 $|\Psi_0\rangle = |\Phi\rangle^{kll}_{\mathrm{ABC}} \otimes |00\rangle_{\mathrm{E1,E2}}$ 转化为

$$
\begin{aligned}
|\Psi_1\rangle &= (I_{\mathrm{A}} \otimes \mathrm{CNOT_{B,E1}} \otimes \mathrm{CNOT_{C,E2}})|\Phi\rangle^{kll}_{\mathrm{ABC}} \otimes |00\rangle_{\mathrm{E1,E2}} \\
&= \frac{1}{\sqrt{2}}\left[|0,l,l,l,l\rangle + (-1)^k|1,l\oplus 1,l\oplus 1,l\oplus 1,l\oplus 1\rangle\right]_{\mathrm{ABCE1E2}}
\end{aligned}
\tag{6-70}
$$

根据星形 BD 协议, Bob 和 Charlie 对自己的粒子执行 $U^{b_1,b_2}_{\mathrm{B}}, U^{c_1,c_2}_{\mathrm{C}}$ 操作, 并且发送给 Alice. 这时系统状态为

$$
\begin{aligned}
|\Psi_2\rangle &= (I_{\mathrm{A}} \otimes U^{b_1,b_2}_{\mathrm{B}} \otimes U^{c_1,c_2}_{\mathrm{C}} \otimes I_{\mathrm{E1}} \otimes I_{\mathrm{E2}})|\Psi_1\rangle \\
&= \frac{(-1)^{l\cdot(b_1\oplus c_1)}}{\sqrt{2}}\Big[|0,l\oplus b_2,l\oplus c_2,l,l\rangle \\
&\quad + (-1)^{k\oplus b_1\oplus c_1}|1,l\oplus 1\oplus b_2,l\oplus 1\oplus c_2,l\oplus 1,l\oplus 1\rangle\Big]_{\mathrm{ABCE1E2}}
\end{aligned}
\tag{6-71}
$$

Eve 再次截获 B, C 粒子, 执行 $\mathrm{CNOT_{B,E1}}$ 和 $\mathrm{CNOT_{C,E2}}$ 操作, 然后整个系统状态变为

$$
\begin{aligned}
|\Psi_3\rangle &= (I_{\mathrm{A}} \otimes \mathrm{CNOT_{B,E1}} \otimes \mathrm{CNOT_{C,E2}})|\Psi_2\rangle \\
&= \frac{(-1)^{l\cdot(b_1\oplus c_1)}}{\sqrt{2}}\Big[|0,l\oplus b_2,l\oplus c_2\rangle \\
&\quad + (-1)^{k\oplus b_1\oplus c_1}|1,l\oplus 1\oplus b_2,l\oplus 1\oplus c_2\rangle\Big]_{\mathrm{ABC}} \otimes |b_2,c_2\rangle_{\mathrm{E1E2}}
\end{aligned}
\tag{6-72}
$$

Eve 然后采用计算基测量 E1 和 E2, 得到结果 b_2,c_2. Alice 以 GHZ 基测量 A, B, C 粒子, 并公开其结果 $k\oplus b_1\oplus c_1, l\oplus b_2, l\oplus c_2$. 显然, 根据 Alice 的声明和 Eve 自己的结果, Eve 可以获得 Alice 一半的秘密 l.

上述窃听尚未考虑 CM. 文献 [14] 的作者认为, 当 Eve 采用上述攻击一定会在 CM 过程中引入错误. 然而事实并非如此, 由等式 (6-70), 可以看到 Alice, Bob 和 Charlie 采用计算基测量各自的粒子, 不会出现任何错误.

6.8.3 改进方案

为了改进该协议使其免受上述攻击困扰, 一个比较好的方法就是采用共轭基测量, 即在 CM 过程中, Alice 随机选择 $\{|0\rangle, |1\rangle\}$ 或 $\{|+\rangle, |-\rangle\}$ 之一测量自己的粒子

$(|+\rangle=(|0\rangle+|1\rangle)/\sqrt{2}, |-\rangle=(|0\rangle-|1\rangle)/\sqrt{2})$, 并公开其测量基. Bob 和 Charlie 采用相同的测量基测量各自的粒子, 公开测量结果. 根据 GHZ 态的性质[42], 三方的测量结果是彼此关联的, 并且不同的 GHZ 态呈现不同的关系. 因此通过比较彼此的结果, Alice 可以判断传输过程中是否存在窃听者.

不难看出, Eve 的攻击将被这个步骤所检测到. 不失一般性, 假定 Alice 产生的初始 GHZ 态为

$$\begin{aligned}|\Phi\rangle_{\mathrm{ABC}}^{000}&=\frac{1}{\sqrt{2}}(|000\rangle+|111\rangle)\\&=\frac{1}{2}(|+++\rangle+|+--\rangle+|-+-\rangle+|--+\rangle)\end{aligned}\tag{6-73}$$

Eve 执行 CNOT 操作纠缠其附加粒子, 整个系统变为

$$\begin{aligned}|\Psi_1\rangle&=\frac{1}{\sqrt{2}}(|00000\rangle+|11111\rangle)\\&=\frac{1}{4}\begin{pmatrix}(|+++\rangle+|+--\rangle+|-+-\rangle+|--+\rangle)\otimes(|00\rangle+|11\rangle)\\+(|++-\rangle+|+-+\rangle+|-++\rangle+|---\rangle)\otimes(|00\rangle-|11\rangle)\end{pmatrix}\end{aligned}\tag{6-74}$$

由上式可以看到, 如果 Alice, Bob 和 Charlie 以 $\{|+\rangle, |-\rangle\}$ 基测量各自的粒子, 他们以 1/2 的概率得到错误的结果 $\{|++-\rangle, |+-+\rangle, |-++\rangle, |---\rangle\}$. 因此, 通过比较结果, Alice 可以发现 Eve 的窃听.

6.8.4 结束语

本节以星形 BD 协议为例, 指出了其中的安全漏洞. 由于该漏洞, 外部窃听者 Eve 可以获得 Alice 一半的秘密. 使用相同的原理可以说明环形 BD 协议也有此漏洞. 最后, 给出了一种可行的改进方法, 改进后的方案能够抵抗提出的攻击. 需要注意的是, 对于星形协议, 上述改进方法并不能阻止内部参与方独自获得 Alice 一半的秘密[32]. 显然, 根据等式 (6-72), 利用 Alice 的声明 $k\oplus b_1\oplus c_1, l\oplus b_2, l\oplus c_2$ 和各自的操作 $U_{\mathrm{B}}^{b_1,b_2}$, $U_{\mathrm{C}}^{c_1,c_2}$, Bob 和 Charlie 都可以独立地计算出秘密比特 l 的值. 因此, 改进的星形协议只可以实现每一轮秘密共享 1bit(即秘密比特 k 的值), 同时多方密钥分发 1bit.

6.9 对一类系列加密的多方量子秘密共享协议的窃听与改进

随着量子秘密共享发展, 人们研究的方向由三方扩展到多个参与方的情况. 由于利用 GHZ 态或多粒子纠缠态实现多方秘密共享, 技术上还存在很大的困难, 因此不少学者提出一类多方量子秘密共享协议[15~20], 这类多方秘密共享协议不论多少参与方, 仅利用单粒子或者 EPR 对以及单粒子幺正操作就可以实现. 就目前的

实现技术来讲, 这类协议是可行的. 总结这类协议的通用过程如下：第 1 方准备量子信号处于非正交态或混合态, 将量子信号发送给第 2 方. 第 2 方选择一个幺正操作作用到量子信号上以加密量子信息, 然后将量子态发送给下一方. 第 i 方与第 2 方执行类似的操作, 如此循环直到信号发送给最后一方 (因此称为系列加密), 第 N 方. 第 N 方选择一些信号用来检测窃听, 如果错误率小于一定的阈值, 他执行 U 操作加密量子态并发送回第 1 方. 这样, 任何 $N-1$ 方合作可以得到另一方的加密操作. 然而分析表明这类协议都存在相同的安全问题, 即不可信的参与方可以单独获得所有的秘密并且不被合法参与者发现. 下面主要以其中一种协议 (简称为 ZZJ 协议[19]) 为例, 具体分析其安全漏洞并给出改进策略, 对于其他的这类协议, 攻击原理是类似的.

6.9.1 ZZJ 协议简述

首先以三方协议为例介绍 ZZJ 协议的过程. Alice 想要将她的秘密消息分发给 Bob 和 Charlie. 具体步骤如下：Charlie 首先准备一列 N 个 EPR 对, 处于 $|\phi^+\rangle=(|00\rangle+|11\rangle)/\sqrt{2}$ 态. 每个 EPR 对的第一个粒子形成一个序列, 称为传输序列 T , 剩下的序列称为 S, Charlie 将序列 T 发送给 Bob. Bob 随机选择 $\{I,\sigma_x,\sigma_z,i\sigma_y\}$ 中一个作用到每个粒子上以加密该粒子. 为了防止他的操作被窃听者发现, Bob 以等概率执行 H 或者 I 操作加密其操作, 然后将序列发送给 Alice. Alice 随机选择一些粒子检测窃听 (称为样本粒子) 并公开这些粒子的位置. 然后首先让 Charlie 随机用 B_z 或 B_x 基测量 S 中对应位置的粒子, 公布测量结果. 其次让 Bob 公布在对应粒子上所做的加密操作. 这样 Alice 根据这些信息测量其样本粒子并计算错误率. 如果错误率小于一定的阈值, Alice 根据她的秘密消息执行 $\{I,\sigma_x,\sigma_z,i\sigma_y\}$ 操作, 然后发送给 Charlie. 通过这种方式, Charlie 和 Bob 合作就可以获得 Alice 的秘密信息. 当然为了防止最后一次传输被窃听, Alice 需要再次检测窃听.

6.9.2 参与者攻击

该协议对于外部窃听者是安全的, 因为任何外部操作将会干扰量子系统, 从而在三方检测窃听过程中被发现, 然而, 该协议不能抵抗内部参与者的攻击. 一般情况下, 一个不诚实的参与者有两种方式获得有用信息：一种是获得其他参与者的秘密 (对文献 [16] 的攻击可以采用这种方式[32]), 一种是直接获得 Alice 编码的消息. 对于此协议的攻击, Bob 采用后者. 他的攻击策略描述如下：

(1) Bob 准备 N 个处于量子态 $|\phi^+\rangle$ 的 EPR 对. 每个 EPR 对的第一个粒子组成序列 T′, 第二个粒子组成序列 S′. Bob 收到 T 序列后, 存储 T 序列, 而将他制备的 T′ 序列发送给 Alice.

(2) 在三方检测窃听的过程中, Bob 说谎以使得他们的结果保持一致.

具体地, 当 Alice 公开用于检测窃听的粒子后, Bob 首先对 S′ 序列中对应的粒子等概率做 H 或 I 操作, 然后对 T 和 S′ 序列对应位置的粒子执行 Bell 基测量. 根据纠缠交换原理, Bob 的测量结果可以决定 Alice 和 Charlie 的态 (表 6-2), 其中表中各态采用与文献 [19] 相同的记号. 然后 Bob 根据表 6-3 公开他所做的加密操作. 通过上述操作, Bob 可以成功地逃脱检测.

表 6-2　Bob 执行操作 H, I 后纠缠交换的结果

	$\left\|\phi^+_{\mathrm{TS'}}\right\rangle$	$\left\|\phi^-_{\mathrm{TS'}}\right\rangle$	$\left\|\psi^+_{\mathrm{TS'}}\right\rangle$	$\left\|\psi^-_{\mathrm{TS'}}\right\rangle$
H	$\left\|\xi_{\mathrm{T'S}}\right\rangle$	$\left\|\chi_{\mathrm{T'S}}\right\rangle$	$\left\|\eta_{\mathrm{T'S}}\right\rangle$	$\left\|\zeta_{\mathrm{T'S}}\right\rangle$
I	$\left\|\phi^+_{\mathrm{TS'}}\right\rangle$	$\left\|\phi^-_{\mathrm{TS'}}\right\rangle$	$\left\|\psi^+_{\mathrm{TS'}}\right\rangle$	$\left\|\psi^-_{\mathrm{TS'}}\right\rangle$

表 6-3　Bob 的测量结果与其公开消息之间的关系

	$\left\|\phi^+_{\mathrm{TS'}}\right\rangle$	$\left\|\phi^-_{\mathrm{TS'}}\right\rangle$	$\left\|\psi^+_{\mathrm{TS'}}\right\rangle$	$\left\|\psi^-_{\mathrm{TS'}}\right\rangle$
H	HI	$H\sigma_x$	$H\sigma_z$	$Hi\sigma_y$
I	I	σ_z	σ_x	$i\sigma_y$

(3) 在 Alice 编码秘密消息并将 T′ 序列发送后, Bob 截获所有粒子, 并与他存储的 S′ 中的对应粒子一起做 Bell 基测量. 根据测量结果, Bob 可以读出 Alice 的秘密消息.

(4) 事实上, 到第 (3) 步 Bob 已经达到目的, 它不需要 Charlie 的帮助就获得了 Alice 的秘密. 当然, 如果 Alice 编码的不是随机密钥而是有价值的消息, 那么 Bob 已经成功并且不需要以后的操作. 然而如果是随机密钥, Bob 还需要以下过程以避免在最后的检测过程中被发现. Bob 对存储的 T 序列中的每个粒子随机地执行加密操作, 然后发送给 Charlie. 对于每个用于检测的样本粒子, 假定 Bob 所做的操作是 U , Bob 在第 (3) 步已经知道 Alice 对对应样本粒子所作的操作, 不妨假设该操作是 V, 则 Bob 声明他的操作是 $U' = UV^\dagger$. 这样 Charlie 的结果一定和 Alice 的编码一致. 因此不会存在任何错误, 从而也就不能发现 Bob 的欺骗.

类似地, 如果 Charlie 是不诚实的, 他也可以采用相同的思想获得 Alice 的秘密. Charlie 准备 N 个处于 $\left|\phi^+_{\mathrm{T''S'}}\right\rangle$ 态的 EPR 对. 他截获从 Bob 到 Alice 的粒子, 并发送假粒子序列 T″ 给 Alice. 为了避免被检测到, 他对 T′S″ 序列中对应的样本粒子执行 Bell 基测量, 并根据测量结果对 S′ 中对应粒子做 I, σ_z ,σ_x 或 $i\sigma_y$ 操作 (表 6-4). 通过这两步操作, Charlie 可以使得三方的结果保持正确的关系. 当 Alice 在 T″ 序列上编码秘密消息后, 她发送给 Charlie, Charlie 对 T″,S″ 中的粒子执行 Bell 基测量从而读取 Alice 的秘密.

表 6-4 Charlie 的测量结果与其公开消息之间的关系

$\left\|\phi_{\mathrm{TS}''}^{+}\right\rangle$	$\left\|\phi_{\mathrm{TS}''}^{-}\right\rangle$	$\left\|\psi_{\mathrm{TS}''}^{+}\right\rangle$	$\left\|\psi_{\mathrm{TS}''}^{-}\right\rangle$
I	σ_x	σ_z	$i\sigma_y$

6.9.3 改进方案

总结上述攻击过程主要包括截获信号、发送假信号和说谎几个步骤. 实质上, 这类协议的关键漏洞在于 Alice 编码秘密之前仅有一次检测窃听, 而且所有参与方都参与了该检测过程. 显然, 如果不诚实的一方参与检测窃听过程, 那么他就可以说谎以隐藏其窃听引入的干扰. 因此, 要提高这类多方秘密共享协议的安全性, 应该提供没有不诚实参与方的检测窃听过程. 简单地, 可以在每次传输中, 让发送者随机插入一些处于非正交态 $|0\rangle, |1\rangle, (|0\rangle+|1\rangle)/\sqrt{2}$ 或 $(|0\rangle-|1\rangle)/\sqrt{2}$ 的样本粒子用于检测窃听. 类似于 BB84 协议[2], 发送者公布插入粒子的位置, 接收者随机用 B_z 或 B_x 基测量对应粒子. 采用这种检测窃听的方式, 除了消息发送方和接收方没有其他方参与, 因此如果不诚实方截获并发送假粒子必定会在双方的公开信息中引入错误.

6.9.4 结束语

本节分析了一类系列加密的多方秘密共享协议[15~20] 的安全性, 分析表明这类协议对于外部攻击者是安全的, 但是对于内部参与方是不安全的. 以文献 [19] 为例, 详细描述了不诚实参与方 Bob 或 Charlie 各自的攻击策略. 通过探究该类协议的主要漏洞, 并且基于 BB84 协议的无条件安全性, 给出了一种可行的改进策略. 值得引起注意的是, 在多方密码协议中, 由于存在的不可信参与方可以在检测过程中说谎掩盖其攻击留下的痕迹, 因此只有选择恰当的检测窃听方法才能保证协议的安全性.

6.10 对一种基于纠缠交换的多方量子秘密共享方案的窃听与改进

在最近的一篇文章中, Zhang 和 Man 提出一个基于纠缠交换的多方量子秘密共享协议[21](简称 ZM 协议). 该协议仅需要使用 Bell 态进行纠缠交换, 实现技术比较简单可行, 同时利用超密编码使得其具有较高的效率. 但遗憾的是, 该协议在 n 方秘密共享方面存在一个安全漏洞, 对特定的两个不诚实方的攻击是不安全的, 即如果特定的两个不诚实方联合起来, 就可以不需要其他 $n-2$ 方的帮助而获得秘密信息. 本节介绍具体的攻击策略及相应的改进方案, 并对改进的协议进行简单的安全性分析, 说明改进协议对给出的假粒子欺骗攻击是安全的.

6.10.1 ZM 协议简述

首先, 对文献 [21] 中的多方秘密共享协议做简单的阐述. 不失一般性, 讨论四方的共享方案. 在文献 [21] 中, Alice 将一个秘密信息分发给三个代理, 分别是 Bob, Charlie, David, 要求他们必须一起合作才可以获得秘密信息, 具体方案如图 6-8 所示.

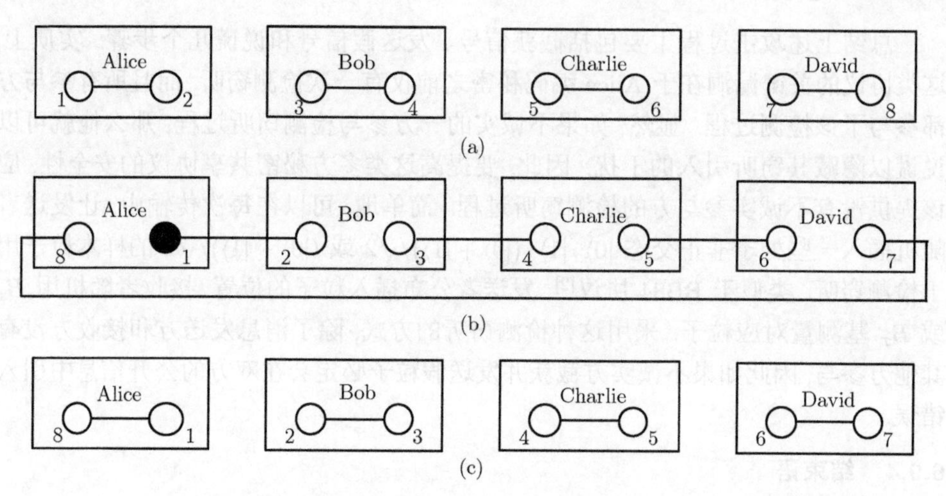

图 6-8 四个参与方的协议过程

注: 每个圆表示一个粒子, 黑色的圆表示该粒子上将会执行幺正操作, 粒子之间的连线表示纠缠.

Alice, Bob, Charlie, David 分别制备一对 EPR 纠缠对 $|\psi_{12}^-\rangle, |\psi_{34}^-\rangle, |\psi_{56}^-\rangle, |\psi_{78}^-\rangle$, 其中 $|\psi^-\rangle = (|01\rangle - |10\rangle)/\sqrt{2}$, Alice 将粒子 2 发送给 Bob, Bob 将粒子 4 发送给 Charlie, Charlie 将粒子 6 发送给 David, David 将粒子 8 发送给 Alice. Alice 以一定概率选择检测模式或消息模式, 在检测模式中, Alice 从两组测量基 $\{|0\rangle, |1\rangle\}, \{|+\rangle, |-\rangle\}$ 中随机挑选一种对粒子 1 进行测量, 同时 Bob 也按该测量基对粒子 2 进行测量并公布测量结果, Alice 将 Bob 的测量结果与自身的测量结果进行比较, 以此来检测窃听, 保证 Alice 和 Bob 之间的量子信道的安全性. 在消息模式下 Alice 随机选择 $u_1 = |0\rangle\langle 0| + |1\rangle\langle 1|, u_2 = |0\rangle\langle 0| - |1\rangle\langle 1|, u_3 = |1\rangle\langle 0| + |0\rangle\langle 1|, u_4 = |0\rangle\langle 1| - |1\rangle\langle 0|$ 之一对粒子 1 进行幺正操作, 进而将秘密信息编码到 1, 2 粒子上, 然后 Alice 对粒子 1, 8 进行 Bell 测量, 使得粒子 1, 8 和 2, 7 发生纠缠, 并公布测量结果. Bob, Charlie, David 依次对粒子 2, 3 和 4, 5 以及 6, 7 进行 Bell 基测量, 测量的结果就是每个人所分享的秘密信息.

在秘密信息重构过程中, Bob, Charlie, David 公布各自的测量结果, 利用纠缠交换的性质, 就可推得粒子 1, 2 变换后的态, 进而获得 Alice 的秘密信息, 实现四方秘密共享.

6.10.2 参与者攻击

原文作者声明该多方量子秘密共享协议是安全的. 下面说明如果 Bob 和 David 不诚实的话, 他们可以通过以下策略绕过 Charlie 窃取到 Alice 的秘密信息. 当 Alice 公布对粒子 1, 8 的测量结果后, 这时粒子 2, 7 就发生纠缠, 如果 Bob 不按协议规定对粒子 2, 3 进行 Bell 测量, 而是将粒子 2 发送给 David, 那么 David 对粒子 2, 7 进行 Bell 测量, 根据测量的结果, 就可推得 Alice 所进行的幺正操作, 达到窃取秘密信息的目的, 如图 6-9 所示.

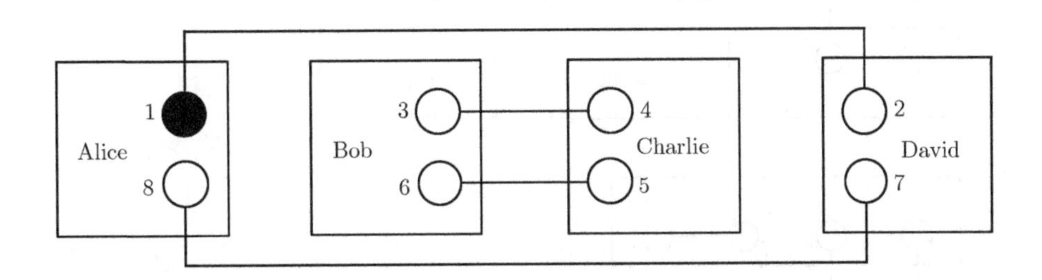

图 6-9 Bob 和 Charlie 的攻击策略

由于该协议[21] 在检测窃听过程中只对量子通信过程进行窃听检测, Alice 无法检测 Bob 是否按协议要求进行纠缠交换, 因此该窃听不会引起检测错误. 以上分析很容易就可推广到 n 方秘密共享协议中, 假设 Alice 根据文献 [21] 中的方案将秘密信息分发给 n 个代理 $\mathrm{Bob}_1, \cdots, \mathrm{Bob}_n$, 这时只要 Bob_1 和 Bob_n 合作就可窃取 Alice 的信息, 而不引入错误. 因此, 原协议作为三方以上的多方秘密共享来说是不安全的.

6.10.3 改进方案

针对该协议的漏洞, 在尽量维持原协议的基础上对其进行一些小小的改进, 使其能抵抗上述攻击. 为了描述方便, 以四方协议为例进行介绍, 具体改进算法如图 6-10 所示.

(1) Alice 制备四个 EPR 对, 分别为 $|\psi_{12}^-\rangle$, $|\psi_{34}^-\rangle$, $|\psi_{56}^-\rangle$, $|\psi_{78}^-\rangle$.

(2) Alice 将粒子 2, 3 发送给 Bob, Bob 确认收到两个粒子. Alice 随机选择以下两个操作: ① Alice 按 ZM 协议中的检测方法进行窃听检测, 以检测 Alice -Bob 量子信道的安全性; ② Alice 从 $\{u_1, u_2, u_3, u_4\}$ 中随机选择一个, 对粒子 1 进行幺正操作, 进而实现对秘密信息的编码, 然后对粒子 1, 4 进行 Bell 测量, 这样粒子 1, 2, 3, 4 就发生纠缠交换, 同时要求 Bob 对粒子 2, 3 进行 Bell 测量, 测量的结果就是 Bob 所分享的部分秘密信息.

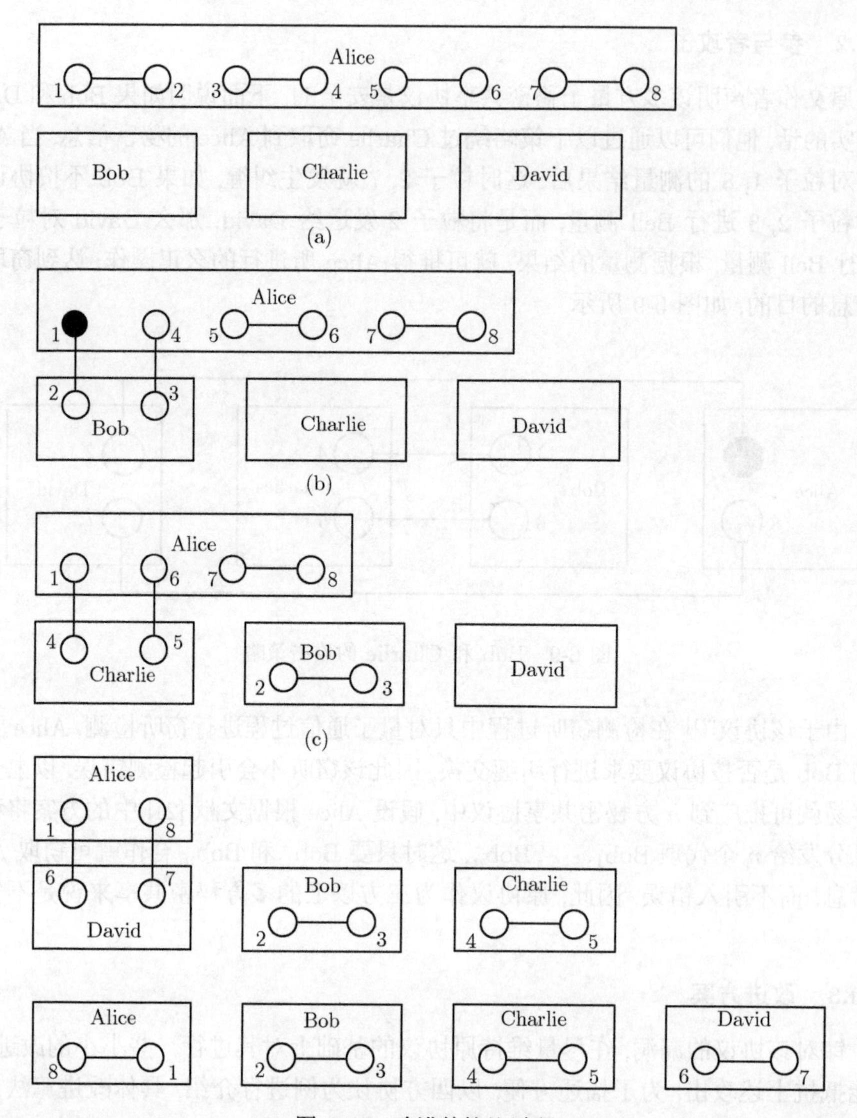

图 6-10　改进的协议过程

(3) Alice 将粒子 4, 5 发送给 Charlie, Charlie 确认收到两个粒子. Alice 随机选择以下两个操作: ① Alice 按 ZM 协议中的检测方法进行窃听检测, 以检测 Alice–Charlie 量子信道的安全性 (由于 Alice 知道粒子 1, 4 所处的 Bell 态, 因此, 在检测后, Alice 完全可以再制备一个新的与原 EPR 对处于相同 Bell 态的 EPR 对来继续后面的协议操作); ② Alice 对粒子 1, 6 进行 Bell 测量. Alice 可以按照相同的做法将粒子 6, 7 分发给 David.

(4) Alice 公布对粒子 1, 8 的测量结果. Bob, Charlie, David就可以依照文献[21]

中的相同的方法, 协作获得 Alice 的秘密信息.

由于 Alice 对粒子 1, 4 进行测量, 可以强制使得粒子 2, 3 产生纠缠. 这样即使 Bob 将粒子 2 发送给 David, David 也无法获得 Alice 的任何秘密信息, 所以改进协议可以抵抗本节提出特定的两个不诚实方的攻击. 由于 Alice 在检测她与其代理之间的量子信道安全性时, 只需要该代理的测量结果, 而不需要其他代理的协作, 所以该协议对文献 [32] 中提出的假粒子欺骗攻击也是安全的.

6.10.4 结束语

本节提出一个特定的两个不诚实方的协同攻击. 在该攻击策略下, 多方秘密共享协议[21] 是不安全的. 同时, 对原协议进行改进, 使其可以抵抗该种攻击, 进一步证实了 6.9.4 节申明的多方协议中窃听检测方法至关重要这一结论. 此外, 本节还对改进后的协议进行了简单的安全性分析.

6.11 对基于 GHZ 态的量子秘密共享协议的最优攻击

由于目前量子信息技术还有很多难题未解决, 因此对量子密码方案给出通用的分析也很困难. 现在只有关于量子密钥分发协议安全性分析的一些结论[53~58], 而对于量子秘密共享协议, 由于其中存在不可信的参与方, 他可能在检测窃听中利用自己的优势掩盖其攻击痕迹, 因此秘密共享协议的安全分析相对密钥分发更复杂. 目前对量子秘密共享协议还没有一个通用的安全性分析方法, 发现一个协议的安全问题很多时候依赖于研究者的灵感, 所以存在很多协议在多年后才被发现是不安全的. 因此, 找到一种通用的分析思路对于量子秘密共享的研究和发展大有裨益.

本节, 将量子密钥分发协议的安全分析方法推广到量子秘密共享协议上, 应用这种分析方法, 研究了最初的量子秘密共享协议[22](简称 HBB) 的安全性, 研究结果表明该协议对于内部参与方的攻击是不安全的. 为了更进一步验证结论, 在 6.11.3 节给出一种具体的攻击策略.

6.11.1 HBB 协议简述

Alice 想要将其秘密信息分发给他的两个代理, Bob 和 Charlie. 在开始阶段, Alice 准备一列三粒子处于 $(1/\sqrt{2})(|000\rangle+|111\rangle)_{\rm ABC}$ 态, 其中下标 A, B, C 分别表示给 Alice, Bob 和 Charlie 的粒子. 对每一个三粒子态, Alice 保留 A 粒子, 将 B 和 C 粒子分别发送给 Bob 和 Charlie. 类似于 BB84[2] 和 E91[3] 量子密钥分发协议, 所有三方随机的选择测量基 (MB) B_x : $\{(|0\rangle+|1\rangle)/\sqrt{2},(|0\rangle-|1\rangle)/\sqrt{2}\}$ 或 B_y : $\{(|0\rangle+{\rm i}\,|1\rangle)/\sqrt{2},(|0\rangle-{\rm i}\,|1\rangle)/\sqrt{2}\}$ 测量他们的粒子, 然后公开其测量基. 公开顺序按照以下顺序: Bob 和 Charlie 都将其测量基发送给 Alice, 然后 Alice 将三方

的测量基再发送给 Bob 和 Charlie. 只有当选择 B_y 测量基的参与方是偶数个时, 测量结果是有用的. 由于 GHZ 态的性质, Charlie 和 Bob 合作可以推出 Alice 的测量结果 (表 6-5). 为了检测是否存在窃听, Alice 随机选择部分样本结果分析错误率, 他要求 Bob 和 Charlie 公开这些样本的测量结果, 与自己的结果对照, 检测是否满足表 6-5, 如果错误率较低, 他们认为不存在窃听, 保留自己的结果作为今后的密钥. 详细步骤读者可参阅文献 [22] 或本书 3.1 节.

表 6-5　Alice, Bob 及 Charlie 的测量结果满足的关系

	x^+	x^-	y^+	y^-
x^+	$\|0\rangle+\|1\rangle$	$\|0\rangle-\|1\rangle$	$\|0\rangle-\mathrm{i}\|1\rangle$	$\|0\rangle+\mathrm{i}\|1\rangle$
x^-	$\|0\rangle-\|1\rangle$	$\|0\rangle+\|1\rangle$	$\|0\rangle+\mathrm{i}\|1\rangle$	$\|0\rangle-\mathrm{i}\|1\rangle$
y^+	$\|0\rangle-\mathrm{i}\|1\rangle$	$\|0\rangle+\mathrm{i}\|1\rangle$	$\|0\rangle-\|1\rangle$	$\|0\rangle+\|1\rangle$
y^-	$\|0\rangle+\mathrm{i}\|1\rangle$	$\|0\rangle-\mathrm{i}\|1\rangle$	$\|0\rangle+\|1\rangle$	$\|0\rangle-\|1\rangle$

注：Alice (Bob) 的测量结果在第一行 (列).

原文作者分析了几类攻击, 声明该协议不仅对于外部窃听者安全而且对于内部不可信的参与方也是安全的. Xiao 等[59] 将其扩展到了任意多个参与方的情况. 然而, 下述分析结果表明该协议不能抵抗不可信参与方的攻击.

6.11.2　参与者攻击

现在分析该协议的安全性. 正如前文所述, 一个量子秘密共享协议如果对于内部参与方攻击是安全的, 那么他对于外部窃听者必定是安全的. 不失一般性, 假定攻击者是 Charlie, 记作 Charlie*, 他企图自己获得所有的信息, 并且不会被 Alice 和 Bob 发觉. 为了利用 Alice 和 Bob 后面公开的测量基信息, 一个聪明的攻击者 Charlie* 选择攻击策略如下：Charlie* 准备一个初始粒子处于某个态 $|\chi\rangle_{\mathrm{E}}$, 当 Alice 发送出粒子 B 和 C 后, 他截获这两个粒子并与 E 粒子一起作用幺正操作 (这种攻击策略具有一般性, 因此根据 Stinespring dilation 定理[60], 任何正定映射都可以由在更大 Hilbert 空间上的幺正操作实现); 然后, Charlie* 将粒子 B 发送给 Bob, 存储粒子 C 和 E; 直到 Alice 公开三方的测量基后, Charlie* 根据 Alice 的声明测量其粒子以获取 Alice 的秘密.

下面详细描述具体的攻击过程. 当 Alice 发送 B 和 C 后, Charlie* 截获并且与自己的附加粒子交互作用, 这时整个系统的量子态转化为

$$|\varPsi\rangle_{\mathrm{ABCE}}=U_{\mathrm{BCE}}\left(\frac{1}{\sqrt{2}}\left(|000\rangle+|111\rangle\right)_{\mathrm{ABC}}\otimes|\varepsilon\rangle_{\mathrm{E}}\right)=\sum_{i,j=0}^{1}a_{ij}\,|ij\rangle_{\mathrm{AB}}\,|\varepsilon_{ij}\rangle_{\mathrm{CE}} \tag{6-75}$$

$|\varepsilon_{ij}\rangle$ 表示作用幺正操作后 Charlie* 的态, 其模为 1, a_{ij} 是复数, 满足下式：

$$\sum_{i,j=0}^{1} |a_{ij}|^2 = 1 \tag{6-76}$$

由于 Charlie* 等到 Alice 公开测量基后再测量 C, E 粒子, 因此他可以根据 Alice 公开的不同测量基选择不同的测量方法. 注意, 当 Alice 在检测窃听过程要求 Charlie* 公开其测量基信息, Charlie* 生成一列随机序列伪造其测量基, 事实上, 此时他并没有测量任何粒子. 根据协议, 如果他们的测量基满足一致关系, 他们的结果才会有用, 其他的粒子将会被丢弃. 因此 Charlie* 会清楚地知道每个有用的 GHZ 态的测量基, 这个信息会对其后续攻击有很大帮助. 为了避免引入错误, Charlie* 的上述操作必须满足一些限制.

首先考虑 Alice 和 Bob 的测量基是 B_x, 当然, 对应的 Charlie* 的声明必定是 B_x. 整个系统的态可以写为

$$\begin{aligned}|\Psi\rangle_{\mathrm{ABCE}} = \frac{1}{2}[&(|x^+\rangle_{\mathrm{A}}|x^+\rangle_{\mathrm{B}}(a_{00}|\varepsilon_{00}\rangle + a_{01}|\varepsilon_{01}\rangle + a_{10}|\varepsilon_{10}\rangle + a_{11}|\varepsilon_{11}\rangle)_{\mathrm{CE}}\\ &+(|x^+\rangle_{\mathrm{A}}|x^-\rangle_{\mathrm{B}}(a_{00}|\varepsilon_{00}\rangle - a_{01}|\varepsilon_{01}\rangle + a_{10}|\varepsilon_{10}\rangle - a_{11}|\varepsilon_{11}\rangle)_{\mathrm{CE}}\\ &+(|x^-\rangle_{\mathrm{A}}|x^+\rangle_{\mathrm{B}}(a_{00}|\varepsilon_{00}\rangle + a_{01}|\varepsilon_{01}\rangle - a_{10}|\varepsilon_{10}\rangle - a_{11}|\varepsilon_{11}\rangle)_{\mathrm{CE}}\\ &+(|x^-\rangle_{\mathrm{A}}|x^-\rangle_{\mathrm{B}}(a_{00}|\varepsilon_{00}\rangle - a_{01}|\varepsilon_{01}\rangle - a_{10}|\varepsilon_{10}\rangle + a_{11}|\varepsilon_{11}\rangle)_{\mathrm{CE}}\end{aligned} \tag{6-77}$$

由表 6-5 可以看到, 如果没有窃听, 当 Alice 和 Bob 的测量结果为 x^+x^+ 或 x^-x^-, Charlie* 的声明应当为 x^+, 否则为 x^-. 为描述方便, 当 Alice 和 Bob 的测量结果为 $j^m k^n (j,k \in \{x,y\},\ m,n \in \{+,-\})$, 记 Charlie* 的态为 $|\varphi_{j^m k^n}\rangle$(其模为 1). 如果要求 Charlie* 的攻击不会引入任何错误, 他必须有能力完全区分 $\{|\varphi_{x^+x^+}\rangle, |\varphi_{x^-x^-}\rangle\}$ 和 $\{|\varphi_{x^+x^-}\rangle, |\varphi_{x^-x^+}\rangle\}$. 文献 [61] 指出, 两个集合 S_1 和 S_2 能够被完全区分当且仅当他们张成的子空间是正交的, 即对所有的 $|\phi_i\rangle \in S_i$ 和 $|\phi_j\rangle \in S_j$, $i \neq j$, 都有 $\langle\phi_i \mid \phi_j\rangle = 0$. 因此 Charlie* 的态之间的内积需要满足下面四个限制:

$$\begin{cases}\langle\varphi_{x^+x^+} \mid \varphi_{x^+x^-}\rangle = 0\\ \langle\varphi_{x^+x^+} \mid \varphi_{x^-x^+}\rangle = 0\\ \langle\varphi_{x^-x^-} \mid \varphi_{x^+x^-}\rangle = 0\\ \langle\varphi_{x^-x^-} \mid \varphi_{x^-x^+}\rangle = 0\end{cases} \tag{6-78}$$

由等式 (6-77) 和 (6-78) 可以得到

$$
\begin{cases}
a_{00}^{*}a_{01}\langle\varepsilon_{00}\mid\varepsilon_{01}\rangle-a_{11}^{*}a_{10}\langle\varepsilon_{11}\mid\varepsilon_{10}\rangle=0\\
a_{00}^{*}a_{10}\langle\varepsilon_{00}\mid\varepsilon_{10}\rangle-a_{11}^{*}a_{01}\langle\varepsilon_{11}\mid\varepsilon_{01}\rangle=0\\
|a_{01}|^{2}-a_{01}^{*}a_{10}\langle\varepsilon_{01}\mid\varepsilon_{10}\rangle+a_{10}^{*}a_{01}\langle\varepsilon_{10}\mid\varepsilon_{01}\rangle-|a_{10}|^{2}=0\\
|a_{00}|^{2}-a_{00}^{*}a_{11}\langle\varepsilon_{00}\mid\varepsilon_{11}\rangle+a_{11}^{*}a_{00}\langle\varepsilon_{11}\mid\varepsilon_{00}\rangle-|a_{11}|^{2}=0
\end{cases}
\tag{6-79}
$$

类似地, 当 Alice, Bob 和 Charlie* 的测量基分别为 B_x,B_y,B_y 时, 得到下式:

$$
\begin{cases}
a_{00}^{*}a_{01}\langle\varepsilon_{00}\mid\varepsilon_{01}\rangle+a_{11}^{*}a_{10}\langle\varepsilon_{11}\mid\varepsilon_{10}\rangle=0\\
a_{00}^{*}a_{10}\langle\varepsilon_{00}\mid\varepsilon_{10}\rangle-a_{11}^{*}a_{01}\langle\varepsilon_{11}\mid\varepsilon_{01}\rangle=0\\
|a_{01}|^{2}-ia_{01}^{*}a_{10}\langle\varepsilon_{01}\mid\varepsilon_{10}\rangle-ia_{10}^{*}a_{01}\langle\varepsilon_{10}\mid\varepsilon_{01}\rangle-|a_{10}|^{2}=0\\
|a_{00}|^{2}+ia_{00}^{*}a_{11}\langle\varepsilon_{00}\mid\varepsilon_{11}\rangle+a_{11}^{*}a_{00}\langle\varepsilon_{11}\mid\varepsilon_{00}\rangle-|a_{11}|^{2}=0
\end{cases}
\tag{6-80}
$$

当 Alice, Bob 和 Charlie* 的测量基分别为 B_y,B_x,B_y 时, 得到下式:

$$
\begin{cases}
a_{00}^{*}a_{01}\langle\varepsilon_{00}\mid\varepsilon_{01}\rangle-a_{11}^{*}a_{10}\langle\varepsilon_{11}\mid\varepsilon_{10}\rangle=0\\
a_{00}^{*}a_{10}\langle\varepsilon_{00}\mid\varepsilon_{10}\rangle+a_{11}^{*}a_{01}\langle\varepsilon_{11}\mid\varepsilon_{01}\rangle=0\\
|a_{01}|^{2}+ia_{01}^{*}a_{10}\langle\varepsilon_{01}\mid\varepsilon_{10}\rangle+ia_{10}^{*}a_{01}\langle\varepsilon_{10}\mid\varepsilon_{01}\rangle-|a_{10}|^{2}=0\\
|a_{00}|^{2}+ia_{00}^{*}a_{11}\langle\varepsilon_{00}\mid\varepsilon_{11}\rangle+ia_{11}^{*}a_{00}\langle\varepsilon_{11}\mid\varepsilon_{00}\rangle-|a_{11}|^{2}=0
\end{cases}
\tag{6-81}
$$

当 Alice, Bob 和 Charlie* 的测量基分别为 B_y,B_y,B_x 时, 得到下式:

$$
\begin{cases}
a_{00}^{*}a_{01}\langle\varepsilon_{00}\mid\varepsilon_{01}\rangle+a_{11}^{*}a_{10}\langle\varepsilon_{11}\mid\varepsilon_{10}\rangle=0\\
a_{00}^{*}a_{10}\langle\varepsilon_{00}\mid\varepsilon_{10}\rangle+a_{11}^{*}a_{01}\langle\varepsilon_{11}\mid\varepsilon_{01}\rangle=0\\
|a_{01}|^{2}-a_{01}^{*}a_{10}\langle\varepsilon_{01}\mid\varepsilon_{10}\rangle+a_{10}^{*}a_{01}\langle\varepsilon_{10}\mid\varepsilon_{01}\rangle-|a_{10}|^{2}=0\\
|a_{00}|^{2}+a_{00}^{*}a_{11}\langle\varepsilon_{00}\mid\varepsilon_{11}\rangle-a_{11}^{*}a_{00}\langle\varepsilon_{11}\mid\varepsilon_{00}\rangle-|a_{11}|^{2}=0
\end{cases}
\tag{6-82}
$$

综合式 (6-79)~(6-82), 可以得到

$$
\begin{cases}
a_{00}^{*}a_{01}\langle\varepsilon_{00}\mid\varepsilon_{01}\rangle=a_{00}^{*}a_{10}\langle\varepsilon_{00}\mid\varepsilon_{10}\rangle=a_{00}^{*}a_{11}\langle\varepsilon_{00}\mid\varepsilon_{11}\rangle=0\\
a_{01}^{*}a_{10}\langle\varepsilon_{01}\mid\varepsilon_{10}\rangle=a_{01}^{*}a_{11}\langle\varepsilon_{01}\mid\varepsilon_{11}\rangle=a_{10}^{*}a_{11}\langle\varepsilon_{10}\mid\varepsilon_{11}\rangle=0\\
|a_{01}|=|a_{10}|\\
|a_{00}|=|a_{11}|
\end{cases}
\tag{6-83}
$$

显然, 如果 Charlie* 的操作满足等式 (6-83), 他就可以成功地逃脱 Alice 和 Bob 的检测.

成功逃避检测后, Charlie* 测量他的粒子 C, E 以推断 Alice 的秘密 (即 Alice 的测量结果). 现在需要分析 Charlie* 最多可以获得多少信息. 由等式 (6-77) 和 (6-83), 可以发现如果 Alice 的结果为 x^+, Charlie* 的态等概率塌缩为 $|\varphi_{x^+x^+}\rangle$ 或 $|\varphi_{x^+x^-}\rangle$, 否则将等概率塌缩为 $|\varphi_{x^-x^+}\rangle$ 或 $|\varphi_{x^-x^-}\rangle$. 因此, 要想获得 Alice 的测量结果, Charlie* 需要区分两个等概率出现的混合态 $\rho_{x^+} = \frac{1}{2}|\varphi_{x^+x^+}\rangle\langle\varphi_{x^+x^+}| + \frac{1}{2}|\varphi_{x^+x^-}\rangle\langle\varphi_{x^+x^-}|$ 和 $\rho_{x^-} = \frac{1}{2}|\varphi_{x^-x^+}\rangle\langle\varphi_{x^-x^+}| + \frac{1}{2}|\varphi_{x^-x^-}\rangle\langle\varphi_{x^-x^-}|$. 通常, 有两种方法可以区分两个混合态, 最小错误区分和明确区分. 在文献 [62] 中, 作者证明对于任意的两个混合态, 利用明确区分的最小失败概率 Q_F 至少是利用最小错误区分的错误概率 P_E 的两倍. 因此要得到最大的信息, 应当采用最小错误区分. 利用文献 [63] 的结果可知, 区分两个分别以先验概率 p_1 和 p_2 发生的混合态 ρ_1 和 ρ_2, 这里 $p_1 + p_2 = 1$, 得到的最小错误概率为 $P_E = \frac{1}{2} - \frac{1}{2}\|p_2\rho_2 - p_1\rho_1\|$, 其中 $\|\cdot\|$ 定义为 $\|\Lambda\| = \mathrm{tr}\sqrt{\Lambda^\dagger\Lambda}$. 在等式 (6-83) 的限制下, 经过繁琐的计算, 得到区分 ρ_{x^+} 和 ρ_{x^-} 两个混合态的最小错误概率为

$$P_E = \frac{1}{2}(1 - 4|a_{00}| \cdot |a_{10}|) \tag{6-84}$$

用类似的方法计算其他三种情况, 可以得到与式 (6-84) 相同的结果. 则 Charlie* 和 Alice 之间的互信息 (利用 Shannon 熵) 为

$$I^{\mathrm{AC}} = 1 + P_E \log_2 P_E + (1 - P_E)\log_2(1 - P_E) \tag{6-85}$$

现在主要的任务是在等式 (6-76) 和 (6-83) 的限制下计算 I^{AC} 的最大值. 利用拉格朗日乘数法, 可以得到互信息的最大值 $I^{\mathrm{AC}}_{\max} = 1$, 条件是

$$\begin{cases} \langle\varepsilon_{00} \mid \varepsilon_{01}\rangle = \langle\varepsilon_{00} \mid \varepsilon_{10}\rangle = \langle\varepsilon_{00} \mid \varepsilon_{11}\rangle = 0 \\ \langle\varepsilon_{01} \mid \varepsilon_{10}\rangle = \langle\varepsilon_{10} \mid \varepsilon_{11}\rangle = \langle\varepsilon_{10} \mid \varepsilon_{11}\rangle = 0 \\ |a_{00}| = |a_{01}| = |a_{10}| = |a_{11}| = \frac{1}{2} \end{cases} \tag{6-86}$$

显然, 如果 Charlie* 的攻击满足上式, 他就可以获得 Alice 所有的秘密信息并且不引入任何错误. 因此, HBB 协议是不安全的.

6.11.3 实现最优攻击的具体实例

为了进一步说明上述结果是正确的, 本小节给出一个具体的攻击策略. Charlie* 应用这种攻击方法能够独自获取所有的秘密信息, 而且不被 Alice 和 Bob 发觉.

Charlie* 准备一个附加粒子 E 处于量子态 $|0\rangle$, 并截获 Alice 发送的 B, C 粒子. 他执行 $H = 1/2(|0\rangle\langle 0| + |1\rangle\langle 0| + |0\rangle\langle 1| - |1\rangle\langle 1|)$ 操作于 B 粒子, CNOT 操作于 B

和 E(图 6-11), 然后将 B 粒子发送给 Bob. 这样 Alice, Bob 和 Charlie* 的纠缠态被转化为

$$|\Psi_1\rangle = \frac{1}{2}(|00\rangle_{\mathrm{AB}}|00\rangle_{\mathrm{CE}} + |01\rangle_{\mathrm{AB}}|01\rangle_{\mathrm{CE}} + |10\rangle_{\mathrm{AB}}|10\rangle_{\mathrm{CE}} - |11\rangle_{\mathrm{AB}}|11\rangle_{\mathrm{CE}}) \tag{6-87}$$

根据 HBB 协议, Alice 和 Bob 测量其粒子, 这时整个量子系统态转化为 $|\Psi_2\rangle$(图 6-12、6-13). $|\Psi_2\rangle$ 随着 Alice 和 Bob 的不同测量基变化, 下面详细描述所有的情况.

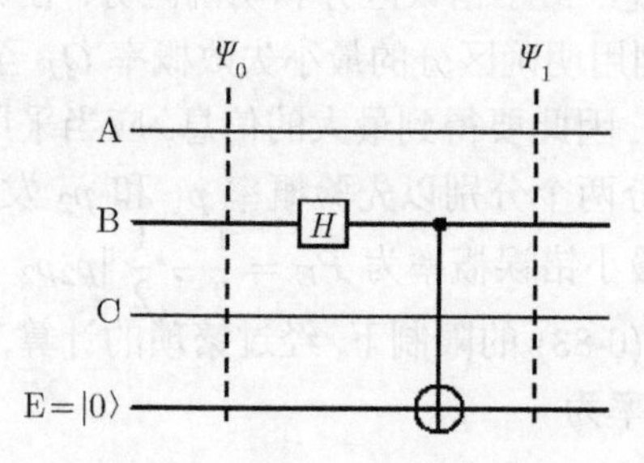

图 6-11　Charlie* 将其附加粒子 E 纠缠于原始 GHZ 态的量子线路

注: $\mathrm{E}=|0\rangle$ 表明 E 的态为 $|0\rangle$.

(1) Alice 和 Bob 的测量基都是 B_x, 这时 Charlie* 的态塌缩为下面四个量子态之一:

$$\begin{aligned}
|\varphi_{x^+x^+}\rangle &= \frac{1}{2}(|00\rangle + |01\rangle + |10\rangle - |11\rangle)_{\mathrm{CE}} \\
|\varphi_{x^+x^-}\rangle &= \frac{1}{2}(|00\rangle - |01\rangle + |10\rangle + |11\rangle)_{\mathrm{CE}} \\
|\varphi_{x^-x^+}\rangle &= \frac{1}{2}(|00\rangle + |01\rangle - |10\rangle + |11\rangle)_{\mathrm{CE}} \\
|\varphi_{x^-x^-}\rangle &= \frac{1}{2}(|00\rangle - |01\rangle - |10\rangle - |11\rangle)_{\mathrm{CE}}
\end{aligned} \tag{6-88}$$

(2) Alice 和 Bob 分别以 B_x,B_y 基测量其粒子, Charlie* 的量子态塌缩为下面四个之一:

$$\begin{aligned}
|\varphi_{x^+y^+}\rangle &= \frac{1}{2}(|00\rangle - \mathrm{i}|01\rangle + |10\rangle + \mathrm{i}|11\rangle)_{\mathrm{CE}} \\
|\varphi_{x^+y^-}\rangle &= \frac{1}{2}(|00\rangle + \mathrm{i}|01\rangle + |10\rangle - \mathrm{i}|11\rangle)_{\mathrm{CE}} \\
|\varphi_{x^-y^+}\rangle &= \frac{1}{2}(|00\rangle - \mathrm{i}|01\rangle - |10\rangle - \mathrm{i}|11\rangle)_{\mathrm{CE}} \\
|\varphi_{x^-y^-}\rangle &= \frac{1}{2}(|00\rangle + \mathrm{i}|01\rangle - |10\rangle + \mathrm{i}|11\rangle)_{\mathrm{CE}}
\end{aligned} \tag{6-89}$$

(3) 当 Alice 和 Bob 的测量基分别为 B_y,B_x 时, Charlie* 的态塌缩为

$$
\begin{aligned}
|\varphi_{y^+x^+}\rangle &= \frac{1}{2}(|00\rangle + |01\rangle - \mathrm{i}|10\rangle + \mathrm{i}|11\rangle)_{\mathrm{CE}} \\
|\varphi_{y^+x^-}\rangle &= \frac{1}{2}(|00\rangle - |01\rangle - \mathrm{i}|10\rangle - \mathrm{i}|11\rangle)_{\mathrm{CE}} \\
|\varphi_{y^-x^+}\rangle &= \frac{1}{2}(|00\rangle + |01\rangle + \mathrm{i}|10\rangle - \mathrm{i}|11\rangle)_{\mathrm{CE}} \\
|\varphi_{y^-x^-}\rangle &= \frac{1}{2}(|00\rangle - |01\rangle + \mathrm{i}|10\rangle + \mathrm{i}|11\rangle)_{\mathrm{CE}}
\end{aligned}
\tag{6-90}
$$

(4) 当 Alice 和 Bob 的测量基都是 B_y 时, Charlie* 的量子态可能为

$$
\begin{aligned}
|\varphi_{y^+y^+}\rangle &= \frac{1}{2}(|00\rangle - \mathrm{i}|01\rangle - \mathrm{i}|10\rangle + |11\rangle)_{\mathrm{CE}} \\
|\varphi_{y^+y^-}\rangle &= \frac{1}{2}(|00\rangle + \mathrm{i}|01\rangle - \mathrm{i}|10\rangle - |11\rangle)_{\mathrm{CE}} \\
|\varphi_{y^-y^+}\rangle &= \frac{1}{2}(|00\rangle - \mathrm{i}|01\rangle + \mathrm{i}|10\rangle - |11\rangle)_{\mathrm{CE}} \\
|\varphi_{y^-y^-}\rangle &= \frac{1}{2}(|00\rangle + \mathrm{i}|01\rangle + \mathrm{i}|10\rangle + |11\rangle)_{\mathrm{CE}}
\end{aligned}
\tag{6-91}
$$

容易验证上述四组等式的每一组的四个态彼此都是正交的, 每种情况 Charlie* 都可以完全区分他们. 因此 Charlie* 不仅可以得到 Alice 的秘密信息而且可以逃脱检测. 事实上, 由于一个 GHZ 态或者用于检测窃听或者用于建立密钥, 因此不需要区分四个态, 只要能够对每种用途区分两种情况就可以. 因此可以找到一些简单的方法来实现该目标. 举例来说, 考虑第 (1) 种情况, 如果这个粒子被选择用于检测窃听, 就仅需要区分 $\{|\varphi_{x^+x^+}\rangle, |\varphi_{x^-x^-}\rangle\}$ 和 $\{|\varphi_{x^+x^-}\rangle, |\varphi_{x^-x^+}\rangle\}$, Charlie* 执行如图 6-12 的操作可以避免被发觉 (这时 $U = V = W = H$). 具体地, 在执行 CNOT 和 W 操作后, 等式 (6-88) 中的四个态被转化为

$$
\begin{aligned}
|\varphi_{x^+x^+}\rangle &= \frac{1}{\sqrt{2}}(|01\rangle + |10\rangle)_{\mathrm{CE}}, \quad |\varphi_{x^+x^-}\rangle = \frac{1}{\sqrt{2}}(|00\rangle - |11\rangle)_{\mathrm{CE}} \\
|\varphi_{x^-x^+}\rangle &= \frac{1}{\sqrt{2}}(|00\rangle + |11\rangle)_{\mathrm{CE}}, \quad |\varphi_{x^-x^-}\rangle = \frac{1}{\sqrt{2}}(-|01\rangle + |10\rangle)_{\mathrm{CE}}
\end{aligned}
\tag{6-92}
$$

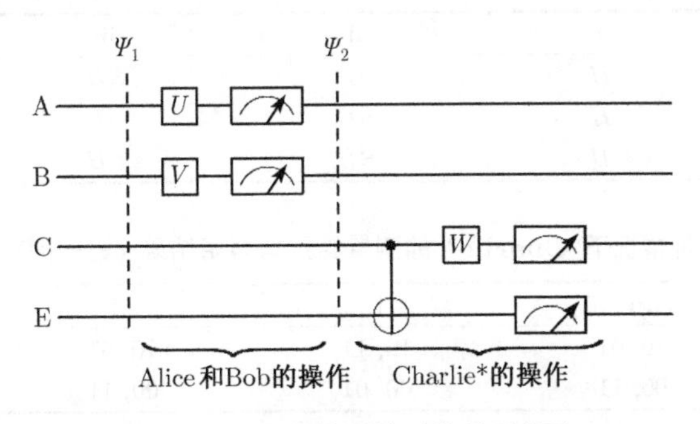

图 6-12 用于检测粒子的量子线路

然后, Charlie* 在 $\{|0\rangle, |1\rangle\}$ 上测量粒子 C, E, 如果测量结果为 00 或 11, Charlie* 声明他的结果为 1(对应 $|1\rangle$, $|x^-\rangle$ 和 $|y^-\rangle$), 否则, 他声明其结果为 0(对应 $|0\rangle$, $|x^+\rangle$ 和 $|y^+\rangle$). 根据表 6-5, 可以发现不会出现任何错误.

如果这个粒子将用于建立共享的密钥, Charlie* 就企图由自己的粒子 C, E 推导出 Alice 的秘密, 他具体的操作见图 6-13. 在执行 U 操作后, 等式 (6-88) 中的四个态转化为

$$\begin{aligned}
&|\varphi_{x^+x^+}\rangle = \frac{1}{\sqrt{2}}(|00\rangle + |11\rangle)_{\mathrm{CE}}, \quad |\varphi_{x^+x^-}\rangle = \frac{1}{\sqrt{2}}(|00\rangle - |11\rangle)_{\mathrm{CE}} \\
&|\varphi_{x^-x^+}\rangle = \frac{1}{\sqrt{2}}(|01\rangle + |10\rangle)_{\mathrm{CE}}, \quad |\varphi_{x^-x^-}\rangle = \frac{1}{\sqrt{2}}(-|01\rangle + |10\rangle)_{\mathrm{CE}}
\end{aligned} \tag{6-93}$$

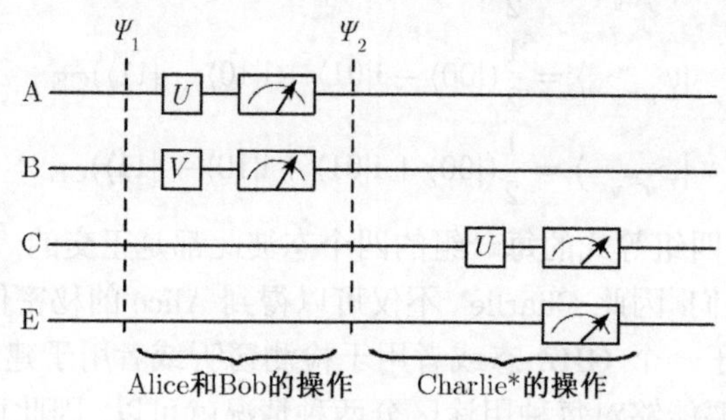

图 6-13 作用于信息载体粒子的量子线路

然后 Charlie* 测量两个粒子, 很容易发现他的测量结果 10,01 暗示 Alice 的结果为 $x^-(1)$, 而 00 或 11 说明 Alice 的结果为 $x^+(0)$.

对于其他三种情况 (2), (3) 和 (4), Charlie* 通过根据表 6-6 选择不同的 U, V, W 就可以区分不同的四个量子态, 根据表 6-7 声明他的结果就可以避免被检测发现, 根据表 6-8 就可以推断出 Alice 的秘密.

表 6-6 不同情况对应的不同量子线路 $S = |0\rangle\langle 0| + \mathrm{i}|1\rangle\langle 1|$

	i	ii	iii	iv
U	H	H	SH	SH
V	H	SH	H	SH
W	H	SH	SH	H

表 6-7 四种情况下 Charlie* 的测量结果与声明结果 (第一列) 之间的关系

	i	ii	iii	iv
0	10, 01	10, 11	10, 01	10, 11
1	00, 11	00, 01	00, 11	00, 01

表 6-8　四种情况下 Charlie* 的测量结果与 Alice 的结果 (第一列) 之间的关系

	i	ii	iii	iv
0	00, 11	00, 11	10, 01	10, 01
1	10, 01	10, 01	00, 11	00, 11

6.11.4 结束语

本节分析了基于 GHZ 态的量子秘密共享协议[22] 的安全性, 结果表明不可信的参与方可以独自获得 Alice 的所有秘密信息. 得到了攻击者获得所有信息并且不引入任何错误的充分必要条件, 满足这个条件的任何攻击都是有效的, 最后给出一个具体可实现的例子验证了得到的结论. 这种攻击模型覆盖了所有的个体攻击 (individual attack), 可以应用到其他量子秘密共享协议上.

6.12 注　记

正如文献 [64] 中说的那样, 攻破密码系统与建立它们同等重要. 熟悉各种不同的攻击策略对设计新的协议很有帮助. 本章主要对某些量子密码协议进行了较深入的安全性分析, 提出了一些有效的攻击策略并对部分协议给出了改进方案. 其中, 多粒子纠缠态的一种特殊性质, 即 "可提取相关性", 成为很多量子密码协议的重要威胁. 本章提出的许多攻击方法, 归根结底都是以这个性质为基础的. 具体到各个协议, 所使用的窃听手段又有所不同. 如在 6.1 节直接对协议中的多粒子 GHZ 载体实行相关性提取操作, 而在 6.2 节需要先用一个附加粒子纠缠进载体态中构造出多粒子 GHZ 态, 再提取相关性. 而且, 这些攻击方法中提取相关性的具体操作可能不相同, 但效果是一样的, 也是可以相互交换使用的. 此外, 如许多小节内所述, 纠缠交换的特殊性质也会对一些量子密码协议带来不易察觉的安全问题. 总之, 纠缠是量子力学中最奇妙的现象. 利用纠缠, 可以设计各种各样的密码协议. 但与此同时, 纠缠的一些特殊性质也能够帮助窃听者攻击成功. 因此, 在分析协议安全性的时候, 一定要注意纠缠态的以上两种特性可能带来的安全性漏洞. 在 6.3 节和 6.4 节用大家熟悉的一次一密乱码本讨论了量子信道的保密容量问题, 其实这是许多量子密码协议设计中容易忽略的一类问题. 在 6.6~6.11 节讨论的都是秘密共享的安全性问题, 与 6.1 节的多方密钥分发协议一样, 由于存在的不可信参与方可以在检测过程中说谎掩盖其攻击留下的痕迹, 所以这类协议的安全性分析更为复杂. 本章分别从外部攻击和参与者攻击进行了讨论, 如果一个协议可以抵抗参与者攻击, 则肯定可以抵抗外部攻击, 所以设计这类协议的时候应重点考虑参与者攻击. 此外, 6.11 节给出了一种通用的分析量子秘密共享协议安全性的方法, 它可以应用到许多协议的安全分析中, 作为判别一个协议安全与否的一种标准. 相信本章介绍的安全性分析方法和攻击策略能对今后量子密码的发展产生重要影响, 并能引起各国学者们的重视.

密码学是一门特殊的学科, 它有两个与生俱来的对立分支, 即设计和分析. 这两个研究方向相互促进, 不断推动着密码学的发展. 需要强调的是, 密码分析也是一种科学研究, 是密码学前进中不可或缺的动力. 一种协议只有经得住各种分析的考验才是安全的. 量子密码也是如此.

在结束本章时, 作者发现除 6.3 节和 6.4 节讨论的信道容量问题外, 其他存在安全漏洞的协议都是由于其检测窃听的方法失效而造成的, 提出的许多改进方案都是改变了原协议的窃听检测模式或加入了新的窃听检测手段. 量子密码的核心是攻击者获得的最大信息量与窃听所引入的干扰之间的关系[65]. 通常, 人们用错误率来衡量引入的干扰, 然而, 一个不正确的检测方法产生的错误率并不能反映出所有的干扰, 尤其当存在不可信的参与方时 (他可能说谎掩盖其攻击引入的干扰). 所以人们需要利用信息论方法来量化地分析对于同一种粒子分发模式的各检测方法的有效性, 从而为选取更简单安全的检测方法提供理论参考. 为了证明自己的协议是安全的, 学者们往往只说明在理想情况下窃听会对粒子引入干扰, 进而在合法通信者检测窃听时引入错误而被发现. 而在实际应用中, 量子信道本身也会有干扰, 也会引入一定的错误. 这导致合法通信者必须能容忍一定程度的错误率, 但是这个错误率的阈值定在多少才能保证安全呢? 这种情况下, 仅靠笼统地说明 “有窃听就会带来一定的错误率” 是远远不够的, 必须要对安全性有一个量化的定义. 目前这两方面的成果很少, 有待进一步研究.

参考文献

[1] Nielsen M A, Chuang I L. Quantum computation and quantum information. Cambridge Cambridge University Press, 2000.

[2] Bennett C H, Brassard G. Quantum cryptography public-key distribution and coin tossing. In: Proceedings of IEEE International Conference on Computers, Systems and Signal Processing, IEEE, New York, Bangalore, India, 1984, 175-179.

[3] Ekert A K. Quantum cryptography based on Bell theorem. Physical Review Letters, 1991, (67): 661.

[4] Bennett C H. Quantum cryptography using any two nonorthogonal states. Physical Review Letters, 1992, (68): 3121.

[5] Nguyen B A. Quantum exam. Physics Letters A, 2006, (350): 174.

[6] Karimipour V, Bahraminasab A, Bagherinezhad S. Quantum key distribution for d-level systems with generalized Bell states. Physical Review A, 2002, (65): 052331.

[7] Li C, Song H S, Zhou L, et al.. A random quantum key distribution achieved by using

Bell states. Journal of Optics B-Quantum and Semiclassical Optics, 2003, (5): 155.

[8] An N B. Efficient semi-direct three-party quantum secure exchange of information. Physics Letters A, 2007, (360): 518.

[9] Nguyen B A. Quantum dialogue. Physics Letters A, 2004, (328): 6.

[10] Man Z X, Zhang Z J, Li Y. Quantum dialogue revisited. Chinese Physics Letters, 2005, (22): 22.

[11] Ji X, Zhang S. Secure quantum dialogue based on single-photon. Chinese Physics, 2006, (15): 1418.

[12] Man Z X, Xia Y J, An N B. Quantum secure direct communication by using GHZ states and entanglement swapping. Journal of Physics B-Atomic Molecular and Optical Physics, 2006, (39): 3855.

[13] Bagherinezhad S, Karimipour V. Quantum secret sharing based on reusable Greenberger-Horne-Zeilinger states as secure carriers. Physical Review A, 2003, (67): 044302.

[14] Brádler K, Dušek M. Secret-message sharing via direct transmission. Journal of Optics B-Quantum and Semiclassical Optics, 2004, (6): 63.

[15] Tokunaga Y, Okamoto T, Imoto N. Threshold quantum cryptography. Physical Review A, 2005, (71): 012314.

[16] Zhang Z J, Li Y, Man Z X. Multiparty quantum secret sharing. Physical Review A, 2005, (71): 044301.

[17] Deng F G, Li X H, Zhou H Y, et al.. Improving the security of multiparty quantum secret sharing against Trojan horse attack. Physical Review A, 2005, (72): 044302.

[18] Yan F L, Gao T. Quantum secret sharing between multiparty and multiparty without entanglement. Physical Review A, 2005, (72): 012304.

[19] Zhang Z J. Multiparty quantum secret sharing of secure direct communication. Physics Letters A, 2005, (342): 60.

[20] Deng F G, Li X H, Li C Y, et al.. Multiparty quantum secret splitting and quantum state sharing. Physics Letters A, 2006, (354): 190.

[21] Zhang Z J, Man Z X. Multiparty quantum secret sharing of classical messages based on entanglement swapping. Physical Review A, 2005, (72): 022303.

[22] Hillery M, Buzek V, Berthiaume A. Quantum secret sharing. Physical Review A, 1999, (59): 1829.

[23] Gao F, Wen Q Y, Zhu F C. Comment on: "Quantum exam" [Phys. Lett. A, 2006, (350): 174]. Physics Letters A, 2007, (360): 748.

[24] Gao F, Guo F Z, Wen Q Y, et al.. Comment on "Quantum key distribution for d-level systems with generalized Bell states". Physical Review A, 2005, (72): 066301.

[25] Gao F, Qin S J, Wen Q Y, et al.. One-time pads cannot be used to improve the efficiency of quantum communication. Physics Letters A, 2007, (365): 386.

[26] Gao F, Guo F Z, Wen Q Y, et al.. Revisiting the security of quantum dialogue and bidirectional quantum secure direct communication. Science in China Series G-Physics Mechanics & Astronomy, 2008, (51): 559-566

[27] Gao F, Guo F Z, Wen Q Y, et al.. Consistency of shared reference frames should be reexamined. Physical Review A, 2008, (77): 014302.

[28] Gao F, Guo F Z, Wen Q Y, et al.. Comment on "Quantum secret sharing based on reusable Greenberger-Horne-Zeilinger states as secure carriers". Physical Review A, 2005, (72): 036302.

[29] Du J Z, Qin S J, Wen Q Y, et al.. Comment II on "Quantum secret sharing based on reusable Greenberger-Horne-Zeilinger states as secure carriers". Physical Review A, 2006, (74): 016301.

[30] Gao F, Qin S J, Wen Q Y, et al.. A simple participant attack on the Bradler-Dusek protocol. Quantum Information & Computation, 2007, (7): 329.

[31] Qin S J, Wen Q Y, Zhu F C. An external attack on the Bradler–Dusek protocol. Journal of Physics B-Atomic Molecular and Optical Physics, 2007, (40): 4661.

[32] Qin S J, Gao F, Wen Q Y, et al.. Improving the security of multiparty quantum secret sharing against an attack with a fake signal. Physics Letters A, 2006, (357): 101.

[33] Lin S, Gao F, Guo F Z, et al.. Comment on "Multiparty quantum secret sharing of classical messages based on entanglement swapping". Physical Review A, 2007, (76): 036301.

[34] Qin S J, Gao F, Wen Q Y, et al.. Cryptanalysis of the HBB quantum secret sharing protocol. Physical Review A, 2007, (76): 062324.

[35] Shannon C E. Communication theory of secrecy systems. Bell System Technical Journal, 1949, (28): 657.

[36] Guo F Z, Gao F, Wen Q Y, et al.. A quantum encryption scheme using d-level systems. Chinese Physics, 2006, (15): 1690.

[37] Gao F, Guo F Z, Wen Q Y, et al.. On the information-splitting essence of two types of quantum key distribution protocols. Physics Letters A, 2006, (355): 172.

[38] Bennett C H, Wiesner S J. Communication via one- and two-particle operators on Einstein -Podolsky -Rosen states. Physical Review Letters, 1992, (69): 2881.

[39] Zukowski M, Zeilinger A, Horne M A, et al.. Event-ready-detectors Bell experiment via entanglement swapping. Physical Review Letters, 1993, (71): 4287.

[40] Man Z X, Xia Y J. Controlled bidirectional quantum direct communication by using a GHZ state. Chinese Physics Letters, 2006, (23): 1680.

[41] Xia Y, Fu C B, Zhang S, et al.. Quantum dialogue by using the GHZ state. Journal of the Korean Physical Society, 2006, (48): 24.

[42] Jin X R, Ji X, Zhang Y Q, et al.. Three-party quantum secure direct communication based on GHZ states. Physics Letters A, 2006, (354): 67.

[43] Man Z X, Xia Y J. Improvement of security of three-party quantum secure direct communication based on GHZ states. Chinese Physics Letters, 2007, (24): 15.

[44] Chen Y, Man Z X, Xia Y J. Quantum bidirectional secure direct communication via entanglement swapping. Chinese Physics Letters, 2007, (24): 19.

[45] Chiribella G, Maccone L, Perinotti P. Secret quantum communication of a reference frame. Physical Review Letters, 2007, (98): 120501.

[46] Bartlett S D, Rudolph T, Spekkens R W. Reference frames, superselection rules, and quantum information. Reviews of Modern Physics, 2007, (79): 555.

[47] Gisin N, Ribordy G, Tittel W, et al.. Quantum cryptography. Reviews of Modern Physics, 2002, (74): 145.

[48] Bartlett S D, Rudolph T, Spekkens R W. Decoherence-full subsystems and the cryptographic power of a private shared reference frame. Physical Review A, 2004, (70): 032307.

[49] Bostrom K, Felbinger T. Deterministic secure direct communication using entanglement. Physical Review Letters, 2002, (89): 187902.

[50] Cai Q Y. The "Ping-Pong" protocol can be attacked without eavesdropping. Physical Review Letters, 2003, (91): 109801.

[51] Zhang Y S, Li C F, Guo G C. Quantum key distribution via quantum encryption. Physical Review A, 2001, (64): 024302.

[52] Zhang Y S, Li C F, Guo G C. Comment on "Quantum key distribution without alternative measurements" [Phys. Rev. A, 2000, (61): 052312]. Physical Review A, 2001, (63): 036301.

[53] Lutkenhaus N. Security against eavesdropping in quantum cryptography. Physical Review A, 1996, (54): 97.

[54] Bruss D. Optimal eavesdropping in quantum cryptography with six states. Physical Review Letters, 1998, (81): 3018.

[55] Fuchs C A, Gisin N, Griffiths R B, et al.. Optimal eavesdropping in quantum cryptography .1. Information bound and optimal strategy. Physical Review A, 1997, (56): 1163.

[56] Bruss D, Macchiavello C. Optimal eavesdropping in cryptography with three-dimensional quantum states. Physical Review Letters, 2002, (88): 127901.

[57] Shor P W, Preskill J. Simple proof of security of the BB84 quantum key distribution protocol. Physical Review Letters, 2000, (85): 441.

[58] Gottesman D, Lo H K. Proof of security of quantum key distribution with two-way classical communications. IEEE Transactions on Information Theory, 2003, (49): 457.

[59] Xiao L, Long G L, Deng F G, et al.. Efficient multiparty quantum-secret-sharing schemes. Physical Review A, 2004, (69): 052307.

[60] Stinespring W F. Positive functions on C*-algebras. Proc. Am. Math. Soc., 1955, (6): 211.

[61] Zhang S Y, Ying M S. Set discrimination of quantum states. Physical Review A, 2002, (65): 062322.

[62] Herzog U, Bergou J A. Distinguishing mixed quantum states minimum-error discrimination versus optimum unambiguous discrimination. Physical Review A, 2004, (70): 022302.

[63] Helstrom C W. Quantum Detection and Estimation Theory. New York: Academic Press, 1976.

[64] Lo H K, Ko T M. Some attacks on quantum-based cryptographic protocols. Quantum Information & Computation, 2005, (5): 41.

[65] Fuchs C A, Peres A. Quantum-state disturbance versus information gain: Uncertainty relations for quantum information. Physical Review A, 1996, (53): 2038.

第 7 章　量子隐形传态

量子安全直接通信的目的是借助量子信道在通信者之间传输经典消息, 与之相对应的是在通信者之间直接传输量子态. 早在 1993 年 Bennett 等就提出了量子隐形传态 (quantum teleportation, 也称量子远程传态) 的概念[1], 即利用通信双方共享的纠缠对, 发送方不需要发送粒子本身就能将其量子态 (未知量子比特) 传送到远端的另一个粒子上. 自从 Bennett 等所做出的开创性工作以来, 特别是 1997 年底奥地利研究组首先在实验上成功演示量子隐形传态[2] 之后, 这一研究内容引起了国际学术界的极大兴趣. 目前量子隐形传态在理论[3~19] 与实验上[20~22] 都取得了很大的进步 —— 从最初的单粒子隐形传态[1,3~5] 到多粒子的隐形传态[6,7] 和连续变量的隐形传态[8,23~27]; 从确定性的精确隐形传态 (成功概率与保真度同时为 1)[1,9], 到非精确隐形传态 (保真度小于 1)[10] 和概率性的隐形传态 (成功概率小于 1)[6,28]. Brassard 等还在 1998 年提出用量子逻辑网络去执行量子隐形传态[29]. 无论在实验中实现量子隐形传态, 还是在经典计算机上模拟隐形传态, 量子逻辑网络的设计都是很重要的.

本章 7.1 节从最初的量子隐形传态典型代表入手, 介绍 BBCJPW93 协议, 让大家对隐形传态有一个初步的了解, 并讨论了人们关于隐形传态的两种常见误解. 7.2 节介绍一个基于两级系统 GHZ 态传输有限级量子纯态的确定性多方量子隐形传态协议. 接着在 7.3~7.5 节分别介绍经由两粒子部分纠缠对传输非对称三粒子纠缠态、两粒子纠缠态和多粒子纠缠态的概率隐形传态协议, 并在 7.4 节讨论了两种方法来设计执行隐形传态协议的量子线路. 7.6 节介绍一个经由 W 态传输两粒子纠缠态的受控隐形传态协议. 7.7 节讨论了概率隐形传态中信道对通信者透明情况的问题, 并给出一个基于客户/服务模式的双边概率隐形传态协议. 最后在 7.8 节给出一个接近实际应用的量子隐形传态网络.

7.1　BBCJPW93 量子隐形传态

量子隐形传态的概念最初是由 Bennett, Brassard, Crepeau, Jozsa, Peres 和 Wootters 在 1993 年公开提出的[1]. 最简单的隐形传态是指利用 Alice 和 Bob 之间共享的量子纠缠, 在他们之间没有其他量子通信信道连接的情况下, Alice 仅通过发送经典信息而把未知量子态 $|\varphi\rangle$ (即这个态所包含的全部信息) 发送给 Bob. 事实上, 只要他们共享了一个 EPR 对就可以完成这件事情. 假设 Alice 和 Bob 共享纠缠

态 $|\phi^+\rangle = (1/\sqrt{2})(|00\rangle + |11\rangle)$, Alice 拥有第一个粒子, Bob 拥有第二个粒子. Alice 要发送给 Bob 的未知量子态是 $|\varphi\rangle = \alpha|0\rangle + \beta|1\rangle$, 其中 α 和 β 是满足 $|\alpha|^2 + |\beta|^2 = 1$ 的未知复数. 则隐形传态由初始态出发如下进行：

$$
\begin{aligned}
&\frac{1}{\sqrt{2}}(|00\rangle + |11\rangle)_{12} \otimes (\alpha|0\rangle + \beta|1\rangle)_3 \\
=&\frac{1}{\sqrt{2}}(\alpha|000\rangle + \alpha|110\rangle + \beta|001\rangle + \beta|111\rangle)_{123} \\
=&\frac{1}{\sqrt{2}}(\alpha|000\rangle + \alpha|101\rangle + \beta|010\rangle + \beta|111\rangle)_{132} \\
=&\frac{1}{2}[|\phi^+\rangle_{13}(\alpha|0\rangle + \beta|1\rangle)_2 + |\phi^-\rangle_{13}(\alpha|0\rangle - \beta|1\rangle)_2 \\
&+|\psi^+\rangle_{13}(\alpha|1\rangle + \beta|0\rangle)_2 + |\psi^-\rangle_{13}(-\alpha|1\rangle + \beta|0\rangle)_2]
\end{aligned}
$$

其中, $|\phi^+\rangle, |\phi^-\rangle, |\psi^+\rangle$ 和 $|\psi^-\rangle$ 为四个 Bell 态, Alice 只需要对自己拥有的两粒子做 Bell 基测量, 她所拥有的未知量子态 $|\varphi\rangle$ 的大部分信息就自动转移到了 Bob 拥有的粒子上. 然后 Alice 告诉 Bob 她的测量结果处于哪个 Bell 态, Bob 根据 Alice 的结果对自己的粒子做局域操作可以确切得到 Alice 要发送的态. 例如, 若 Alice 的测量结果为 $|\psi^+\rangle$, 则 Bob 对自己的粒子作用 X 操作, 可以将 $\alpha|1\rangle + \beta|0\rangle$ 变为 $|\varphi\rangle = \alpha|0\rangle + \beta|1\rangle$. 这样虽然 Bob 也不知道 α 和 β 是什么值, 也即不知道收到的是什么量子态, 但却可以肯定是 Alice 要发给他的态.

实现上面的隐形传态用到了 Bell 基测量, 若不用 Bell 基测量而用 $\{|0\rangle, |1\rangle\}$ 基测量, 再加少量的量子门操作也可以实现[30]. 仍然假设 Alice 和 Bob 共享 EPR 对 $|\phi^+\rangle$, Alice 要发送给 Bob 的是 $|\varphi\rangle = \alpha|0\rangle + \beta|1\rangle$, 则隐形传态由初始态出发也可以如下进行：

$$
\begin{aligned}
&\frac{1}{\sqrt{2}}(|00\rangle + |11\rangle)_{12} \otimes (\alpha|0\rangle + \beta|1\rangle)_3 \\
=&\frac{1}{\sqrt{2}}(\alpha|000\rangle + \alpha|110\rangle + \beta|001\rangle + \beta|111\rangle)_{123} \\
=&\frac{1}{\sqrt{2}}(\alpha|000\rangle + \alpha|101\rangle + \beta|010\rangle + \beta|111\rangle)_{132} \\
=&\frac{1}{\sqrt{2}}(\alpha|000\rangle + \alpha|101\rangle + \beta|110\rangle + \beta|011\rangle)_{132} \\
=&\frac{1}{2}[\alpha(|000\rangle + |010\rangle) + \alpha(|101\rangle + |111\rangle) + \beta(|100\rangle - |110\rangle) + \beta(|001\rangle - |011\rangle)]_{132} \\
=&\frac{1}{2}[|00\rangle(\alpha|0\rangle + \beta|1\rangle) + |01\rangle(\alpha|0\rangle - \beta|1\rangle) + |10\rangle(\alpha|1\rangle + \beta|0\rangle) + |11\rangle(\alpha|1\rangle - \beta|0\rangle)]_{132}
\end{aligned}
$$

上式中第三个等式是由一个受控非门 (量子比特 3 作控制位, 量子比特 1 作目标位) 得到的. 第四个等式是对量子比特 3 作用一个 Hadamard 门操作得到的.

从第五个等式可以看出, Alice 用 $\{|0\rangle, |1\rangle\}$ 基测量自己拥有的两粒子, 并将测量结果告诉 Bob, Bob 就可以根据 Alice 的经典信息对自己的粒子做相应的变换而得到 Alice 要发送的量子态.

隐形传态是奇妙的量子纠缠的一种应用, 它强调的是量子物理中不同资源之间的互换性. 例如, 文献 [1] 中的协议就说明一个共享的 EPR 对加上两经典比特的通信至少可以等同于一个量子比特的通信. 此外, 关于隐形传态有两个很容易让人误解的问题, 需要解释一下.

(1) 隐形传态是否违背了量子不可克隆定理? 通常, 人们认为在遥远的一方生成了所传送的未知量子态, 相当于制备了未知量子态的一个备份, 从而违背了量子不可克隆定理. 但事实上, 从上面的隐形传态过程可以看出, 当接收方的量子比特转化为传送的量子态时, 发送方的量子比特就转化为一个 Bell 态的一部分 (第一种情况), 或者是 $|0\rangle$ 态和 $|1\rangle$ 态之一 (第二种情况). 这就说明当未知量子态在接收方出现时, 已经在发送方消失, 所以隐形传态与量子不可克隆定理并不矛盾.

(2) 隐形传态是否为超光速? 不管共享纠缠态的 Alice 和 Bob 相距多么遥远, 只要 Alice 测量了自己手中的两粒子, 则 Bob 的粒子就会变得和 Alice 要发送的粒子非常相像, 这貌似带来了超光速通信. 但事实上, 从上面的传态过程可以看出, Bob 只有在 Alice 通过经典通信告诉他她的测量结果后, 才能做相应的操作从而得到 Alice 发送给他的态. 也就是说, 没有经典通信, 接收方不能获得任何信息, 而经典通信受到光速的限制, 因此量子隐形传态不能超光速完成.

7.2 经由两级 GHZ 态的有限级量子纯态的多方量子隐形传态

在 7.1 节介绍的 Bennett 等的原始方案中, 只要两方 Alice 和 Bob 共享一 EPR 对, Alice 就可以把一未知量子态隐形传态给 Bob. 文献 [31] 中提出了一种方案. 在该方案中, 三方 (Alice, Bob_1 和 Bob_2) 共享三粒子最大纠缠态, Alice 对一未知量子态进行隐形传态, 最终使得原始未知量子态被编码在 Bob_1 和 Bob_2 共享的两粒子纠缠态中, Bob_1 和 Bob_2 都不能单独重构该未知量子态, 然而当他们合作且使用局域操作和经典通信时, 只有一方能够重构原始未知量子态. 文献 [32~34] 对利用 d 级量子态作信道进行多方之间的隐形传态进行了研究.

与以往利用共享的 $d(d>2)$ 级最大纠缠态进行多方之间的隐形传态方案不同, 本节的方案使用由 L 个两级 GHZ 最大纠缠态做信道. 假设有三方 (Alice, Bob, Charlie) 共享 $3L$ 个两级 GHZ 最大纠缠态, Alice 和 Bob 分别拥有一 d_1 级和 d_2 级的未知量子态 ($d_1 d_2 \leqslant 2^L$). 利用 7.2.1 节的协议能使 Alice 和 Bob 经由所共享的 L

个两级 GHZ 最大纠缠态组成的信道把他们的未知量子态隐形传态给 Charlie. 在这里必须强调的是待隐形传态的未知量子态的维数和接收方 Charlie 的粒子的维数不相同, 前者是两个 d 级系统的粒子, 后者是 L 个两级系统的 GHZ 态. 但从更高维的 Hilbert 空间可以选取一个等价于低维的子空间. 本节协议中选取 $d_1d_2 \leqslant 2^L$ 且 $d_1d_2 > 2^{L-1}$, 使 L 是能够实现协议的最小数. 从 L 个两级粒子的 Hilbert 空间选取 d_1d_2 个归一化的正交向量作为子空间的基, 使它们映射到未知量子态的 d_1d_2 个本征向量上. 在 7.2.2 节考虑了相反的情况, 让 Charlie 拥有一个包含了两个 d_1 级和 d_2 级的量子态信息的 $d(d=d_1d_2)$ 级未知量子态, 他能把第一个 d_1 级量子态隐形传态给 Alice, 把第二个 d_2 级量子态隐形传态给 Bob. 两个协议都可以推广到 $N(N>3)$ 方的情形. 最后, 在 7.2.3 节考虑了在多个发送方和多个接收方之间进行量子隐形传态的情况. 表明 L 个两级 GHZ 态可作为双向信道, 即如果 Alice 和 Bob 共享 L 个两级 GHZ 态, Alice 能把一 d_1 级量子态隐形传态给 Bob, Bob 能把一 d_2 级量子态隐形传态给 Alice.

7.2.1 多方到一方的量子隐形传态

给 GHZ 态标上序号 $0,1,\cdots,L-1$. 假设三方 (Alice, Bob, Charlie) 共享 $3L$ 个两级 GHZ 最大纠缠态, 相应地, Alice, Bob 和 Charlie 拥有的粒子分别表示为 $\mathrm{A}_0,\mathrm{A}_1,\cdots,\mathrm{A}_{L-1},\mathrm{B}_0,\mathrm{B}_1,\cdots,\mathrm{B}_{L-1}$ 和 $\mathrm{C}_0,\mathrm{C}_1,\cdots,\mathrm{C}_{L-1}$. 每一 $\mathrm{A}_k,\mathrm{B}_k,\mathrm{C}_k$ 粒子所处的 GHZ 态如式 (7-1) 所示

$$|\Phi\rangle_{\mathrm{A}_k\mathrm{B}_k\mathrm{C}_k} = \frac{1}{\sqrt{2}}(|0\rangle_{\mathrm{A}_k}|0\rangle_{\mathrm{B}_k}|0\rangle_{\mathrm{C}_k} + |1\rangle_{\mathrm{A}_k}|1\rangle_{\mathrm{B}_k}|1\rangle_{\mathrm{C}_k}) \tag{7-1}$$

假设 Alice 和 Bob 分别拥有一 d_1 级和 d_2 级的未知量子态 $(d_1d_2 \leqslant 2^L)$. Alice 拥有的 d_1 级未知量子态设为 $|\varphi\rangle_1 = \sum_{i=0}^{d_1-1}\alpha_i|i\rangle$, 其中 $\sum_{i=0}^{d_1-1}|\alpha_i|^2=1$. Bob 拥有的 d_2 级未知量子态设为 $|\varphi\rangle_2 = \sum_{j=0}^{d_2-1}\beta_j|j\rangle$, 其中 $\sum_{j=0}^{d_2-1}|\beta_j|^2=1$. Alice 和 Bob 想要把他们的未知量子态隐形传态给 Charlie.

一个数可由它的二进制形式表示. 例如, 一个十进制数 n 可分解成 L 位的二进制数 $n=2^{L-1}\cdot n_{L-1}+\cdots+2^1\cdot n_1+2^0\cdot n_0$, 其中 $2^L \geqslant n, n_k=0,1(k=0,1,\cdots,L-1)$. 则 n 可表示为

$$n = \overline{n_{L-1}\cdots n_1 n_0} \tag{7-2}$$

另一方面, 任何二进制数有它的十进制形式. 如果我们把 L 个粒子 $\mathrm{A}_0,\mathrm{A}_1,\cdots,\mathrm{A}_{L-1},\mathrm{B}_0,\mathrm{B}_1,\cdots,\mathrm{B}_{L-1}$和$\mathrm{C}_0,\mathrm{C}_1,\cdots,\mathrm{C}_{L-1}$ 看作量子比特, 每个态 $|n_{L-1}\rangle_{\mathrm{A}_{L-1}}\cdots|n_1\rangle_{\mathrm{A}_1}|n_0\rangle_{\mathrm{A}_0} = |n_{L-1}\cdots n_1n_0\rangle_{\mathrm{A}}, |n_{L-1}\rangle_{\mathrm{B}_{L-1}}\cdots|n_1\rangle_{\mathrm{B}_1}|n_0\rangle_{\mathrm{B}_0} = |n_{L-1}\cdots n_1n_0\rangle_{\mathrm{B}}$和

$|n_{L-1}\rangle_{C_{L-1}}\cdots|n_1\rangle_{C_1}|n_0\rangle_{C_0}=|n_{L-1}\cdots n_1n_0\rangle_C(n_k=0,1;\ k=0,1,\cdots,L-1)$ 将对应一个二进制数 $\overline{n_{L-1}\cdots n_1n_0}$, 用态 $|\bar{n}\rangle$ 简化表示为

$$|\overline{n}\rangle=|n_{L-1}\cdots n_1n_0\rangle \tag{7-3}$$

则 Alice 拥有的 d_1 级未知量子态 $|\varphi\rangle_1$, Bob 拥有的 d_2 级未知量子态 $|\varphi\rangle_2$, 以及三方共享的 GHZ 最大纠缠态组成的复合系统的态为

$$\begin{aligned}|\psi\rangle=&|\varphi\rangle_1\otimes|\varphi\rangle_2\otimes\prod_{k=0}^{L-1}|\Phi\rangle_{A_k,B_k,C_k}\\=&\frac{1}{\sqrt{N}}\sum_{m=0}^{d_1-1}\sum_{j=0}^{d_2-1}\sum_{n=0}^{N-1}\alpha_m\beta_j|m\rangle_1|j\rangle_2|\overline{n}\rangle_A|\overline{n}\rangle_B|\overline{n}\rangle_C\end{aligned} \tag{7-4}$$

其中, $N=2^L$. Alice 对自己拥有的未知量子态 $|\varphi\rangle_1$ 和所拥有的 L 个两级 GHZ 粒子做幺正操作 U_{1A}, U_{1A} 可定义为

$$U_{1A}|m\rangle_1|\overline{n}\rangle_A=\frac{1}{\sqrt{d_1}}\sum_{k=0}^{d_1-1}e^{\frac{2\pi ikm}{d_1}}|k\rangle_1|\overline{f(k,m,n)}\rangle_A \tag{7-5}$$

其中, $m=0,1,\cdots,d_1-1$, $f(k,m,n)$ 是由 k,m,n 决定的十进制数, $|\overline{f(k,m,n)}\rangle$ 是 N 个本征态之一. 可以把 k,m 和 $f(k,m,n)$ 表示成如下二进制形式:

$$\begin{aligned}k&=\overline{k_{L-1}\cdots k_1k_0}\\m&=\overline{m_{L-1}\cdots m_1m_0}\\f(k,m,n)&=\overline{f_{L-1}(k,m,n)\cdots f_1(k,m,n)f_0(k,m,n)}\end{aligned} \tag{7-6}$$

其中, $k_i,m_i,f_i(k,m,n)=0,1(i=0,1,\cdots,L-1)$, 且 $f_i(k,m,n)=k_i\oplus m_i\oplus n_i$,"$\oplus$"表示模 2 加. 容易证明 U_{1A} 的幺正性, 且可看出

$$\langle\overline{f(k,m,n)}|\overline{f(k,m',n)}\rangle=\delta_{mm'} \tag{7-7}$$

其中, $m,m'=0,1,\cdots,d_1-1$. 令 $w=e^{\frac{2\pi i}{d}}(d=d_1d_2)$. 在作用 U_{1A} 之后, 总的量子态变为

$$|\psi\rangle^1=\frac{1}{\sqrt{d_1}}\sum_{k=0}^{d_1-1}\left\{w^{d_2km}|k\rangle_1\frac{1}{\sqrt{N}}\sum_{m=0}^{d_1-1}\sum_{j=0}^{d_2-1}\sum_{n=0}^{N-1}\alpha_m\beta_j|j\rangle_2|\overline{n}\rangle_B|\overline{n}\rangle_C|\overline{f(k,m,n)}\rangle_A\right\} \tag{7-8}$$

Alice 分别对未知量子态粒子和 $A_0,A_1,\cdots,A_{L-1}$ 进行投影测量, 则 Bob 和 Charlie 的粒子处于态

$$|\Phi(k)\rangle_{BC}^2=\sum_{m=0}^{d_1-1}\sum_{j=0}^{d_2-1}\{\alpha_m\beta_jw^{d_2km}|j\rangle_2|(f_{L-1}(k,m,n)\oplus k_{L-1}\oplus m_{L-1})\cdots$$

$$
\begin{aligned}
&(f_1(k,m,n)\oplus k_1\oplus m_1)(f_0(k,m,n)\oplus k_0\oplus m_0)\rangle_{\mathrm{B}}\\
&|(f_{L-1}(k,m,n)\oplus k_{L-1}\oplus m_{L-1})\cdots\\
&(f_1(k,m,n)\oplus k_1\oplus m_1)(f_0(k,m,n)\oplus k_0\oplus m_0)\rangle_{\mathrm{C}}\}
\end{aligned}
\tag{7-9}
$$

Alice 将测量结果 $k, f_i(k,m,n)(i=0,1,\cdots,L-1)$ 告知 Bob 和 Charlie. Bob 做以下幺正操作:

$$
\begin{aligned}
w^{d_2km}|(f_{L-1}(k,m,n)\oplus k_{L-1}\oplus m_{L-1})\rangle_{\mathrm{B}_{L-1}}&\longrightarrow|m_{L-1}\rangle_{\mathrm{B}_{L-1}}\\
|f_i(k,m,n)\oplus k_i\oplus m_i\rangle_{\mathrm{B}_i}&\longrightarrow|m_i\rangle_{\mathrm{B}_i}
\end{aligned}
\tag{7-10}
$$

其中, $i=0,1,\cdots,L-2$. Charlie 做以下幺正操作:

$$
|f_i(k,m,n)\oplus k_i\oplus m_i\rangle_{\mathrm{C}_i}\longrightarrow|m_i\rangle_{\mathrm{C}_i}\tag{7-11}
$$

其中, $i=0,1,\cdots,L-1$. 则 Bob 和 Charlie 的粒子所处的态为

$$
\begin{aligned}
|\varPhi\rangle^3_{\mathrm{BC}}&=\sum_{m=0}^{d_1-1}\sum_{j=0}^{d_2-1}\alpha_m\beta_j|j\rangle_2|m_{L-1}\cdots m_1m_0\rangle_{\mathrm{B}}|m_{L-1}\cdots m_1m_0\rangle_{\mathrm{C}}\\
&=\sum_{m=0}^{d_1-1}\sum_{j=0}^{d_2-1}\alpha_m\beta_j|j\rangle_2\overline{m}\rangle_{\mathrm{B}}|\overline{m}\rangle_{\mathrm{C}}
\end{aligned}
\tag{7-12}
$$

Bob 对拥有的未知量子态和 L 个 GHZ 粒子做幺正操作 $U_{2\mathrm{B}}$, $U_{2\mathrm{B}}$ 如式 (7-13) 所定义

$$
U_{2\mathrm{B}}|j\rangle_2|\overline{m}\rangle_{\mathrm{B}}=\frac{1}{\sqrt{d_2}}\sum_{k=0}^{d_2-1}\mathrm{e}^{\frac{2\pi \mathrm{i}kj}{d_2}}|k\rangle_2|\overline{g(k,m,j)}\rangle_{\mathrm{B}}\tag{7-13}
$$

其中, $j=0,1,\cdots,d_2-1$.

类似于式 (7-5)~(7-7) 中的 $f(k,m,n)$,

$$
g_i(k,m,j)=k_i\oplus m_i\oplus j_i,\quad i=0,1,\cdots,L-1\tag{7-14}
$$

容易证明 $U_{2\mathrm{B}}$ 的幺正性, 在作用 $U_{2\mathrm{B}}$ 之后, 总的量子态为

$$
|\varPhi\rangle^4_{\mathrm{BC}}=\frac{1}{\sqrt{d_2}}\sum_{k=0}^{d_2-1}\left\{|k\rangle_2\sum_{m=0}^{d_1-1}\sum_{j=0}^{d_2-1}\alpha_m\beta_jw^{d_1kj}|\overline{m}\rangle_{\mathrm{C}}|\overline{g(k,m,j)}\rangle_{\mathrm{B}}\right\}\tag{7-15}
$$

Bob 分别对未知量子态和 $\mathrm{B}_0,\mathrm{B}_1,\cdots,\mathrm{B}_{L-1}$ 进行投影测量, 则 Charlie 的粒子所处的态为

$$
|\varPhi(k)\rangle^5_{\mathrm{C}}=\sum_{m=0}^{d_1-1}\sum_{j=0}^{d_2-1}\{\alpha_m\beta_jw^{d_1kj}|(g_{L-1}(k,m,j)\oplus k_{L-1}\oplus j_{L-1})\cdots
$$

$$(g_1(k,m,j)\oplus k_1\oplus j_1)(g_0(k,m,j)\oplus k_0\oplus j_0)\rangle_{\rm C}\} \tag{7-16}$$

Bob 将测量结果 k, $g_i(k,m,j)(i=0,1,\cdots,L-1)$ 告知 Charlie. Charlie 做幺正操作

$$w^{d_1kj}|(g_{L-1}(k,m,j)\oplus k_{L-1}\oplus j_{L-1})\rangle_{{\rm C}_{L-1}}\longrightarrow |m_{L-1}\oplus j_{L-1}\rangle_{{\rm C}_{L-1}}$$

$$|g_i(k,m,j)\oplus k_i\oplus j_i\rangle_{{\rm C}_i}\longrightarrow |m_i\oplus j_i\rangle_{{\rm C}_i} \tag{7-17}$$

其中, $i=0,1,\cdots,L-2$. 则 Charlie 的粒子所处的态为

$$|\Phi\rangle_{\rm C}^6=\sum_{m=0}^{d_1-1}\sum_{j=0}^{d_2-1}\alpha_m\beta_j|(m_{L-1}\oplus j_{L-1})\cdots(m_1\oplus j_1)(m_0\oplus j_0)\rangle_{\rm C} \tag{7-18}$$

式 (7-18) 表明 Alice 和 Bob 已成功将自己拥有的未知量子态隐形传态给 Charlie.

假设有 $N+1$ 方 (Bob_1, Bob_2, …, Bob_N, Alice) 共享 $(N+1)L$ 个两级 GHZ 最大纠缠态, 相应地 Bob_1, Bob_2, …, Bob_N, Alice 拥有的粒子分别表示为 ${\rm B}_0^1,{\rm B}_1^1,\cdots,{\rm B}_{L-1}^1;{\rm B}_0^2,{\rm B}_1^2,\cdots,{\rm B}_{L-1}^2;\cdots;{\rm B}_0^N,{\rm B}_1^N,\cdots,{\rm B}_{L-1}^N$ 和 ${\rm A}_0,{\rm A}_1,\cdots,{\rm A}_{L-1}$. 每一 ${\rm B}_k^1,{\rm B}_k^2,\cdots,{\rm B}_k^N,{\rm A}_k$ 粒子所处的 GHZ 态如下所示:

$$|\Phi\rangle_{{\rm B}_k^1{\rm B}_k^2\cdots{\rm B}_k^N{\rm A}_k}=\frac{1}{\sqrt{2}}(|0\rangle_{{\rm B}_k^1}|0\rangle_{{\rm B}_k^2}\cdots|0\rangle_{{\rm B}_k^N}|0\rangle_{{\rm A}_k}+|1\rangle_{{\rm B}_k^1}|1\rangle_{{\rm B}_k^2}\cdots|1\rangle_{{\rm B}_k^N}|1\rangle_{{\rm A}_k}) \tag{7-19}$$

假设 $\text{Bob}_i(i=1,2,\cdots,N)$ 拥有一 d_i 级未知量子态 $(d_1d_2\cdots d_N\leqslant 2^L)$

$$|\varphi\rangle_i=\sum_{j=0}^{d_i-1}\alpha_j^i|j\rangle,\quad 其中\sum_{j=0}^{d_i-1}|\alpha_j^i|^2=1 \tag{7-20}$$

$\text{Bob}_1, \text{Bob}_2,\cdots,\text{Bob}_N$ 把他们的未知量子态隐形传态给 Alice. 具体实施过程类似于上面的三方量子隐形传态方案.

7.2.2 一方到多方的量子隐形传态

假设有三方 (Alice, Bob, Charlie) 共享 $3L$ 个两级 GHZ 最大纠缠态, 相应地, Alice, Bob 和 Charlie 拥有的粒子分别表示为 ${\rm A}_0,{\rm A}_1,\cdots,{\rm A}_{L-1}$; ${\rm B}_0,{\rm B}_1,\cdots,{\rm B}_{L-1}$ 和 ${\rm C}_0,{\rm C}_1,\cdots,{\rm C}_{L-1}$. 每一 ${\rm A}_k,{\rm B}_k,{\rm C}_k$ 粒子所处的 GHZ 态如下所示:

$$|\Phi\rangle_{{\rm A}_k{\rm B}_k{\rm C}_k}=\frac{1}{\sqrt{2}}(|0\rangle_{{\rm A}_k}|0\rangle_{{\rm B}_k}|0\rangle_{{\rm C}_k}+|1\rangle_{{\rm A}_k}|1\rangle_{{\rm B}_k}|1\rangle_{{\rm C}_k}) \tag{7-21}$$

假设 Charlie 拥有一 d 级未知量子态

$$|\varphi\rangle=\sum_{i=0}^{d_1-1}\sum_{j=0}^{d_2-1}\alpha_i\beta_j|i+jd_1\rangle \tag{7-22}$$

其中, $\sum_{i=0}^{d_1-1}\sum_{j=0}^{d_2-1}|\alpha_i|^2|\beta_j|^2=1$. 该未知量子态 $|\varphi\rangle$ 包含了 d_1 级和 d_2 级的量子态信息. Charlie 想把第一个 d_1 级量子态隐形传态给 Alice, 把第二个 d_2 级量子态隐形传态给 Bob. 则 Charlie 的未知量子态以及三方所共享的 GHZ 最大纠缠态所组成的复合系统的量子态为

$$|\psi\rangle=|\varphi\rangle\otimes\prod_{k=0}^{L-1}|\Phi\rangle_{\mathrm{A}_k\mathrm{B}_k\mathrm{C}_k}=\frac{1}{\sqrt{N}}\sum_{i=0}^{d_1-1}\sum_{j=0}^{d_2-1}\sum_{n=0}^{N-1}\alpha_i\beta_j|i+jd_1\rangle_\varphi|\overline{n}\rangle_{\mathrm{A}}|\overline{n}\rangle_{\mathrm{B}}|\overline{n}\rangle_{\mathrm{C}} \quad (7\text{-}23)$$

Charlie 对未知的量子态和拥有的 GHZ 粒子做幺正操作 $U_{\varphi\mathrm{C}}$, $U_{\varphi\mathrm{C}}$ 定义为

$$U_{\varphi\mathrm{C}}|i+jd_1\rangle_\varphi|\overline{n}\rangle_{\mathrm{C}}=\frac{1}{\sqrt{d}}\sum_{k=0}^{d-1}w^{k(i+jd_1)}|k\rangle_\varphi|\overline{f(i+jd_1,k,n)}\rangle_{\mathrm{C}} \quad (7\text{-}24)$$

式 (7-24) 中的 $|\overline{f(i+jd_1,k,n)}\rangle$ 类似于式 (7-5)~(7-7) 中 $|\overline{f(k,m,n)}\rangle$ 的定义. 容易证明 $U_{\varphi\mathrm{C}}$ 的幺正性, 在作用 $U_{\varphi\mathrm{C}}$ 操作之后, 总的量子态为

$$|\psi\rangle^1=\frac{1}{\sqrt{d}}\sum_{k=0}^{d-1}\left\{|k\rangle_\varphi\frac{1}{\sqrt{N}}\sum_{i=0}^{d_1-1}\sum_{j=0}^{d_2-1}\sum_{n=0}^{N-1}\alpha_i\beta_jw^{k(i+jd_1)}|\overline{n}\rangle_{\mathrm{A}}|\overline{n}\rangle_{\mathrm{B}}|\overline{f(i+jd_1,k,n)}\rangle_{\mathrm{C}}\right\} \quad (7\text{-}25)$$

Charlie 分别对未知量子态和 $\mathrm{C}_0,\mathrm{C}_1,\cdots,\mathrm{C}_{L-1}$ 进行投影测量, 则 Alice 和 Bob 的粒子所处的量子态为

$$\begin{aligned}|\Phi(k)\rangle_{\mathrm{AB}}^2=\sum_{i=0}^{d_1-1}\sum_{j=0}^{d_2-1}\{&\alpha_i\beta_jw^{k(i+jd_1)}(|f_{L-1}(i+jd_1,k,n)\oplus(i+jd_1)_{L-1}\oplus k_{L-1})\cdots\\&(f_1(i+jd_1,k,n)\oplus(i+jd_1)_1\oplus k_1)(f_0(i+jd_1,k,n)\oplus(i+jd_1)_0\oplus k_0\rangle_{\mathrm{A}}\\&|(f_{L-1}(i+jd_1,k,n)\oplus(i+jd_1)_{L-1}\oplus k_{L-1})\cdots\\&(f_1(i+jd_1,k,n)\oplus(i+jd_1)_1\oplus k_1)\\&\cdot(f_0(i+jd_1,k,n)\oplus(i+jd_1)_0\oplus k_0\rangle_{\mathrm{B}}\}\end{aligned} \quad (7\text{-}26)$$

Charlie 将测量结果 $k,f_m(i+jd_1,k,n)(m=0,1,\cdots,L-1)$ 告知 Alice 和 Bob. Alice 做式 (7-26) 所示的幺正操作

$$\begin{aligned}&w^{k(i+jd_1)}|(f_{L-1}(i+jd_1,k,n)\oplus(i+jd_1)_{L-1}\oplus k_{L-1}\rangle_{\mathrm{A}_{L-1}}\longrightarrow|i+jd_1\rangle_{\mathrm{A}_{L-1}}\\&|(f_m(i+jd_1,k,n)\oplus(i+jd_1)_m\oplus k_m\rangle_{\mathrm{A}_m}\longrightarrow|i+jd_1\rangle_{\mathrm{A}_m}\end{aligned} \quad (7\text{-}27)$$

其中, $m=0,1,\cdots,L-2$. Bob 做如下所示的幺正操作:

$$|(f_m(i+jd_1,k,n)\oplus(i+jd_1)_m\oplus k_m\rangle_{\mathrm{B}_m}\longrightarrow|i+jd_1\rangle_{\mathrm{B}_m} \quad (7\text{-}28)$$

其中, $m=0,1,\cdots,L-1$. 则 Alice 和 Bob 的粒子所处的态为

$$|\varPhi\rangle^3=\sum_{k=0}^{d_1-1}\sum_{j=0}^{d_2-1}\alpha_k\beta_j|\overline{k+jd_1}\rangle_{\mathrm{A}}|\overline{k+jd_1}\rangle_{\mathrm{B}} \tag{7-29}$$

Alice 对她的 L 个 GHZ 粒子做一个 d_1 维的离散 Fourier 变换

$$|\overline{k+jd_1}\rangle_{\mathrm{A}}\longrightarrow\frac{1}{\sqrt{d_1}}\sum_{m_1=0}^{d_1-1}\mathrm{e}^{\frac{\mathrm{i}2\pi m_1 k}{d_1}}|\overline{m_1+jd_1}\rangle_{\mathrm{A}} \tag{7-30}$$

Bob 对他的 L 个 GHZ 粒子做一个 d_2 维的离散 Fourier 变换

$$|\overline{k+jd_1}\rangle_{\mathrm{B}}\longrightarrow\frac{1}{\sqrt{d_2}}\sum_{m_2=0}^{d_2-1}\mathrm{e}^{\frac{\mathrm{i}2\pi m_2 j}{d_2}}|\overline{k+m_2d_1}\rangle_{\mathrm{B}} \tag{7-31}$$

Alice 和 Bob 的 L 对 GHZ 粒子所处的态变成

$$|\varPhi\rangle^4_{\mathrm{AB}}=\frac{1}{\sqrt{d_1d_2}}\sum_{m_1=0}^{d_1-1}\sum_{k=0}^{d_1-1}\sum_{m_2=0}^{d_2-1}\sum_{j=0}^{d_2-1}\alpha_k\beta_j\mathrm{e}^{\frac{\mathrm{i}2\pi m_1 k}{d_1}}\mathrm{e}^{\frac{\mathrm{i}2\pi m_2 j}{d_2}}|\overline{m_1+jd_1}\rangle_{\mathrm{A}}|\overline{k+m_2d_1}\rangle_{\mathrm{B}} \tag{7-32}$$

Alice 和 Bob 分别对他们的 GHZ 粒子做幺正操作 U_1 和 U_2

$$U_1|\overline{m_1+jd_1}\rangle_{\mathrm{A}}=\mathrm{e}^{-\frac{\mathrm{i}2\pi m_2 j}{d_2}}|\overline{m_1+jd_1}\rangle_{\mathrm{A}} \tag{7-33}$$

$$U_2|\overline{k+m_2d_1}\rangle_{\mathrm{B}}=\mathrm{e}^{-\frac{\mathrm{i}2\pi m_1 k}{d_1}}|\overline{k+m_2d_1}\rangle_{\mathrm{B}} \tag{7-34}$$

最后 Alice 和 Bob 的量子态为

$$|\varPhi\rangle^5_{\mathrm{AB}}=\frac{1}{\sqrt{d_1d_2}}\sum_{m_1=0}^{d_1-1}\sum_{j=0}^{d_2-1}\beta_j|\overline{m_1+jd_1}\rangle_{\mathrm{A}}\sum_{m_2=0}^{d_2-1}\sum_{k=0}^{d_1-1}\alpha_k|\overline{k+m_2d_1}\rangle_{\mathrm{B}} \tag{7-35}$$

式 (7-34) 表明 Alice 和 Bob 已分别拥有一个未知量子态, 隐形传态成功.

假设有 $N+1$ 方 (Alice, $\mathrm{Bob}_1,\mathrm{Bob}_2,\cdots,\mathrm{Bob}_N$) 共享 $(N+1)L$ 个两级 GHZ 最大纠缠态, 相应地 Alice, $\mathrm{Bob}_1,\mathrm{Bob}_2,\cdots,\mathrm{Bob}_N$ 拥有的粒子分别表示为 $\mathrm{A}_0,\mathrm{A}_1,\cdots,\mathrm{A}_{L-1}$; $\mathrm{B}^1_0,\mathrm{B}^1_1,\cdots,\mathrm{B}^1_{L-1}$; $\mathrm{B}^2_0,\mathrm{B}^2_1,\cdots,\mathrm{B}^2_{L-1}$; $\cdots$; $\mathrm{B}^N_0,\mathrm{B}^N_1,\cdots,\mathrm{B}^N_{L-1}$. 每一 $\mathrm{A}_k,\mathrm{B}^1_k,\mathrm{B}^2_k,\cdots,\mathrm{B}^N_k$ 粒子所处的 GHZ 态如下所示:

$$|\varPhi\rangle_{\mathrm{A}_k\mathrm{B}^1_k\mathrm{B}^2_k\cdots\mathrm{B}^N_k}=\frac{1}{\sqrt{2}}(|0\rangle_{\mathrm{A}_k}|0\rangle_{\mathrm{B}^1_k}|0\rangle_{\mathrm{B}^2_k}\cdots|0\rangle_{\mathrm{B}^N_k}+|1\rangle_{\mathrm{A}_k}|1\rangle_{\mathrm{B}^1_k}|1\rangle_{\mathrm{B}^2_k}\cdots|1\rangle_{\mathrm{B}^N_k}) \tag{7-36}$$

假设 Alice 有一 d 级未知量子态, 它包含了 $d_1, d_2, \cdots, d_N$ 级的量子态信息 ($d_1 d_2 \cdots d_N = d$, $d_1 d_2 \cdots d_N \leqslant 2^L$).

$$|\varphi\rangle = \sum_{k_1=0}^{d_i-1}\sum_{k_2=0}^{d_2-1}\cdots\sum_{k_N=0}^{d_N-1}\alpha_{k_1}^1\alpha_{k_2}^2\cdots\alpha_{k_N}^N|k_N p_N + \cdots + k_2 p_2 + k_1 p_1\rangle \tag{7-37}$$

其中, $\sum_{k_1=0}^{d_i-1}\sum_{k_2=0}^{d_2-1}\cdots\sum_{k_N=0}^{d_N-1}|\alpha_{k_1}^1|^2|\alpha_{k_2}^2|^2\cdots|\alpha_{k_N}^N|^2=1$, 且 $p_1=1$, $p_i=d_1 d_2\cdots d_{i-1}(i\neq 1)$.

Alice 把她的未知量子态隐形传态给 $\text{Bob}_1, \text{Bob}_2, \cdots, \text{Bob}_N$. 具体实施过程类似于上面的三方隐形传态方案.

7.2.3 多方到多方的量子隐形传态

假设有 $N+M$ 方 (N 个发送方 $\text{Bob}_i(i=1,2,\cdots,N)$ 和 M 个接收方 $\text{Alice}_j(j=1,2,\cdots,M)$) 共享处于两级 GHZ 最大纠缠态的 $(N+M)L(2^L \geqslant d_1 d_2 d_3 \cdots d_N, d_i$ 为 N 方所隐形传态的各未知量子态的维数) 个粒子. Bob_i 拥有一 d_i 级未知量子态 ($d_1 d_2 \cdots d_N \leqslant 2^L$). $N+1$ 方 (每一 Bob_i 和 Alice_1) 实施多方到一方的量子隐形传态方案, 同时, 每一 Bob_i 把测量结果发送给每一 Alice_j. $\text{Alice}_2, \text{Alice}_3, \cdots, \text{Alice}_M$ 分别对自己的粒子做相应的幺正操作, 那么 M 个 Alice 将共享 N 个 d 级量子态

$$\begin{aligned}|\varphi\rangle = &\sum_{k_1=0}^{d_i-1}\sum_{k_2=0}^{d_2-1}\cdots\sum_{k_N=0}^{d_N-1}\alpha_{k_1}^1\alpha_{k_2}^2\cdots\alpha_{k_N}^N|k_N p_N + \cdots + k_2 p_2 + k_1 p_1\rangle|k_N p_N \\ &+ \cdots + k_2 p_2 + k_1 p_1\rangle\cdots|k_N p_N + \cdots + k_2 p_2 + k_1 p_1\rangle\end{aligned} \tag{7-38}$$

然后 M 个 Alice 可以实施一方到多方的量子隐形传态方案. 当发送方也是接收方时, L 个两级最大纠缠态粒子可以用来同时对两个量子态进行双向隐形传态.

7.2.4 结束语

有限级未知量子纯态不仅可以通过共享的两级 GHZ 纠缠态粒子隐形传态到一组两级粒子上, 而且可以在一定条件下在多方之间进行隐形传态. 本节提出的方案表明 N 方可以利用处于两级 GHZ 最大纠缠态的 $(N+M)L$ 个粒子, 把 N 个未知量子态隐形传态给其他 M 方. 也表明 L 个两级 GHZ 最大纠缠态可以用来同时对两个量子态进行双向隐形传态.

7.1 节和本节给出的量子隐形传态协议都假设发送方和接收方之间共享最大纠缠态, 从而发送方可以将未知量子态确定性地传给接收方. 一般而言, 利用最大纠缠态作量子信道, 可以完成很好的隐形传态. 但是制止量子态与环境相互作用是不可能的, 所以最初的最大纠缠态必定会演化为非最大纠缠态或更一般的混合态, 替代最大纠缠信道. 如果考虑用部分纠缠态作信道, 则可以在通信者之间进行概率隐

形传态[6,28] 或保真度小于 1 的确定性隐形传态[10]. 介于目前概率隐形传态是研究热点之一, 本章后面的部分将对其进行主要研究.

7.3 经由部分纠缠对的非对称三粒子态概率隐形传态

Li 等[28] 第一次提出概率隐形传态的概念, 给出了两级系统中的方案, 并且研究了测量的纠缠匹配问题. 文献 [10, 35] 将概率隐形传态推广到 d 级系统. 文献 [13, 36~40] 讨论了在不同的纠缠信道上进行概率隐形传态的问题.

量子纠缠一直被认为是量子信息处理中最重要的资源之一, 因此得到了广泛的研究. 尽管纠缠的产生已经引起人们的足够重视, 但是在一些具体应用中, 量子纠缠必须在不同的地点之间进行传送[41]. 也就是说, 除了要传送量子态上编码的信息外, 量子纠缠本身在不同的地点之间直接进行传送也是很重要的.

就 3 量子比特纯态而言, 在随机局域操作与经典通信的帮助下, 三粒子纠缠态可以被划分为两个等价类, 即 GHZ 型态与 W 型态. 在单粒子的三方量子隐形传态中, 当三粒子 GHZ 态作量子信道时, 保真度是 $\langle F_{\rm GHZ}\rangle = 2/3 + (\sin(2\theta))/3$[3]; 当三粒子 W 态作量子信道时, 保真度是 $\langle F_{\rm W}\rangle = 7/9$[42]. 同时, 人们还发现三粒子态能够被划分为五种类型[43], 从而出现了非对称纠缠态. 最近, 基于幺正变换的三粒子态分类方式, Bae 等[44] 对所有非对称态下的三方量子隐形传态情况给予了详细的考虑, 并且发现当三方采用态 $|\varphi\rangle = (|000\rangle + |101\rangle + |111\rangle)/\sqrt{3}$ 做量子信道时, 存在一个最优编码, 能够产生 8/9 的保真度. 被传送的初态与接收到的态之间的保真度不仅定量的描述了量子隐形传态成功的程度, 同时也体现了量子态的鲁棒性. 换句话说, 由于 $\langle F_\varphi\rangle > \langle F_{\rm W}\rangle > \langle F_{\rm GHZ}\rangle$, 所以态 $|\varphi\rangle$ 是一个非常有用和重要的态. 对于一般三粒子 GHZ 态[13,45~47](即 $|\varphi_{\rm GHZ}\rangle = x|000\rangle + y|111\rangle$) 与一般三粒子 W 态[48](即 $|\varphi_{\rm W}\rangle = x|001\rangle + y|010\rangle + z|100\rangle$) 而言, 它们的隐形传态已经得到了研究. 所以直接传送下面的态也有着同样重要的意义:

$$|\varphi\rangle_{123} = x_1|000\rangle_{123} + x_2|101\rangle_{123} + x_3|111\rangle_{123} \tag{7-39}$$

其中, $|x_1|^2 + |x_2|^2 + |x_3|^2 = 1$.

本节对式 (7-38) 中的非对称三粒子态提出一种隐形传态协议. 与用三对纠缠对作量子信道的协议[36] 相比, 本节的方案只需少量的纠缠, 即仅需要两对非最大纠缠态就能完成同样的任务. 此外, 隐形传态过程中需要传递经典信息来记录发送方的测量结果, 本节提出的方案仅需要 5 经典比特, 而文献 [36] 中的协议需要 6 经典比特. 由于减少了作为量子信道的纠缠态资源和降低了需要传送的经典消息的数量, 本节提出的协议更易于实现.

7.3.1 非对称三粒子纠缠态的概率隐形传态

假设式 (7-38) 中的一个未知三粒子纠缠态需要在相距遥远的两方之间传送, 记发送方为 Alice, 接收方为 Bob. 在本节的方案中, 使用如下两对部分纠缠态做信道:

$$|\phi\rangle_{45} = a|00\rangle_{45} + b|11\rangle_{45} \tag{7-40}$$

$$|\phi\rangle_{67} = c|00\rangle_{67} + d|11\rangle_{67} \tag{7-41}$$

其中, a, b, c, d 分别满足条件 $|a| \geqslant |b|, |a|^2 + |b|^2 = 1$; $|c| \geqslant |d|, |c|^2 + |d|^2 = 1$. Alice 拥有粒子 1, 2, 3, 4, 6; 粒子 5 和 7 归 Bob 所有. 因此, 在隐形传态开始之前, 由粒子 1, 2, 3 和量子信道组成的整个系统的态可以表示为

$$|\varPhi\rangle_{1234567} = |\varphi\rangle_{123} \otimes |\phi\rangle_{45} \otimes |\phi\rangle_{67} \tag{7-42}$$

首先, Alice 对粒子 2, 6 与粒子 3, 4 做 Bell 基测量, 粒子 1, 5 和 7 就随机塌缩为下面未归一化的态中的一个:

$$\langle\varPhi^+|_{34}\langle\varPhi^\pm|_{26}\varPhi\rangle_{1234567} = \frac{1}{2}(x_1ac|000\rangle_{175} + x_2bc|101\rangle_{175} \pm x_3bd|111\rangle_{175}) \tag{7-43}$$

$$\langle\varPhi^-|_{34}\langle\varPhi^\pm|_{26}\varPhi\rangle_{1234567} = \frac{1}{2}(x_1ac|000\rangle_{175} - x_2bc|101\rangle_{175} \mp x_3bd|111\rangle_{175}) \tag{7-44}$$

$$\langle\varPsi^+|_{34}\langle\varPhi^\pm|_{26}\varPhi\rangle_{1234567} = \frac{1}{2}(x_1bc|001\rangle_{175} + x_2ac|100\rangle_{175} \pm x_3ad|110\rangle_{175}) \tag{7-45}$$

$$\langle\varPsi^-|_{34}\langle\varPhi^\pm|_{26}\varPhi\rangle_{1234567} = \frac{1}{2}(x_1bc|001\rangle_{175} - x_2ac|100\rangle_{175} \mp x_3ad|110\rangle_{175}) \tag{7-46}$$

$$\langle\varPhi^+|_{34}\langle\varPsi^\pm|_{26}\varPhi\rangle_{1234567} = \frac{1}{2}(x_1ad|010\rangle_{175} + x_2bd|111\rangle_{175} \pm x_3bc|101\rangle_{175}) \tag{7-47}$$

$$\langle\varPhi^-|_{34}\langle\varPsi^\pm|_{26}\varPhi\rangle_{1234567} = \frac{1}{2}(x_1ad|010\rangle_{175} - x_2bd|111\rangle_{175} \mp x_3bc|101\rangle_{175}) \tag{7-48}$$

$$\langle\varPsi^+|_{34}\langle\varPsi^\pm|_{26}\varPhi\rangle_{1234567} = \frac{1}{2}(x_1bd|011\rangle_{175} + x_2ad|110\rangle_{175} \pm x_3ac|100\rangle_{175}) \tag{7-49}$$

$$\langle\varPsi^-|_{34}\langle\varPsi^\pm|_{26}\varPhi\rangle_{1234567} = \frac{1}{2}(x_1bd|011\rangle_{175} - x_2ad|110\rangle_{175} \mp x_3ac|100\rangle_{175}) \tag{7-50}$$

粒子 2, 6 和 3, 4 所处的态均为四个 Bell 态之一.

不失一般性, 假设当 Alice 的测量结果为 $|\varPsi^+\rangle_{34}$ 和 $|\varPsi^+\rangle_{26}$ 时, 粒子 1, 5 和 7 的态为

$$\langle\varPsi^+|_{34}\langle\varPsi^+|_{26}\varPhi\rangle_{1234567} = \frac{1}{2}(x_1bd|011\rangle_{175} + x_2ad|110\rangle_{175} + x_3ac|100\rangle_{175}) \tag{7-51}$$

为了把粒子 1 从粒子 1, 5 和 7 的纠缠中分离出来, Alice 对粒子 1 做 Hadamard 变换, 式 (7-50) 中的态变为

$$\begin{aligned}|\varphi\rangle_{157} =& \frac{1}{2\sqrt{2}}[(x_1bd|11\rangle_{75} + x_2ad|10\rangle_{75} + x_3ac|00\rangle_{75}) \otimes |0\rangle_1 \\ &+ (x_1bd|11\rangle_{75} - x_2ad|10\rangle_{75} - x_3ac|00\rangle_{75}) \otimes |1\rangle_1]\end{aligned} \tag{7-52}$$

然后 Alice 用 $\{|0\rangle, |1\rangle\}$ 基测量粒子 1. 当 Alice 对粒子 1 的测量结果是 $|0\rangle_1$ 时, 粒子 5 和 7 的态塌缩为

$$\frac{1}{2\sqrt{2}}(x_1bd|11\rangle_{75} + x_2ad|10\rangle_{75} + x_3ac|00\rangle_{75}) \tag{7-53}$$

否则, 将会塌缩为下面的态:

$$\frac{1}{2\sqrt{2}}(x_1bd|11\rangle_{75} - x_2ad|10\rangle_{75} - x_3ac|00\rangle_{75}) \tag{7-54}$$

为了让 Bob 确切地知道他自己拥有的粒子状态, Alice 通过经典信道通知 Bob 她的测量结果, 即对粒子 16 与粒子 34 的 Bell 基测量结果和对粒子 1 的测量结果, 共 5bit 经典消息.

收到 Alice 的经典消息后, Bob 引入一个初态为 $|0\rangle$ 的附加粒子 8. 因为隐形传态传送的不仅是纠缠的数量, 而且还有纠缠的结构, 在隐形传态的最后阶段, 最初由 Alice 拥有的粒子 1, 2, 3 的态将恢复在由 Bob 拥有的量子比特 5, 7, 8 上. 此时, Bob 的态为

$$\frac{1}{2\sqrt{2}}(x_1bd|11\rangle_{75} + x_2ad|10\rangle_{75} + x_3ac|00\rangle_{75}) \otimes |0\rangle_8 \tag{7-55}$$

或

$$\frac{1}{2\sqrt{2}}(x_1bd|11\rangle_{75} - x_2ad|10\rangle_{75} - x_3ac|00\rangle_{75}) \otimes |0\rangle_8 \tag{7-56}$$

首先, Bob 对粒子 5 和 8 做一个具有非零纠缠能力的两粒子变换 F_{58}(即要求 F_{58} 是一个满秩的可逆变换). 当 F_{58} 确定后, 就可以找到一个适当的幺正变换 V_{58}, 使 F_{58} 和 V_{58} 满足条件

$$V_{58}F_{58}|00\rangle = |00\rangle,\ V_{58}F_{58}|10\rangle = |11\rangle \tag{7-57}$$

式 (7-57) 能够表示为更简单的形式

$$V_{58}F_{58} = \begin{pmatrix} 1 & 0 & 0 & 0 \\ z_{21} & z_{22} & z_{23} & z_{24} \\ z_{31} & z_{32} & z_{33} & z_{34} \\ 0 & 0 & 1 & 0 \end{pmatrix} \tag{7-58}$$

其中, z_{ij} 是复数. 事实表明, 当 F_{58} 确定后, 可以存在一类变换满足式 (7-57) 和 (7-58). 特别地, 如果 F_{58} 是 CNOT 操作时, 可以取 V_{58} 为单位变换 I_{58}. 在一般的三粒子 W 态[48] 和两粒子纠缠态[7] 的隐形传态中, 都使用了 CNOT 操作. 而且量子 CNOT 门也已经被成功的演示[49]. 为便于实现, 本节介绍的方案也采用 CNOT 操作, 而不是使用一般的两粒子变换.

Bob 对粒子 5 和 8 执行 CNOT 操作, 其中粒子 5 做控制位, 粒子 8 做目标位. 式 (7-54) 中的态变换为如下的态:

$$\frac{1}{2\sqrt{2}}(x_1bd|111\rangle_{578}+x_2ad|010\rangle_{578}+x_3ac|000\rangle_{578}) \tag{7-59}$$

然后, Bob 需要建立系数 x_1, x_2, x_3 与 $|000\rangle, |101\rangle, |111\rangle$ 之间的一一对应关系. 对式 (7-58) 中的粒子 5, 7, 8 做一个幺正操作 $U_1=(\sigma_x)_5\otimes(\sigma_x)_7\otimes(\sigma_x)_8$, 就可以得到这种对应关系, 即

$$\frac{1}{2\sqrt{2}}(x_1bd|000\rangle_{578}+x_2ad|101\rangle_{578}+x_3ac|111\rangle_{578}) \tag{7-60}$$

当 Bob 对粒子 5 和 8 做一般的变换 F_{58} 时, 他可以在粒子 5, 7, 8 上做变换 $U_1=(\sigma_x)_5\otimes(\sigma_x)_7\otimes(\sigma_x)_8\otimes V_{58}$ 去建立对应关系.

同样地, Bob 对粒子 5 和 8 做 CNOT 操作后, 式 (7-55) 中的态被变换为

$$\frac{1}{2\sqrt{2}}(x_1bd|111\rangle_{578}-x_2ad|010\rangle_{578}-x_3ac|000\rangle_{578}) \tag{7-61}$$

此时, Bob 只需执行幺正操作 $U_1=(\sigma_x)_5\otimes(\sigma_x)_7\otimes(i\sigma_y)_8$, 就可以得到对应关系.

对于其他 30 种情况, 表 7-1 中给出了所涉及的所有可能的变换. 从表中也可以观察出 Bob 的幺正操作仅取决于 Alice 的测量结果. 为了方便, 我们把 Alice 的两个 Bell 基测量结果, 粒子 1 的测量结果和 Bob 的幺正操作分别记为 BM_{26}, BM_{34}, H_1 和 Bob'sU_1. 其中 $I, \sigma_x, \sigma_y, \sigma_z$ 是 Pauli 矩阵.

在目前情况下, 由于参数 x_1, x_2, x_3 的值未知, 式 (7-59) 中的态不能直接旋转到所期望的态. 所以 Bob 引进初态为 $|0\rangle_a$ 的辅助粒子 A, 并且在基 $\{|000\rangle_{78a}, |010\rangle_{78a}, |110\rangle_{78a}, |100\rangle_{78a}, |001\rangle_{78a}, |011\rangle_{78a}, |111\rangle_{78a}, |101\rangle_{78a}\}$ 下对粒子 7, 8 和 A 做一个联合幺正变换, 此幺正变换是一个 8×8 的矩阵

$$U_2=\begin{pmatrix} A_1 & A_2 \\ A_2 & -A_1 \end{pmatrix} \tag{7-62}$$

其中, A_i (i=1, 2) 是一个 4×4 的矩阵, 可以写为

$$A_1=\mathrm{diag}(a_1,a_2,a_3,a_4) \tag{7-63}$$

$$A_2 = \text{diag}\left(\sqrt{1-a_1^2}, \sqrt{1-a_2^2}, \sqrt{1-a_3^2}, \sqrt{1-a_4^2}\right) \tag{7-64}$$

表 7-1 Alice 和 Bob 需要做的所有变换

BM_{34}	BM_{26}	H_1	Bob' sU_1	BM_{34}	BM_{26}	H_1	Bob' sU_1
$\|\Phi^+\rangle_{34}$	$\|\Phi^+\rangle_{26}$	0	$I_5\otimes I_7\otimes I_8$	$\|\Phi^+\rangle_{34}$	$\|\Psi^+\rangle_{26}$	0	$I_5\otimes(\sigma_x)_7\otimes I_8$
$\|\Phi^+\rangle_{34}$	$\|\Phi^+\rangle_{26}$	1	$I_5\otimes I_7\otimes(\sigma_z)_8$	$\|\Phi^+\rangle_{34}$	$\|\Psi^+\rangle_{26}$	1	$I_5\otimes(\sigma_x)_7\otimes(\sigma_z)_8$
$\|\Phi^+\rangle_{34}$	$\|\Phi^-\rangle_{26}$	0	$I_5\otimes(\sigma_z)_7\otimes I_8$	$\|\Phi^+\rangle_{34}$	$\|\Psi^-\rangle_{26}$	0	$I_5\otimes(i\sigma_y)_7\otimes I_8$
$\|\Phi^+\rangle_{34}$	$\|\Phi^-\rangle_{26}$	1	$(\sigma_z)_5\otimes(\sigma_z)_7\otimes I_8$	$\|\Phi^+\rangle_{34}$	$\|\Psi^-\rangle_{26}$	1	$(\sigma_z)_5\otimes(i\sigma_y)_7\otimes I_8$
$\|\Phi^-\rangle_{34}$	$\|\Phi^+\rangle_{26}$	0	$I_5\otimes I_7\otimes(\sigma_z)_8$	$\|\Phi^-\rangle_{34}$	$\|\Psi^+\rangle_{26}$	0	$I_5\otimes(\sigma_x)_7\otimes(\sigma_z)_8$
$\|\Phi^-\rangle_{34}$	$\|\Phi^+\rangle_{26}$	1	$I_5\otimes I_7\otimes I_8$	$\|\Phi^-\rangle_{34}$	$\|\Psi^+\rangle_{26}$	1	$I_5\otimes(\sigma_x)_7\otimes I_8$
$\|\Phi^-\rangle_{34}$	$\|\Phi^-\rangle_{26}$	0	$(\sigma_z)_5\otimes(\sigma_z)_7\otimes I_8$	$\|\Phi^-\rangle_{34}$	$\|\Psi^-\rangle_{26}$	0	$(\sigma_z)_5\otimes(i\sigma_y)_7\otimes I_8$
$\|\Phi^-\rangle_{34}$	$\|\Phi^-\rangle_{26}$	1	$I_5\otimes(\sigma_z)_7\otimes I_8$	$\|\Phi^-\rangle_{34}$	$\|\Psi^-\rangle_{26}$	1	$I_5\otimes(i\sigma_y)_7\otimes I_8$
$\|\Psi^+\rangle_{34}$	$\|\Phi^+\rangle_{26}$	0	$(\sigma_x)_5\otimes I_7\otimes(\sigma_x)_8$	$\|\Psi^+\rangle_{34}$	$\|\Psi^+\rangle_{26}$	0	$(\sigma_x)_5\otimes(\sigma_x)_7\otimes(\sigma_x)_8$
$\|\Psi^+\rangle_{34}$	$\|\Phi^+\rangle_{26}$	1	$(i\sigma_y)_5\otimes I_7\otimes(\sigma_x)_8$	$\|\Psi^+\rangle_{34}$	$\|\Psi^+\rangle_{26}$	1	$(\sigma_x)_5\otimes(\sigma_x)_7\otimes(i\sigma_y)_8$
$\|\Psi^+\rangle_{34}$	$\|\Phi^-\rangle_{26}$	0	$(\sigma_x)_5\otimes(i\sigma_y)_7\otimes(\sigma_x)_8$	$\|\Psi^+\rangle_{34}$	$\|\Psi^-\rangle_{26}$	0	$(\sigma_x)_5\otimes(i\sigma_y)_7\otimes(\sigma_x)_8$
$\|\Psi^+\rangle_{34}$	$\|\Phi^-\rangle_{26}$	1	$(i\sigma_y)_5\otimes(\sigma_z)_7\otimes(\sigma_x)_8$	$\|\Psi^+\rangle_{34}$	$\|\Psi^-\rangle_{26}$	1	$(i\sigma_y)_5\otimes(i\sigma_y)_7\otimes(\sigma_x)_8$
$\|\Psi^-\rangle_{34}$	$\|\Phi^+\rangle_{26}$	0	$(i\sigma_y)_5\otimes I_7\otimes(\sigma_x)_8$	$\|\Psi^-\rangle_{34}$	$\|\Psi^+\rangle_{26}$	0	$(\sigma_x)_5\otimes(\sigma_x)_7\otimes(i\sigma_y)_8$
$\|\Psi^-\rangle_{34}$	$\|\Phi^+\rangle_{26}$	1	$(\sigma_x)_5\otimes I_7\otimes(\sigma_x)_8$	$\|\Psi^-\rangle_{34}$	$\|\Psi^+\rangle_{26}$	1	$(\sigma_x)_5\otimes(\sigma_x)_7\otimes(\sigma_x)_8$
$\|\Psi^-\rangle_{34}$	$\|\Phi^-\rangle_{26}$	0	$(i\sigma_y)_5\otimes(\sigma_z)_7\otimes(\sigma_x)_8$	$\|\Psi^-\rangle_{34}$	$\|\Psi^-\rangle_{26}$	0	$(i\sigma_y)_5\otimes(i\sigma_y)_7\otimes(\sigma_x)_8$
$\|\Psi^-\rangle_{34}$	$\|\Phi^-\rangle_{26}$	1	$(\sigma_x)_5\otimes(i\sigma_y)_7\otimes(\sigma_x)_8$	$\|\Psi^-\rangle_{34}$	$\|\Psi^-\rangle_{26}$	1	$(\sigma_x)_5\otimes(i\sigma_y)_7\otimes(\sigma_x)_8$

其中, a_i ($i=1, 2, 3, 4$, $|a_i|\leqslant 1$) 取决于粒子 5 和 7 的态. 例如, 可以取

$$A_1 = \text{diag}\left(1, \frac{b}{a}, \frac{bd}{ac}, \frac{d}{c}\right) \tag{7-65}$$

$$A_2 = \text{diag}\left(0, \sqrt{1-\left(\frac{b}{a}\right)^2}, \sqrt{1-\left(\frac{bd}{ac}\right)^2}, \sqrt{1-\left(\frac{d}{c}\right)^2}\right) \tag{7-66}$$

幺正变换 U_2 可以把式 (7-60) 中的态

$$\frac{1}{2\sqrt{2}}(x_1bd|000\rangle_{578} + x_2ad|101\rangle_{578} + x_3ac|111\rangle_{578}) \otimes |0\rangle_a \tag{7-67}$$

变换为

$$\begin{aligned}&\frac{1}{2\sqrt{2}}bd(x_1|000\rangle_{578} + x_2|101\rangle_{578} + x_3|111\rangle_{578})|0\rangle_a \\ &+ \frac{1}{2\sqrt{2}}(d\sqrt{a^2-b^2}|101\rangle_{578} + \sqrt{(ac)^2-(bd)^2}|111\rangle_{578})|1\rangle_a\end{aligned} \tag{7-68}$$

最后, Bob 用 $\{|0\rangle, |1\rangle\}$ 基测量粒子 A. 从式 (7-68) 中可以看出, 如果得到结果 $|1\rangle_a$, 则隐形传态失败; 如果得到结果 $|0\rangle_a$, 粒子 5, 7 和 8 就会塌缩为下面的恰好与

Alice 最初拥有的态同样的态：

$$\frac{1}{2\sqrt{2}}bd(x_1|000\rangle_{578}+x_2|101\rangle_{578}+x_3|111\rangle_{578}) \tag{7-69}$$

与此同时, 最初的未知态在 Alice 处完全消失, 隐形传态完成.

此时隐形传态成功的概率是 $(1/8)|bd|^2$. 表 7-2 给出了所有情况下的 a_1, a_2, a_3 和 a_4 的取值. 可以计算出 32 种情况有相同的概率, 因此实现隐形传态的总概率为 $(1/8)|bd|^2\times 32=4|bd|^2$. 当量子信道是最大纠缠态时, 即 $|a|=|b|=|c|=|d|=1/\sqrt{2}$, 隐形传态成功的总概率是 1.

表 7-2　不同情况下幺正变换 U_2 中 a_i (i =1, 2, 3, 4) 的取值

粒子 5 和 7 所处的态	a_1	a_2	a_3	a_4
$\langle\Phi^{\pm}\|_{34}\langle\Phi^{\pm}\|_{26}\Phi\rangle_{1234567}$	bd/ac	d/c	1	b/a
$\langle\Psi^{\pm}\|_{34}\langle\Phi^{\pm}\|_{26}\Phi\rangle_{1234567}$	d/c	bd/ac	b/a	1
$\langle\Phi^{\pm}\|_{34}\langle\Psi^{\pm}\|_{26}\Phi\rangle_{1234567}$	b/a	1	d/c	bd/ac
$\langle\Psi^{\pm}\|_{34}\langle\Psi^{\pm}\|_{26}\Phi\rangle_{1234567}$	1	b/a	bd/ac	d/c

7.3.2 结束语

这一节介绍了一个仅用两对部分纠缠对作量子信道来隐形传态一种重要的三粒子纠缠态的方案. 同需要三对纠缠态作信道的协议[36] 相比较, 本节的协议需要少量的纠缠态资源和需要传递的经典消息. 此外, 本节还指出在隐形传态过程中 Bob 需要做的两粒子变换不必是 CNOT 操作, 而可以是一般的两粒子操作. 最后, 详细给出了 Alice 和 Bob 需要做的所有幺正操作.

总之, 这一节的目的就是隐形传态一个在某些量子信息的应用中比 GHZ 和 W 态更有使用价值的一个非对称三粒子纠缠态[44]. 可以看出, 发送方做两个 Bell 基测量, 一个 Hadamard 操作; 接收方引进一个附加粒子和一个辅助粒子, 一个纠缠操作和一系列的幺正操作后, 就能以一定的概率实现这个重要的三粒子纠缠态的隐形传态. 此外, 本节协议与其他大部分协议类似, 把通信者所作的所有操作都以表格形式详细给出. 为了方便, 后面 7.4~7.6 节的协议都采用一个统一的操作表达式来简化这里的表格.

7.4 经由部分纠缠对的两粒子概率隐形传态

本节针对两粒子纠缠态提出两个概率隐形传态协议. 一般而言, 通过使用 N 对纠缠粒子做量子信道, 可以实现 N 粒子态的隐形传态[28]. 本节提出的协议中, 量子信道仅仅是一个部分纠缠对, 减少了最初由发送方和接收方共享的纠缠态数量.

另一方面,为了执行所讨论的隐形传态协议,需要得到执行它的一种物理方法. 众所周知,量子力学中的任意操作都可以用一个幺正操作和一个测量来表示,而任意幺正操作都能用通用的量子逻辑门来实现[50]. 1998 年, Brassard 等[29] 首先提出可以用量子线路去实现隐形传态. 构建量子线路通常有两种方法,常用的方法是分解幺正操作为通用量子逻辑操作[51]. 最近,受文献 [52] 中思想的启发,基于优化理论,在实现确定性纠缠浓缩协议中 Gu 等提出了第二种方法[53],即在从初态到终态的演化分解过程中构建量子线路. 本节利用上述两种方法分别构建了两种量子线路来执行所提出的隐形传态协议.

7.4.1 两粒子纠缠态的概率隐形传态

根据 Schmidt 分解,两粒子系统的任意部分纠缠态都可以表示为双正交乘积态的线性组合,即

$$|\varphi\rangle_{12} = x|00\rangle_{12} + y|11\rangle_{12} \tag{7-70}$$

其中, x 和 y 是满足 $x^2+y^2=1$ 的非负实数.

就式 (7-70) 中的两粒子纠缠态而言, Cola 等 [7] 曾提出经由最大纠缠态的隐形传态协议. 文献 [54] 和 [55] 也分别通过使用三粒子 GHZ 态和 W 态做量子信道,对式 (7-69) 中的纠缠态提出了两种隐形传态协议. 本节协议利用较容易制备和储存的两粒子部分纠缠态做量子信道,弱化了对量子信道的需求.

假设式 (7-69) 中的两粒子纠缠态需要在发送方 Alice 和接收方 Bob 之间进行传送. 量子信道可以表示为

$$|\phi\rangle_{34} = a|00\rangle_{34} + b|11\rangle_{34} \tag{7-71}$$

其中,系数 a 和 b 是满足 $a^2+b^2=1$, $a>b$ 的非负实数. Alice 持有粒子 1, 2, 3, 粒子 4 归 Bob 拥有. 粒子 1, 2 和量子信道组成的复合系统为

$$|\Phi\rangle_{1234} = |\varphi\rangle_{12} \otimes |\phi\rangle_{34} \tag{7-72}$$

式 (7-72) 中的态可以重新写为

$$\begin{aligned}|\Phi\rangle_{1234} =& \frac{1}{\sqrt{2}}[|\Phi^+\rangle_{23}(ax|00\rangle_{14} + by|11\rangle_{14}) + |\Phi^-\rangle_{23}(ax|00\rangle_{14} - by|11\rangle_{14}) \\ &+ |\Psi^+\rangle_{23}(bx|01\rangle_{14} + ay|10\rangle_{14}) + |\Psi^-\rangle_{23}(bx|01\rangle_{14} - ay|10\rangle_{14})]\end{aligned} \tag{7-73}$$

其中, $|\Phi^\pm\rangle$ 和 $|\Psi^\pm\rangle$ 为四个 Bell 态.

首先, Alice 对粒子 1 作用 Hadamard 变换

$$(H_1 \otimes I_2 \otimes I_3 \otimes I_4)|\Phi\rangle_{1234}$$

$$=\frac{1}{2}\{|\Phi^+\rangle_{23}[(ax|0\rangle_4+by|1\rangle_4)\otimes|0\rangle_1+(ax|0\rangle_4-by|1\rangle_4)\otimes|1\rangle_1]$$
$$+|\Phi^-\rangle_{23}[(ax|0\rangle_4-by|1\rangle_4)\otimes|0\rangle_1+(ax|0\rangle_4+by|1\rangle_4)\otimes|1\rangle_1]$$
$$+|\Psi^+\rangle_{23}[(bx|1\rangle_4+ay|0\rangle_4)\otimes|0\rangle_1+(bx|1\rangle_4-ay|0\rangle_4)\otimes|1\rangle_1]$$
$$+|\Psi^-\rangle_{23}[(bx|1\rangle_4-ay|0\rangle_4)\otimes|0\rangle_1+(bx|1\rangle_4+ay|0\rangle_4)\otimes|1\rangle_1]\} \tag{7-74}$$

然后, Alice 用 Bell 基测量粒子 2, 3, 用 $\{|0\rangle,|1\rangle\}$ 基测量粒子 1, 并通过经典信道公布自己的测量结果. 把 Alice 的 Bell 基测量结果 $|\Phi^+\rangle,|\Phi^-\rangle,|\Psi^+\rangle,|\Psi^-\rangle$ 分别表示为经典比特串 M_1M_2=00, 10, 01, 11, 粒子 1 的测量结果 $|0\rangle,|1\rangle$ 分别表示为经典比特 H=0 和 H=1.

假设 Alice 的测量结果是 M_1M_2=01 和 H=0, 则粒子 4 的态为 $bx|1\rangle_4+ay|0\rangle_4$. 由于不知道系数 x 与 y 的值, Bob 不能直接获得发送方 Alice 传送的态. 此时 Bob 可以采用以下两种策略概率性的实现隐形传态.

1. 利用联合幺正操作实现隐形传态

Bob 引入处于 $|0\rangle$ 态的辅助粒子 A, 并且在 $\{|00\rangle_{4A},|01\rangle_{4A},|10\rangle_{4A},|11\rangle_{4A}\}$ 基下, 对粒子 4 和 A 做联合幺正变换 U

$$U=\begin{pmatrix} b/a & -\sqrt{1-b^2/a^2} & 0 & 0 \\ \sqrt{1-b^2/a^2} & b/a & 0 & 0 \\ 0 & 0 & 1 & 0 \\ 0 & 0 & 0 & 1 \end{pmatrix} \tag{7-75}$$

幺正变换 U 把态 $(bx|1\rangle_4+ay|0\rangle_4)\otimes|0\rangle_A$ 变为

$$b(x|1\rangle_4+y|0\rangle_4)\otimes|0\rangle_A+ay\sqrt{1-b^2/a^2}|0\rangle_4\otimes|1\rangle_A \tag{7-76}$$

如果 Alice 对辅助粒子 A 做投影测量得到结果 $|1\rangle$, 则隐形传态失败. 相反, 如果测量结果是 $|0\rangle$, 则隐形传态可以继续进行.

根据 Alice 传送的经典比特数量, Bob 引入初态为 $|0\rangle$ 的附加粒子 5, 然后对粒子 4 和 5 做两粒子幺正操作 E

$$E=\begin{pmatrix} 1 & 0 & 0 & 0 \\ 0 & c_1 & 0 & c_2 \\ 0 & c_3 & 0 & c_4 \\ 0 & 0 & 1 & 0 \end{pmatrix} \tag{7-77}$$

其中, $c_i(i=1,2,3,4)$ 是复数. 与文献 [56] 相比较, Bob 可以使用不同的幺正操作去完成隐形传态. 特别地, 如果 $c_i(i=1,2,3,4)$ 满足 $c_1=c_4=1$, $c_2=c_3=0$, 那么式 (7-77) 中的幺正操作就是文献 [56] 中使用的 CNOT 操作.

上面的幺正操作 E 实际就是前面式 (7-58) 中的两粒子操作. 而文献 [56] 中使用的 CNOT 操作是式 (7-58) 中的两粒子操作的一个特例.

Bob 执行两粒子幺正操作 E 后得到态 $x|11\rangle_{45}+y|00\rangle_{45}$, 此时他只需执行幺正操作 X_5X_4 就可以获得 Alice 传送的态.

经计算, 隐形传态成功的总概率是 $8\times(b^2/4)=2b^2$. 根据 Alice 不同的测量结果, Bob 需要执行以下操作去获得发送方 Alice 传送的态:

$$Z_5^H\,X_5^{M_2}\,Z_4^{M_1}\,X_4^{M_2} \tag{7-78}$$

2. 利用 POVM 实现隐形传态

假设 Alice 获得的测量结果是 M_1M_2=01 和 H=0, 则粒子 4 的态为 $bx|1\rangle_4+ay|0\rangle_4$. Bob 引入初态为 $|0\rangle$ 的辅助粒子 A 和附加粒子 5, 并且对粒子 $4A$ 和 45 执行式 (7-76) 中的幺正操作 E. 则粒子 $A45$ 的态可以重新写为

$$\begin{aligned}&bx|111\rangle_{A45}+ay|000\rangle_{A45}\\=&\frac{1}{2}[(y|00\rangle_{45}+x|11\rangle_{45})(a|0\rangle_A+b|1\rangle_A)\\&+(y|00\rangle_{45}-x|11\rangle_{45})(a|0\rangle_A-b|1\rangle_A)]\end{aligned} \tag{7-79}$$

考虑下面的算子:

$$A_A^1=\frac{1}{\sqrt{2}a}\begin{pmatrix}b^2&ab\\ab&a^2\end{pmatrix},\quad A_A^2=\frac{1}{\sqrt{2}a}\begin{pmatrix}b^2&-ab\\-ab&a^2\end{pmatrix},\quad A_A^3=\begin{pmatrix}\sqrt{1-\dfrac{b^2}{a^2}}&0\\0&0\end{pmatrix} \tag{7-80}$$

可以验证 $\sum\limits_m A_A^{m\dagger}A_A^m=I_A$. 设 $A_A^{m\dagger}A_A^m=E_m$, 则算子 $\{E_m\}$ 构成一个 POVM 测量算子.

Bob 对辅助粒子 A 执行由算子 $\{E_1,E_2,E_3\}$ 描述的 POVM 测量. 将测量结果 E_1,E_2,E_3 分别表示为 m=1, 2, 3. 根据 POVM 测量原理, 如果测量结果 m=1, Bob 可以准确地判断粒子 A 的态为 $a|0\rangle+b|1\rangle$; 如果测量结果 m=2, 则粒子 A 的态为 $a|0\rangle-b|1\rangle$; 如果测量结果 m=3, 那么 Bob 不能正确区分两个非正交态 $a|0\rangle+b|1\rangle$ 和 $a|0\rangle-b|1\rangle$, 隐形传态失败.

如果 Alice 的测量结果和 POVM 的测量结果分别是 M_1M_2=01, H=0, m=1, 则 Bob 执行幺正操作 X_5X_4 后, 粒子 45 的态塌缩为 $x|00\rangle_{56}+y|11\rangle_{56}$. 如果 M_1M_2=01, H=0, m=2, 则 Bob 需要执行幺正操作 $Z_5X_5X_4$ 来获得 Alice 传送的态. 可以计算出, 隐形传态成功的总概率是 $8\times(b^2/4)=2b^2$.

根据 Alice 和 POVM 的所有不同测量结果, Bob 需要执行以下操作去获得发送方 Alice 传送的态:

$$Z_5^{m-1}\, Z_5^{H}\, X_5^{M_2}\, Z_4^{M_1}\, X_4^{M_2} \tag{7-81}$$

7.4.2　隐形传态的量子线路

如何实现上面提出的隐形传态协议呢? 本小节分别给出执行它的两种量子线路. 不失一般性, 下面仅考虑式 (7-77) 中的操作是 CNOT 操作的情况. 本节包括后面各节量子线路所采用的量子门序列形式都是由 Deutsch 提出[57].

1. 基于幺正操作分解的量子线路

式 (7-74) 中的幺正操作 U 是一个两量子比特受控旋转操作, 即当且仅当控制比特 4 是 $|0\rangle$ 时, 对辅助比特 A 执行一个幺正操作 $R_y(\theta)$.

$$\begin{pmatrix} b/a & -\sqrt{1-b^2/a^2} \\ \sqrt{1-b^2/a^2} & b/a \end{pmatrix} = R_y(\theta) = \begin{pmatrix} \cos(\theta/2) & -\sin(\theta/2) \\ \sin(\theta/2) & \cos(\theta/2) \end{pmatrix} \tag{7-82}$$

幺正操作 $R_y(\theta)$ 可以用单量子门和两量子比特 CNOT 门进一步分解, 如图 7-1. 本章中的所有量子线路图执行顺序都为从左到右.

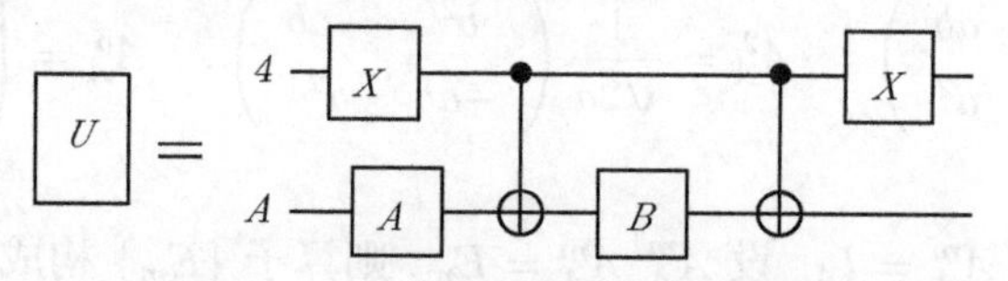

图 7-1　幺正操作 U 的量子线路图

注: $A = R_y(\theta/2)$, $B = R_y(-\theta/2)$.

根据幺正操作 U 的分解和式 (7-78) 中 Bob 的操作, 执行 7.4.1 节讨论的基于幺正操作的隐形传态协议的量子线路图如图 7-2 所示. 图 7-2 中的量子线路是利用量子计算中的基本通用逻辑门, 即单量子比特门、两量子比特 CNOT 门和投影测量来构建的.

在标准测量基中测量控制比特, 先执行还是后执行测量操作, 最后的测量结果是相同的[51,58]. 因此, 在图 7-2 所示的量子线路图中, 先执行受控幺正操作再测量, 可以替换为先测量然后再执行受控幺正操作.

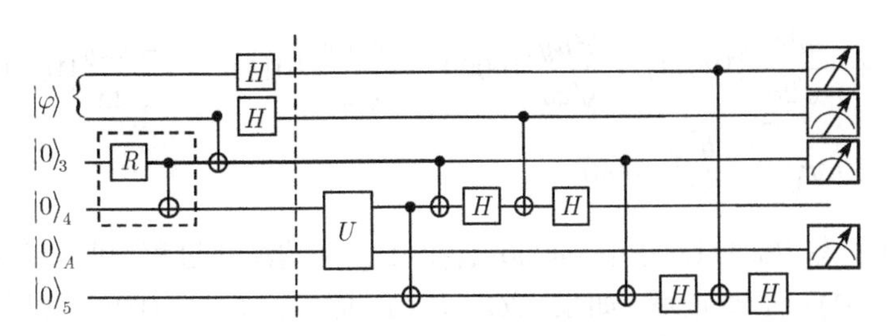

图 7-2 隐形传态协议的量子线路图

注：$R=\begin{pmatrix} a & -b \\ b & a \end{pmatrix}$ 是一个单量子比特旋转操作. 在用虚线表示的矩形框中, 粒子 3 和 4 所处的态就是量子信道. 前三个量子比特是 Alice 的系统, 第四个量子比特是 Bob 的系统, 最下面的是辅助量子比特 A 和附加量子比特 5. 作用在量子比特 $4A$ 上的幺正操作 U 的量子线路如图 7-1 所示.

2. 基于 POVM 的量子线路

本小节首先利用量子 Toffoli 门构建用于概率性区分两个非正交态的 POVM 测量, 然后根据式 (7-81) 构建执行隐形传态的有效量子线路.

不失一般性, 假设粒子 $A45$ 是式 (7-79) 中的态, 我们引入两个初态为 $|11\rangle_{CC'}$ 的辅助粒子 C 和 C'. 假设作用在粒子 $CC'A45$ 上的幺正操作是 P

$$P(bx|111\rangle_{A45}+ay|000\rangle_{A45})|11\rangle_{CC'}=\sum_{m}A_A^m(bx|111\rangle_{A45}+ay|000\rangle_{A45})|m\rangle_{CC'} \tag{7-83}$$

其中, $\{|m\rangle_{CC'}, m=1,\ 2,\ 3\}$ 分别对应于 POVM 的测量结果 $\{E_1,E_2,E_3\}$, 且字母 m 表示二进制数. 例如, $|2\rangle_{CC'}=|10\rangle_{CC'}$. 根据式 (7-82), 量子态 $bx|111\rangle_{A45}+ay|000\rangle_{A45}$ 中的项的演化过程分别为

$$bx|11111\rangle_{CC'A45}\Rightarrow\frac{abbx}{\sqrt{2}\,a}|01011\rangle+\frac{a^2bx}{\sqrt{2}a}|01111\rangle+\frac{-abbx}{\sqrt{2}a}|10011\rangle+\frac{a^2bx}{\sqrt{2}a}|10111\rangle \tag{7-84}$$

$$\begin{aligned}ay|11000\rangle_{CC'A45}\Rightarrow&\frac{b^2ay}{\sqrt{2}a}|01000\rangle+\frac{abay}{\sqrt{2}a}|01100\rangle\\&+\frac{b^2ay}{\sqrt{2}a}|10000\rangle+\frac{-abay}{\sqrt{2}a}|10100\rangle\\&+ay\sqrt{1-\frac{b^2}{a^2}}|11000\rangle\end{aligned} \tag{7-85}$$

其中, 粒子的排列顺序为 $CC'A45$. 量子态 $(bx|111\rangle_{A45}+ay|000\rangle_{A45})|11\rangle_{CC'}$ 演化为

$$\begin{aligned}&bx|11111\rangle_{CC'A45}+ay|11000\rangle_{CC'A45}\\\Rightarrow&\frac{abbx}{\sqrt{2}a}|01011\rangle+\frac{b^2ay}{\sqrt{2}a}|01000\rangle+\frac{a^2bx}{\sqrt{2}a}|01111\rangle+\frac{abay}{\sqrt{2}a}|01100\rangle\end{aligned}$$

$$+\frac{-abbx}{\sqrt{2}a}|10011\rangle+\frac{b^2ay}{\sqrt{2}a}|10000\rangle+\frac{a^2bx}{\sqrt{2}a}|10111\rangle+\frac{-abay}{\sqrt{2}a}|10100\rangle$$
$$+ay\sqrt{1-\frac{b^2}{a^2}}|11000\rangle \tag{7-86}$$

观察量子态 $(bx|111\rangle_{A45}+ay|000\rangle_{A45})|11\rangle_{CC'}$ 的演化过程, 可以发现在对粒子 A 执行 $\{|0\rangle,|1\rangle\}$ 基测量后, 如果 $CC'=01$, 即 m=1 时, Bob 可以得到量子态 $y|00\rangle_{45}+x|11\rangle_{45}$, 他只需要执行幺正操作 X_5X_4 就可以获得 Alice 传送的态. 如果 $CC'=10$, 即 m=2, Bob 可以得到量子态 $y|00\rangle_{45}-x|11\rangle_{45}$, 此时 Bob 需要做幺正操作 $Z_5X_5X_4$. 如果 $CC'=11$, 则隐形传态失败.

Barenco 等[50] 指出, 作用在任意多量子比特上的幺正操作都可以分解为通用量子逻辑操作, 即一系列单量子比特门和两量子比特 CNOT 门的组合. 量子 Toffoli 门也不例外. $(n+1)$ 位量子 Toffoli 门是当且仅当前 n 个量子比特控制位都是 1 时, 对最后第 $(n+1)$ 量子比特目标位执行一个幺正操作. 下面利用量子 Toffoli 门来构建隐形传态的量子线路.

首先构建式 (7-84) 中幺正操作的量子线路图.

(1) 当且仅当粒子 5 的态是 $|1\rangle$ 时, 对粒子 $C'A$ 执行幺正操作 U_1.

$$(I\otimes U_1)bx|111\rangle_{CC'A}=\frac{abbx}{\sqrt{2}a}|110\rangle+\frac{a^2bx}{\sqrt{2}a}|111\rangle+\frac{-abbx}{\sqrt{2}a}|100\rangle+\frac{a^2bx}{\sqrt{2}a}|101\rangle \tag{7-87}$$

(2) 当且仅当粒子 $5C'$ 的态是 $|11\rangle$ 时, 对粒子 C 执行 CNOT 操作.

(3) 幺正操作 U_1 可以进一步用量子 Toffoli 门 U_{11}, U_{12} 和 U_{13} 来构建, 其中

$$U_{11}=\begin{pmatrix} a & b \\ -b & a \end{pmatrix},\quad U_{12}=\begin{pmatrix} \frac{1}{\sqrt{2}} & -\frac{1}{\sqrt{2}} \\ \frac{1}{\sqrt{2}} & \frac{1}{\sqrt{2}} \end{pmatrix},\quad U_{13}=\begin{pmatrix} \frac{1}{\sqrt{2}} & \frac{1}{\sqrt{2}} \\ -\frac{1}{\sqrt{2}} & \frac{1}{\sqrt{2}} \end{pmatrix} \tag{7-88}$$

式 (7-84) 中幺正操作的量子线路图如图 7-3 所示.

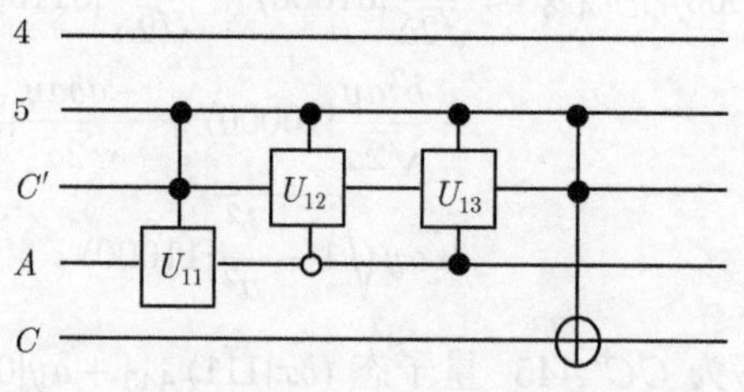

图 7-3　式 (7-84) 中幺正操作的量子线路图

当且仅当粒子 5 的态是 $|0\rangle$ 时, 通过以下步骤可以构建出式 (7-85) 中幺正操作的量子线路图.

(1) 当且仅当粒子 C' 的态是 $|1\rangle$ 时, 对粒子 CA 执行幺正操作 U_{21}.

$$U_{21}ay|10\rangle_{CA}=\frac{b^2ay}{a}|00\rangle+\frac{acay}{a}|01\rangle+ay\sqrt{1-\frac{b^2}{a^2}}|10\rangle \tag{7-89}$$

(2) 当且仅当粒子 C' 的态是 $|1\rangle$ 时, 对粒子 C 执行 CNOT 操作.

$$\frac{b^2ay}{a}|110\rangle_{CC'A}+\frac{abay}{a}|111\rangle_{CC'A}+ay\sqrt{1-\frac{b^2}{a^2}}|010\rangle_{CC'A} \tag{7-90}$$

(3) 当且仅当粒子 CA 的态是 $|10\rangle$ 时, 对粒子 C' 执行幺正操作 U_{22}. 当且仅当粒子 CA 的态是 $|11\rangle$ 时, 对粒子 C' 执行式 (7-88) 中的幺正操作 U_{12}.

(4) 当且仅当粒子 C' 的态是 $|1\rangle$ 时, 对粒子 C 执行 CNOT 操作.

(5) 式 (7-89) 中的幺正操作 U_{21} 可以进一步用量子 Toffoli 门 U_{211} 和 U_{212} 来构建.

式 (7-85) 中幺正操作的量子线路图如图 7-4 所示.

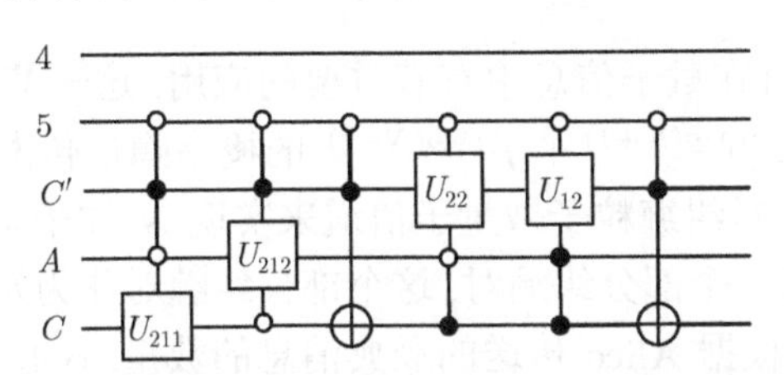

图 7-4 式 (7-85) 中幺正操作的量子线路图

其中

$$U_{211}=\begin{pmatrix}\sqrt{1-\dfrac{b^2}{a^2}} & \dfrac{b}{a}\\ -\dfrac{b}{a} & \sqrt{1-\dfrac{b^2}{a^2}}\end{pmatrix},\quad U_{212}=\begin{pmatrix}a & b\\ -b & a\end{pmatrix},\quad U_{22}=\begin{pmatrix}-\dfrac{1}{\sqrt{2}} & \dfrac{1}{\sqrt{2}}\\ \dfrac{1}{\sqrt{2}} & \dfrac{1}{\sqrt{2}}\end{pmatrix} \tag{7-91}$$

根据 POVM 的分解和式 (7-81) 中 Bob 的操作, 执行 7.4.1 节提出的基于 POVM 测量的隐形传态协议的量子线路图如图 7-5 所示.

7.4.3 结束语

本节仅使用一个部分纠缠对做量子信道提出两种未知两粒子纠缠态的概率隐形传态协议, 与其他传送两粒子纠缠态的协议相比, 弱化了对量子信道的需求. 计算了隐形传态成功的概率, 并详细分析了发送方和接收方做的各种不同幺正操作. 此外, 本节还给出两种有效量子线路去实现所提出的隐形传态协议. 事实上, 利用本节介绍的这两种方法也可以构建执行其他隐形传态协议的量子线路. 具体地, 本章后面 7.5 节和 7.7 节的量子线路都是这样构建的.

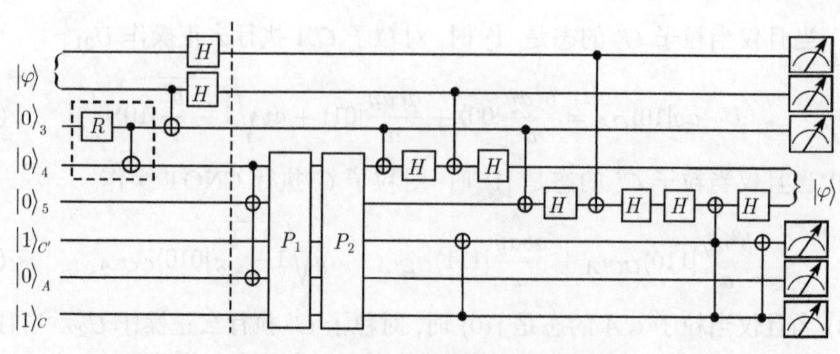

图 7-5 隐形传态协议的量子线路图

注: 作用在粒子 $45C'AC$ 上幺正操作 P_1 和 P_2 的量子线路如图 7-3 和图 7-4 所示.

7.5 经由部分纠缠对的多粒子纠缠态概率隐形传态

GHZ 纠缠态一直在量子信息中有着重要的应用, 这一节介绍一个多粒子部分纠缠 GHZ 态 $|\varphi\rangle = x|0\rangle^{\otimes(N+1)} + y|1\rangle^{\otimes(N+1)}$ 的概率隐形传态协议. 如文献 [28] 所述, 可以通过使用 N 对纠缠粒子做量子信道来实现 N 粒子态的隐形传态. 本节协议的量子信道仅仅是一个部分纠缠对, 这个部分纠缠对作为发送方 Alice 和接收方 Bob 之间的一个桥. 根据 Alice 传送的经典消息的数量, Bob 引入适当数量的辅助粒子和做一系列的幺正操作, 最后以一定的概率实现隐形传态. 此外, 还详细构建了执行本节隐形传态的有效量子线路.

7.5.1 多粒子部分纠缠态的概率隐形传态

假设式 (7-92) 中的未知 $(N+1)$ 粒子 GHZ 纠缠态需要在发送方 Alice 和接收方 Bob 之间进行传送

$$|\varphi\rangle = x|0\rangle^{\otimes(N+1)} + y|1\rangle^{\otimes(N+1)} \tag{7-92}$$

其中, x 和 y 是满足 $x^2 + y^2 = 1$ 的非负实数, $N \geqslant 2$. 当 N =2 时, 式 (7-92) 中的态就是重要的三粒子 GHZ 纠缠态 $x|000\rangle + y|111\rangle$. 与关于三粒子 GHZ 纠缠态的一些隐形传态协议[13,41] 相比较, 本节协议能节省用于量子信道的纠缠态资源.

协议所用的量子信道可以表示为

$$|\phi\rangle_{(N+2)(N+3)} = a|00\rangle_{(N+2)(N+3)} + b|11\rangle_{(N+2)(N+3)} \tag{7-93}$$

其中, 非负实数 a 和 b 满足 $a^2+b^2=1$, 且 $a > b$. Alice 拥有粒子 $1, 2, \cdots, (N+2)$, 粒子 $(N+3)$ 归 Bob 拥有. 此时, 复合系统的量子态可以表示为 $|\Phi\rangle = |\varphi\rangle \otimes |\phi\rangle_{(N+2)(N+3)}$.

首先, Alice 用 Bell 基测量粒子 $(N+1)$ 和 $(N+2)$

$$\langle \Phi^{\pm}|_{(N+1)(N+2)}\Phi\rangle = (ax|0\rangle^{\otimes N}|0\rangle_{(N+3)} \pm by|1\rangle^{\otimes N}|1\rangle_{(N+3)})/\sqrt{2} \tag{7-94}$$

$$\langle \Psi^{\pm}|_{(N+1)(N+2)}\Phi\rangle = (bx|0\rangle^{\otimes N}|1\rangle_{(N+3)} \pm ay|1\rangle^{\otimes N}|0\rangle_{(N+3)})/\sqrt{2} \tag{7-95}$$

其测量结果 $|\Phi^+\rangle, |\Phi^-\rangle, |\Psi^+\rangle, |\Psi^-\rangle$ 分别对应经典比特串 M_1M_2=00, 10, 01, 11.

然后, Alice 用 Hadamard 变换来旋转粒子 $1, 2, \cdots, N$.

$$\begin{aligned}
&(H^{\otimes N} \otimes I_{(N+3)})\langle \Phi^{\pm}|_{(N+1)(N+2)}\Phi\rangle \\
=&\frac{1}{\sqrt{2}}\frac{1}{\sqrt{2^N}}\left[ax|0\rangle_{(N+3)} \otimes \sum_{i_1,i_2,\cdots,i_N} |i_1, i_2, \cdots, i_N\rangle\right. \\
&\left.+ (-1)^{M_1} by|1\rangle_{(N+3)} \otimes \sum_{i_1,i_2,\cdots,i_N} (-1)^{\sum\limits_{j=1}^{N} i_j} |i_1, i_2, \cdots, i_N\rangle\right]
\end{aligned} \tag{7-96}$$

$$\begin{aligned}
&(H^{\otimes N} \otimes I_{(N+3)})\langle \Psi^{\pm}|_{(N+1)(N+2)}\Phi\rangle \\
=&\frac{1}{\sqrt{2}}\frac{1}{\sqrt{2^N}}\left[bx|1\rangle_{(N+3)} \otimes \sum_{i_1,i_2,\cdots,i_N} |i_1, i_2, \cdots, i_N\rangle\right. \\
&\left.+ (-1)^{M_1} ay|0\rangle_{(N+3)} \otimes \sum_{i_1,i_2,\cdots,i_N} (-1)^{\sum\limits_{j=1}^{N} i_j} |i_1, i_2, \cdots, i_N\rangle\right]
\end{aligned} \tag{7-97}$$

其中, $i_j \in \{0, 1\}(j = 1, 2, \cdots, N)$.

Alice 用 $\{|0\rangle, |1\rangle\}$ 基分别测量粒子 $1, 2, \cdots, N$, 并将第 j 个粒子的测量结果 $|0\rangle, |1\rangle$ 分别对应为经典比特 $i_j = 0$ 和 $i_j = 1$. 为了让 Bob 确切知道自己的粒子塌缩到哪个态, Alice 把 $N+2$ 个经典比特传送给 Bob, 包括对粒子 $1, 2, \cdots, N$ 的测量结果和对粒子 $(N+1)(N+2)$ 的 Bell 基测量结果.

收到 Alice 发送的经典消息后, Bob 引入初态为 $|0\rangle$ 的辅助粒子 A, 并且以粒子 $(N+3)$ 做控制比特位, 粒子 A 做目标比特位执行 CNOT 操作. 粒子 $A(N+3)$ 的态可以重新写为

$$\begin{aligned}
&ax|00\rangle_{A(N+3)} + (-1)^{M_1}(-1)^{\sum\limits_{j=1}^{N} i_j} by|11\rangle_{A(N+3)} \\
=&\frac{1}{2}[(x|0\rangle_{(N+3)} + (-1)^{M_1}(-1)^{\sum\limits_{j=1}^{N} i_j} y|1\rangle_{(N+3)})(a|0\rangle_A + b|1\rangle_A) \\
&+ (x|0\rangle_{(N+3)} - (-1)^{M_1}(-1)^{\sum\limits_{j=1}^{N} i_j} y|1\rangle_{(N+3)})(a|0\rangle_A - b|1\rangle_A)]
\end{aligned} \tag{7-98}$$

$$bx|11\rangle_{A(N+3)} + (-1)^{M_1}(-1)^{\sum\limits_{j=1}^{N} i_j} ay|00\rangle_{A(N+3)}$$

$$=\frac{1}{2}[(x|1\rangle_{(N+3)}+(-1)^{M_1}(-1)^{\sum\limits_{j=1}^{N}i_j}y|0\rangle_{(N+3)})(a|0\rangle_A+b|1\rangle_A)$$

$$-(x|1\rangle_{(N+3)}-(-1)^{M_1}(-1)^{\sum\limits_{j=1}^{N}i_j}y|0\rangle_{(N+3)})(a|0\rangle_A-b|1\rangle_A)] \tag{7-99}$$

Bob 对粒子 A 执行如下算子描述的测量:

$$A_1=\frac{1}{2a^2}\begin{pmatrix} b^2 & ab \\ ab & a^2 \end{pmatrix},\quad A_2=\frac{1}{2a^2}\begin{pmatrix} b^2 & -ab \\ -ab & a^2 \end{pmatrix},\quad A_3=\begin{pmatrix} 1-\dfrac{b^2}{a^2} & 0 \\ 0 & 0 \end{pmatrix} \tag{7-100}$$

容易验证 $\{A_1,A_2,A_3\}$ 构成一个 POVM 测量算子. 虽然 Bob 不能确切地区分态 $a|0\rangle+b|1\rangle$ 与 $a|0\rangle-b|1\rangle$, 但他可以用这个 POVM 测量算子概率性地最优区分它们. 把测量结果 A_1 表示为 m=1; 测量结果 A_2 表示为 m=2. 如果测量结果是 A_3, 那么 Bob 不能正确区分两个非正交态, 隐形传态失败.

根据 Alice 传送的经典比特数量, Bob 引入 N 个附加粒子 $|0\rangle_{(N+4)},|0\rangle_{(N+5)},\cdots,|0\rangle_{(2N+3)}$, 然后以粒子 $(N+3)$ 做控制比特位, 每个附加粒子做目标比特位执行 CNOT 操作.

$$\frac{1}{\sqrt{2}}\frac{b}{\sqrt{2^N}}\Big[x|0\rangle_{(N+3)}|0\rangle_{(N+4)}|0\rangle_{(N+5)}\cdots|0\rangle_{(2N+3)}+(-1)^{M_1}(-1)^{\sum\limits_{j=1}^{N}i_j}(-1)^{m-1}y|1\rangle_{(N+3)}\cdot|1\rangle_{(N+4)}|1\rangle_{(N+5)}\cdots|1\rangle_{(2N+3)}\Big] \tag{7-101}$$

$$\frac{1}{\sqrt{2}}\frac{b}{\sqrt{2^N}}\Big[x|1\rangle_{(N+3)}|1\rangle_{(N+4)}|1\rangle_{(N+5)}\cdots|1\rangle_{(2N+3)}+(-1)^{M_1}(-1)^{\sum\limits_{j=1}^{N}i_j}(-1)^{m-1}y|0\rangle_{(N+3)}\cdot|0\rangle_{(N+4)}|0\rangle_{(N+5)}\cdots|0\rangle_{(2N+3)}\Big] \tag{7-102}$$

根据 Alice 的 N+2 个经典比特测量结果和 POVM 测量结果, Bob 需要执行如下所示的幺正操作来获得发送方 Alice 传送的态. 经计算, 隐形传态成功的总概率是 $4\times 2^N\times(b^2/2^{N+1})=2b^2$.

$$Z_{(2N+3)}^{i_N}\,Z_{(2N+2)}^{i_{N-1}}\cdots Z_{(N+4)}^{i_1}\,X_{(2N+3)}^{M_2}\,X_{(2N+2)}^{M_2}\cdots X_{(N+4)}^{M_2}\,Z_{(N+3)}^{M_1}\,Z_{(N+3)}^{m-1}\,X_{(N+3)}^{M_2} \tag{7-103}$$

7.5.2 隐形传态的量子线路

下面构建有效量子线路去执行 7.5.1 节的隐形传态协议.

根据 7.4.2 节介绍的构建量子线路的一般方法, 利用量子 Toffoli 门构建 POVM 测量的量子线路图如图 7-6 所示.

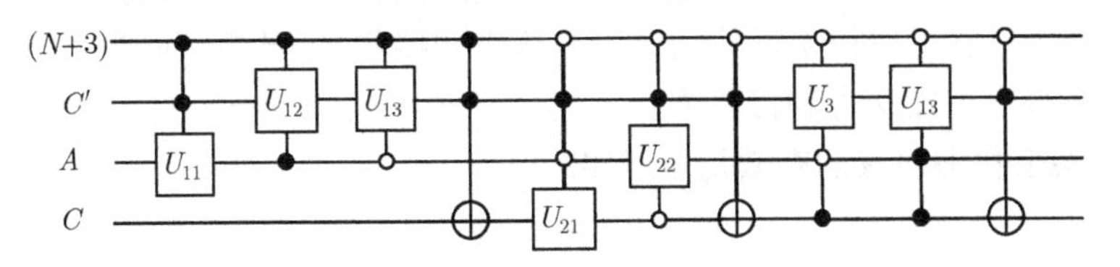

图 7-6 POVM 测量的量子线路图

其中

$$U_{11}=\begin{pmatrix}-a & b\\ b & a\end{pmatrix},\quad U_{12}=\begin{pmatrix}-\dfrac{1}{\sqrt{2}} & \dfrac{1}{\sqrt{2}}\\ \dfrac{1}{\sqrt{2}} & \dfrac{1}{\sqrt{2}}\end{pmatrix},\quad U_{13}=\begin{pmatrix}\dfrac{1}{\sqrt{2}} & -\dfrac{1}{\sqrt{2}}\\ \dfrac{1}{\sqrt{2}} & \dfrac{1}{\sqrt{2}}\end{pmatrix}$$

$$U_{21}=\begin{pmatrix}-\sqrt{1-\dfrac{b^2}{a^2}} & \dfrac{b}{a}\\ \dfrac{b}{a} & \sqrt{1-\dfrac{b^2}{a^2}}\end{pmatrix},U_{22}=\begin{pmatrix}b & a\\ a & -b\end{pmatrix},U_{23}=\begin{pmatrix}-\dfrac{1}{\sqrt{2}} & \dfrac{1}{\sqrt{2}}\\ \dfrac{1}{\sqrt{2}} & \dfrac{1}{\sqrt{2}}\end{pmatrix} \tag{7-104}$$

根据 POVM 的分解和式 (7-103) 中 Bob 的操作, 执行 7.5.1 节提出的隐形传态协议的量子线路图如图 7-7 所示.

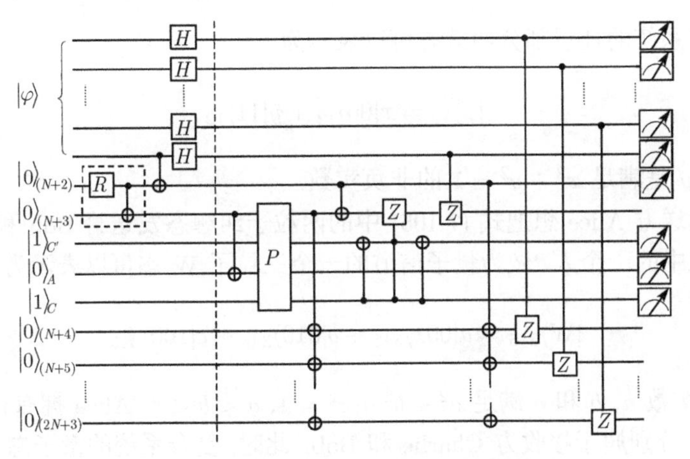

图 7-7 隐形传态协议的量子线路图

注: 在用虚线表示的矩形框中, 粒子 $(N+2)$ 和 $(N+3)$ 的态就是量子信道. 前 $N+2$ 个量子比特是 Alice 的系统, 第 $(N+3)$ 个量子比特是 Bob 的系统, 量子比特 $C'AC$ 是辅助量子比特. 后面的 N 个量子比特是附加量子比特. 作用在量子比特 $(N+3)C'AC$ 上的幺正操作 P 的量子线路如图 7-6 所示.

7.5.3 结束语

本节介绍了一个多粒子纠缠态的隐形传态协议. 经由一个部分纠缠对, $(N+1)$ 粒子 GHZ 纠缠态可以概率性的从发送方传送到接收方. 计算了隐形传态成功的概率, 详细地给出了发送方和接收方执行的各种幺正操作. 此外, 本节还给出了执行所提出的隐形传态协议的有效量子线路.

7.6 经由 W 态的两粒子受控隐形传态

1998 年, Karlsson 和 Bourennane[3] 推广了 Bennett 等[1] 的思想, 一个未知量子态可以传送给两个接收方中的任意一个, 但一个接收方只能在另一个接收方的帮助下才能成功获得传送的态. 这表明不同的资源可以在受控模式下得到交换. 近年来, 受控隐形传态已经成为一个很有意义的研究方向[44,59~61].

本节讨论未知两粒子纠缠态的受控隐形传态协议. 众所周知, W 态比 GHZ 态具有更强的鲁棒性[62], 因此本协议选择利用 W 态做量子信道, 实际是文献 [55] 中协议的一个变体. 但与文献 [55] 相比较, 本节的协议有下列特征: ① 所提协议是一个三方受控隐形传态, 而文献 [55] 是两方之间的隐形传态. ② 在文献 [55] 中, 接收方的幺正操作用一个较复杂的表来描述, 而本节协议中用一个简洁的公式来描述接收方执行的各种幺正操作. ③ 构建了执行隐形传态协议的有效量子线路.

7.6.1 两粒子纠缠态的受控隐形传态

两粒子系统的任意部分纠缠态可以表示为

$$|\varphi\rangle_{12} = x|00\rangle_{12} + y|11\rangle_{12} \tag{7-105}$$

其中, x 和 y 是满足 $x^2 + y^2 = 1$ 的非负实数.

假设发送方 Alice 想把式 (7-105) 中的两粒子纠缠态发送给 Bob 和 Charlie 两个接收方之中的一个人. 做为量子信道的一个三粒子 W 态可以表示为

$$|\mathrm{W}\rangle_{345} = a|001\rangle_{345} + b|010\rangle_{345} + c|100\rangle_{345} \tag{7-106}$$

其中, 非负实数 a, b 和 c 满足 $a^2 + b^2 + c^2 = 1$, $a < b < c$. Alice 拥有粒子 1, 2, 3, 粒子 4 和 5 分别属于接收方 Charlie 和 Bob. 此时, 复合系统的量子态可以表示为 $|\Phi\rangle_{12345} = |\varphi\rangle_{12} \otimes |\mathrm{W}\rangle_{345}$, 此态还可以重新写为

$$\begin{aligned}|\Phi\rangle_{12345} =& \frac{1}{\sqrt{2}}[|\Phi^+\rangle_{23}(ax|001\rangle_{145} + bx|010\rangle_{145} + cy|100\rangle_{145}) \\ &+ |\Phi^-\rangle_{23}(ax|001\rangle_{145} + bx|010\rangle_{145} - cy|100\rangle_{145})\end{aligned}$$

$$+|\Psi^+\rangle_{23}(cx|000\rangle_{145}+ay|101\rangle_{145}+by|110\rangle_{145})$$
$$+|\Psi^-\rangle_{23}(cx|000\rangle_{145}-ay|101\rangle_{145}-by|110\rangle_{145})] \tag{7-107}$$

其中, $|\Phi^+\rangle, |\Phi^-\rangle, |\Psi^+\rangle$ 和 $|\Psi^-\rangle$ 为四个 Bell 态.

首先, Alice 对粒子 1 做 Hadamard 变换

$$\begin{aligned}&(H_1\otimes I_2\otimes I_3\otimes I_4\otimes I_5)|\Phi\rangle_{12345}\\=&\frac{1}{2}\{|\Phi^+\rangle_{23}[(ax|01\rangle_{45}+bx|10\rangle_{45}+cy|00\rangle_{45})\otimes|0\rangle_1\\&+(ax|01\rangle_{45}+bx|10\rangle_{45}-cy|00\rangle_{45})\otimes|1\rangle_1]\\&+|\Phi^-\rangle_{23}[(ax|01\rangle_{45}+bx|10\rangle_{45}-cy|00\rangle_{45})\otimes|0\rangle_1\\&+(ax|01\rangle_{45}+bx|10\rangle_{45}+cy|00\rangle_{45})\otimes|1\rangle_1]\\&+|\Psi^+\rangle_{23}[(cx|00\rangle_{45}+ay|01\rangle_{45}+by|10\rangle_{45})\otimes|0\rangle_1\\&+(cx|00\rangle_{45}-ay|01\rangle_{45}-by|10\rangle_{45})\otimes|1\rangle_1]\\&+|\Psi^-\rangle_{23}[(cx|00\rangle_{45}-ay|01\rangle_{45}-by|10\rangle_{45})\otimes|0\rangle_1\\&+(cx|00\rangle_{45}+ay|01\rangle_{45}+by|10\rangle_{45})\otimes|1\rangle_1]\}\end{aligned} \tag{7-108}$$

然后, Alice 用 $\{|0\rangle,|1\rangle\}$ 基测量粒子 1, 用 Bell 基测量粒子 2 和 3. 通过经典信道, Alice 公布她的测量结果. 下面把 Bell 基测量结果 $|\Phi^+\rangle_{23}, |\Phi^-\rangle_{23}, |\Psi^+\rangle_{23}$ 和 $|\Psi^-\rangle_{23}$ 分别表示为经典比特串 M_2M_3=00, 10, 01, 11, 而把测量结果 $|0\rangle, |1\rangle$ 分别表示为经典比特 H_1=0 和 H_1=1.

当 M_2M_3= 01, H_1=0 时, 粒子 4 和 5 的态可以表示为

$$cx|00\rangle_{45}+ay|01\rangle_{45}+by|10\rangle_{45} \tag{7-109}$$

仅仅通过局域操作, Bob 和 Charlie 中的任何一方都不能获得 Alice 发送的态. 只有在其中一方的帮助下, 另一方才可以获得 Alice 发送的态. 我们不妨假设接收方是 Bob, 控制方为 Charlie.

首先 Charlie 愿意帮助 Bob, 并且用 $\{|0\rangle,|1\rangle\}$ 基测量粒子 4. 如果测量结果是 $|1\rangle$, 隐形传态失败. 相反, 如果测量结果是 $|0\rangle$, 隐形传态可以继续.

收到 Alice 和 Charlie 发送的经典消息后, Bob 引入初态为 $|0\rangle$ 的附加粒子 6. 由于不知道参数 x 和 y 的值, Bob 引入初态为 $|0\rangle$ 的辅助粒子 A (当然, 如果接收方是 Charlie, 而 Bob 帮助实现通信过程, 那么附加粒子 6 和辅助粒子 A 应该由 Charlie 引入).

Bob 执行 CNOT 操作, 其中粒子 5 做控制比特位, 粒子 6 和 A 分别做目标比特位. 可以得到

$$cx|000\rangle_{A56}+ay|111\rangle_{A56}$$

$$=\frac{1}{2}[(x|00\rangle_{56}+y|11\rangle_{56})\otimes(c|0\rangle_A+a|1\rangle_A)$$
$$+(x|00\rangle_{56}-y|11\rangle_{56})\otimes(c|0\rangle_A-a|1\rangle_A)] \quad (7\text{-}110)$$

Bob 对粒子 A 执行 POVM 测量, 实现对两个非正交态 $c|0\rangle_A+a|1\rangle_A$ 和 $c|0\rangle_A-a|1\rangle_A$ 的最优区分.

设 $A_A^{m\dagger}A_A^m=E_m$ (m=1, 2, 3), 可以验证算子 $\{E_m\}$ 构成一个 POVM 测量算子.

$$A_A^1=\frac{1}{\sqrt{2c^2(a^2+c^2)}}\begin{pmatrix}a^2 & ac\\ ac & c^2\end{pmatrix},\quad A_A^2=\frac{1}{\sqrt{2c^2(a^2+c^2)}}\begin{pmatrix}a^2 & -ac\\ -ac & c^2\end{pmatrix}$$
$$A_A^3=\begin{pmatrix}\sqrt{1-\dfrac{a^2}{c^2}} & 0\\ 0 & 0\end{pmatrix} \quad (7\text{-}111)$$

Bob 对粒子 A 执行由算子 $\{E_1,E_2,E_3\}$ 描述的 POVM 测量. 下面把测量结果 E_1,E_2,E_3 分别表示为 m=1, 2, 3. 根据 POVM 测量原理, 如果测量结果 m=1, Bob 可以准确地判断粒子 56 的态为 $x|00\rangle_{56}+y|11\rangle_{56}$; 如果测量结果 m=2, 粒子 56 的态一定为 $x|00\rangle_{56}-y|11\rangle_{56}$, 此时 Bob 需要对粒子 6 执行幺正操作 Z_6 来获得 Alice 传送的态. 当然, 如果测量结果 m=3, 那么 Bob 不能正确区分两个非正交态 $c|0\rangle_A+a|1\rangle_A$ 和 $c|0\rangle_A-a|1\rangle_A$, 隐形传态失败.

根据 Alice 和 POVM 的所有不同测量结果, Bob 需要执行如下所示的幺正操作来获得发送方 Alice 传送的态:

$$Z_6^{m-1}Z_6^{H_1}X_6^{M_3}Z_5^{M_2}X_5^{M_3}X_6X_5 \quad (7\text{-}112)$$

7.6.2 隐形传态的量子线路

利用 7.4.2 节中提出的构建 POVM 量子线路的方法和式 (7-112) 中 Bob 的操作, 执行本节提出的隐形传态协议的量子线路图如图 7-8 所示. 作用在量子比特 $56C'AC$ 上的幺正操作 U 的量子线路图可以参照 7.4.2 节中提出的构建 POVM 量子线路的方法来构建.

7.6.3 结束语

这一节研究了一个经由 W 态的三方受控量子隐形传态协议. 一个未知的两粒子纠缠态可以概率性地从发送方传送到两个接收方中的任意一方. 用一个简洁的公式归纳了接收方执行的各种幺正操作, 并详细构建了有效量子线路去执行所提出的隐形传态协议.

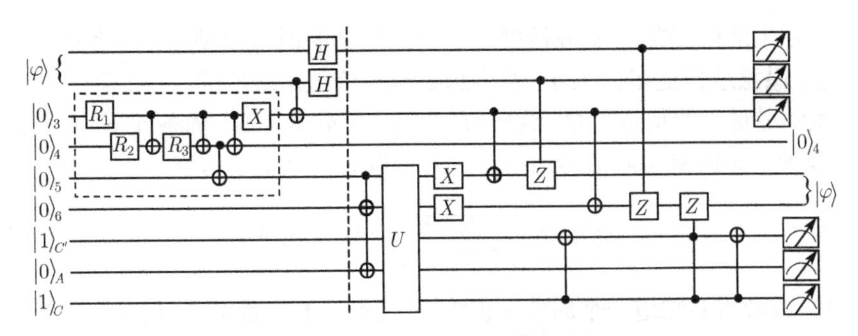

图 7-8 隐形传态协议的量子线路图

注：图中，$R_1=\begin{pmatrix}\cos\theta_1 & -\sin\theta_1\\ \sin\theta_1 & \cos\theta_1\end{pmatrix}$，$R_2=\begin{pmatrix}\cos(\theta_2/2) & -\sin(\theta_2/2)\\ \sin(\theta_2/2) & \cos(\theta_2/2)\end{pmatrix}$，$R_3=\begin{pmatrix}\cos(\theta_2/2) & \sin(\theta_2/2)\\ -\sin(\theta_2/2) & \cos(\theta_2/2)\end{pmatrix}$. 在用虚线表示的矩形框中，如果 $\cos\theta_1=c$, $\cos\theta_2=b/\sqrt{1-c^2}$，粒子 3，4 和 5 的态就是量子信道 $|W\rangle_{345}=a|001\rangle_{345}+b|010\rangle_{345}+c|100\rangle_{345}$. 前三个量子比特是 Alice 的系统，第四和第五量子比特分别是 Charlie 和 Bob 的系统. 最后面的是附加量子比特 6 和辅助量子比特 $C'AC$.

7.7 基于客户/服务模式的概率隐形传态

Alice 和 Bob 之间共享的部分纠缠信道用 Schmidt 分解可以表示为[63]

$$|\psi\rangle_{23}=\sum_{j=1}^{n}\sum_{i=1}^{d}\sum_{k=1}^{n}u_{ji}b_iv_{ik}|j\rangle|k\rangle \tag{7-113}$$

其中，d 是 Schmidt 数. 定义两个幺正算子

$$U=\sum_{j=1}^{n}\sum_{i=1}^{d}u_{ji}|j\rangle\langle i| \tag{7-114}$$

$$V=\sum_{i=1}^{d}\sum_{k=1}^{n}v_{ik}|k\rangle\langle i| \tag{7-115}$$

假如 Alice 局域执行 $U^\dagger$ 于粒子 2 上，Bob 局域执行 $V^\dagger$ 于粒子 3 上，$|\psi\rangle_{23}$ 变为

$$|\psi_s\rangle_{23}=\sum_{i=1}^{d}b_i|i\rangle|i\rangle \tag{7-116}$$

部分纠缠态 $|\psi_s\rangle_{23}$ 可作为量子信道执行概率隐形传态.

7.3~7.6 节介绍的协议都是基于发送方和接收方充分了解纠缠态信道而提出的. 如果没有 Alice 的局域操作 $U^\dagger$，Bob 和 Alice 就不能利用局域操作和经典通信将 $|\psi\rangle$ 变换为 $|\psi_s\rangle$，前面介绍的概率隐形传态协议都不能完成.

在实际生活中, 顾客/服务模型是一种最常见的通信模型. 服务者知道信道的全部信息, 愿意承担更多的工作. 顾客总是希望信道是透明的. 假如信道不能透明, 顾客愿意知道最少的信道信息. 这一节, 在 Alice 不知道 $U^{\dagger}$ 的条件下, 我们证明在一个 d 级量子态的概率隐形传态中, Alice 可以对共享量子信道

$$|\psi_t\rangle_{23} = \sum_{j=1}^{d}\sum_{i=1}^{d}\sum_{k=1}^{n} u_{ji} b_i v_{ik} |j\rangle|k\rangle \tag{7-117}$$

完全未知, 或者需要知道一个局域幺正算子, 使得一般的量子信道 $|\psi\rangle_{23}$ 变为 $|\psi_t\rangle_{23}$. 在 7.7.1 节给出信道对发送方透明的概率隐形传态协议. 7.7.2 节回答在一般信道的概率隐形传态中, 哪些信道信息是发送方必需的. 最后在 7.7.3 节给出一个基于客户/服务模型的双边概率隐形传态协议.

7.7.1 信道对发送方透明的概率隐形传态

一个 d 级系统中的量子态

$$|\phi\rangle_1 = \sum_{a=1}^{d} c_a |a\rangle \tag{7-118}$$

被隐形传态至 Bob, 信道是 $n \times n$ 维 Hilbert 空间 $H_n \times H_n$ 上 Schmidt 数为 d 的部分纠缠态 $|\psi_t\rangle_{23}$, Alice 对这种共享信道是完全未知的. 下面是完成隐形传态的具体步骤:

(1) 在粒子 1 和 2 上, Alice 执行联合投影测量

$$\{|\rho_{ef}\rangle_{12}\ {}_{12}\langle\rho_{ef}| e, f = 1, 2, \cdots, d\} \tag{7-119}$$

其中, $|\rho_{ef}\rangle = \dfrac{1}{\sqrt{d}}\sum_{h=1}^{d}\exp(2\pi \mathrm{i} he/d)|h\rangle \otimes |((h+f-2) \bmod d)+1\rangle$.

Alice 将测量结果 ef 通过经典信道告知 Bob. 系统态将会被变换到

$$\begin{aligned}|\Theta_0^{ef}\rangle_{123} =& (|\rho_{ef}\rangle_{12}\ {}_{12}\langle\rho_{ef}| \otimes I_3)(|\phi\rangle_1 \otimes |\varphi_t\rangle_{23}) \\ =& |\rho_{ef}\rangle_{12} \otimes \frac{1}{\sqrt{d}}\sum_{h=1}^{d}\sum_{i=1}^{d}\sum_{k=1}^{n}\exp(-2\pi \mathrm{i} he/d) \\ & \cdot c_h u_{((h+f-2) \bmod d)+1,i} b_i v_{ik} |k\rangle_3\end{aligned} \tag{7-120}$$

式 (7-120) 中的系统态为未归一化形式, 下面同.

顺便提及, 一般测量等价于在被测粒子关联的辅助粒子上执行投影测量[10,28,35,36].

(2) Bob 收到 Alice 测量结果 ef 以后, 在粒子 3 上执行幺正操作 $V^{\dagger}$. 系统态将会被变换到

$$|\Theta_1^{ef}\rangle_{123} = (I_1 \otimes I_2 \otimes V^{\dagger})|\Theta_0^{ef}\rangle_{123}$$

$$=|\rho_{ef}\rangle_{12}\otimes\frac{1}{\sqrt{d}}\sum_{h=1}^{d}\sum_{i=1}^{d}\exp(-2\pi\mathrm{i}he/d)c_h u_{((h+f-2)\bmod d)+1,i}b_i|i\rangle_3 \tag{7-121}$$

(3) Bob 在粒子 3 上执行测量 $\{M_1, M_2\}$[35], 其中

$$\begin{aligned}M_1 &= \mathrm{diag}(b_{\min}/b_1, b_{\min}/b_2, \cdots, b_{\min}/b_d)\\ M_2 &= \mathrm{diag}(1-b_{\min}/b_1, 1-b_{\min}/b_2, \cdots, 1-b_{\min}/b_d)\end{aligned} \tag{7-122}$$

其中, $b_{\min}=\min\{b_1, b_2, \cdots, b_d\}$.

假如测量结果是 2, 系统态将会被变换到

$$\begin{aligned}|\Theta_2^{ef}\rangle_{123} &= (I_1\otimes I_2\otimes M_2)|\Theta_1^{ef}\rangle_{123}\\ &= |\rho_{ef}\rangle_{12}\otimes\frac{1}{\sqrt{d}}\sum_{h=1}^{d}\sum_{i=1}^{d}\exp(-2\pi\mathrm{i}he/d)\\ &\quad\cdot c_h u_{((h+f-2)\bmod d)+1,i}(1-b_{\min}/b_i)b_i|i\rangle_3\end{aligned} \tag{7-123}$$

因为基态 $|\min\rangle_3$ 的概率幅是零, 概率隐形传态失败. 否则, 系统态将会被变换到

$$\begin{aligned}|\Theta_3^{ef}\rangle_{123} &= (I_1\otimes I_2\otimes M_1)|\Theta_1^{ef}\rangle_{123}\\ &= |\rho_{ef}\rangle_{12}\otimes\frac{1}{\sqrt{d}}\sum_{h=1}^{d}\sum_{i=1}^{d}\exp(-2\pi\mathrm{i}he/d)\\ &\quad\cdot c_h u_{((h+f-2)\bmod d)+1,i}b_{\min}|i\rangle_3\end{aligned} \tag{7-124}$$

协议继续.

(4) Bob 在粒子 3 上执行幺正变换 $U^\dagger$, 系统态将会被变换到

$$\begin{aligned}|\Theta_4^{ef}\rangle_{123} &= (I_1\otimes I_2\otimes U^\dagger)|\Theta_3^{ef}\rangle_{123}\\ &= |\rho_{ef}\rangle_{12}\otimes\frac{1}{\sqrt{d}}\sum_{h=1}^{d}b_{\min}\exp(-2\pi\mathrm{i}he/d)\\ &\quad\cdot c_h|((h+f-2)\bmod d)+1\rangle_3\end{aligned} \tag{7-125}$$

(5) Bob 在粒子 3 上执行幺正变换 W_{ef}

$$W_{ef}=\sum_{m=1}^{d}\exp(2\pi\mathrm{i}he/d)|m\rangle\langle((m+f-2)\bmod d)+1| \tag{7-126}$$

系统态将会被变换到

$$|\Theta_5^{ef}\rangle_{123}=(I_1\otimes I_2\otimes W_{ef})|\Theta_4^{ef}\rangle_{123}=|\rho_{ef}\rangle_{12}\otimes\frac{1}{\sqrt{d}}b_{\min}\sum_{m=1}^{d}c_m|m\rangle_3 \tag{7-127}$$

粒子 1 上的未知量子态被隐形传态至粒子 3.

该协议中, 成功隐形传态的概率就是第 (3) 步中结果 1 出现的概率, 即 $d\times b_{\min}^2$, 对应纠缠熵 E[64].

7.7.2 一般信道的概率隐形传态中发送方必需的信道信息

假如 Alice 知道一个幺正变换 Q 使得 U 变换到

$$U'=\sum_{j=1}^{n}\sum_{i=1}^{d}u'_{ji}|j\rangle\langle i| \tag{7-128}$$

在此条件下, 上面的协议可以被简单地做如下修改以适应一般量子信道 $|\varphi\rangle_{23}$. 在步骤 (1) 中, $|\rho_{ef}\rangle_{12}$ 被替换为

$$\frac{1}{\sqrt{d}}\sum_{h=1}^{d}\exp(-2\pi\mathrm{i}he/d)|h\rangle\otimes Q^{\dagger}|((h+f-2)\bmod d)+1\rangle \tag{7-129}$$

在步骤 (4), 替换 $U^{\dagger}$, Bob 在粒子 3 上执行变换 $U'^{\dagger}$.

一个自然的问题是: 上面的幺正变换 Q 是否必要?

定理 7.7.1 在量子信道为一般形式 $|\varphi\rangle_{23}$ 的 d 级量子态概率隐形传态中, 发送方必须知道一个幺正变换 Q, 使得

$$QU=U' \tag{7-130}$$

证 令 ef 表示 Alice 的测量结果, 对应的测量算子是

$$M_{ef}=\sum_{a=1}^{d}\sum_{j=1}^{n}\sum_{p=1}^{d\times n}w_{p,a\otimes j}|p\rangle\langle a|\langle j| \tag{7-131}$$

相应地, 令算子 X_{ef} 表示 Bob 作用在粒子 3 上的由测量操作和幺正操作组成的合成操作

$$X_{ef}=\left(\sum_{k=1}^{n}\sum_{q=1}^{n}x_{k,q}|q\rangle\langle k|\right)\mathrm{diag}(b_{\min}/b_1,b_{\min}/b_2,\cdots,b_{\min}/b_d,1,\cdots,1)V^{\dagger} \tag{7-132}$$

其中, $\sum_{k=1}^{n}\sum_{q=1}^{n}x_{k,q}|q\rangle\langle k|$ 是幺正的.

Alice 和 Bob 完成上面的局域操作后, 整个系统态变为

$$\begin{aligned}&(M_{ef}\otimes I_3)(I_1\otimes I_2\otimes X_{ef})(|\phi\rangle_1\otimes|\varphi\rangle_{23})\\=&b_{\min}\sum_{a=1}^{d}\sum_{j=1}^{n}\sum_{p=1}^{d\times n}\sum_{i=1}^{d}\sum_{q=1}^{n}c_a w_{p,a\otimes j}u_{ji}x_{iq}|p\rangle|q\rangle\end{aligned} \tag{7-133}$$

完成一次成功的隐形传态以后, 整个系统最终态可以表示为

$$|R_E\rangle_{12b_1}|\phi\rangle_{b_2}=\sum_{r=1}^{n}\sum_{s=1}^{n}\sum_{t=1}^{[n/d]}R_{rst}|rst\rangle\sum_{z=1}^{d}c_z|z\rangle \tag{7-134}$$

其中, b_2 是 Bob 的粒子 3 上已经隐形传态过来的态, b_1 是 Bob 方与 b_2 分离的态, $[n/d]$ 表示不超过 n/d 的最大整数, 不失一般性, 这里用 n/d 标记 $[n/d]$.

比较式 (7-133) 和 (7-134) 两个等式, 使之对于任何状态 $|\phi\rangle_1$ 都相等, 可以得到

$$y\sum_{a=1}^{d}\sum_{j=1}^{n}\sum_{i=1}^{d}c_a w_{r\otimes s,a\otimes j}u_{ji}x_{i,t\otimes z}=c_z R_{rst}$$
$$z=1,2,\cdots,d;r,s=1,2,\cdots,n;t=1,2,\cdots,n/d \tag{7-135}$$

其中, y 是一个归一化系数. 因为每一个 $w_{r\otimes s,a\otimes j}$, u_{ji} 以及每一个 $x_{i,t\otimes z}$ 与所有的 c_a, c_z 无关, 所以

$$y\sum_{j=1}^{n}\sum_{i=1}^{d}w_{r\otimes s,a\otimes j}u_{ji}x_{i,t\otimes z}=\delta_{a,z}R_{rst}$$
$$a,z=1,2,\cdots,d;r,s=1,2,\cdots,n;t=1,2,\cdots,n/d \tag{7-136}$$

其中, $\delta_{a,z}$ 是 Kronecker 函数.

态函数要求至少一个 $R_{rst}\neq 0$, 不妨记 $R_{r's't'}\neq 0$. 因为 $\sum_{k=1}^{n}\sum_{q=1}^{n}x_{k,q}|q\rangle\langle k|$ 是幺正矩阵, 所以可以写出 d^2 个关于未知数 $x_{i,t\otimes z}$ 的线性方程组

$$y\sum_{a=1}^{d}x_{i,t'\otimes a}w_{r'\otimes s',a\otimes j}=R_{r's't'}u_{ij}^*,\quad j=1,2,\cdots,n;i=1,2,\cdots,d \tag{7-137}$$

令

$$W=\sum_{a=1}^{d}\sum_{j=1}^{n}w_{r'\otimes s',a\otimes j}|a\rangle\langle j| \tag{7-138}$$

在一个成功的隐形传态中, $\{x_{i,t'\otimes a}|i,a=1,2,\cdots,d\}$ 应该有解, 由线性方程组有解时系数矩阵和增广矩阵应该满足的关系知, 任意一个幺正矩阵 Q 使得 $WQ^\dagger=W'$ 成立, 当且仅当 $U^\dagger Q^\dagger=U'^\dagger$. 这里 W, Q 是 $d\times n$ 矩阵, U 是 $n\times d$ 矩阵, 其中

$$W'=\sum_{a=1}^{d}\sum_{j=1}^{d}w'_{r'\otimes s',a\otimes j}|a\rangle\langle j|,\quad U'=\sum_{j=1}^{d}\sum_{i=1}^{d}u'_{ji}|j\rangle\langle i|,\quad Q=\sum_{p=1}^{d}\sum_{j=1}^{n}q_{ji}|j\rangle\langle i| \tag{7-139}$$

换句话说, Alice 的测量操作 M_{ef} 必须蕴含一个幺正矩阵 Q, 满足 $QU=U'$, 才有可能成功隐形传态. 因此发送方必须知道这样的一个幺正矩阵 Q.

7.7.3 基于客户/服务模型的双边概率隐形传态

尽管理想的量子信道是最大纠缠态, 它可以简化通信双方的操作并且完成确定性的隐形传态, 但获得这种信道是困难的. 混合态的量子信道不能精确地提供隐形传态[65]. 因此, 在实际中, 量子信道最可能是部分纠缠态.

在隐形传态之前, 共享的量子信道应该是已知的. 为了实验地决定量子信道 $|\psi\rangle_{23}$, 需要重复测量态 $|\psi\rangle_{23}$ 的许多副本. 服务者独自完成这项耗时的工作. 最初, 服务者知道关于量子信道的全部信息, 客户却一无所知.

在确保通信的前提下, 服务者告诉客户有关信道的最少信息. 在关于 $|\psi\rangle_{23}$ 的 Schmidt 分解中, 假如 $j>d$ 时有 $u_{ji}=0$, 服务者不需要告诉客户有关信道的任何信息. 特别地, 对于一个 n- 态量子信道, 当 Schmidt 数等于 n, 条件 $j>d$ 时 $u_{ji}=0$ 始终成立. 假如 $j>d$ 时存在 $u_{ji}\neq 0$, 服务者选择一个幺正矩阵 Q 使得 $QU=U'$, 这里 $j>d$ 时全部 $u'_{ji}=0$, 然后将 Q 告诉客户. 此时 $|\psi\rangle_{23}$ 表示为

$$|\psi\rangle_{23} == \sum_{p=1}^{d}\sum_{j=1}^{n}\sum_{i=1}^{d}\sum_{k=1}^{n} q_{jp}^{*}u'_{pi}b_i v_{ik}|j\rangle|k\rangle \tag{7-140}$$

幺正矩阵 Q 的选择应使得客户更容易执行隐形传态操作.

假如, 在量子信道更新前后, 相同的幺正矩阵 Q 能够将不同的幺正矩阵 U 都变换到满足条件的不同的 U', 量子信道的更新对客户是透明的.

当服务者是接收方, 客户是发送方, 上面给出的协议可以被利用.

当服务者是发送方, 客户是接收方, 概率隐形传态可以看作纠缠浓缩[66,67] 和确定性隐形传态. 概率隐形传态协议如下:

(1) 服务者在粒子 3 上执行幺正变换 $V^{\dagger}$, 整个系统态将会被变换为

$$|\Omega_0\rangle_{123} = (I_1\otimes I_2\otimes V^{\dagger})(|\phi\rangle_1\otimes|\varphi\rangle_{23}) = |\phi\rangle_1\otimes\sum_{p=1}^{d}\sum_{j=1}^{n}\sum_{i=1}^{d} q_{jp}^{*}u'_{pi}b_i|j\rangle|i\rangle \tag{7-141}$$

(2) 服务者在粒子 3 上执行测量 $\{M_1, M_2\}$, 假如测量结果是 2, 概率隐形传态失败. 否则, 整个系统态将会被变换为

$$|\Omega_1\rangle_{123} = (I_1\otimes I_2\otimes M_1)|\Omega_0\rangle_{123} = |\phi\rangle_1\otimes b_{\min}\sum_{p=1}^{d}\sum_{j=1}^{n}\sum_{i=1}^{d} q_{jp}^{*}u'_{pi}|j\rangle|i\rangle \tag{7-142}$$

(3) 服务者在粒子 3 上执行幺正变换 $U'^{\dagger}$, 整个系统态将会被变换为

$$|\Omega_2\rangle_{123} = (I_1\otimes I_2\otimes U'^{\dagger})|\Omega_1\rangle_{123} = |\phi\rangle_1\otimes b_{\min}\sum_{p=1}^{d}\sum_{j=1}^{n} q_{jp}^{*}|j\rangle|p\rangle \tag{7-143}$$

(4) 在粒子 1 和 3 上, 服务者执行联合投影测量 $\{|\rho_{ef}\rangle_{13}\,{}_{13}\langle\rho_{ef}||e,f{=}1,2,\cdots,d\}$, 这里

$$|\rho_{ef}\rangle_{13}=\frac{1}{\sqrt{d}}\sum_{h=1}^{d}\exp(2\pi \mathrm{i}he/d)|h\rangle\otimes|((h+f-2) \bmod d)+1\rangle \tag{7-144}$$

服务者将测量结果 ef 通过经典信道传给客户. 整个系统态将会被变换为

$$\begin{aligned}|\Omega_3^{ef}\rangle_{123}=&(|\rho_{ef}\rangle_{13}\ {}_{13}\langle\rho_{ef}|\otimes I_2)|\Omega_2^{ef}\rangle_{123}\\=&b_{\min}|\rho_{ef}\rangle_{13}\otimes\frac{1}{\sqrt{d}}\sum_{h=1}^{d}\sum_{j=1}^{n}\exp(-2\pi \mathrm{i}he/d)c_h q^*_{j,((h+f-2) \bmod d)+1}|j\rangle_2\end{aligned} \tag{7-145}$$

(5) 客户在粒子 2 上执行幺正变换 Q, 整个系统态将会被变换到

$$\begin{aligned}|\Omega_4^{ef}\rangle_{123}=&(I_1\otimes I_3\otimes Q)|\Omega_3^{ef}\rangle_{123}\\=&b_{\min}|\rho_{ef}\rangle_{13}\otimes\frac{1}{\sqrt{d}}\sum_{h=1}^{d}\exp(-2\pi \mathrm{i}he/d)c_h\\&|((h+f-2) \bmod d)+1\rangle_2\end{aligned} \tag{7-146}$$

(6) 客户在粒子 2 上执行幺正变换 $W_{ef}^{[1]}$

$$W_{ef}=\sum_{m=1}^{d}\exp(2\pi \mathrm{i}he/d)|m\rangle\langle((m+f-2) \bmod d)+1| \tag{7-147}$$

整个系统态将会被变换为

$$|\Omega_5^{ef}\rangle_{123}=(I_1\otimes I_3\otimes W_{ef})|\Omega_4^{ef}\rangle_{123}=b_{\min}|\rho_{ef}\rangle_{13}\otimes\frac{1}{\sqrt{d}}\sum_{m=1}^{d}c_m|m\rangle_2 \tag{7-148}$$

粒子 1 上的未知态被隐形传态至粒子 2.

7.7.4 结束语

本节以最大成功概率构造了基于客户/服务模型的双边概率隐形传态协议. 在该协议下, 证明了对于客户透明的共享量子信道是 $\sum_{j=1}^{d}\sum_{i=1}^{d}\sum_{k=1}^{n}u_{ji}b_i v_{ik}|j\rangle|k\rangle$. 对于一般化的共享量子信道 $\sum_{j=1}^{n}\sum_{i=1}^{d}\sum_{k=1}^{n}u_{ji}b_i v_{ik}|j\rangle|k\rangle$, 客户必须知道一个局域幺正算子 Q 将共享量子信道变换为 $\sum_{j=1}^{d}\sum_{i=1}^{d}\sum_{k=1}^{n}u'_{ji}b_i v_{ik}|j\rangle|k\rangle$. 此外还证明在概率隐形传态中, 客户对于共享量子信道所应知道的最少信息量对应于某一特定的幺正矩阵 Q.

基于客户/服务模式的概率隐形传态协议也可用于在部分纠缠信道上实施纠缠交换.

7.8　任意 m 粒子态的量子隐形传态网络

目前人们提出的量子隐形传态协议主要是基于两方或三方之间点对点的, 对网络中众多用户之间的任意量子态的量子隐形传态过程研究很少. 本节介绍一种基于纠缠交换的任意 m 粒子态的量子隐形传态网络方案. 该方案的实现基于网络中用户与所属的可信服务器之间共享 EPR 对的分布式客户机/服务器体系结构. 基于该体系结构实现网络中任意用户之间的任意量子态的量子隐形传态.

7.8.1　任意 m 粒子态的量子隐形传态网络

如图 7-9 所示, 网络中的用户分别属于不同的服务器, 服务器之间分别共享 m 个处于 $|\Psi^-\rangle = (1/\sqrt{2})(|01\rangle - |10\rangle)$ 的 EPR 对. 每个服务器拥有 n(n 远远大于服务器的数量 N) 个客户机, 每个服务器分别与所管辖的每个客户机共享 m 个处于 $|\Psi^-\rangle$ 态的 EPR 对, 则整个网络中的 EPR 对的数量级为 $O(nmN)$. 如果网络中的客户机互相共享 m 个 EPR 对, 那么整个网络中的 EPR 最大纠缠对的数量级为 $O((nmN)^2)$, 因此, 该结构大大节省了资源, 也提高了效率.

1. 同属一个服务器内的用户之间的任意 m 粒子态的量子隐形传态

m 粒子量子系统 χ 的态可以写成如下形式:

$$|\psi\rangle_x = \sum_{i,j,\cdots,k\in\{0,1\}} C_{\underbrace{ij\cdots k}_{m}} \underbrace{|ij\cdots k\rangle}_{m} \tag{7-149}$$

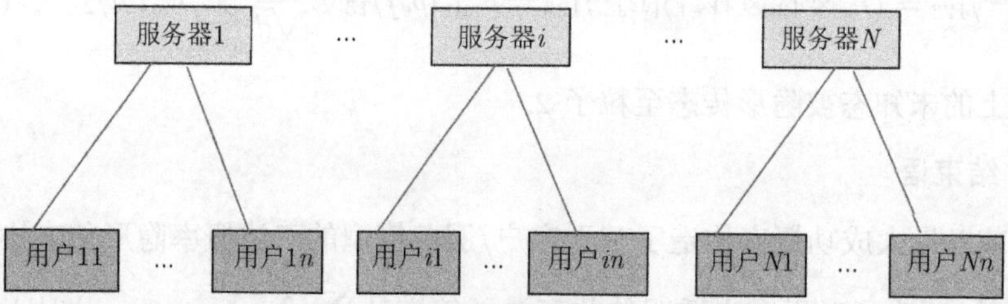

图 7-9　分布式客户机/服务器结构

其中, $\sum\limits_{i,j,\cdots,k\in\{0,1\}} |C_{ij\cdots k}|^2 = 1$. $|\psi\rangle_x$ 可以利用 m 个 EPR 对被完全地隐形传态[68]. 以 m=2 为例显示量子隐形传态过程. 假设待隐形传态的未知两粒子态是

$$|\phi\rangle_{ab} = \alpha|00\rangle_{ab} + \beta|01\rangle_{ab} + \gamma|10\rangle_{ab} + \delta|11\rangle_{ab} \tag{7-150}$$

其中, $|\alpha|^2 + |\beta|^2 + |\gamma|^2 + |\delta|^2 = 1$.

网络中基于纠缠交换的未知两粒子态的量子隐形传态方案如图 7-10 所示.

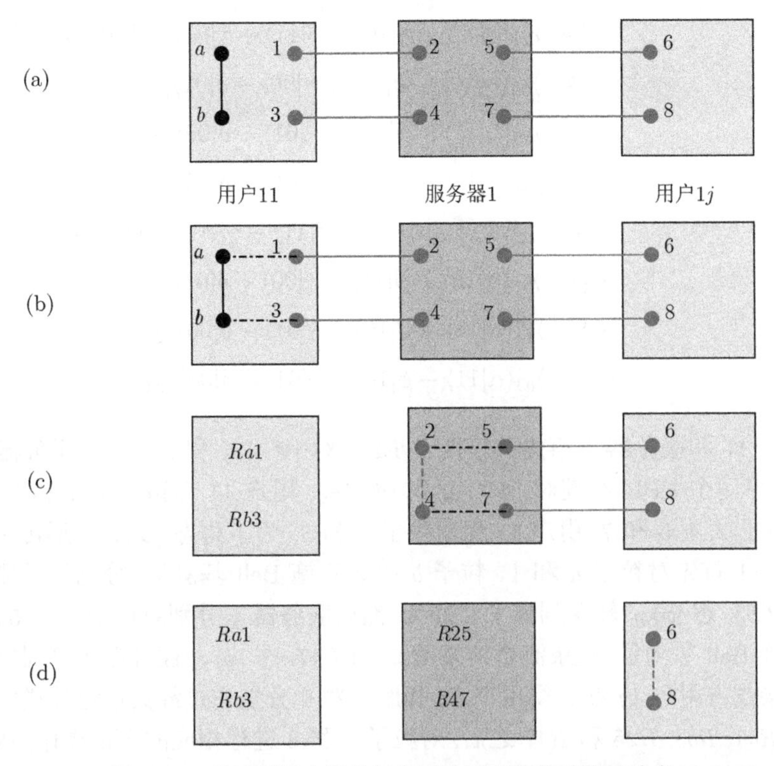

图 7-10 基于纠缠交换的任意两粒子态的量子隐形传态

实线连接 EPR 对以及处于纠缠态 $|\phi\rangle_{ab}$ 的粒子, 点划线连接要进行 Bell 基测量的粒子, 虚线连接由 Bell 基测量产生的纠缠态粒子. $Ra1, Rb3, R25$ 和 $R47$ 分别表示对粒子 a 和 1,b 和 3,2 和 5,4 和 7 进行 Bell 基测量的结果. 由 6 个粒子 a,b,1,2,3 和 4 组成的复合量子系统的态可以写为

$$
\begin{aligned}
|\varphi\rangle_{ab1234} =&(\alpha|00\rangle + \beta|01\rangle + \gamma|10\rangle + \delta|11\rangle)_{ab} \otimes |\Psi^-\rangle_{12} \otimes |\Psi^-\rangle_{34} \\
=&\frac{1}{4}\{|\Psi^-\rangle_{a1}[|\Psi^-\rangle_{b3}(\alpha|00\rangle + \beta|01\rangle + \gamma|10\rangle + \delta|11\rangle)_{24} \\
&+ |\Psi^+\rangle_{b3}(\alpha|00\rangle - \beta|01\rangle + \gamma|10\rangle - \delta|11\rangle)_{24} \\
&- |\Phi^-\rangle_{b3}(\alpha|01\rangle + \beta|00\rangle + \gamma|11\rangle + \delta|10\rangle)_{24} \\
&- |\Phi^-\rangle_{b3}(\alpha|01\rangle - \beta|00\rangle + \gamma|11\rangle - \delta|10\rangle)_{24}] \\
&+ |\Psi^+\rangle_{a1}[|\Psi^-\rangle_{b3}(\alpha|00\rangle + \beta|01\rangle - \gamma|10\rangle - \delta|11\rangle)_{24} \\
&+ |\Psi^+\rangle_{b3}(\alpha|00\rangle - \beta|01\rangle - \gamma|10\rangle + \delta|11\rangle)_{24} \\
&- \Phi^-\rangle_{b3}(\alpha|01\rangle + \beta|00\rangle - \gamma|11\rangle - \delta|10\rangle)_{24} \\
&- |\Phi^+\rangle_{b3}(\alpha|01\rangle - \beta|00\rangle - \gamma|11\rangle + \delta|10\rangle)_{24}]
\end{aligned}
$$

$$
\begin{aligned}
&-|\Phi^-\rangle_{a1}[|\Psi^-\rangle_{b3}(\alpha|10\rangle+\beta|11\rangle+\gamma|00\rangle+\delta|01\rangle)_{24}\\
&+|\Psi^+\rangle_{b3}(\alpha|10\rangle-\beta|11\rangle+\gamma|00\rangle-\delta|01\rangle)_{24}\\
&-|\Phi^-\rangle_{b3}(\alpha|11\rangle+\beta|10\rangle+\gamma|01\rangle+\delta|00\rangle)_{24}\\
&-|\Phi^+\rangle_{b3}(\alpha|11\rangle-\beta|10\rangle+\gamma|01\rangle-\delta|00\rangle)_{24}]\\
&-\Phi^+\rangle_{a1}[|\Psi^-\rangle_{b3}(\alpha|10\rangle+\beta|11\rangle-\gamma|00\rangle-\delta|01\rangle)_{24}\\
&+|\Psi^+\rangle_{b3}(\alpha|10\rangle-\beta|11\rangle-\gamma|00\rangle+\delta|01\rangle)_{24}\\
&-|\Phi^+\rangle_{b3}(\alpha|11\rangle+\beta|10\rangle-\gamma|01\rangle-\delta|00\rangle)_{24}\\
&-|\Phi^+\rangle_{b3}(\alpha|11\rangle-\beta|10\rangle-\gamma|01\rangle+\delta|00\rangle)_{24}]\}
\end{aligned}
\tag{7-151}
$$

用户 11 和服务器 1 事先共享两个 EPR 对 $|\Psi^-\rangle_{12}$ 和 $|\Psi^-\rangle_{34}$. 服务器 1 和用户 1j 共享两个 EPR 纠缠对 $|\Psi^-\rangle_{56}$ 和 $|\Psi^-\rangle_{78}$. 用户 11 保留粒子 1 和 3, 服务器 1 保留粒子 2, 4, 5 和 7, 用户 1j 保留粒子 6 和 8. 为了将态 $|\phi\rangle_{ab}$ 隐形传态给用户 1j, 用户 11 首先对粒子 a 和 1、粒子 b 和 3 实施 Bell 基测量, 分别记录测量结果 $Ra1$ 和 $Rb3$, 态 $|\phi\rangle_{ab}$ 转移到粒子 2 和 4. 然后服务器 1 分别对粒子 2 和 5、粒子 4 和 7 实施 Bell 基测量, 记录测量结果 $R25$ 和 $R47$, 态 $|\phi\rangle_{ab}$ 被进而转移到粒子 6 和 8, 最后接收方用户 1j 在获得用户 11 和服务器 1 分别通过经典信道发送给他的测量结果 $Ra1$, $Rb3$, $R25$ 和 $R47$ 之后, 对粒子 6 和 8 进行相应的幺正操作, 从而恢复出 $|\phi\rangle_{ab}$. 假设获得的测量结果 $Ra1$, $Rb3$ 是 $|\Psi^-\rangle_{a1}$ 和 $|\Psi^-\rangle_{b3}$, 则粒子 2 和 4 的态为 $|\psi\rangle_{24}=\alpha|00\rangle+\beta|01\rangle+\gamma|10\rangle+\delta|11\rangle_{24}$, 粒子 2, 4, 5, 6, 7 和 8 组成的复合系统的态为

$$
|\Phi\rangle_{245678}=(\alpha|00\rangle+\beta|01\rangle+\gamma|10\rangle+\delta|11\rangle)_{24}\otimes|\Psi^-\rangle_{56}\otimes|\Psi^-\rangle_{78} \tag{7-152}
$$

式 (7-152) 展开同式 (7-151). 假设用户 11 和服务器 1 得到的测量结果 $Ra1$, $Rb3$, $R25$ 和 $R47$ 分别是 $|\Psi^-\rangle_{\mathrm{a1}}$, $|\Psi^-\rangle_{\mathrm{b3}}$, $|\Psi^-\rangle_{25}$ 和 $|\Psi^-\rangle_{47}$, 则接收方用户 1j 需要实施幺正操作 $U_0\otimes U_0$, 可以重构未知两粒子态. 对于其他情况, 测量结果 $Ra1$, $Rb3$, $R25$ 和 $R47$ 和接收方为重构量子态实施的幺正操作之间的关系如表 7-3 所示. 分别将 $|\Psi^-\rangle$,$|\Psi^+\rangle$,$|\Phi^-\rangle$,$|\Phi^+\rangle$ 编码为 00,01,10,11.

表 7-3 *Ra*1, *Rb*3, *R*25 和 *R*47 和接收方的幺正操作之间的关系

$V_{Ra1}\oplus V_{R25}$	$V_{R_{b3}}\oplus V_{R_{47}}$	$U_i\otimes U_j$
00	00	$U_0\otimes U_0$
00	01	$U_0\otimes U_1$
00	10	$U_0\otimes U_2$
00	11	$U_0\otimes U_3$
01	00	$U_1\otimes U_0$

续表

$V_{Ra1} \oplus V_{R25}$	$V_{R_{b3}} \oplus V_{R47}$	$U_i \otimes U_j$
01	01	$U_1 \otimes U_1$
01	10	$U_1 \otimes U_2$
01	11	$U_1 \otimes U_3$
10	00	$U_2 \otimes U_0$
10	01	$U_2 \otimes U_1$
10	10	$U_2 \otimes U_2$
10	11	$U_2 \otimes U_3$
11	00	$U_3 \otimes U_0$
11	01	$U_3 \otimes U_1$
11	10	$U_3 \otimes U_2$
11	11	$U_3 \otimes U_3$

2. 属于不同服务器的用户之间的任意 m 粒子态的量子隐形传态

如图 7-11, 该量子隐形传态过程类似于同属一服务器的用户之间的任意 m 粒子态的量子隐形传态. 假设属于服务器 1 的用户 11 想要把一任意 m 粒子态隐形传态给属于服务器 i 的用户 ij, 用户 11 首先对自己拥有的 $2m$ 个粒子做 m 个 Bell 基测量, 记录测量结果, 这样未知的 m 粒子态隐形传态给服务器 1 拥有的与用户 11 共享的 EPR 对中的粒子. 然后服务器 1 也对自己拥有的 m 个与用户 11 共享的 EPR 对中的粒子和 m 个与服务器 i 共享的 EPR 对中的粒子做 m 个 Bell 基测量, 记录测量结果, 未知的 m 粒子态进一步隐形传态给服务器 i 拥有的与服务器 1 共享的 EPR 对中的粒子. 类似于服务器 1, 服务器 i 也对自己拥有的 m 个与服务器 1 共享的 EPR 对中的粒子和 m 个与用户 ij 共享的 EPR 对中的粒子做 m 个 Bell 基测量, 记录测量结果, 然后未知的 m 粒子态隐形传态给接收方用户 ij. 用户 ij 根据用户 11、用户 1 以及用户 i 的测量结果实施相应的幺正操作重构未知 m 粒子态.

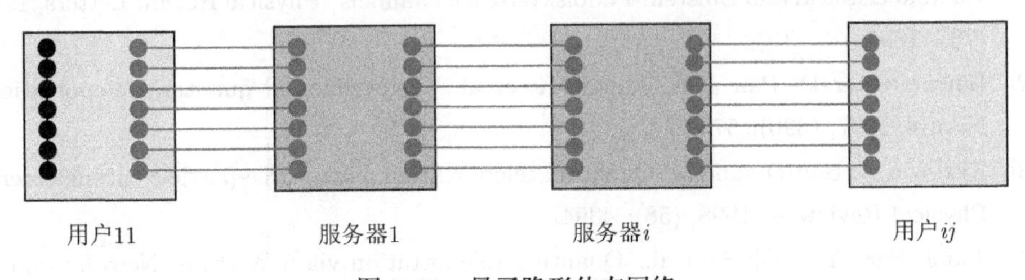

图 7-11　量子隐形传态网络

7.8.2　结束语

本节介绍了一种基于纠缠交换的任意 m 粒子态的量子隐形传态网络方案. 该方案由一种基于网络中用户与所属的可信服务器之间共享 EPR 对的分布式客户

机/服务器体系结构来实现. 可信服务器事先分别与所管辖的用户共享 m 个 EPR 纠缠对. 用户不需要互相共享 EPR 纠缠对, 这使得网络中的 EPR 对的数量由 $O(n^2)$ 减小到 $O(n)$, 大大减少了所需的量子资源. 该网络非常简单, 介绍它的目的仅仅是为大家提供一种常规的量子通信网络设计思路.

7.9 注　　记

量子隐形传态是量子信息中最显著的技术之一. 在局域操作和经典通信的帮助下, 量子隐形传态是一种从发送方到接收方传递量子态的很好的方法. 由于量子隐形传态所传送的是量子信息, 所以它是量子通信最基本的过程. 量子隐形传态的实现将会极大地推动量子通信的进程和速度, 并将会对量子信息的处理、量子计算机、量子密码以及量子信息控制等起到极大的推动作用.

自 1993 年 Bennett 等对量子隐形传态开创性的工作以来, 国内外的研究人员都对其进行了广泛深入地探索, 并取得了很大的进展.

目前关于隐形传态的理论研究主要包括三个方面, 即确定性的保真度等于 1 的隐形传态[1,69]、概率性的保真度等于 1 的隐形传态[28] 和确定性的保真度小于 1 的隐形传态[10]. 其中对前两个方面的研究相对较多. 探索性能更好的多粒子纠缠态做量子信道和寻求更合理的完备测量基来设计隐形传态协议, 以及设计实现隐形传态的量子逻辑网络是目前研究隐形传态的难点和热点. 此外, 探索隐形传态与量子加密, 量子秘密共享等之间的本质联系也是一个研究方向.

参考文献

[1] Bennett C H, Brassard G, Crepeau C, et al.. Teleporting an unknown quantum state via dual classical and Einstein-Podolsky-Rosen channels. Physical Review Letters, 1993 (70): 1895.

[2] Bouwmeester D, Pan J W, Mattle K, et al.. Experimental quantum teleportation. Nature, 1997, (390): 575.

[3] Karlsson A, Bourennane M. Quantum teleportation using three-particle entanglement. Physical Review A, 1998, (58): 4394.

[4] Joo J, Park Y J, Oh S, et al.. Quantum teleportation via a W state. New Journal of Physics, 2003, (5): 136.

[5] Shi B S, Tomita A. Teleportation of an unknown state by W state. Physics Letters A, 2002, (296): 161.

[6] Lin X, Li H C. Probabilistic teleportation of an arbitrary three-particle state. Chinese Physics, 2005, (14): 1724.

[7] Cola M M, Paris M G A. Teleportation of bipartite states using a single entangled pair. Physics Letters A, 2005, (337): 10.

[8] Branstein S L, Kinble H J. Teleportation of quantum states. Physical Review Letters, 1998, (80): 869.

[9] Gu Y H. Deterministic exact teleportation via two partially entangled pairs of particles. Optics Communications, 2006, (259): 385.

[10] Son W, Lee J, Kim M S, et al.. Conclusive teleportation of a d-dimensional unknown state. Physical Review A, 2001, (64): 064304.

[11] Lee J, Kim M S. Entanglement teleportation via Werner states. Physical Review Letters, 2000, (84): 4236.

[12] Ikram M, Zhu S Y, Zubairy M S. Quantum teleportation of an entangled state. Physical Review A, 2000, (62): 022307.

[13] Lu H. Probabilistic teleportation of the three-particle entangled state via entanglement swapping. Chinese Physics Letters, 2001, (18): 1004.

[14] Wang M Y, Yan F L. Teleporting a quantum state from a subset of the whole Hilbert space. Physics Letters A, 2006, (355): 94.

[15] Li L Z, Qiu D W. The states of W-class as shared resources for perfect teleportation and superdense coding. Journal of Physics a-Mathematical and Theoretical, 2007, (40): 10871.

[16] Zha X W, Song H Y. Non-Bell-pair quantum channel for teleporting an arbitrary two-qubit state. Physics Letters A, 2007, (369): 377.

[17] Venuti L C, Boschi C D E,, Roncaglia M. Qubit teleportation and transfer across antiferromagnetic spin chains. Physical Review Letters, 2007, (99): 060401.

[18] Zhou P, Li X H, Deng F G, et al.. Multiparty-controlled teleportation of an arbitrary m-qudit state with a pure entangled quantum channel. Journal of Physics a-Mathematical and Theoretical, 2007, (40): 13121.

[19] Li X H, Deng F G, Zhou H Y. Controlled teleportation of an arbitrary multi-qudit state in a general form with d-dimensional Greenberger-Horne-Zeilinger states. Chinese Physics Letters, 2007, (24): 1151.

[20] J. A. W. van Houwelingen, Beveratos A, Brunner N, et al.. Experimental quantum teleportation with a three-Bell-state analyzer. Physical Review A, 2006, (74): 022303.

[21] Cao Z L, Yang M, Guo G C. The scheme for realizing probabilistic teleportation of atomic states and purifying the quantum channel on cavity QED. Physics Letters A, 2003, (308): 349.

[22] Landry O, J. A. W. van Houwelingen, Beveratos A, et al.. Quantum teleportation over the Swisscom telecommunication network. Journal of the Optical Society of America B, 2007, (24): 398.

[23] Yonezawa H, Furusawa A, P. van Loock. Sequential quantum teleportation of optical coherent states. Physical Review A, 2007, (76): 032305.

[24] Yonezawa H, Braunstein S L, Furusawa A. Experimental demonstration of quantum teleportation of broadband squeezing. Physical Review Letters, 2007, (99): 110503.

[25] Adesso G, Chiribella G. Classical fidelity threshold for quantum teleportation of squeezed states. E-print: quant-ph/0711 3608, 2007.

[26] An N B. Teleportation of coherent-state superpositions within a network. Physical Review A, 2003, (68): 022321.

[27] An N B, Mahler G. Teleportation of a unknown coherent-state superposition within a network without photon counting. Physics Letters A, 2007, (365): 70.

[28] Li W L, Li C F, Guo G C. Probabilistic teleportation and entanglement matching. Physical Review A, 2000, (61): 034301.

[29] Brassard G, Braunstein S L, Cleve R. Teleportation as a quantum computation. Physica D-Nonlinear Phenomena, 1998, (120): 43.

[30] Braunstein S L, Mann A. Measurement of the Bell operator and quantum teleportation. Physical Review A, 1995, (51): 1727.

[31] Hillery M, Buzek V, Berthiaume A. Quantum secret sharing. Physical Review A, 1999, (59): 1829.

[32] Murao M, Plenio M B, Vedral V. Quantum information distribution via entanglement. Physical Review A, 2000, (60): 032311.

[33] Ghiu I. Asymmetric quantum telecloning of d-level systems and broadcasting of entanglement to different locations using the "many-to-many" communication protocol. Physical Review A, 2003, (67): 012323.

[34] Grudka A. Quantum teleportation between multiparties. Acta Physica Slovaca, 2004, (59): 291.

[35] Hsu L Y. Optimal information extraction in probabilistic teleportation. Physical Review A, 2002, (66): 012308.

[36] Fang J, Lin Y, Zhu S, et al.. Probabilistic teleportation of a three-particle state via three pairs of entangled particles. Physical Review A, 2003, (67): 014305.

[37] Dai H Y, Li C Z, Chen P X. Probabilistic teleportation of an unknown two-particle three-level entangled state. Chinese Physics Letters, 2004, (21): 604

[38] Gao T. Quantum logic networks for probabilistic and controlled teleportation of unknown quantum states. Communications in Theoretical Physics, 2004, (42): 223.

[39] Dai H Y, Li C Z, Chen P X. Probabilistic teleportation of the three-particle entangled state by the partial three-particle entangled state and the three-particle entangled W state. Chinese Physics Letters, 2003, (20): 1196

[40] Gu Y J, Zheng Y Z, Guo G C. Probabilistic teleportation of an arbitrary two-particle state. Chinese Physics Letters, 2001, (18): 1543.

[41] Gottesman D, Chuang I L. Demonstrating the viability of universal quantum computation using teleportation and single-qubit operations. Nature, 1999, (402): 390.

[42] Yeo Y, Liu T Q, Lu Y E, et al.. Quantum teleportation via a two-qubit Heisenberg XY chain-effects of anisotropy and magnetic field. Journal of Physics a-Mathematical and General, 2005, (38): 3235.

[43] Acín A, Andrianov A, Costa L, et al.. Generalized Schmidt Decomposition and Classification of Three-Quantum-Bit States. Physical Review Letters, 2000, (85): 1560.

[44] Bae J, Jin J, Kim J, et al.. Three-party quantum teleportation with asymmetric states. Chaos Solitons & Fractals, 2005, (24): 1047.

[45] Liu J M, Guo G C. Quantum teleportation of a three-particle entangled state. Chinese Physics Letters, 2002, (19): 456.

[46] Zheng Y Z, Gu Y J, Guo G C. Teleportation of a three-particle entangled W state. Chinese Physics, 2002, (11): 537.

[47] Dai H Y, Li C Z, Chen P X. Probabilistic teleportation of the three-particle entangled state by the partial three-particle entangled state and the three-particle entangled W state. Chinese Physics Letters, 2003, (20): 1196.

[48] Zheng Y Z, Dai L Y, Guo G C. Teleportation of a three-particle entangled W state through two-particle entangled quantum channels. Acta Physica Sinica, 2003, (52): 2678.

[49] O'Brien J L, Pryde G J, White A G, et al.. Development of an all-optical quantum controlled-NOT gate. Nature, 2003, (426): 264.

[50] Barenco A, Bennett C H, Cleve R, et al.. Elementary Gates for Quantum Computation. Physical Review A, 1995, (52): 3457.

[51] Nielsen M A, Chuang I L. Quantum Computation and Quantum Information. Cambridge: Cambridge University Press, 2000.

[52] Jensen J G, Schack R. Simple algorithm for local conversion of pure states. Physical Review A, 2001, (63): 062303

[53] Gu Y J, Li W D, Guo G C. Protocol and quantum circuits for realizing deterministic entanglement concentration. Physical Review A, 2006, (73): 022321.

[54] Shi B S, Jiang Y K, Guo G C. Probabilistic teleportation of two-particle entangled state. Physics Letters A, 2000, (268): 161.

[55] Cao Z L, Song W. Teleportation of a two-particle entangled state via W class states. Physica a-Statistical Mechanics and Its Applications, 2005, (347): 177.

[56] Cao H J, Guo Y Q, Song H S. Teleportation of an unknown bipartite state via non-maximally entangled two-particle state. Chinese Physics, 2006, (15): 915.

[57] Deutsch D. Quantum computational network. In Proceedings of the Royal Society of London. Series A, Mathematical and Physical Sciences, 1989, (A425): 73.

[58] Griffiths R B, Niu C S. Semiclassical Fourier transform for quantum computation. Physical Review Letters, 1996, (76): 3228.

[59] Zhang Z J. Controlled teleportation of an arbitrary n-qubit quantum information using quantum secret sharing of classical message. Physics Letters A, 2006, (352): 55.

[60] Yang C P, Chu S I, Han S Y. Efficient many-party controlled teleportation of multiqubit quantum information via entanglement. Physical Review A, 2004, (70): 022329

[61] Yan F L, Wang D. Probabilistic and controlled teleportation of unknown quantum states. Physics Letters A, 2003, (316): 297.

[62] Roos C F, Riebe M, Haffner H, et al.. Control and measurement of three-qubit entangled states. Science, 2004, (304): 1478.

[63] Peres A. Quantum Theory: Concepts and Methods. Dordrecht: Kluwer Academic Publishers, 1993.

[64] Bennett C H, Bernstein H J, Popescu S, et al.. Concentrating partial entanglement by local operations. Physical Review A, 1996, (53): 2046.

[65] Bennett C H, Brassard G, Popescu S, et al.. Purification of noisy entanglement and faithful teleportation via noisy channels. Physical Review Letters, 1996, (76): 722.

[66] Gisin N. Nonlocality criteria for quantum teleportation. Physics Letters A, 1996, (210): 157.

[67] Horodecki M, Horodecki P, Horodecki R. Inseparable two spin- 1/2 density matrices can be distilled to a singlet form. Physical Review Letters, 1997, (78): 574.

[68] Rigolin G. Quantum teleportation of an arbitrary two-qubit state and its relation to multipartite entanglement. Physical Review A, 2005, (71): 032303.

[69] Yeo Y, Chua W K. Teleportation and dense coding with genuine multipartite entanglement. Physical Review Letters, 2006, (96): 060502.

第8章 量子纠错码

8.1 量子纠错码的研究意义及研究背景

计算机是 20 世纪最重大的发明, 给我们的世界带来了巨大变化. 计算机充分显示了人类的智慧. 但是传统的计算机体系结构在人类探索世界奥妙的雄心壮志面前却显得力不从心. 于是, 人类就不断地提出各种新型结构的计算机. 量子计算机在这个 "角逐" 中脱颖而出. 1996 年, 量子计算机的先驱之一, IBM 研究实验室的 Bennett 在英国的《自然》杂志新闻与评论栏声称, 量子计算机进入工程时代. 同年, 美国《科学》周刊科技新闻中报道, 量子计算机引起了计算机领域的革命.

1985 年, 牛津大学的理论物理学家 Deutsch[1] 找到了一类问题. 对该类问题, 量子计算机存在多项式算法, 而经典计算机却需要指数算法, 但是, Deutsch 的这些问题没有什么实际意义, 所以未能造成较大反响. 1994 年 Shor[2,3] 给出了关于大数质因子分解的量子算法, 这个算法可以在量子计算机上用多项式时间解决该问题, 轰动了世界, 掀起了研究量子计算机的热潮. 后来, 人们又发现了许多快速量子算法, 如 Grover[4] 的量子搜索算法等.

但是在量子力学理论中存在退相干问题, 如果这个问题不解决, 无论是量子计算机、量子通信, 还是任何快速量子算法都是很难实现的. 尤其是量子计算机, 它的状态很容易受到外部环境的干扰而发生畸变, 由于在物理实现上人们很难将量子计算机与环境隔离, 使得量子计算实现的可行性一直受到怀疑. 直到 1995 年, Shor[5] 给出了一个新颖的纠错编码方法, 利用 9 个量子比特来编码一个量子比特消息, 解决了退相干问题. 所以, 从一开始量子纠错编码理论就在量子信息理论中占据了非常重要的地位.

量子信息理论是利用量子态编码信息进行信息处理和传输的理论. 一个量子比特是复二维向量空间 $\mathbf{C}^2$ 中的一个向量, 而一个 n 长量子比特串是 2^n 维复向量空间 $\mathbf{C}^{2^n}=\mathbf{C}^2\otimes\mathbf{C}^2\otimes\cdots\otimes\mathbf{C}^2$ 中的一个向量, 这个向量空间由一组特定的基 $\{|a_1a_2\cdots a_n\rangle | a_1,a_2,\cdots,a_n\text{取 0 或 1}\}$ 张成. $\mathbf{C}^{2^n}$ 的一个非空子集就称为一个量子码.

与经典情形有很大不同, 在量子环境下, 编码存在如下一些难题[6]:

(1) 量子态不可克隆. 经典编码理论中, 为了引入信息冗余, 需要将单个比特的信息复制到多个比特上, 但在量子力学中, 量子态不可克隆定理禁止了态的复制.

(2) 测量会破坏量子信息. 经典编码在纠错的时候, 人们会观测来自信息的输出, 并决定采用什么样的解码步骤. 在量子情况下, 观测一般会引起所观测量子态的塌缩, 从而破坏量子相干性, 并使恢复成为不可能.

(3) 差错是连续的. 经典编码中的错误只有一种, 就是 0 和 1 之间的变化, 但是量子差错的情况有很多, 对于一个确定的输入态, 其输出态可能是复二维向量空间的任意态, 即连续的不同差错可能出现在单个量子态上, 为确定哪个差错出现以便来纠正它需要无穷好的精度, 因此要求无穷多的资源.

1995 年底至 1996 年, Shor 和 Steane 通过一些巧妙的措施避免了上面所说的困难, 分别独立地提出了量子纠错编码方案[5,7].

为了不违背量子不可克隆定理, 在量子编码时, 单个比特的态并不是复制到多个比特上, 而是编码为一个复杂的纠缠态. 通过编码, 使得不同的可能出现的量子错误对应于不同的正交空间, 而且在确定错误后, 只进行合适的测量 (在观测一个量子态时, 若这个量子态恰好是观测量所对应厄米算子的本征态, 即特征向量, 那么这个量子态就不会塌缩). 这样, 上面所说的前两个困难就迎刃而解.

连续差错的离散化解决了第三个困难. 在量子物理中, 任何量子态的状态变化都可以使用四个 Pauli 矩阵来描述. 假设一个量子比特的状态为 $|\psi\rangle = a|0\rangle + b|1\rangle$. 那么 σ_x, σ_y 和 σ_z 作用于该量子态, 量子比特的状态分别变为

$$\sigma_x(a|0\rangle + b|1\rangle) = \sigma_x \begin{pmatrix} a \\ b \end{pmatrix} = \begin{pmatrix} b \\ a \end{pmatrix} = b|0\rangle + a|1\rangle$$

$$\sigma_y(a|0\rangle + b|1\rangle) = \sigma_y \begin{pmatrix} a \\ b \end{pmatrix} = \begin{pmatrix} -\mathrm{i}b \\ \mathrm{i}a \end{pmatrix} = -b\mathrm{i}|0\rangle + a\mathrm{i}|1\rangle$$

$$\sigma_z(a|0\rangle + b|1\rangle) = \sigma_z \begin{pmatrix} a \\ b \end{pmatrix} = \begin{pmatrix} a \\ -b \end{pmatrix} = a|0\rangle - b|1\rangle$$

因此称 σ_x 为翻转差错, σ_y 为翻转相位差错, σ_z 为相位差错.

对于 n 长量子比特串, 量子态的状态变化是用 n 阶 Pauli 矩阵, 即形如 $w_1 \otimes w_2 \otimes \cdots \otimes w_n$ 的矩阵来描述的, 而由所有形如 $\pm w_1 \otimes w_2 \otimes \cdots \otimes w_n$ 和 $\pm \mathrm{i} w_1 \otimes w_2 \otimes \cdots \otimes w_n$ 的矩阵构成的乘法群 E 被称为 n 阶 Pauli 算子群, 这里 $w_i \in \{I, \sigma_x, \sigma_y, \sigma_z\}$. 虽然量子差错是连续的, 有无限多个, 但它们可以表示成 n 阶 Pauli 算子群 E 中元素 (形如 $w_1 \otimes w_2 \otimes \cdots \otimes w_n$) 的线性组合, 只要纠正了上述 Pauli 群所对应的基本量子差错, 所有的量子差错都将得到纠正, 这就是所谓量子连续差错的离散化.

任取 $e = a w_1 \otimes w_2 \otimes \cdots \otimes w_n \in E$, 这里的 $a = \pm 1$ 或者 $\pm \mathrm{i}$, 定义 e 的重量 $w(e)$ 为集合 $\{w_1, w_2, \cdots, w_n\}$ 中与 I 不同元素的个数. 如果一个量子码 Q 能纠正 E 中所有重量小于等于 t 的元素所造成的差错, 就称 Q 是能纠 t 个量子差错的码. Shor 的第一个纠错编码方案为量子重复编码, 他利用 9 个量子比特来编码一个量

子比特信息, 可以纠正一个量子比特错误, 它的编码空间是由

$$|0_{\rm L}\rangle = \frac{1}{2\sqrt{2}}(|000\rangle + |111\rangle)(|000\rangle + |111\rangle)(|000\rangle + |111\rangle) \tag{8-1}$$

和

$$|1_{\rm L}\rangle = \frac{1}{2\sqrt{2}}(|000\rangle - |111\rangle)(|000\rangle - |111\rangle)(|000\rangle - |111\rangle) \tag{8-2}$$

生成的复向量空间, 这个方案简单, 而且与经典重复码很类似, 但是效率不高. Steane 的编码方案中, 提出了互补基的概念, 给出了量子纠错的一些一般性的描述, 并具体构造了一个由 7 个量子比特编码一个量子比特消息, 可以纠正一个量子错误的码, 这个码的编码空间是由

$$\begin{aligned}|0_{\rm L}\rangle =&\frac{1}{\sqrt{8}}(|0000000\rangle + |1010101\rangle + |0110011\rangle + |1100110\rangle + |0001111\rangle + |1011010\rangle \\ &+ |0111100\rangle + |1101001\rangle)\end{aligned} \tag{8-3}$$

和

$$\begin{aligned}|1_{\rm L}\rangle =&\frac{1}{\sqrt{8}}(|1111111\rangle + |0101010\rangle + |1001100\rangle + |0011001\rangle + |1110000\rangle + |0100101\rangle \\ &+ |1000011\rangle + |0010110\rangle)\end{aligned} \tag{8-4}$$

生成的复向量空间. 后来, Bennett 等[8] 及 Laflamme 等[9] 又分别独立地将其改进为 5 个量子比特的码, 其编码空间是由

$$\begin{aligned}|0_{\rm L}\rangle =&\frac{1}{4}(|00000\rangle + |10010\rangle + |01001\rangle + |10100\rangle + |01010\rangle - |11011\rangle - |00110\rangle \\ &- |11000\rangle - |11101\rangle - |00011\rangle - |11110\rangle - |01111\rangle - |10001\rangle \\ &- |01100\rangle - |10111\rangle + |00101\rangle)\end{aligned} \tag{8-5}$$

和

$$\begin{aligned}|1_{\rm L}\rangle =&\frac{1}{4}(|11111\rangle + |01101\rangle + |10110\rangle + |01011\rangle + |10101\rangle - |00100\rangle - |11001\rangle \\ &- |00111\rangle - |00010\rangle - |11100\rangle - |00001\rangle - |10000\rangle - |01110\rangle - |10011\rangle \\ &- |01000\rangle + |11010\rangle)\end{aligned} \tag{8-6}$$

生成的复向量空间. 用量子 Hamming 界[10] 可以证明 5 量子比特码是编码一个量子比特信息, 纠一个差错的量子码中码长最短者.

自从 Shor[5] 和 Steane[11] 的工作以后, 越来越多的学者开始了量子纠错码的研究, 取得了大量成果[8~28]. 以 Ekert 和 Macchiavello[13] 的工作为基础, Bennett 等[8] 和 Knill 等[12] 分别独立地给出了一般量子纠错所必须满足的条件. 1995~1996

年, Calderbank 和 Shor[14] 及 Steane[7,11,15] 分别建立了以经典线性纠错码为基础的量子纠错码的理论和方法, 后来用他们的方法构造的一类量子纠错码就是著名的 Calderbank-Shor-Steane(CSS) 码. Gottesman[10] 和 Calderbank 等 [16] 总结了已有的量子纠错码, 独立地利用 n 阶 Pauli 算子群发明了二元量子稳定子码, 给出了构造量子纠错码的系统理论方法. 量子稳定子码是经典线性码的类比, 它几乎概括了原先所有的量子纠错码, 其中也包括 CSS 码.

设 S 是 E 中包含元素 $\pm I$, $\pm \mathrm{i}I$ 的交换子群, $\chi: S \to \mathbf{C}$ 是 S 的一个满足条件 $\chi(\mathrm{i}I)=\mathrm{i}$ 的特征. 记 $V_x=\{|\psi\rangle\,|e|\psi\rangle=\chi(e)|\psi\rangle, \forall e\in S\}$, 显然 V_χ 是 S 的一个特征向量空间, 而且对于 S 的两个不同的满足条件 $\chi(\mathrm{i}I)=\mathrm{i}$ 的特征 χ 和 χ', V_χ 和 $V_{\chi'}$ 是正交的. 若记 $|S|=2^{n-k+2}$, 则 $\dim_{\mathbf{C}} V_\chi=2^k$, 且 S 总共有 2^{n-k} 个这样的特征向量空间. 记 $S^\perp$ 是 S 在 E 中的中心化子, 且 $d=\min\left\{w(e)|e\in S^\perp\backslash S\right\}$, 而 χ 是 S 的一个满足条件 $\chi(\mathrm{i}I)=\mathrm{i}$ 的特征, 则 V_χ 称为一个量子稳定子码, 简称量子码, 记为 Q(如不做特别说明, 本章所说的量子码都是量子稳定子码), d 称为这个码的最小距离, 这样的一个码能编码 k 个量子比特信息, 纠 $[(d-1)/2]$ 个量子差错, 记为 $[[n,k,d]]$, S 称为 Q 的稳定子. 比如, Shor 码的稳定子是由

$$
\begin{aligned}
&e_z\otimes e_z\otimes I\otimes I\otimes I\otimes I\otimes I\otimes I\otimes I, && I\otimes e_z\otimes e_z\otimes I\otimes I\otimes I\otimes I\otimes I\otimes I,\\
&I\otimes I\otimes I\otimes e_z\otimes e_z\otimes I\otimes I\otimes I\otimes I, && I\otimes I\otimes I\otimes I\otimes e_z\otimes e_z\otimes I\otimes I\otimes I,\\
&I\otimes I\otimes I\otimes I\otimes I\otimes I\otimes e_z\otimes e_z\otimes I, && I\otimes I\otimes I\otimes I\otimes I\otimes I\otimes I\otimes e_z\otimes e_z,\\
&e_x\otimes e_x\otimes e_x\otimes e_x\otimes e_x\otimes e_x\otimes I\otimes I\otimes I, && I\otimes I\otimes I\otimes e_x\otimes e_x\otimes e_x\otimes e_x\otimes e_x\otimes e_x
\end{aligned}
$$

在 E 中生成的交换子群, Steane 码的稳定子是由

$$
\begin{aligned}
&I\otimes I\otimes I\otimes e_x\otimes e_x\otimes e_x\otimes e_x, && I\otimes e_x\otimes e_x\otimes I\otimes I\otimes e_x\otimes e_x,\\
&e_x\otimes I\otimes e_x\otimes I\otimes e_x\otimes I\otimes e_x, && I\otimes I\otimes I\otimes e_z\otimes e_z\otimes e_z\otimes e_z,\\
&I\otimes e_z\otimes e_z\otimes I\otimes I\otimes e_z\otimes e_z, && e_z\otimes I\otimes e_z\otimes I\otimes e_z\otimes I\otimes e_z
\end{aligned}
$$

在 E 中生成的交换子群, 而 5 量子比特码的稳定子可由

$$
\begin{aligned}
&e_x\otimes e_z\otimes e_z\otimes e_x\otimes I, && I\otimes e_x\otimes e_z\otimes e_z\otimes e_x,\\
&e_x\otimes I\otimes e_x\otimes e_z\otimes e_z, && e_z\otimes e_x\otimes I\otimes e_x\otimes e_z
\end{aligned}
$$

生成.

量子稳定子码的纠错原理：设 Q 是一个参数为 $[[n,k,d]]$ 的量子码, S 是它的稳定子, $S^\perp$ 为 S 的中心化子, $t\leqslant[(d-1)/2]$ 是一个非负整数. 记 $\Sigma=\{e\in E|w(e)\leqslant t\}$, $e_0\in\Sigma$. 若传输中的量子态 $|\psi\rangle$ 受到 e_0 的作用变成了 $e_0|\psi\rangle$, 收到 $e_0|\psi\rangle$ 后, 为了将

其恢复, 必须从 E 中找到元素 e_1 使得 $e_1^{-1}e_0$ 作用在 Q 上是平凡的, 即 Q 为 $e_1^{-1}e_0$ 的特征向量空间, 也就是说, $e_1^{-1}e_0 \in S$, 因此, 必须确定陪集 e_0S. 由于 $S^{\perp}$ 的每一个陪集最多包含 S 的一个与 Σ 相交于非空子集的陪集, 所以只需确定陪集 $e_0S^{\perp}$ 即可. 任取 $e \in E$, 则对于 S 的任意一个特征向量空间 V_χ, eV_χ 仍是 S 的一个特征向量空间, 且如果 $e \in S^{\perp}$, 那么就有 $eV_\chi = V_\chi$, 所以 $E/S^{\perp}$ 作用在 S 的特征向量空间集合 $\left\{V_\chi \middle| \chi \text{ 是 } S \text{ 的一个满足条件 } \varphi(\mathrm{i}I) = \mathrm{i}\right\}$ 上构成一个置换. 通过合适的测量, 就可以确定 $e_0|\psi\rangle$ 到底在S 的哪一个特征向量空间中 (S 的特征向量空间是相互正交的, 故可以找到合适的测量使得 $e_0|\psi\rangle$ 不会发生塌缩), 从而确定陪集 $e_0S^{\perp}$, 最后取重量不大于 t 的 $e_1 \in e_0S^{\perp}$, 用 e_1^{-1} 作用在 $e_0|\psi\rangle$ 上即可将 $|\psi\rangle$ 恢复.

1998 年, Calderbank 等[29] 提出了系统的数学方法, 将量子码的构造转化成 $GF(4)^n$ 中在迹内积意义下自正交的加法码的构造 ($GF(4)^n$ 中的加法子群称为加法码). 他们首先把 E 中交换子群的构造转换成 $GF(2)^{2n}$ 中辛内积意义下自正交辛码的构造.

设 $\Xi(E)$ 是 E 的中心, 易知 $\Xi(E) = \{\pm I, \pm \mathrm{i}I\}$, 商群 $\bar{E} = E/\Xi(E)$ 是一个阶为 2^{2n} 的交换群, 因此它也是一个 $2n$ 维 $GF(2)$-向量空间. E 中的每一个元素 e 可写成如下的形式:

$$e = \mathrm{i}^{\lambda}X(a)Z(b)$$

其中, $a=(a_1,a_2,\cdots,a_n)$, $b=(b_1,b_2,\cdots,b_n) \in GF(2)^n$, $X(a)=e_x^{a_1}\otimes e_x^{a_2}\otimes\cdots\otimes e_x^{a_n}$, $Z(b) = e_z^{b_1}\otimes e_z^{b_2}\otimes\cdots\otimes e_z^{b_n}$, $\lambda \in \mathbf{Z}_4$. 若令 $\varphi(e) = (a,b)$, 则 φ 可诱导出 $\bar{E}$ 与 $GF(2)^{2n}$ 之间的一个同构 $\bar{\varphi}$.

定义 $GF(2)^{2n}$ 上的辛内积为

$$\langle (a,b),(a',b')\rangle = a\cdot b' + a'\cdot b, \quad (a,b),(a',b') \in GF(2)^{2n}$$

取 $e = \mathrm{i}^{\lambda}X(a)Z(b)$, $e' = \mathrm{i}^{\lambda'}X(a')Z(b')$, 那么 $ee' = (-1)^{a\cdot b'+a'\cdot b}e'e$. 因此, E 中的两个元素 e 和 e' 交换的充分必要条件是它们在 φ 映射下像的辛内积为零. 对于 E 中的一个交换子群 S, 若记 $C = \varphi(S)$, 则 $\varphi(S^{\perp}) = C^{\perp}$, 这里 $C^{\perp}$ 是 $GF(2)^{2n}$ 中 C 在辛内积意义下的正交补. 注意到 $S \subseteq S^{\perp}$, 所以 $C \subseteq C^{\perp}$, 即 C 是一个在辛内积意义下的自正交码.

对于 $v = (a,b) \in GF(2)^{2n}$, 定义其重量

$$w(v) = \{i | a_i \cdot b_i \neq 0, 1 \leqslant i \leqslant n\}$$

而对于 $GF(2)^{2n}$ 中的两个元素 v, v' 之间的距离定义为 $d(v,v') = w(v-v')$. 显然, $w(e) = w(\varphi(e))$. 这样, 一个量子码 $[[n,k,d]]$ 的构造就等价于构造 $GF(2)^{2n}$ 中的一个在辛内积意义下自正交的 $GF(2)$-线性子空间 C, 使得 $|C| = 2^{n-k}$ 且 $d = \min\{w(v) | v \in C^{\perp}\backslash C\}$.

然后, 他们将 $GF(2)^{2n}$ 有机地嵌入 $GF(4)^n$, 将 $GF(2)^{2n}$ 在辛内积意义下自正交辛码的构造转换成了 $GF(4)$ 上在迹内积意义下加法码的构造.

设有限域 $GF(4)=\{0,1,\omega,\bar{\omega}\}$, 其中 $\bar{\omega}=\omega^2$ 为 ω 的共轭元素. $\mathrm{tr}: GF(4)\to GF(2)$ 为迹函数, 即 $\mathrm{tr}(x)=x+\bar{x}, x\in GF(4)$, 这里 $\bar{x}=x^2$ 为 x 的共轭元. 任取 $v=(a,b)\in GF(2)^{2n}$, 定义 $\varphi(v)=\omega a+\bar{\omega}b$, 则 φ 是 $GF(2)^{2n}$ 到 $GF(4)^n$ 上的一个 $GF(2)$-线性同构. 显然, φ 既保持重量又保持距离.

定义 $GF(4)^n$ 上的迹内积为

$$u*v=\mathrm{tr}(u\cdot\bar{v})=\sum_{i=1}^{n}(u_i\bar{v}_i+\bar{u}_iv_i)$$

其中, $u=(u_1,u_2,\cdots,u_n), v=(v_1,v_2,\cdots,v_n)\in GF(4)^n$.

对于任意的 $u=(a,b), u'=(a',b')\in GF(4)^n$, 易知 $u*u'=a\cdot b'+a'\cdot b$. 所以, 构造 $GF(2)^{2n}$ 中一个在辛内积意义下的自正交辛码就相当于构造 $GF(4)^n$ 上在迹内积意义下的一个自正交加法码. 因此, 构造一个量子码 $[[n,k,d]]$ 就等价于构造 $GF(4)^n$ 中一个加法码 C, 使得 $|C|=2^{n-k}$, 且 $d=\min\{w(v)|v\in C^{\perp}\backslash C\}$, 这里 $C^{\perp}$ 是 C 在迹内积意义下的对偶码. 这样, 对量子码的研究就完全经典化了.

Calderbank 等[29] 还对 $GF(4)^n$ 中的加法码做了系统的研究, 他们提出了量子码的自同构和码的等价概念; 给出了用已知量子码构造新码的一般方法, 如直和码, 删余码和级联码等; 定义了量子循环码, 这包括量子 Hanmming 码; 给出了量子码应满足的各种界, 包括线性规划界; 最后给出了一个非常完整的量子码表. 特别地, 他们利用码长为 $n=2^m-1$ 的经典二元单形码[30] 及它的一个不含不动点的自同构 f 构造出一簇二元量子码 C_m, 参数为 $[[2^m,\ 2^m-m-2,\ 3]]$. 像经典编码理论那样, 在量子编码理论中, 对于码的自同构群的研究也是中心课题之一. 在文献 [29] 中 Calderbank 等还提出了量子码自同构群的概念, 并对上述量子码 C_m 的自同构群 $\mathrm{Aut}(C_m)$ 做了细致的研究, 得出许多好的结论. 他们证明了 $\mathrm{Aut}(C_m)$ 有一个由 f 在 $GL_m(2)$ 中的中心 $Z(f)$ 与 S_m 的一个半直积构成的正规子群 H, 且 $[\mathrm{Aut}(C_m):H]$ 的指数恰好是集合 $F_f=\{f,1-f,1/f,1-1/f,1/(1-f),f/(1-f)\}$ 中那些与 f 共轭的元素的个数.

此后, 量子纠错编码理论迅速发展起来, 人们通过经典码, 如 BCH 码、RM 码和 AG 码等构造出一系列的二元量子码并给出了相应的结论[19~23,31~56].

Matsumoto 和 Uyematsu[31], Rains[23] 及 Ashikhmin 和 Knill[32] 又分别将 Calderbank 等的方法[29] 推广为非二元量子码情形. 类似地, 有限域 $GF(q)$ 上的一个码长为 n, 维数为 k, 最小距离为 d 的非二元量子稳定子码记为 $[[n,k,d]]_q$, 其中 $q=p^n$, p 是任意的素数. Rains[23] 还引进了 A-线性码的概念, 这是对著名的 CSS 量子码和 $GF(4)$-线性量子码的推广. 一般地, A-线性码可分为三类: 惰性型线性 (inert linear) 码、分裂型线性 (split linear) 码及分歧型线性 (ramified linear) 码. Rains 证明了一个分裂型线性码 C 可以写成 C_1X 与 $C_2(1-X)$ 的直和, 这里 C_1 和 C_2 是 C 的两个相伴码, $X \in \mathrm{Mat}_2(GF(2))$. 设 $p=4m+1$ 是一个固定素数, $O=\mathbf{Z}[\delta_p]$ 是实二次域 $\mathbf{Q}(\delta_p)$ 的整数环, 这里 $\delta_p=(p+1)/2$. Rains 利用 O 上的某个多项式构造了循环 O- 模 C. 对于任意的素数 l, Rains 通过对循环 O- 模 C 做模 l 运算构造出量子二次剩余码 C_l, 这样的一个 C_l 可构造出一个参数为 $[[p,1,d(l)]]_l$ 的量子码.

众所周知, 在经典编码理论中, 关于码的等价性研究是中心课题之一. 特别地, MacWilliams 的一个著名定理[57] 指出两个线性码单项等价当且仅当它们保距同构. 对于这一重要结果, Bogart 等[58] 给出了一个初等证明, Ward 和 Wood[59] 利用特征标理论给出了另一个证明. 进一步地发展特征标方法后, Wood[60] 把这个结果推广到了有限 Frobenius 环上的线性码. 最近, 樊恽等[61] 又把该结果推广到了广义 Hamming 重量的情形. 与经典编码理论一样, 在量子编码理论中对码的等价性研究也是非常重要的, 因此文献 [29] 和文献 [23] 提出了量子码的等价性概念, 然而, 迄今为止有关这方面的结果仍然很少.

2001 年, Schlingemann 和 Werner[36] 提出了通过构造具有某些特性的图 (或者说矩阵) 来构造量子码的方法, 与其他方法相比图论方法更具备物理和几何上的直观性. 他们用此方法构造出很多好的量子码, 特别地, 他们给出了 $[[5,\ 1,\ 3]]_p(p\geqslant 3$ 为素数) 的一个新构造. 2001 年冯克勤[49] 通过数论知识利用图论方法构造出量子码 $[[6,\ 2,\ 3]]_p$ 和 $[[7,\ 3,\ 3]]_p(p\geqslant 3)$. 受冯克勤先生工作的启发, 刘太琳等[62] 构造出了 $[[8,\ 2,\ 4]]_p$ 和 $[[n,\ n-2,\ 2]]_p(p\geqslant 3)$ 量子码的构造. 上面提到的量子码均达到了量子 Singleton 界 (一个 $[[n,k,d]]_q$ 量子码满足不等式 $k\leqslant n-2d+2$, 这就是量子 Singleton 界, 它也是经典编码理论中 Singleton 界的类比).

8.2 一簇量子纠错码的自同构群

如同经典编码那样, 在量子编码理论中关于码的自同构群的研究也是中心课题之一. 在文献 [29] 中 Calderbank 等提出了量子 (稳定子) 码的自同构群的概念, 并对利用经典单形码 S_m 及其一个不含不动点的自同构 f 构造的一簇量子码 C_m 的自同构群 $\mathrm{Aut}(C_m)$ 做了比较详细的研究. 他们证明了 $\mathrm{Aut}(C_m)$ 有一个由 f 在 $GL_m(2)$ 中的中心 $Z(f)(\mathrm{Aut}(S_m)$ 与一般线性群 $Gl_m(2)$ 同构 [30], 因此, f 又可以看作 $GF(2)$ 上的一个 m 阶矩阵) 与 S_m 的半直积构成的正规子群 H, 且指数 $[\mathrm{Aut}(C_m):H]$ 恰好是集合 $F_f=\{f,1-f,1/f,1-1/f,1/(1-f),f/(1-f)\}$ 中那些与 f 共轭的元素的个数, 这里的 1 既可以看作是 $\mathrm{Aut}(C_m)$ 的单位元, 也可以看作是 $GL_m(2)$ 中的单位元. 在本节中, 给出一个关于商群 $\mathrm{Aut}(C_m)/H$ 与集合 F_f 关系的刻画, 给出一个确定集合 F_f 中那些与 f 共轭的元素的方法, 并证明了在线性情形下, 商群

$\mathrm{Aut}(C_m)/H$ 与三阶对称群 S_3 是同构的, 而且 H 是 $GL_{m/2}(4)$ 与经典单形码 S_m 的一个半直积, 最后推广了 Calderbank 等的一个结果.

8.2.1 基本概念

取 $GF(4)=\{0,1,\omega,\bar{\omega}\}$, 这里 $\omega^2=\omega+1$, $\omega^3=1$. 对于 $GF(4)$ 中的任意元素 x, 它的共轭定义为 $\overline{x}=x^2$.

在文献 [29] 中, Calderbank 等利用经典单形码 S_m 及其一个不含不动点的自同构 f 构造出一簇量子纠错码 C_m, 其构造如下.

引理 8.2.1 设 S_m 是经典单形码 (其参数为 $[2^m-1,m,2^{m-1}]$), f 是它的一个不含不动点的自同构. 记 C_m 是由所有形如 $0|u+\omega f(u), u\in S_m$ 的元素及 $11\cdots1$, $\omega\omega\cdots\omega$ 生成的加法码, 这里 $0|u+\omega f(u)$ 是 0 与 $u+\omega f(u)$ 的级联, 那么 C_m 是一个参数为 $[[2^m,2^m-m-2,3]]$ 的量子码.

在文献 [29] 中, Calderbank 等提出了量子 (稳定子) 码自同构群的概念, 并对 C_m 的自同构群 $\mathrm{Aut}(C_m)$ 做了细致的研究.

设 G_n 是由 n 个坐标的置换生成的乘法群, 用 ω 乘以某些坐标及对某些坐标取共轭. 显然 G_n 是一个 $6^n n!$ 阶群. 令 $\overline{H}$ 为 G_n 中的所有置换生成的子群, 而 $\overline{S}$ 为由 G_n 的元素 α 和 β 生成的子群, 这里 α 是对每个坐标取共轭, 而 β 是用 ω 去乘每一个坐标. 显然, $\overline{H}$ 和 $\overline{S}$ 有如下性质:

(1) $\overline{S}\cong S_3$, 这里 S_3 是三阶对称群;

(2) $\overline{H}$ 与 $\overline{S}$ 可交换, 即对任意的 $g\in\overline{H},\gamma\in\overline{S}$, 都有 $g\gamma=\gamma g$.

这里 "$\cong$" 表示同构, 以下同.

记 $H=\overline{H}\cap\mathrm{Aut}(C_m)$.

在文献 [29] 中, Calderbank 等得到了关于 $\mathrm{Aut}(C_m)$ 的下列结果.

引理 8.2.2 (1) H 是 $\mathrm{Aut}(C_m)$ 的一个正规子群;

(2) H 是 f 在 $\mathrm{Aut}(S_m)$ 中的中心化子 $Z(f)$ 与 S_m(或者说与 $GF(2^m)$) 的一个半直积;

(3) 指数 $[\mathrm{Aut}(C_m):H]$ 与集合 F_f 中那些与 f 共轭的元素的个数相等.

引理 8.2.3 C_m 是线性码的充分必要条件是

$$f^2+f+1=0 \tag{8-7}$$

8.2.2 一个关于商群 $\mathrm{Aut}(C_m)/H$ 与集合 F_f 的关系的刻画

定义映射 $\tau:\overline{S}\to F_f$, 使得

$$\tau(1)=f,\quad \tau(\alpha)=f/(1-f),\quad \tau(\beta)=1/(1-f),$$
$$\tau(\alpha\beta)=1-f,\tau(\beta^2)=1-1/f,\quad \tau(\alpha\beta^2)=1/f$$

记 $S_0 = \{\gamma \in \overline{S} |$ 存在 $g \in \overline{H}$ 满足 $g\gamma \in \mathrm{Aut}(C_m)\}$.

定理 8.2.1　(1) S_0 是 $\overline{S}$ 的一个子群, 而且 $S_0 \cong \mathrm{Aut}(C_m)/H$.

(2) 对于任意的 $i = 0,\ j = 0, 1, 2, \alpha^i\beta^j \in S_0$ 当且仅当 $\tau(\alpha^i\beta^j)$ 与 f 共轭. 进一步, $\tau(S_0)$ 恰好是由集合 F_f 中的那些与 f 共轭的元素构成的子集.

(3) 指数 $[\mathrm{Aut}(C_m) : H]$ 与 S_0 的元素个数相等, 也等于集合 F_f 中那些与 f 共轭的元素的个数. 显然, 指数 $[\mathrm{Aut}(C_m) : H]$ 只能取 1, 2, 3 或者 6.

证　(1) 任取 $\gamma_1, \gamma_2 \in S_0$, 则存在 $g_1, g_2 \in \overline{H}$, 使得

$$g_1\gamma_1, g_2\gamma_2 \in \mathrm{Aut}(C_m) \tag{8-8}$$

所以

$$(g_2\gamma_2)^{-1}(g_1\gamma_1) \in \mathrm{Aut}(C_m) \tag{8-9}$$

即

$$(g_2^{-1}g_1)(\gamma_2^{-1}\gamma_1) \in \mathrm{Aut}(C_m) \tag{8-10}$$

所以 $\gamma_2^{-1}\gamma_1 \in S_0$, 所以 S_0 是 $\overline{S}$ 的一个子群.

由于 C_m 仅有三个重量为 2^m 的码字, 即 $11\cdots1$, $\omega\omega\cdots\omega$ 和 $\bar{\omega}\bar{\omega}\cdots\bar{\omega}$, 所以 $\mathrm{Aut}(C_m) \subseteq \overline{H}\cdot\overline{S}$. 因此, 可以定义一个满自同态

$$\varphi : \mathrm{Aut}(C_m) \to S_0 \tag{8-11}$$

使得对于任意的 $g\gamma \in \mathrm{Aut}(C_m)$, 都有 $\varphi(g\gamma) = \gamma$, 其中 $g \in \overline{H}$, $\gamma \in \overline{S}$. 由于 $\mathrm{Ker}\varphi = H$, 所以

$$\mathrm{Aut}(C_m)/H \cong S_0 \tag{8-12}$$

(2) 设 $\alpha \in S_0$, 则 $g \in \overline{H}$, 使得 $g\alpha \in \mathrm{Aut}(C_m)$.

C_m 有如下的生成矩阵:

$$\begin{pmatrix} M \\ 1 \\ 0 \end{pmatrix} + \omega \begin{pmatrix} M_f M \\ 0 \\ 1 \end{pmatrix} \tag{8-13}$$

这里 M 是由所有 m 维列向量构成的矩阵, 而 M_f 是 f 所对应的矩阵, 0 和 1 分别是元素全为 0 和元素全为 1 的矩阵.

一方面, 如果令 $M_1 = g(M)$, 则

$$g(M_f M) = M_f(g(M)) = M_f M_1 \tag{8-14}$$

所以

$$(g\alpha)\left(\begin{pmatrix} M \\ 1 \\ 0 \end{pmatrix} + \omega \begin{pmatrix} M_f M \\ 0 \\ 1 \end{pmatrix}\right) = \begin{pmatrix} M_1 + M_f M_1 \\ 1 \\ 1 \end{pmatrix} + \omega \begin{pmatrix} M_f M_1 \\ 0 \\ 1 \end{pmatrix} \tag{8-15}$$

另一方面, 由于 C_m 是一个加法码, 所以存在 $GF(2)$ 上的可逆矩阵

$$\begin{pmatrix} A & B & C \\ D & E & F \end{pmatrix}$$

使得

$$(g\alpha)\left(\begin{pmatrix} M \\ 1 \\ 0 \end{pmatrix} + \omega \begin{pmatrix} M_f M \\ 0 \\ 1 \end{pmatrix}\right) = \begin{pmatrix} A & B & C \\ D & E & F \end{pmatrix}\left(\begin{pmatrix} M \\ 1 \\ 0 \end{pmatrix} + \omega \begin{pmatrix} M_f M \\ 0 \\ 1 \end{pmatrix}\right) \tag{8-16}$$

其中, A, B, C, D, E, F 是 $GF(2)$ 上的矩阵, 它们的阶分别为 $m \times m, m \times 1$, $m \times 1$, $2 \times m$, 2×1 和 2×1.

由式 (8-15) 和式 (8-16) 可得

$$\begin{pmatrix} AM + B \\ DM + E \end{pmatrix} + \omega \begin{pmatrix} AM_f M + C \\ DM_f M + F \end{pmatrix} = \begin{pmatrix} M_1 + M_f M_1 \\ 1 \\ 1 \end{pmatrix} + \omega \begin{pmatrix} M_f M_1 \\ 0 \\ 1 \end{pmatrix} \tag{8-17}$$

其中, $B = \left[\begin{array}{cccc} B & B & \cdots & B \end{array}\right]$, $C = \left[\begin{array}{cccc} C & C & \cdots & C \end{array}\right]$, $E = \left[\begin{array}{cccc} E & E & \cdots & E \end{array}\right]$, $F = \left[\begin{array}{cccc} F & F & \cdots & F \end{array}\right]$, 所以

$$\begin{cases} AM + B = M_1 + M_f M_1 \\ DM + E = \begin{pmatrix} 1 \\ 1 \end{pmatrix} \\ AM_f M + C = M_f M_1 \\ DM_f M + F = \begin{pmatrix} 0 \\ 1 \end{pmatrix} \end{cases} \tag{8-18}$$

注意到 M 的列向量中有零向量, 所以由式 (8-18) 中的第二个等式可得 $D = 0$. 由于 $\begin{pmatrix} A & B & C \\ D & E & F \end{pmatrix}$ 是可逆的, 所以 A 也是可逆的. 由式 (8-18) 的第一个和第二个

等式知

$$(M_fA + AM_f + M_fAM_f)M = M_f(B + C)C \tag{8-19}$$

于 $(M_fA + AM_f + M_fAM_f)M$ 的列向量中有零向量, 所以

$$M_f(B + C)C = 0 \tag{8-20}$$

故

$$(M_fA + AM_f + M_fAM_f)M = 0 \tag{8-21}$$

因此

$$A(M_f(I - M_f)^{-1})A^{-1} = M_f \tag{8-22}$$

即 $f/(1-f)$ 与 f 共轭.

反过来, 如果 $f/(1-f)$ 与 f 共轭, 则存在 $A \in GL_m(2)$, 使得

$$A(M_f(I - M_f)^{-1})A^{-1} = M_f \tag{8-23}$$

即

$$M_fA + AM_f + M_fAM_f = 0 \tag{8-24}$$

令 g 是 C_m 的满足条件 $g(M) = M_f^{-1}AM_fM$ 的自同构, 则

$$g(M_fM) = AM_fM \tag{8-25}$$

因此

$$(g\alpha)\left(\begin{pmatrix} M \\ 1 \\ 0 \end{pmatrix} + \omega \begin{pmatrix} M_fM \\ 0 \\ 1 \end{pmatrix}\right) = g\left(\begin{pmatrix} M \\ 1 \\ 0 \end{pmatrix} + \omega \begin{pmatrix} M_fM \\ 0 \\ 1 \end{pmatrix}\right)$$

$$= g\left(\begin{pmatrix} M + M_fM \\ 1 \\ 1 \end{pmatrix} + \omega \begin{pmatrix} M_fM \\ 0 \\ 1 \end{pmatrix}\right)$$

$$= \begin{pmatrix} M_f^{-1}AM_fM + AM_fM \\ 1 \\ 1 \end{pmatrix} + \omega \begin{pmatrix} AM_fM \\ 0 \\ 1 \end{pmatrix}$$

$$= \begin{pmatrix} AM \\ 1 \\ 1 \end{pmatrix} + \omega \begin{pmatrix} AM_fM \\ 0 \\ 1 \end{pmatrix}$$

$$= \begin{pmatrix} A & 0 & 0 \\ 0 & 1 & 0 \\ 0 & 1 & 1 \end{pmatrix} \left(\begin{pmatrix} M \\ 1 \\ 0 \end{pmatrix} + \omega \begin{pmatrix} M_f M \\ 0 \\ 1 \end{pmatrix} \right) \tag{8-26}$$

故 $(g\alpha) \in \mathrm{Aut}(C_m)$, 所以 $\alpha \in S_0$.

所以, $\alpha \in S_0$ 当且仅当 $f/(1-f)$ 与 f 共轭.

用类似的方法, 可以证明对于任意的 $i=0,1, j=0,1,2(\alpha^i\beta^j \neq \alpha)$, $\alpha^i\beta^j \in S_0$ 当且仅当 $\tau(\alpha^i\beta^j)$ 与 f 共轭.

综上所述, 对于任意的 $i=0,1, j=0,1,2$, $\alpha^i\beta^j \in S_0$ 当且仅当 $\tau(\alpha^i\beta^j)$ 与 f 共轭.

进一步, $\tau(S_0)$ 恰好是由集合 F_f 中那些与 f 共轭的元素组成的子集.

(3) 由 (1) 和 (2) 即得.

由定理 8.2.1 可知, 商群 $\mathrm{Aut}(C_m)/H$ 完全由集合 F_f 中那些与 f 共轭的元素所确定, 因此给出一种找到它们的方法是非常重要的.

定理 8.2.2 设 f 是 S_m 的一个没有不动点的自同构, 它所对应的初等因子为

$$f_1(x), f_2(x), \cdots, f_r(x) \tag{8-27}$$

那么

(1) $1-f$ 所对应的初等因子是

$$f_1(1-x), f_2(1-x), \cdots, f_r(1-x) \tag{8-28}$$

(2) $1/f$ 所对应的初等因子是

$$x^{j_1} f_1(1/x), x^{j_2} f_2(1/x), \cdots, x^{j_r} f_r(1/x) \tag{8-29}$$

其中, $j_1, j_2, \cdots, j_r$ 分别是 $f_1(x), f_2(x), \cdots, f_r(x)$ 的次数.

证 设 $\mathrm{diag}(A_1, A_2, \cdots, A_r)$ 是 f 所对应的有理标准形矩阵, 其中

$$A_i = \begin{pmatrix} 0 & 0 & \cdots & 0 & 1 \\ 1 & 0 & \cdots & 0 & a_{i_1} \\ 0 & 1 & \cdots & 0 & a_{i_2} \\ \vdots & \vdots & \ddots & \vdots & \vdots \\ 0 & 0 & \cdots & 1 & a_{i,j_i-1} \end{pmatrix} \tag{8-30}$$

是 f_i 的伴随矩阵, $i=1,2,\cdots,r$.

(1) 由于 $1-f$ 所对应的特征矩阵是

$$xI-(I-M_f) = \mathrm{diag}((1-x)I-A_1, (1-x)I-A_2, \cdots, (1-x)I-A_r) \tag{8-31}$$

所以 $1-f$ 所对应的初等因子是

$$f_1(1-x), f_2(1-x), \cdots, f_r(1-x) \tag{8-32}$$

(2) 注意到 $1/f$ 所对应的特征矩阵是

$$\operatorname{diag}(xI-A_1^{-1}, xI-A_2^{-1}, \cdots, xI-A_r^{-1}) \tag{8-33}$$

而且

$$A_i^{-1}=\begin{pmatrix} a_{i_1} & 1 & 0 & \cdots & 0 \\ a_{i_2} & 0 & 1 & \cdots & 0 \\ \vdots & \vdots & \vdots & \ddots & \vdots \\ a_{i,j_i-1} & 0 & 0 & \cdots & 1 \\ 1 & 0 & 0 & \cdots & 0 \end{pmatrix} \tag{8-34}$$

所以 $1/f$ 所对应的初等因子是

$$x^{j_1}f_1(1/x),\ x^{j_2}f_2(1/x), \cdots, x^{j_r}f_r(1/x) \tag{8-35}$$

下面根据定理 8.2.2 给出一种找到集合 F_f 中那些与 f 共轭的元素的方法.

设 f 所对应的初等因子是

$$f_1(x), f_2(x), \cdots, f_r(x) \tag{8-36}$$

(1) 根据定理 8.2.2, 可以分别计算出 $1-f$ 和 $1/f$ 所对应的初等因子;

(2) 再由定理 8.2.2 和由 (1) 所得到的 $1-f$ 和 $1/f$ 所对应的初等因子, 可以分别计算出 $1/(1-f), 1-1/f, f/(1-f)$ 所对应的初等因子;

(3) 最后, 由 $f, 1-f, 1/f, 1/(1-f), 1-1/f$ 和 $f/(1-f)$ 所对应的初等因子, 可以找到集合 F_f 中那些与 f 共轭的元素.

8.2.3 当 C_m 为线性码时的自同构群 $\mathrm{Aut}(C_m)$

定理 8.2.3 如果 C_m 是线性的, 那么

(1) $\mathrm{Aut}(C_m)/H \cong S_3$, 这里的 S_3 是三阶对称群;

(2) $Z(f) \cong GL_{m/2}(4)$(m 为偶数), 这里把 $GF(4)$ 中的任意元素看作是 $GF(2)$ 上的一个 2×2 矩阵, 例如, ω 被看作是 2×2 矩阵 $\begin{pmatrix} 0 & 1 \\ 1 & 1 \end{pmatrix}$;

(3) H 是由 $GL_{m/2}(4)$ 和经典单形码 S_m 构成的一个半直积;

(4) $|\mathrm{Aut}(C_m)| = 6\cdot 2^m(4^{m/2}-1)(4^{m/2}-4)\cdots(4^{m/2}-4^{m/2-1})$.

证 (1) 由引理 8.2.3 可知

$$f^2+f+1=0 \tag{8-37}$$

所以此时 f 所对应的初等因子是

$$x^2+x+1, x^2+x+1, \cdots, x^2+x+1 \tag{8-38}$$

利用定理 8.2.2 可得 $1-f, 1/f, 1-1/f, 1/(1-f), f/(1-f)$ 对应的初等因子也是

$$x^2+x+1, x^2+x+1, \cdots, x^2+x+1 \tag{8-39}$$

这样 $f, 1-f, 1/f, 1-1/f, 1/(1-f), f/(1-f)$ 都与 f 共轭. 所以由定理 8.2.1 可得

$$\mathrm{Aut}(C_m)/H \cong \overline{S} \tag{8-40}$$

等价地

$$\mathrm{Aut}(C_m)/H \cong S_3 \tag{8-41}$$

(2) 由于 f 所对应的初等因子是

$$x^2+x+1, x^2+x+1, \cdots, x^2+x+1 \tag{8-42}$$

所以 f 所对应的有理标准形矩阵是 $\mathrm{diag}(\omega, \omega, \cdots, \omega)$. 不失一般性, 可以假设 $M_f = \mathrm{diag}(\omega, \omega, \cdots, \omega)$. 设 $g \in Z(f)$, 且将 g 所对应的矩阵 M_g 写成分块形式 $(g_{ij})_{m/2\times m/2}$, 这里 g_{ij} 是 $GF(2)$ 上的 2×2 矩阵. 由 $fg=gf$ 或者 $M_fM_g=M_gM_f$ 可知 $g_{ij}\omega=\omega g_{ij}$, 所以 $g_{ij}\in GF(4)$. 注意到这样一个事实: $(g_{ij})_{m/2\times m/2}\in GL_{m/2}(4)$ 当且仅当 $(g_{ij})_{m/2\times m/2}\in GL_m(2)$, 所以 $Z(f)\cong GL_{m/2}(4)$.

(3) 由 (1)、(2) 及引理 8.2.2 易证.

(4) 由引理 8.2.2 可知:

$$\begin{aligned}|\mathrm{Aut}(C_m)| &= |S_3|\,|GL_{m/2}(C_m)|\,|GF(2^m)| \\ &= 6\cdot 2^m(4^{m/2}-1)(4^{m/2}-4)\cdots(4^{m/2}-4^{m/2-1})\end{aligned} \tag{8-43}$$

Calderbank 等在文献 [29] 中证明了当 $m=3$ 时, 在等价意义下 f 有唯一的选择, 它所对应的初等因子是 x^2+x+1(这个多项式在 $GF(2)$ 上显然是不可约的), 且 H 与一般仿射群 $GA(8)$ 同构. 下面把这个结果推广成如下定理.

定理 8.2.4 若 f 所对应的初等因子只有一个不可约多项式, 则 H 与一般仿射群 $GA(2^m)$ 同构.

证 取 C_m 的一个生成矩阵

$$\begin{pmatrix} M \\ 1 \\ 0 \end{pmatrix} + \omega \begin{pmatrix} M_fM \\ 0 \\ 1 \end{pmatrix} \tag{8-44}$$

那么

$$H \cong H' = \left\{ \begin{pmatrix} G & B & M_f B \\ 0 & 1 & 0 \\ 0 & 0 & 1 \end{pmatrix} | G \in Z(M_f) \cap GL_m(2), B \in M_{m\times 1}(GF(2)) \right\} \tag{8-45}$$

其中, $Z(M_f)$ 是 M_f 在 $M_m(GF(2))$ 中的中心化子.

H 有两个子群

$$H_1 = \left\{ \begin{pmatrix} G & 0 \\ 0 & I_2 \end{pmatrix} | G \in Z(M_f) \cap GL_m(2) \right\} \tag{8-46}$$

和

$$H_2 = \left\{ \begin{pmatrix} I_m & B & M_f B \\ 0 & 1 & 0 \\ 0 & 0 & 1 \end{pmatrix} | B \in M_{m\times 1}(GF(2)) \right\} \tag{8-47}$$

显然, H_1 和 H_2 有如下性质:

(1) $H_1 \approx Z(M_f) \cap GL_m(2)$, 或者说, $H_1 \cong Z(f)$, H_2 是 H' 的一个正规子群, 而且 $H_2 \cong S_m$(等价地, $H_2 \cong GF(2^m)$);

(2) H' 是 H_1 与 H_2 所构成的一个半直积.

所以只需要证明 $Z(M_f) \cap GL_m(2)$, 或者说 $Z(f)$ 与 $GF(2^m)^*$ 同构, 这里 $GF(2^m)^*$ 是 $GF(2^m)$ 中的所有非零元素构成的乘法群.

记 $R(M_f)$ 为 M_f 在 $M_m(GF(2))$ 中生成的子域[61], 显然, $R(M_f) \cong GF(2^m)$(注意 f 是不可约的), 则 $R(M_f) \subseteq Z(M_f)$.

不失一般性, 可以设

$$M_f = \begin{pmatrix} 0 & 0 & \cdots & 0 & a_0 \\ 1 & 0 & \cdots & 0 & a_1 \\ 0 & 1 & \cdots & 0 & a_2 \\ \vdots & \vdots & & \vdots & \vdots \\ 0 & 0 & \cdots & 1 & a_{m-1} \end{pmatrix} \tag{8-48}$$

再设

$$G = \begin{pmatrix} x_{11} & x_{12} & x_{13} & \cdots & x_{1m} \\ x_{21} & x_{22} & x_{23} & \cdots & x_{2m} \\ x_{31} & x_{32} & x_{33} & \cdots & x_{3m} \\ \vdots & \vdots & \vdots & & \vdots \\ x_{m1} & x_{m2} & x_{m3} & \cdots & x_{mm} \end{pmatrix} \in Z(M_f) \tag{8-49}$$

由矩阵等式

$$M_f G = G M_f \tag{8-50}$$

可得线性方程组

$$A x^{\mathrm{T}} = 0 \tag{8-51}$$

其中

$$A = \begin{pmatrix} * & * & \cdots & * & \cdots & * \\ \vdots & \vdots & & \vdots & & \vdots \\ * & * & \cdots & * & \cdots & * \\ 1 & * & \cdots & * & \cdots & * \\ 0 & 1 & \cdots & * & \cdots & * \\ \vdots & \vdots & & \vdots & & \vdots \\ 0 & 0 & \cdots & 1 & \cdots & * \end{pmatrix} \tag{8-52}$$

$$x = (x_{11}, \cdots, x_{1m}, x_{21}, \cdots, x_{2m}, \cdots, x_{m1}, \cdots, x_{mm}) \tag{8-53}$$

注意到矩阵 A 有一个 $(m^2-m)\times(m^2-m)$ 子块是

$$\begin{pmatrix} 1 & * & * & \cdots & * \\ 0 & 1 & * & \cdots & * \\ 0 & 0 & 1 & \cdots & * \\ \vdots & \vdots & \vdots & & \vdots \\ 0 & 0 & 0 & \cdots & 1 \end{pmatrix} \tag{8-54}$$

所以 A 的秩大于等于 m^2-m. 因此线性方程组 (8-51) 的解空间的维数小于等于 m, 即 $GF(2)$-向量空间 $Z(M_f)$ 的维数小于等于 m. 所以, $Z(M_f)=R(M_f)$. 从而 $Z(M_f)\cap GL_m(2)\cong GF(2^m)^*$ 得证.

8.2.4 结束语

本节研究了 C_m 的自同构群 $\mathrm{Aut}(C_m)$, 给出了一个关于商群 $\mathrm{Aut}(C_m)/H$ 和集合 F_f 关系的刻画, 这个刻画可以说是对 Calderbank 等关于量子码 C_m 的自同构群 $\mathrm{Aut}(C_m)$ 的研究工作的重要补充. 此外, 在线性情形下完全确定了 $\mathrm{Aut}(C_m)$, 推广了 Calderbank 等的一个结果.

8.3 关于量子二次剩余码

Matsumoto 和 Uyematsu[31], Rains[23] 及 Ashikhmin 和 Knill[32] 独立地将 Calderbank 等的方法[29] 推广为非二元量子码的情形. 特别地, Rains[23] 引进了 A-线性码的

概念, 它是对著名的 CSS 量子码和 $GF(4)$-线性量子码的推广[29]. Rains 证明了一个分裂型线性码 C 可以写成 C_1X 与 $C_2(1-X)$ 的直和, 这里 C_1 和 C_2 是 C 的两个相伴码, $X \in \mathrm{Mat}_2(GF(2))$. 本节中设 $p=4m+1$ 是一个固定素数, l 为任意素数, 而 $O=Z[\delta_p]$ 是实二次域 $\mathbf{Q}(\delta_p)$ 的整数环, 这里 $\delta_p=(1+\sqrt{p})/2$. Rains 首先利用 O 上的一个多项式构造了一个循环 O- 模 C, 然后通过对循环 O- 模 C 作模 l 运算构造出量子二次剩余码 C_l, 这样的一个 C_l 可构造出一个参数为 $[[p,\ 1,\ d(l)]]_l$ 的量子码. 本节将证明分裂型线性量子二次剩余码 C_l 的两个相伴码 $C_l^{(1)}$ 和 $C_l^{(2)}$ 恰好就是经典删余二次剩余码 $\bar{Q}$ 和 $\bar{N}$, 由此可以通过经典二次剩余码来研究量子二次剩余码. 构造出量子二次剩余码的扩展码 $\widehat{C}_l$, 与经典情形类似, 对几乎所有的 l, 量子二次剩余码的扩展码 $\widehat{C}_l$ 以射影幺模群 $PSL_2(l)$ 为自同构子群.

8.3.1 A -线性码

首先介绍文献 [23] 中有关概念如下.

考虑 $GF(l)$ 上的向量空间 $V_n=(GF(l)\times GF(l))^n$. V_n 中的向量 v 可写如下形式:

$$v=((v_1^{(1)},v_1^{(2)}),(v_2^{(1)},v_2^{(2)}),\cdots,(v_n^{(1)},v_n^{(2)})) \tag{8-55}$$

定义 v 的重量

$$w(t)=\left|\left\{i|v_i^{(1)}\text{ 和 }v_i^{(2)}\text{中至少有一个不为零}\right\}\right| \tag{8-56}$$

V_n 上辛内积可定义如下:

$$\langle v,w\rangle=\sum_{i=1}^{n}(v_i^{(1)}w_i^{(2)}-v_i^{(2)}w_i^{(1)}) \tag{8-57}$$

设 C 是 V_n 中的一个 $n-k$ 子空间, 而且在辛内积意义下自正交, $C^{\perp}$ 是 C 在辛内积意义下的对偶码. 如果 $C^{\perp}\backslash C$ 中非零元素的最小重量是 d, 那么一定存在一个参数为 $[[n,k,d]]_l$ 的量子码[29,32]. 按照习惯, 如果 C 是二元码, 用 $[[n,k,d]]$ 来表示它.

设 G_n 是 n 阶对称群 S_n 与 $(Sp_2(l))^n$ 的一个自然半直积, 其中 $Sp_2(l)$ 是 $GF(l)$ 上的辛群. 显然, G_n 在 V_n 上有一个自然的作用 ($(Sp_2(l))^n$ 作用于 V_n 中元素的坐标, 而 S_n 是对 V_n 中元素的坐标作相应的置换), 这种作用保持重量和辛内积. 两个辛码 C_1 和 C_2 称为等价的, 如果存在 $g\in G_n$, 使得 $C_2=g(C_1)$. 一个辛码 C 的自同构群定义为 G_n 的保持 C 不变的子群. 需要说明的是, 这里 G_n 的定义与在 8.2 节中的定义是一致的.

设 C 是一个辛码, 显然辛群 $Sp_2(l)$ 通过对码字的坐标做同样的变换可产生在 C 上的一个作用. 设 G 是 $Sp_2(l)$ 的一个子群, 而且它在矩阵代数 $\mathrm{Mat}_2(l)$ 中生成一个二维子代数 A, 如果 G 保持 C 不变 (此时 C 就有一个明显的整体结构), 那么

显然存在 $GF(l)$ 上的二阶矩阵 X, 使得 $A=\{a+bX|a,b\in GF(2)\}$. 不失一般性, 可假设

$$X=\begin{pmatrix} 0 & 1 \\ -d & t \end{pmatrix} \tag{8-58}$$

这样可以得到 A 与 $GF(l)\times GF(l)$ 之间的一个同构 φ, 满足 $\varphi(a+bX)=(a,b)$.

A^n 的 A 赋值内积定义为

$$\langle v,w\rangle_A=v\bar{w}=\sum_i v_i\bar{w}_i \tag{8-59}$$

其中, $\overline{a+bX}=a+b(t-X)$.

引理 8.3.1[23] V_n 的一个在 A 的作用下不变的子空间 C 是辛内积意义下自正交的当且仅当它所对应的 A^n 的 A-子模在 A 赋值内积意义下是自正交的.

引理 8.3.2[23] 设 C 是 A^n 的一个在 A 赋值内积意义下自正交的 A-子模, $|C|=l^{n-k}$, 且 $C^{\perp}\backslash C$ 中非零元素的最小 Hamming 重量是 d, 那么一定存在一个参数为 $[[m,k,d]]_l$ 的量子码, 这里 $C^{\perp}$ 是 C 在 A 赋值内积意义下的自对偶码.

满足引理 8.3.2 条件的辛码称为 A-线性码. 显然, A-线性码的整体结构只与 A 在辛群 $Sp_2(l)$ 作用下的共轭类有关, 因此根据 X 的特征多项式的根可分成三种情形: 无根、两个不相同的根和两个重根, 分别称其为惰性型线性码、分裂型线性码和分歧型线性码.

设 C 是一个分裂型线性码, 那么可以假设 X 的特征多项式为 x^2-x. 由于 $X(1-X)=0$, 所以 C 可写成 CX 和 $C(1-X)$ 的直和, 因此存在 $GF(l)$ 上的经典线性码 C_1 和 C_2, 使得 $CX=C_1X$ 和 $C(1-X)=C_2(1-X)$ 成立. 称 C_1 和 C_2 为 C 的相伴码.

引理 8.3.3[23] 设 C 是一个分裂型线性码, C_1 和 C_2 是它的两个相伴码, 则 $C_1\subseteq C_2^{\perp}$, 而且 C 的最小距离是 $C_2^{\perp}\backslash C_1$ 和 $C_1^{\perp}\backslash C_2$ 中最小重量比较小的那个. 反过来, 对于任意的两个经典码 C_1 和 C_2, 如果 $C_1\subseteq C_2^{\perp}$, 那么可利用它们构造一个分裂型线性码 C.

Rains 利用这种理论构造出一簇数域上的量子码. 特别地, 他构造出了量子二次剩余码. Rains 的构造可叙述如下:

设 $O=\mathbf{Z}[\delta]$ 是一个实二次域的整数环, C 是 O^n 的一个满足条件 $v\cdot\bar{w}=0,\forall v,w\in C$ 的 O-子模, 如果 δ 在 $\mathbf{Z}$ 上的极小多项式是 x^2-Tx+N, 则可以通过把 δ 映到 $\begin{pmatrix} 0 & 1 \\ -N & T \end{pmatrix}$ 从而将 O 嵌入到 $\mathrm{Mat}_2(\mathbf{Z})$ 中. 利用模 l 运算, 可以得到一个 A-线性码 C_l, 这里的 A 是对 O 在 $\mathrm{Mat}_2(\mathbf{Z})$ 中的像做模 l 运算得到的矩阵代数.

作为一个特例, Rains 构造了量子二次剩余码. 设 $\mathcal{Q}$ 是通过模 p 运算所得到的二次剩余集合, $\mathcal{N}$ 是非二次剩余集合. 设 F 是一个域, α 是 F 上的一个 p 次本原根. 记

$$\mathcal{Q}(x)=\sum_{r\in\mathcal{Q}}(x-\alpha^r),\quad \mathcal{N}(x)=\sum_{n\in\mathcal{N}}(x-\alpha^n) \tag{8-60}$$

为表述清楚, 当 F 分别是有理数域 $\mathbf{Q}$ 和有限域 $GF(l)$ 时分别用

$$\mathcal{Q}(x)=\sum_{r\in\mathcal{Q}}(x-\alpha^r),\quad \mathcal{N}(x)=\sum_{n\in\mathcal{N}}(x-\alpha^n) \tag{8-61}$$

和

$$q(x)=\sum_{r\in\mathcal{Q}}(x-\alpha^r),\quad n(x)=\sum_{n\in\mathcal{N}}(x-\alpha^n) \tag{8-62}$$

表示上述的 $\mathcal{Q}(x)$ 和 $\mathcal{N}(x)$.

设 $O=\mathbf{Z}[\delta_p]$ 是实二次域 $\mathbf{Q}(\delta_p)$ 的整数环, 这里 $\delta_p=(1+\sqrt{p})/2$, 那么多项式 $\mathcal{Q}(x)$ 与 $\mathcal{N}(x)$ 的系数均在 O 中, 所以多项式 $(x-1)\mathcal{Q}(x)$ 可确定一个秩为 $(p-1)/2$ 的 O-模 C. 对其作模 l 运算就可以得到一个 A-线性码 C_l, 这里的 A 是对 O 在 $\mathrm{Mat}_2(\mathbf{Z})$ 中的像作模 l 运算得到的矩阵代数.

引理 8.3.4[23] $v\cdot\bar{w}=0,\ \forall v,w\in C.$

这样由引理 8.3.4 可知, 对于任意的 l, 由 C_l 可得到一个参数为 $[[p,1,d(l)]]_l$ 的量子码.

8.3.2 分裂型线型量子二次剩余码

设 $\mathcal{E}_1=\sum\limits_{r\in\mathcal{Q}}\alpha^r$, $\mathcal{E}_2=\sum\limits_{n\in\mathcal{N}}\alpha^n$. 为表述清楚, 当 F 分别是有理数域 $\mathbf{Q}$ 和有限域 $GF(l)$ 时, 分别用 E_1,E_2 和 e_1,e_2 来表示上述的 $\mathcal{E}_1,\mathcal{E}_2$. 用 $\left(\dfrac{i}{p}\right)$ 来表示 Legendre 符号.

引理 8.3.5 $\mathcal{E}_1+\mathcal{E}_2=1$, $\mathcal{E}_1\mathcal{E}_2=m$, 或者等价地, $\mathcal{E}_1$ 和 $\mathcal{E}_2$ 是多项式 x^2+x-m 的两个根.

证 $\mathcal{E}_1+\mathcal{E}_2=1$ 是显然的.

由于

$$\mathcal{E}_1-\mathcal{E}_2=\sum_{i=1}^{p-1}\left(\frac{i}{p}\right)\alpha^i \tag{8-63}$$

是高斯和, 所以

$$(\mathcal{E}_1-\mathcal{E}_2)^2=p \tag{8-64}$$

因此

$$\mathcal{E}_1\mathcal{E}_2=m \tag{8-65}$$

由引理 8.3.5, 当 $F=\mathbf{Q}$ 时, E_1 和 E_2 是多项式 x^2+x-m 的两个根, 所以两者中有一个是 $(-1+\sqrt{p})/2$, 不妨假设 $E_1=(-1+\sqrt{p})/2$, 因此 $E_2=(-1-\sqrt{p})/2$. 显然, E_1 与 E_2 是互为共轭的.

引理 8.3.6 C_l 是分裂线性型的充分必要条件为 l 是模 p 的二次剩余.

证 δ_p 所对应的特征多项式是 x^2-x-m.

下面分两种情形证明.

(1) 若 $l=2$, 由于 x^2-x-m 在 $GF(2)$ 上有两个不同的根的充分必要条件是 m 为偶数, 所以 C_l 是分裂线性型的充分必要条件为 2 是关于模 p 的二次剩余 (这里利用了 $\left(\dfrac{2}{p}\right)=(-1)^{\frac{1}{8}(p^2-1)}$ 的事实).

(2) 若 $l\geqslant 3$, 显然, C_l 是分裂型线性的当且仅当 p 是关于模 l 的一个二次剩余. 然而由二次剩余互反律

$$\left(\frac{l}{p}\right)\cdot\left(\frac{p}{l}\right)=(-1)^{\frac{(p-1)(l-1)}{4}} \tag{8-66}$$

可以得到

$$\left(\frac{l}{p}\right)=\left(\frac{p}{l}\right) \tag{8-67}$$

也就是说, p 是关于 l 的二次剩余当且仅当 l 是关于 p 的二次剩余, 所以结论成立.

设 $Q_{s,t}=\{S|S\text{是}\mathcal{Q}\text{的一个含有}s\text{个元素的子集, 而且}S\text{中所有元素的和等于}t\}$,

$N_{s,t}=\{S|S\text{是}\mathcal{N}\text{的一个含有}s\text{个元素的子集, 而且}S\text{中所有地素的和等于}t\}$,

其中, $1\leqslant s\leqslant(p-1)/2, t\in GF(p)$.

引理 8.3.7 对于固定的一个 s, $Q_{s,t}$ 和 $N_{s,t}$ 仅仅依赖于 t 是否属于 $\mathcal{Q},\mathcal{N}$ 或等于零.

证 如果 $t\in\mathcal{Q}$, 那么 $Q_{s,t}=Q_{s,1}$; 如果 $t\in\mathcal{N}$, 那么 $Q_{s,t}=N_{s,1}$, 所以对于固定的一个 s, $Q_{s,t}$ 和 $N_{s,t}$ 仅仅依赖于 t 是否属于 $\mathcal{Q},\mathcal{N}$ 或者等于零.

由引理 8.3.7 知, 当 $t\in\mathcal{Q}$, $t\in\mathcal{N}$ 或者 $t=0$ 时, 可以分别用 τ_s, μ_s 和 ν_s 来表示 $Q_{s,t}$, $1\leqslant s\leqslant(p-1)/2$. 显然, 当 $t\in\mathcal{Q}$ 时, $N_{s,t}=\mu_s$; 当 $t\in\mathcal{N}$ 时, $N_{s,t}=\tau_s$; 当 $t=0$ 时, $N_{s,t}=\nu_s$.

记 $\tau(x)=\displaystyle\sum_{i=0}^{(p-1)/2}(-1)^{(p-1)/2-i}\tau_{_{(p-1)/2-i}}x^i$, $\mu(x)=\displaystyle\sum_{i=0}^{(p-1)/2}(-1)^{(p-1)/2-i}\mu_{_{(p-1)/2-i}}x^i$, $\nu(x)=\displaystyle\sum_{i=0}^{(p-1)/2}(-1)^{(p-1)/2-i}\nu_{_{(p-1)/2-i}}x^i$.

引理 8.3.8 $\mathcal{Q}(x)=\tau(x)\mathcal{E}_1+\mu(x)\mathcal{E}_2+\nu(x)$, $\quad\mathcal{N}(x)=\mu(x)\mathcal{E}_1+\tau(x)\mathcal{E}_2+\nu(x)$.

证

$$
\begin{aligned}
\mathcal{Q}(x) &= \sum_{i=0}^{\frac{p-1}{2}} (-1)^{\frac{p-1}{2}-i}(\tau_{\frac{p-1}{2}-i}\mathcal{E}_1 + \mu_{\frac{p-1}{2}-i}\mathcal{E}_2 + \nu_{\frac{p-1}{2}-i})x^i \\
&= \tau(x)\mathcal{E}_1 + \mu(x)\mathcal{E}_2 + \nu(x)
\end{aligned} \tag{8-68}
$$

类似地, 有

$$
\mathcal{N}(x) = \mu(x)\mathcal{E}_1 + \tau(x)\mathcal{E}_2 + \nu(x) \tag{8-69}
$$

定理 8.3.1 设 C_l 是量子二次剩余码, $C_l^{(1)}$ 和 $C_l^{(2)}$ 是它的两个相伴码. 如果 C_l 是分裂型线性的, 那么 $C_l^{(1)}$ 和 $C_l^{(2)}$ 恰好是经典删余二次剩余码 $\bar{\mathcal{Q}}$ 和 $\bar{\mathcal{N}}$.

证 $C_l^{(1)}$ 和 $C_l^{(2)}$ 显然是循环码.

由于 C_l 是分裂型线性的, 所以多项式 x^2-x-m 在 $GF(l)$ 中有两个相异的根. 因此多项式 x^2+x-m 在 $GF(l)$ 中也有两个相异的根. 由引理 8.3.5, 这两个根是 e_1 和 e_2. 注意到 E_1 和 E_2 是多项式 x^2+x-m 在 $\mathbf{Z}_l[\delta_p]$ 中的两个根 (引理 8.3.5), 若令 $E=\dfrac{E_1-e_2}{e_1-e_2}$, 则有 $E^2=E$, 也就是说 E 所对应的矩阵 X 满足 $X^2=X$. 因此, 由引理 8.3.8 可知 C_l 的生成多项式是 $(x-1)\mathcal{Q}(x)=(x-1)(\tau(x)E_1+\mu(x)E_2+\nu(x))=(x-1)(e_2\tau(x)+e_1\mu(x)+\nu(x)+(e_1-e_2)(\tau(x)-\mu(x))E)$. 所以 $C_l^{(1)}$ 和 $C_l^{(2)}$ 的生成多项式分别是 $f_1(x)=(x-1)(e_2\tau(x)+e_1\mu(x)+\nu(x))+(x-1)(e_1-e_2)(\tau(x)-\mu(x))=(x-1)(e_1\tau(x)+e_2\mu(x)+\nu(x))$ 和 $f_2(x)=(x-1)(e_2\tau(x)+e_1\mu(x)+\nu(x))$.

另一方面, 由引理 8.3.8 知, $\bar{\mathcal{Q}}$和$\bar{\mathcal{N}}$的生成多项式分别是$(x-1)q(x)=(x-1)(e_1\tau(x)+e_2\mu(x)+\nu(x))$ 和 $(x-1)n(x)=(x-1)(e_2\tau(x)+e_1\mu(x)+\nu(x))$. 所以, $C_l^{(1)}$ 和 $C_l^{(2)}$ 恰好是经典删余二次剩余码 $\bar{\mathcal{Q}}$ 和 $\bar{\mathcal{N}}$.

由引理 8.3.3 和定理 8.3.1 很容易得到下面的推论.

推论 8.3.1 C_l 的最小距离等于 $\mathcal{Q}-\bar{\mathcal{Q}}$ 的最小重量, 也等于 $\mathcal{N}-\bar{\mathcal{N}}$ 的最小重量.

8.3.3 量子二次剩余码的扩展码

在文献 [63] 中, Assmus 和 Mattson 构造出整体二次剩余码并把它们做了很好的扩展, 按照他们的方法, 下面构造出量子二次剩余码的扩展码, 与经典情形类似, 对于几乎所有的 l 而言, 量子二次剩余码的扩展码也以射影幺模群 $PSL_2(l)$ 作为自同构子群.

设 $K=\mathbf{Q}(\alpha)$ 是有理数域 $\mathbf{Q}$ 上的 p 次分圆域, $L=\mathbf{Q}(d_p)$ 是实二次域. 设 $\beta=\alpha^{n_0}$, 这里 n_0 是 $\mathcal{N}$ 中的一个固定元素. 用 $\mathrm{tr}(\gamma)$ 表示 K 中元素 γ 在 L 上的迹, 则有 $\mathrm{tr}(1)=(p-1)/2$, $\mathrm{tr}(\alpha^r)=E_1$, $\mathrm{tr}(\alpha^n)=E_2$, 其中 $r\in\mathcal{Q}$, $n\in\mathcal{N}$.

定义 O 上的矩阵

$$\widehat{G}=\begin{pmatrix} 11\cdots 1 & -\sqrt{p} \\ G & 0 \end{pmatrix} \tag{8-70}$$

其中, G 是 C 的一个生成矩阵.

记 $\widehat{C}$ 是由 $\widehat{G}$ 生成的 O-模. 显然, 对于任意的 $v,w\in\widehat{C}$ 都有 $v\cdot\bar{w}=0$. 通过关于 l 的模运算, 可以得到一个 A-线性码 $\widehat{C}_l$, 这里的 A 是对 O 在 $\mathrm{Mat}_2(\mathbf{Z})$ 中的像作模 l 运算得到的矩阵代数. 这样, 对于每一个 l, $\widehat{C}_l$ 都可以产生一个参数为 $[[p+1,0,d(l)]]_l$ 的量子码, 称其为量子二次剩余码 C_l 的扩展码.

设 C' 是 L 上由多项式 $(x-1)Q(x)$ 生成的线性码.

引理 8.3.9　$g(x)=\sum\limits_{i=0}^{p-1}\mathrm{tr}(\beta^i)x^i$ 是 C' 的一个生成多项式.

证　由于

$$g(1)=\sum_{i=0}^{p-1}\mathrm{tr}\left(\beta^i\right)=\mathrm{tr}\left(\sum_{i=0}^{p-1}\beta^i\right)=\mathrm{tr}(0)=0 \tag{8-71}$$

而且对于任意的 $r\in\mathcal{Q}$

$$\begin{aligned} g(\alpha^r)&=\sum_{i=0}^{p-1}\mathrm{tr}(\alpha^{n_0 i})\alpha^{ri}\\ &=\mathrm{tr}(1)+\sum_{i\in\mathcal{Q}}E_2\alpha^{ri}+\sum_{i\in\mathcal{N}}E_1\alpha^{ri}\\ &=\frac{p-1}{2}+2E_1E_2\\ &=0 \end{aligned} \tag{8-72}$$

所以

$$g(x)\in\langle(x-1)\mathcal{Q}(x)\rangle \tag{8-73}$$

因此, 存在多项式 $p(x)$, 使得

$$g(x)=(x-1)\mathcal{Q}(x)p(x) \tag{8-74}$$

另一方面, 对于任意的 $n\in\mathcal{N}$, 有

$$\begin{aligned} g(\alpha^n)&=\sum_{i=0}^{p-1}\mathrm{tr}(\alpha^{n_0 i})\alpha^{ni}\\ &=\mathrm{tr}(1)+\sum_{i\in\mathcal{Q}}E_2\alpha^{ni}+\sum_{i\in\mathcal{N}}E_1\alpha^{ni}\\ &=\frac{p-1}{2}+E_1^2+E_2^2 \end{aligned}$$

$$= p \neq 0 \tag{8-75}$$

所以 $p(\alpha^n) \neq 0$. 由于 $\mathcal{N}(x)$ 的根是 $\alpha^n, n \in \mathcal{N}$, 所以多项式 $p(x)$ 与 $\mathcal{N}(x)$ 互素. 因此存在多项式 $a(x)$ 和 $b(x)$, 使得 $a(x)p(x) + b(x)\mathcal{N}(x) = 1$. 这样有 $(x-1)\mathcal{Q}(x) = (x-1)a(x)p(x)\mathcal{Q}(x)+(x-1)b(x)\mathcal{N}(x)\mathcal{Q}(x)$, 即 $(x-1)\mathcal{Q}(x) = a(x)g(x)+(x-1)b(x)\mathcal{N}(x)\mathcal{Q}(x)$, 所以, $(x-1)\mathcal{Q}(x) \in \langle g(x) \rangle$.

总之, $g(x) = \sum\limits_{i=0}^{p-1} \mathrm{tr}(\beta^i)x^i$ 是 C' 的一个生成多项式.

定义矩阵

$$G_0 = \begin{pmatrix} \mathrm{tr}(1) & \mathrm{tr}(\beta) & \cdots & \mathrm{tr}(\beta^{p-1}) \\ \mathrm{tr}(\beta^{p-1}) & \mathrm{tr}(1) & \cdots & \mathrm{tr}(\beta^{p-2}) \\ \vdots & \vdots & & \vdots \\ \mathrm{tr}(\beta) & \mathrm{tr}(\beta^2) & \cdots & \mathrm{tr}(1) \end{pmatrix} \tag{8-76}$$

对于任意的 l, 对 G_0 做关于 l 的模运算可得矩阵 G_{0l}.

定理 8.3.2 除有限个 l 外, G_{0l} 是 C_l 的一个生成矩阵.

证 设 G_1 是由多项式 $(x-1)\mathcal{Q}(x)$ 所对应的循环矩阵, 那么 G_1 是 C' 的一个生成矩阵. 由引理 8.3.9, G_0 也是 C' 的一个生成矩阵, 所以存在 L 上的一个矩阵 T, 使得 $G_1 = TG_0$. 注意到 T 可以写成 $s^{-1}T_1$, 这里 $s \in \mathbf{Z}$, T_1 是 O 上的一个矩阵, 可得 $G_1 = s^{-1}T_1G_0$. 因此, 如果 s 不被 l 整除, 就有 $G_{1l} = s^{-1}T_{1l}G_{0l}$, 其中 G_{1l} 和 T_{1l} 是分别对 G_1 和 T_1 做关于 l 的模运算所得到的矩阵. 而 G_{1l} 是 C_l 的一个生成矩阵, 所以 G_{0l} 也是 C_l 的一个生成矩阵. 由于可整除 s 的 l 只有有限个, 所以除有限个 l 外, G_{0l} 是 C_l 的一个生成矩阵.

在讨论扩展量子二次剩余码的自同构群之前, 先给出下面的定理 8.3.3.

定理 8.3.3 设 C 是一个 A-线性码, M 是 A 上的一个单项矩阵且可以作用在 C 上. 如果 M 的非零项 (视为 A 上的线性变换) 都属于 $Sp_2(l)$, 那么 M 是 C 的一个自同构.

证 由定义易证.

下面来讨论扩展量子二次剩余码的自同构群.

对于任意的 $r \in Q$, 定义 τ, ρ_r 及 σ 如下: 任取 $(a_0, a_1, \cdots, a_{p-1}; a_\infty) \in L^{p+1}$, 令 $\tau(a_0, a_1, \cdots, a_{p-1}; a_\infty) = (a_{p-1}, a_0, \cdots, a_{p-2}; a_\infty)$, $\rho_r(a_0, a_1, \cdots, a_{p-1}; a_\infty) = (a_0, \cdots, a_{ri}, \cdots; a_\infty)$, $\sigma(a_0, a_1, \cdots, a_{p-1}; a_\infty) = (a_\infty, \cdots, \varepsilon_i a_{-1/i}, \cdots; a_0)$, 其中 $\varepsilon_i = \left(\dfrac{i}{l}\right)$.

记 τ_l, $\rho_{r,l}$ 及 σ_l 是分别由 τ, ρ_r 及 σ 所诱导的 $\widehat{C}_l$ 上的映射. 显然, τ_l 是 $\widehat{C}_l$ 的一个自同构.

定理 8.3.4 除有限个 l 外, $\rho_{r,l}$ 是 $\widehat{C}_l$ 的一个自同构.

证 由定理 8.3.2, 除有限个 l 外, G_{0l} 是 C_l 的一个生成矩阵, 所以只需证明除有限个 l 外, 对任意的 $1 \leqslant j \leqslant p-1$, 都有 $\rho_{r,l}(\mathrm{tr}(\beta^j), \cdots, \mathrm{tr}(\beta^{j+i}), \cdots; 0) \in \widehat{C}_l$ 即可. 然而, 除有限个 l 外, 对任意的 $1 \leqslant j \leqslant p-1$,

$$\begin{aligned}\rho_{r,l}(\mathrm{tr}(\beta^j), \cdots, \mathrm{tr}(\beta^{j+i}), \cdots; 0) &= (\mathrm{tr}(\beta^j), \cdots, \mathrm{tr}(\beta^{j+ri}), \cdots; 0)\\ &= (\mathrm{tr}(\beta^{r^{-1}j}), \cdots, \mathrm{tr}(\beta^{r^{-1}j+i}), \cdots; 0) \in \widehat{C}_l\end{aligned}$$

所以, 除有限个 l 外, $\rho_{r,l}$ 是 $\widehat{C}_l$ 的一个自同构.

下面将要证明除有限个 l 外, σ_l 也是 $\widehat{C}_l$ 的自同构.

记 $\widehat{C}'$ 为 $\widehat{G}$ 在 L 上生成的线性码, 那么有如下引理.

引理 8.3.10 $\sigma\widehat{C} \subseteq \widehat{C}'$.

证 只需证明 $\sigma(1, \cdots, 1;\ -\sqrt{p}) \in \widehat{C}'$ 及对于任意的 $(a_0, \cdots, a_{p-1};\ 0) \in \widehat{C}$, 都有 $\sigma(a_0, \cdots, a_{p-1};\ 0) \in \widehat{C}'$ 即可.

首先证明 $\sigma(1, \cdots, 1;\ -\sqrt{p}) \in \widehat{C}'$.

(1) 由于 $\sigma(1, \cdots, 1; -\sqrt{p}) = (-\sqrt{p}, \cdots, \varepsilon_i, \cdots; 1)$, 所以

$$\begin{aligned}&\sigma(1, \cdots, 1; -\sqrt{p}) \cdot \overline{(1, \cdots, 1; -\sqrt{p})}\\ &= -\sqrt{p} \cdot 1 + \sum_{i=1}^{p-1} \varepsilon_i + 1 \cdot \sqrt{p}\\ &= 0\end{aligned} \tag{8-77}$$

(2) 对于任意的 $1 \leqslant j \leqslant \dfrac{p-1}{2}$

$$\begin{aligned}&\sigma(1, \cdots, 1; -\sqrt{p}) \cdot \overline{(\mathrm{tr}(\beta^j), \cdots, \mathrm{tr}(\beta^{j+p-1}); 0)}\\ &= -\sqrt{p}\,\overline{\mathrm{tr}(\beta^j)} + \sum_{i=1}^{p-1} \varepsilon_i \overline{\mathrm{tr}(\beta^{j+i})}\\ &= -\sqrt{p}\,\overline{\mathrm{tr}(\beta^j)} + \sum_{i \in \mathcal{Q}} \overline{\mathrm{tr}(\beta^{j+i})} - \sum_{i \in \mathcal{N}} \overline{\mathrm{tr}(\beta^{j+i})}\\ &= -\sqrt{p}\,\overline{\mathrm{tr}(\beta^j)} + \overline{\mathrm{tr}\left(\beta^j \sum_{i \in \mathcal{Q}} \beta^i\right)} - \overline{\mathrm{tr}\left(\beta^j \sum_{i \in \mathcal{N}} \beta^i\right)}\\ &= -\sqrt{p}\,\overline{\mathrm{tr}(\beta^j)} + \bar{E}_2 \overline{\mathrm{tr}(\beta^j)} - \bar{E}_1 \overline{\mathrm{tr}(\beta^j)}\\ &= (-\sqrt{p} + E_1 - E_2)\overline{\mathrm{tr}(\beta^j)}\\ &= 0\end{aligned} \tag{8-78}$$

注意到 $\widehat{C}'$ 是在式 (8-79) 定义的内积意义下的自对偶码

$$\langle v, w\rangle = v\cdot\bar{w} = \sum_i v_i\bar{w}_i \tag{8-79}$$

其中, $v=(v_1,v_2,\cdots,v_n), w=(w_1,w_2\cdots,w_n)\in L^n$. 所以, 有 $\sigma(1,\cdots,1;-\sqrt{p})\in\widehat{C}'$.

接下来证明对于任意的 $(a_0,\cdots,a_{p-1};0)\in\widehat{C}$, 都有 $\sigma(a_0,\cdots,a_{p-1};0)\in\widehat{C}'$. 由于 $\sigma(\mathrm{tr}(\beta^j),\cdots,\mathrm{tr}(\beta^{j+p-1});0)=(0,\cdots,\varepsilon_i\mathrm{tr}(\beta^{j-1/i}),\cdots;\mathrm{tr}(\beta^j))$, 而且 $\sum_{i=1}^{p-1}\varepsilon_i\mathrm{tr}(\beta^{j-1/i})=(E_2-E_1)\mathrm{tr}(\beta^j)=-\sqrt{p}\mathrm{tr}(\beta^j)$, 所以, 只需证明 $\sum_{i=1}^{p-1}\varepsilon_i\mathrm{tr}(\beta^{j-1/i})x^i\in\langle\mathcal{Q}(x)\rangle$ 即可.

对于任意的 $r\in\mathcal{Q}$,

$$\sum_{i=1}^{p-1}\varepsilon_i\mathrm{tr}(\beta^{j-1/i})\alpha^{ri}=\sum_{i=1}^{p-1}\varepsilon_i\sum_{r'\in\mathcal{Q}}\alpha^{n_0r'(j-1/i)}\alpha^{ri}=\sum_{i,r'}\varepsilon_i\alpha^{ri+n_0r'(j-1/i)}.$$

这是一个关于 α 的整系数多项式, 其次数至多为 $p-1$. 对于任意的 $0\leqslant k\leqslant p-1$, α^k 的系数为 $\sum_{i,r'}\varepsilon_i$, 这里 i 取遍方程 $(ri)^2+(n_0r'j-k)(ri)-n_0r'r=0$ 的解. 由于常数项在 $\mathcal{N}$ 中, 所以多项式 $x^2+(n_0r'j-k)x-n_0r'r$ 在 $GF(p)$ 中无重根. 这样对于任意的 r',k, 这个多项式在 $GF(p)$ 中有两个相异的根, 其中一个在 $\mathcal{Q}$ 中, 而另一个在 $\mathcal{N}$ 中. 因此, 对于任意的 $r\in\mathcal{Q}$, $\sum_{i=1}^{p-1}\varepsilon_i\mathrm{tr}(\beta^{j-1/i})\alpha^{ri}=0$, 所以, $\sum_{i=1}^{p-1}\varepsilon_i\mathrm{tr}(\beta^{j-1/i})x^i\in\mathcal{Q}(x)$.

定理 8.3.5 除有限个 l 外, σ_l 是 $\widehat{C}_l$ 的自同构.

证 由于矩阵

$$\begin{pmatrix} 1 & 1 & \cdots & 1 & -\sqrt{p} \\ \mathrm{tr}(1) & \mathrm{tr}(\beta) & \cdots & \mathrm{tr}(\beta^{p-1}) & 0 \\ \mathrm{tr}(\beta^{p-1}) & \mathrm{tr}(1) & \cdots & \mathrm{tr}(\beta^{p-2}) & 0 \\ \vdots & \vdots & & \vdots & \vdots \\ \mathrm{tr}(\beta) & \mathrm{tr}(\beta^2) & \cdots & \mathrm{tr}(1) & 0 \end{pmatrix}$$

是 $\widehat{C}'$ 的一个生成矩阵 (引理 8.3.9) 及 $\sigma\widehat{C}\subseteq\widehat{C}'$(引理 8.3.10), 所以存在一个 $s\in\mathbf{Z}$

和 O 上的一个矩阵 T 使得

$$\begin{pmatrix} \sigma(1,1,\cdots,1;-\sqrt{p}) \\ \sigma(\mathrm{tr}(1),\mathrm{tr}(\beta),\cdots,\mathrm{tr}(\beta^{p-1});0) \\ \sigma(\mathrm{tr}(\beta^{p-1}),\mathrm{tr}(1),\cdots,\mathrm{tr}(\beta^{p-2});0) \\ \cdots\cdots \\ \sigma(\mathrm{tr}(\beta),\mathrm{tr}(\beta^2),\cdots,\mathrm{tr}(1);0) \end{pmatrix}$$

$$= s^{-1}T \begin{pmatrix} 1 & 1 & \cdots & 1 & -\sqrt{p} \\ \mathrm{tr}(1) & \mathrm{tr}(\beta) & \cdots & \mathrm{tr}(\beta^{p-1}) & 0 \\ \mathrm{tr}(\beta^{p-1}) & \mathrm{tr}(1) & \cdots & \mathrm{tr}(\beta^{p-2}) & 0 \\ \vdots & \vdots & & \vdots & \vdots \\ \mathrm{tr}(\beta) & \mathrm{tr}(\beta^2) & \cdots & \mathrm{tr}(1) & 0 \end{pmatrix} \tag{8-80}$$

如果 l 不是 s 的因子, 那么

$$s^{-1}T \begin{pmatrix} 1 & 1 & \cdots & 1 & -\sqrt{p} \\ \mathrm{tr}(1) & \mathrm{tr}(\beta) & \cdots & \mathrm{tr}(\beta^{p-1}) & 0 \\ \mathrm{tr}(\beta^{p-1}) & \mathrm{tr}(1) & \cdots & \mathrm{tr}(\beta^{p-2}) & 0 \\ \vdots & \vdots & & \vdots & \vdots \\ \mathrm{tr}(\beta) & \mathrm{tr}(\beta^2) & \cdots & \mathrm{tr}(1) & 0 \end{pmatrix} \subseteq \widehat{C}_l \tag{8-81}$$

所以, 除有限个 l 外,

$$\begin{pmatrix} \sigma(1,1,\cdots,1;-\sqrt{p}) \\ \sigma(\mathrm{tr}(1),\mathrm{tr}(\beta),\cdots,\mathrm{tr}(\beta^{p-1});0) \\ \sigma(\mathrm{tr}(\beta^{p-1}),\mathrm{tr}(1),\cdots,\mathrm{tr}(\beta^{p-2});0) \\ \cdots\cdots \\ \sigma(\mathrm{tr}(\beta),\mathrm{tr}(\beta^2),\cdots,\mathrm{tr}(1);0) \end{pmatrix} \subseteq \widehat{C}_l \tag{8-82}$$

然而由引理 8.3.2, 除有限个 l 外, 矩阵

$$\begin{pmatrix} 1 & 1 & \cdots & 1 & -\sqrt{p} \\ \mathrm{tr}(1) & \mathrm{tr}(\beta) & \cdots & \mathrm{tr}(\beta^{p-1}) & 0 \\ \mathrm{tr}(\beta^{p-1}) & \mathrm{tr}(1) & \cdots & \mathrm{tr}(\beta^{p-2}) & 0 \\ \vdots & \vdots & & \vdots & \vdots \\ \mathrm{tr}(\beta) & \mathrm{tr}(\beta^2) & \cdots & \mathrm{tr}(1) & 0 \end{pmatrix}$$

是 C_l 的一个生成矩阵, 因此, $\sigma_l\widehat{C}_l \subseteq \widehat{C}_l$. 所以, 除有限个 l 外, σ_l 是 $\widehat{C}_l$ 的自同构.

定理 8.3.6 除有限个 l 外, $\widehat{C}_l$ 的自同构群有一个子群, 其置换部分构成射影幺模群 $PSL_2(l)$.

证 只需证明除有限个 l 外, $\tau_l, \rho_{r,l}$ 及 σ_l' 生成 $PSL_2(l)$ 即可, 这里 σ_l' 是 σ_l 的置换部分.

$PSL_2(l)$ 的任意一个元素, $y \to \dfrac{ay+b}{cy+d}(ad-bc=1)$ 可写成$y \to a^2y+ab\Big(c=0$, 因此$d=1/a\Big)$, 或者写成 $y \to \dfrac{a}{c} - \dfrac{1}{c^2y+cd}\Big(c \neq 0$, 因此 $b=\dfrac{ad}{c}-\dfrac{1}{c}\Big)$. 而这些映射是 $\tau_l^{-ab}\rho_{a^2,l}$ 和 $\tau^{-a/c}\sigma_l'\tau_l^{-cd}\rho_{c^2,l}$. 所以, 除有限个 l 外, $\tau_l, \rho_{r,l}$ 及 σ_l' 生成 $PSL_2(l)$.

定理 8.3.7 设 $\widehat{C}_l$ 是分裂型线性的, 那么它的两个相伴码 $\widehat{C}_l^{(1)}$ 和 $\widehat{C}_l^{(2)}$ 恰好是经典删余二次剩余码的扩展码 $\widehat{\mathcal{Q}}$ 和 $\widehat{\mathcal{N}}$.

证 设 G 是 C 的一个生成矩阵. 由于 $\begin{pmatrix} 11\cdots1 & -\sqrt{p} \\ G & 0 \end{pmatrix}$ 是 $\widehat{C}$ 的一个生成矩阵, 所以 $\begin{pmatrix} 11\cdots1 & -\sqrt{p} \\ G_l & 0 \end{pmatrix}$ 是 $\widehat{C}_l$ 的一个生成矩阵, 这里的 G_l 是对 G 做关于模 l 的运算所得到的矩阵. 显然, G_l 是 C_l 的一个生成矩阵. 由于

$$\begin{aligned} &(1,1,\cdots,1;-\sqrt{p}) \\ =&(1,1,\cdots,1;-1-2E_1) \\ =&(1,1,\cdots;-1-2e_2-2(e_1-e_2)E) \\ =&(1,1,\cdots,1;-1-2e_2)+(0,0,\cdots,0;-2(e_1-e_2))E \end{aligned} \tag{8-83}$$

所以 $\begin{pmatrix} 11\cdots1 & -\sqrt{p} \\ G_l & 0 \end{pmatrix}$ 可以写成 $\begin{pmatrix} 11\cdots1 & -1-2e_2 \\ G_l' & 0 \end{pmatrix}+\begin{pmatrix} 00\cdots0 & -2(e_1-e_2) \\ G_l'' & 0 \end{pmatrix}E.$

因此, $\begin{pmatrix} 11\cdots1 & -1-2e_1 \\ G_l'+G_l'' & 0 \end{pmatrix}$ 和 $\begin{pmatrix} 11\cdots1 & -1-2e_2 \\ G_l' & 0 \end{pmatrix}$ 分别是 $\widehat{C}_l^{(1)}$ 和 $\widehat{C}_l^{(2)}$ 的生成矩阵. 然而, 由定理 8.3.1, $G_l'+G_l''$ 和 G_l' 分别是 $\bar{Q}$ 和 $\bar{N}$ 的生成矩阵. 设 $y=(1+2e_1)p^{-1}$, 那么 $-1-2e_1=-yp$, $-1-2e_2=yp$. 所以, $\widehat{C}_l^{(1)}$ 和 $\widehat{C}_l^{(2)}$ 恰好是经典删余二次剩余码的扩展码 $\widehat{\bar{Q}}$ 和 $\widehat{\bar{N}}$(注意 $p+(-yp)(yp)=p-(1+2e_1)^2=0$).

8.3.4 结束语

本节证明了分裂型线性量子二次剩余码 C_l 的两个相伴码 $C_l^{(1)}$ 和 $C_l^{(2)}$ 恰好就是经典删余二次剩余码 $\bar{Q}$ 和 $\bar{N}$, 由此可以通过经典二次剩余码来研究量子二次剩余码. 构造出量子二次剩余码的扩展码 $\widehat{C}_l$, 与经典情形类似, 对几乎所有的素数 l, 量子二次剩余码的扩展码 $\widehat{C}_l$ 都以射影幺模群 $PSL_2(l)$ 为自同构子群. 注意到扩展的量子二次剩余码都是自对偶的, 所以像 Calderbank 等所做的工作那样去进一步研究它们的重量分布将是一件非常有意义的工作.

8.4 量子纠错码的等价和保距同构

设 $GF(q)$ 是含元素个数为 $q=p^l$ 的有限域, 这里 p 是素数.

像经典编码理论一样, 在量子编码理论中对码的等价性研究也是非常重要的, 因此文献[29] 和文献[23] 提出了量子码的等价性概念, 然而, 迄今为止有关这方面的成果却很少. 首先介绍文献[23] 中关于量子码等价性概念的相关内容.

如同 8.3 节那样, 设 $GF(P)$ 上的线性空间 $V_n=(GF(p)\times GF(p))^n$, 而 V_n 的一个子空间 C 称为一个辛码.

设 C 和 D 是 V_n 的两个辛码, $\varphi: C\to D$ 是一个线性同构. 若 φ 保持距离 (重量), 则称 φ 为辛码间的保距 (保重) 同构. 显然, 辛码的保距同构与保重同构是一回事情. G_n 中的一个元素 g 称为一个等价映射. 显然等价映射 g 是保距同构, 而且若有 $g(C)=D$, 则必有 $g(C^\perp)=D^\perp$, 这里的 $C^\perp$ 和 $D^\perp$ 分别是 C 和 D 在辛内积意义下的对偶码.

设 C 和 D 是 $GF(q)$ 上的两个 $[n,k]$ 线性码, 双射 $\varphi: C\to D$ 称为单项等价, 如果它可以由一个单项矩阵 M 诱导出来, 即 M 是一个置换矩阵与一个可逆对角矩阵之积, 使得对任意码字 $c=(c_1,c_2,\cdots,c_n)\in C$, 都有 $\varphi(c)=cM$. 显然, 如果两个线性码 C 和 D 是单项等价的则它们也是保距 (保持 Hamming 距离) 同构的. MacWilliams 的一个著名定理[57] 是说两个经典线性码是单项等价的当且仅当它们是保距同构的. 对于这一重要结果, Bogart 等在文献[58] 中给出了一个初等证明, Ward 和 Wood 在文献[59] 中利用特征标理论给出了另一个证明. 进一步地发展特征标方法后, Wood 在文献[60] 中把这个结果推广到了有限 Frobenius 环上的线性码. 最近樊恽等在文献[61] 中又把该结果推广到了广义 Hamming 重量的情形. 本节研究了量子纠错码的等价性和保距同构, 推广了 Bogart 等[58] 的一些概念, 并给出若干基本定理, 这些定理对进一步研究量子码的等价性和保距同构是非常有用的. 在此基础上构造出一个反例, 证明了在量子情形下, MacWilliams 的这个定理是不成立的, 即一个量子码间的保距同构不一定是等价映射.

8.4.1 辛码间的保距同构

定义 8.4.1 设 W_1 和 W_2 是 $GF(p)^k$ 的两个子空间, 若从 W_1 和 W_2 中分别任取向量 u_1 和 u_2, 都有 $u_1 \cdot u_2 = 0$, 则称 W_1 和 W_2 是相互正交的, 记为 $W_1 \perp W_2$, 这里 $u_1 \cdot u_2$ 是 u_1 和 u_2 的标准内积.

设 $L_1, \cdots, L_{\mu(k)}$ 和 $P_1, \cdots, P_{\nu(k)}$ 分别是 $GF(p)^k$ 的所有一维子空间与二维子空间. 显然, $\mu(k) = (p^k-1)/(p-1)$, $\nu(k) = (p^k-1)(p^k-p)/(p^2-1)(p^2-p)$.

设 $S = (s_{ij})$ 和 $T = (t_{ij})$ 分别是有理数域 $\mathbf{Q}$ 上的 $\mu(k) \times \mu(k)$ 阶和 $\mu(k) \times \nu(k)$阶矩阵, 这里 $s_{ij} = \begin{cases} 0, & L_i \perp L_j \\ 1, & \text{其他} \end{cases}$, $t_{ij} = \begin{cases} 0, & L_i \perp P_j \\ 1, & \text{其他} \end{cases}$. 由 S, T 可构成有理数域$\mathbf{Q}$上的矩阵 $R = \begin{pmatrix} S & T \end{pmatrix}$.

显然, 上面定义的矩阵 R 是文献[58] 中矩阵 T 的一个自然推广.

设 C 是 V_n 的一个 k 维辛码, $X = (\alpha_1\beta_1\alpha_2\beta_2\cdots\alpha_n\beta_n)$ 是 C 的一个生成矩阵, 这里 α_i, β_i 是 k 维列向量, $1 \leqslant i \leqslant n$. 任取行向量 $u \in GF(p)^k$, 令 $\sigma(u) = uX$, 则可得到一个同构映射 $\sigma: GF(p)^k \to C$.

设 $\alpha_1, \alpha_2, \cdots, \alpha_m$ 是 $GF(p)$ 上的一个向量组, 用 $\langle\{\alpha_1, \alpha_2, \cdots, \alpha_m\}\rangle$ 表示由 $\alpha_1, \alpha_2, \cdots, \alpha_m$ 生成的向量子空间.

文献[58] 中的列向量 r 可以自然推广为下面的列向量 r^X.

定义 8.4.2 定义列向量 $s^X = (s_1^X, s_2^X, \cdots, s_{\mu(k)}^X)^t$, $t^X = (t_1^X, t_2^X, \cdots, t_{\nu(k)}^X)^t$ 和 $r^X = \begin{pmatrix} s^X \\ t^X \end{pmatrix}$, 其中 $s_i^X = |\{(\alpha_j\beta_j) | \langle\{\alpha_j, \beta_j\}\rangle = L_i, 1 \leqslant j \leqslant n\}|$, $1 \leqslant i \leqslant \mu(k)$, $t_i^X = |\{(\alpha_j\beta_j) | \langle\{\alpha_j, \beta_j\}\rangle = P_i, 1 \leqslant j \leqslant n\}|$, $1 \leqslant i \leqslant \nu(k)$.

文献[58] 中的引理 2 对于 Bogart 等的证明是至关重要的, 现将其推广为下面的引理 8.4.1.

引理 8.4.1 Rr^X 的第 i 个分量 $(Rr^X)_i = \omega(\sigma(L_i))$, $1 \leqslant i \leqslant \mu(k)$, 这里 $\omega(\sigma(L_i)) = \omega(\sigma(u_i))$, 其中 $0 \neq u_i \in L_i$.

证

$$(Rr^X)_i = \left(\begin{pmatrix} S & T \end{pmatrix} \begin{pmatrix} s^X \\ t^X \end{pmatrix} \right)_i$$

$$
\begin{aligned}
&=(Ss^X+Tt^X)_i=\sum_{j=1}^{\mu(k)} s_{ij}s_j^X+\sum_{j=1}^{\nu(k)} t_{ij}t_j^X\\
&=\sum_{L_j\text{与}L_i\text{不正交}} s_j^X+\sum_{P_j\text{与}L_i\text{不正交}} t_j^X\\
&=\sum_{L_j\text{与}L_i\text{不正交}} |\{(\alpha_{j'}\beta_{j'})|\langle\{\alpha_{j'},\beta_{j'}\}\rangle=L_j,1\leqslant j'\leqslant n\}|\\
&\quad+\sum_{P_j\text{与}L_i\text{不正交}} |\{(\alpha_{j'}\beta_{j'})|\langle\{\alpha_{j'},\beta_{j'}\}\rangle=P_j,1\leqslant j'\leqslant n\}|\\
&=\omega(u_iX)=\omega(\sigma(u_i))=\omega(\sigma(L_i))
\end{aligned}
$$

设 D 是 V_n 中的另一个辛码, $\varphi: C\to D$ 是一个线性同构, 将 φ 与前面的 σ 合成可得 $\tau: GF(p)^k\to D$. 令 $Y=\varphi(X)$, 则 Y 是 D 的一个生成矩阵.

定理 8.4.1 φ 是保距同构的充分必要条件是 $Rr^X=Rr^Y$, 即 r^X-r^Y 是线性方程组 $Rx=0$ 的一组解.

证 φ 是保距同构的当且仅当对于任意的行向量 $u\in GF(p)^k$, 都有 $\omega(\varphi(uX))=\omega(uX)$, 即 $\omega(\tau(u))=\omega(\sigma(u))$, 亦即 $\omega(\tau(u_i))=\omega(\sigma(u_i)), 1\leqslant i\leqslant\mu(k)$, 这里的 $u_i\in GF(p)^k$, 且 $\langle\{u_i\}\rangle=L_i, 1\leqslant i\leqslant\mu(k)$. 所以由引理 8.4.1, φ 是保距同构的当且仅当对任意的 $1\leqslant i\leqslant\mu(k)$, 都有 $(Rr^X)_i=(Rr^Y)_i$, $1\leqslant i\leqslant\mu(k)$, 即 $Rr^X=Rr^Y$ 成立.

由定理 8.4.1 可知, 矩阵 R 对于研究辛码间保距同构是至关重要的, 因此有必要做进一步研究. 下面给出两个相关定理.

定理 8.4.2 S 是可逆的. 若记 $S^{-1}=(a_{ij})_{\mu(k)\times\mu(k)}$, 则 $a_{ij}=\begin{cases}-\dfrac{p-1}{p^{k-1}}, & L_i\perp L_j\\ \dfrac{1}{p^{k-1}}, & \text{其他}\end{cases}$.

证 由于

$$
\sum_{l=1}^{\mu(k)} s_{il}s_{lj}=\begin{cases}\dfrac{p^k-p^{k-1}}{p-1}=p^{k-1}, & i=j\\ \dfrac{p^k-2p^{k-1}+p^{k-2}}{p-1}=p^{k-2}(p-1), & i\neq j\end{cases}\tag{8-84}
$$

所以

$$
S^2=\begin{pmatrix} p^{k-1} & p^{k-2}(p-1) & \cdots & p^{k-2}(p-1)\\ p^{k-2}(p-1) & p^{k-1} & \cdots & p^{k-2}(p-1)\\ \vdots & \vdots & & \vdots\\ p^{k-2}(p-1) & p^{k-2}(p-1) & \cdots & p^{k-1}\end{pmatrix}\tag{8-85}
$$

易知 S^2 是可逆的, 且

$$(S^2)^{-1}=\frac{1}{p^{2k-2}}\begin{pmatrix} p^k-(p-1) & -(p-1) & \cdots & -(p-1) \\ -(p-1) & p^k-(p-1) & \cdots & -(p-1) \\ \vdots & \vdots & & \vdots \\ -(p-1) & -(p-1) & \cdots & p^k-(p-1) \end{pmatrix} \tag{8-86}$$

注意到 $S^{-1}=(S^2)^{-1}S$, 所以

$$a_{ij}=\begin{cases} -\dfrac{p-1}{p^{2k-2}}\cdot\dfrac{p^k-p^{k-1}}{p-1}=-\dfrac{p-1}{p^{k-1}}, & L_i\perp L_j \\ \dfrac{p^k-(p-1)}{p^{2k-2}}-\dfrac{p-1}{p^{2k-2}}\cdot\left(\dfrac{p^k-p^{k-1}}{p-1}-1\right)=\dfrac{1}{p^{k-1}}, & \text{其他} \end{cases} \tag{8-87}$$

定理 8.4.3 记 $S^{-1}T=(a_{ij})_{\mu(k)\times\nu(k)}$, 则 $a_{ij}=\begin{cases}\dfrac{1}{p}, & L_i\subseteq P_j \\ 0, & \text{其他}\end{cases}$.

证 记 $S^{-1}=(b_{ij})_{\mu(k)\times\mu(k)}$.

(1) $L_i\subseteq P_j$,

$$\begin{aligned} a_{ij}&=\sum_{l=1}^{\mu(k)}b_{il}t_{lj}=\sum_{L_l\text{与}L_i\text{正交但不与}P_j\text{正交}}b_{il}t_{lj}+\sum_{L_l\text{既不与}L_i\text{正交也不与}P_j\text{正交}}b_{il}t_{lj} \\ &=-\frac{p-1}{p^{k-1}}\cdot\frac{p^{k-1}-p^{k-2}}{p-1}+\frac{1}{p^{k-1}}\cdot\frac{p^k-p^{k-1}}{p-1} \\ &=\frac{1}{p} \end{aligned} \tag{8-88}$$

(2) 其他,

$$\begin{aligned} a_{ij}&=\sum_{l=1}^{\mu(k)}b_{il}t_{lj}=\sum_{L_l\text{与}L_i\text{正交但不与}P_j\text{正交}}b_{il}t_{lj}+\sum_{L_l\text{既不与}L_i\text{正交也不与}P_j\text{正交}}b_{il}t_{lj} \\ &=-\frac{p-1}{p^{k-1}}\cdot\frac{p^{k-1}-p^{k-3}}{p-1}+\frac{1}{p^{k-1}}\cdot\frac{p^k-p^{k-1}-p^{k-2}+p^{k-3}}{p-1} \\ &=0 \end{aligned} \tag{8-89}$$

8.4.2 量子码间的保距同构

引理 8.4.2 设 C 是一个自对偶的辛码, 参数为 $[[n,0,d]]_p$, $X=(\alpha_1\beta_1\cdots\alpha_{m_1}\beta_{m_1}\alpha_{m_1+1}\beta_{m_1+1}\cdots\alpha_{m_1+m_2}\beta_{m_1+m_2}\alpha_{m_1+m_2+1}\beta_{m_1+m_2+1}\cdots\alpha_n\beta_n)$ 是 C 的一个

生成矩阵, 这里 $\alpha_i=(a_{1i},\cdots,a_{ni})^t,\quad \beta_i=(b_{1i},\cdots,b_{ni})^t,\quad 1\leqslant i\leqslant n$, 且

$$\dim\langle\{\alpha_i,\beta_i\}\rangle=\begin{cases}2, & 1\leqslant i\leqslant m_1\\ 1, & m_1+1\leqslant i\leqslant m_1+m_2\\ 0, & m_1+m_2\leqslant i\leqslant n\end{cases}$$

则 (1) 矩阵 $[\alpha_1\beta_1\cdots\alpha_{m_1}\beta_{m_1}]$ 生成的码 C_1 也是一个自对偶的;

(2) $m_1+m_2=n$;

(3) $\langle\{\alpha_i,\beta_i\}\rangle$ 不包含于 $\langle\{\alpha_1,\beta_1,\cdots,\alpha_{i-1},\beta_{i-1},\alpha_{i+1},\beta_{i+1},\cdots,\alpha_n,\beta_n\}\rangle$, $m_1+1\leqslant i\leqslant n$.

证　记 $\gamma_i=((a_{i1},b_{i1}),\cdots,(a_{in},b_{in}))$, $\gamma_i'=((a_{i1},b_{i1}),\cdots,(a_{im_1},b_{im_1}))$, $1\leqslant i\leqslant n$. 由于对于任意的 $1\leqslant i,j\leqslant n$, 有

$$\langle{\gamma'}_i,{\gamma'}_j\rangle=\sum_{l=1}^{m_1}(a_{il}b_{jl}-a_{jl}b_{il})=\sum_{l=1}^{n}(a_{il}b_{jl}-a_{jl}b_{il})=\langle\gamma_i,\gamma_j\rangle=0 \tag{8-90}$$

所以 C_1 是自正交的. 故 $\dim\langle\{\alpha_1,\beta_1,\cdots,\alpha_{m_1},\beta_{m_1}\}\rangle\leqslant m_1$. 设 $\xi_1,\cdots,\xi_m$ 是 $\alpha_1,\beta_1,\cdots,\alpha_{m_1},\beta_{m_1}$ 的一个极大线性无关组, 则显然有 $m\leqslant m_1$. 对任意的 $m_1+1\leqslant i\leqslant n$, 取 ξ_i, 使得 $\langle\{\alpha_i,\beta_i\}\rangle=\langle\{\xi_i\}\rangle$ 成立, 则 $\langle\{\xi_1,\cdots,\xi_m,\xi_{m_1+1},\cdots,\xi_n\}\rangle=\langle\{\alpha_1,\beta_1,\cdots,\alpha_n,\beta_n\}\rangle$, 所以, $\dim\langle\{\xi_1,\cdots,\xi_m,\xi_{m_1+1},\cdots,\xi_n\}\rangle=\dim\langle\{\alpha_1,\beta_1,\cdots,\alpha_n,\beta_n\}\rangle=n$. 因此 , $m=m_1$, 并且 $\xi_1,\cdots,\xi_n$ 是线性无关的. 所以

(1) 矩阵 $[\alpha_1\beta_1\cdots\alpha_{m_1}\beta_{m_1}]$ 生成的码 C_1 是一个自对偶的;

(2) $m_1+m_2=n$;

(3) $\langle\{\alpha_i,\beta_i\}\rangle$不包含于$\langle\{\alpha_1,\beta_1,\cdots,\alpha_{i-1},\beta_{i-1},\alpha_{i+1},\beta_{i+1},\cdots,\alpha_n,\beta_n\}\rangle$, $m_1+1\leqslant i\leqslant n$.

定理 8.4.4　设 C 是一个 $[[n,k,d]]_p$ 码, $X=(\alpha_1\beta_1\cdots\alpha_m\beta_m\alpha_{m+1}\beta_{m+1}\cdots\alpha_n\beta_n)$ 是 $C^{\perp}$ 的一个生成矩阵, 这里 α_i,β_i, $(1\leqslant i\leqslant n)$ 满足条件:

$$\dim\langle\{\alpha_i,\beta_i\}\rangle=\begin{cases}2, & 1\leqslant i\leqslant m\\ \leqslant 1, & m+1\leqslant i\leqslant n\end{cases}$$

则$\langle\{\alpha_i,\beta_i\}\rangle$不包含于$\langle\{\alpha_1,\beta_1,\cdots,\alpha_{i-1},\beta_{i-1},\alpha_{i+1},\beta_{i+1},\cdots,\alpha_n,\beta_n\}\rangle$, $m+1\leqslant i\leqslant n$.

证　否则, 存在 $m+1\leqslant i_0\leqslant n$, 使得

$$\langle\{\alpha_{i_0},\beta_{i_0}\}\rangle\subseteq\langle\{\alpha_1,\beta_1,\cdots,\alpha_{i_0-1},\beta_{i_0-1},\alpha_{i_0+1},\beta_{i_0+1},\cdots,\alpha_n,\beta_n\}\rangle \tag{8-91}$$

因此存在 $GF(p)$ 上的 $(2n-2)\times 2$ 矩阵 B, 使得

$$(\alpha_{i_0}\beta_{i_0})=(\alpha_1\beta_1\cdots\alpha_{i_0-1}\beta_{i_0-1}\alpha_{i_0+1}\beta_{i_0+1}\cdots\alpha_n\beta_n)B \tag{8-92}$$

由于 $C \subseteq C^{\perp}$, 所以存在自对偶码 D, 使得 $C \subseteq D = D^{\perp} \subseteq C^{\perp}$.

设 $X' = (\alpha'_1\beta'_1 \cdots \alpha'_n\beta'_n)$ 是 $D^{\perp}$ 的一个生成矩阵, 则存在 $GF(p)$ 上的 $n\times(n+k)$ 矩阵 A, 使得 $X' = AX$. 因此对任意的 $1 \leqslant i \leqslant n$, 都有 $(\alpha'_i\beta'_i) = A(\alpha_i\beta_i)$. 由于当 $m+1 \leqslant i \leqslant n$ 时, $\dim\langle\{\alpha_i, \beta_i\}\rangle \leqslant 1$, 故当 $m+1 \leqslant i \leqslant n$ 时, $\dim\langle\{\alpha'_i, \beta'_i\}\rangle \leqslant 1$. 所以

$$\begin{aligned}(\alpha'_{i_0}\beta'_{i_0}) =& A(\alpha_{i_0}\beta_{i_0}) \\ =& A(\alpha_1\beta_1 \cdots \alpha_{i_0-1}\beta_{i_0-1}\alpha_{i_0+1}\beta_{i_0+1} \cdots \alpha_n\beta_n)B \\ =& ((A(\alpha_1\beta_1)) \cdots (A(\alpha_{i_0-1}\beta_{i_0-1}))(A(\alpha_{i_0+1}\beta_{i_0+1})) \cdots (A(\alpha_n\beta_n)))B \\ =& (\alpha'_1\beta'_1 \cdots \alpha'_{i_0-1}\beta'_{i_0-1}\alpha'_{i_0+1}\beta'_{i_0+1} \cdots \alpha'_n\beta'_n)B \end{aligned} \tag{8-93}$$

这与引理 8.4.2 矛盾.

引理 8.4.3 取 $p=2$. 再设 C 和 D 分别是 $[[n,k,d]]$ 和 $[[n,k,d']]$ 码, 而 $X = (\alpha_1^X\beta_1^X\alpha_2^X\beta_2^X \cdots \alpha_n^X\beta_n^X)$ 和 $Y = (\alpha_1^Y\beta_1^Y\alpha_2^Y\beta_2^Y \cdots \alpha_n^Y\beta_n^Y)$ 分别是 $C^{\perp}$ 和 $D^{\perp}$的生成矩阵, $\varphi: C^{\perp} \to D^{\perp}$ 是一个保距同构. 记 $S^{-1}T = (a_{ij})_{\mu(n+k)\times\nu(n+k)}$, 若存在$1 \leqslant i_0 \leqslant \mu(n+k)$, 使得 $\sum\limits_{j=1}^{\nu(n+k)} a_{i_0j}(t_j^X - t_j^Y) \neq 0$ 成立. 则对任意的 $1 \leqslant l, m \leqslant \nu(n+k)$, 都有 $a_{i_0l}(t_l^X - t_l^Y)a_{i_0m}(t_m^X - t_m^Y) \geqslant 0$.

证 否则, 存在 $1 \leqslant l_0, m_0 \leqslant \nu(n+k)$, 使得 $a_{i_0l_0}(t_{l_0}^X - t_{l_0}^Y)a_{i_0m_0}(t_{m_0}^X - t_{m_0}^Y) < 0$. 因此, $a_{i_0l_0}(t_{l_0}^X - t_{l_0}^Y), a_{i_0m_0}(t_{m_0}^X - t_{m_0}^Y)$ 中有一个与 $s_{i_0}^X - s_{i_0}^Y = -\sum\limits_{j=1}^{\nu(n+k)} a_{i_0j}(t_j^X - t_j^Y)$ (定理 8.4.1)$\neq 0$ 同号. 不妨设 $a_{i_0l_0}(t_{l_0}^X - t_{l_0}^Y)$ 与 $s_{i_0}^X - s_{i_0}^Y = -\sum\limits_{j=1}^{\nu(n+k)} a_{i_0j}(t_j^X - t_j^Y)$ 同号, 即 L_{i_0}, P_{l_0} 在集合 $\{\langle\{\alpha_i^X, \beta_i^X\}\rangle | 1 \leqslant i \leqslant n\}$ 或在集合 $\{\langle\{\alpha_i^Y, \beta_i^Y\}\rangle | 1 \leqslant i \leqslant n\}$ 中同时出现. 由于 $a_{i_0l_0} \neq 0$, 所以由定理 8.4.3 可得 $L_{i_0} \subseteq P_{l_0}$, 这与定理 8.4.4 矛盾.

定理 8.4.5 取 $p=2$. 设 C 和 D 分别是 $[[n,k,d]]$ 和 $[[n,k,d']]$ 码. $X = (\alpha_1^X\beta_1^X\alpha_2^X\beta_2^X \cdots \alpha_n^X\beta_n^X)$ 和 $Y = (\alpha_1^Y\beta_1^Y\alpha_2^Y\beta_2^Y \cdots \alpha_n^Y\beta_n^Y)$ 分别是 $C^{\perp}$ 和 $D^{\perp}$的生成矩阵, $\varphi: C^{\perp} \to D^{\perp}$ 是一个保距同构, 则 $s^X = s^Y$.

证 记 $S^{-1}T = (a_{ij})_{\mu(n+k)\times\nu(n+k)}$. 如若不然, 存在 $1 \leqslant i_0 \leqslant \mu(n+k)$, 使得$s_{i_0}^X - s_{i_0}^Y \neq 0$. 因而由定理 8.4.1 可得 $\sum\limits_{j=1}^{\nu(n+k)} a_{i_0j}(t_j^X - t_j^Y) = -(s_{i_0}^X - s_{i_0}^Y) \neq 0$. 由引理 8.4.3, 要么对任意的 $1 \leqslant j \leqslant \nu(n+k)$, $a_{i_0j}(t_j^X - t_j^Y) \geqslant 0$; 要么对任意的 $1 \leqslant j \leqslant \nu(n+k)$, $a_{i_0j}(t_j^X - t_j^Y) \leqslant 0$. 不妨设对任意的 $1 \leqslant j \leqslant \nu(n+k)$, $a_{i_0j}(t_j^X - t_j^Y) \geqslant 0$. 由

于 $\sum_{j=1}^{\nu(n+k)} a_{i_0j}(t_j^X - t_j^Y) \neq 0$, 所以至少存在一个 $1 \leqslant j_0 \leqslant \nu(n+k)$, 使得 $a_{i_0j_0}(t_{j_0}^X - t_{j_0}^Y) > 0$. 由于 $a_{i_0j_0} \neq 0$, 所以由定理 8.4.3 可得 $L_{i_0} \subseteq P_{j_0}$. 注意到 P_{j_0} 共包含三个一维子空间, 所以存在不同的 $1 \leqslant i'_0, i''_0 \leqslant \mu(n+k)$, 使得 $P_{j_0} = L_{i_0} \cup L_{i'_0} \cup L_{i''_0}$ 成立.

设 $L_{i_0} = \langle\{\alpha\}\rangle$, $L_{i'_0} = \langle\{\beta\}\rangle$, $L_{i''_0} = \langle\{\gamma\}\rangle$. 下面分四种情形讨论:

(1) $\sum_{j=1}^{\nu(n+k)} a_{i'_0j}(t_j^X - t_j^Y) \neq 0, \quad \sum_{j=1}^{\nu(n+k)} a_{i''_0j}(t_j^X - t_j^Y) \neq 0.$

由于 $a_{ij} = \begin{cases} \frac{1}{p}, & L_i \subseteq P_j \\ 0, & \text{其他} \end{cases}$, 所以由定理 8.4.1 可知 $s_{i_0}^X - s_{i_0}^Y = -\sum_{j=1}^{\nu(n+k)} a_{i_0j}(t_j^X - t_j^Y)$, $s_{i'_0}^X - s_{i'_0}^Y = -\sum_{j=1}^{\nu(n+k)} a_{i'_0j}(t_j^X - t_j^Y)$, $s_{i''_0}^X - s_{i''_0}^Y = -\sum_{j=1}^{\nu(n+k)} a_{i''_0j}(t_j^X - t_j^Y) < 0$. 因此 $L_{i_0}, L_{i'_0}, L_{i''_0}$ 同时在集合 $\{\langle\{\alpha_i^Y, \beta_i^Y\}\rangle | 1 \leqslant i \leqslant n\}$ 中出现. 设 $L_{i_0} = \langle\{\alpha_{i_1}^Y, \beta_{i_1}^Y\}\rangle$, $L_{i'_0} = \langle\{\alpha_{i'_1}^Y, \beta_{i'_1}^Y\}\rangle$, $L_{i''_0} = \langle\{\alpha_{i''_1}^Y, \beta_{i''_1}^Y\}\rangle$, 则 $\langle\{\alpha_{i_1}^Y, \beta_{i_1}^Y\}\rangle \subseteq \langle\{\alpha_{i'_1}^Y, \beta_{i'_1}^Y, \alpha_{i''_1}^Y, \beta_{i''_1}^Y\}\rangle \subseteq P_{j_0}$, 这与定理 8.4.4 矛盾.

(2) $\sum_{j=1}^{\nu(n+k)} a_{i'_0j}(t_j^X - t_j^Y) \neq 0, \ \sum_{j=1}^{\nu(n+k)} a_{i''_0j}(t_j^X - t_j^Y) = 0.$

由于 $\sum_{j=1}^{\nu(n+k)} a_{i''_0j}(t_j^X - t_j^Y) = 0$, 且 $a_{i''_0j_0}(t_{j_0}^X - t_{j_0}^Y) > 0$($L_{i''_0} \subseteq P_{j_0}$ 及 $t_{i_0}^X - t_{j_0}^Y > 0$), 所以存在 $1 \leqslant j'_0 \leqslant \nu(n+k)$, 使得 $a_{i''_0j'_0}(t_{j'_0}^X - t_{j'_0}^Y) < 0$, 所以 $t_{j'_0}^X - t_{j'_0}^Y < 0$ 且 $a_{i''_0j'_0} \neq 0$. 再由定理 8.4.1 可得 $s_{i_0}^X - s_{i_0}^Y = -\sum_{j=1}^{\nu(n+k)} a_{i_0j}(t_j^X - t_j^Y)$, $s_{i'_0}^X - s_{i'_0}^Y = -\sum_{j=1}^{\nu(n+k)} a_{i'_0j}(t_j^X - t_j^Y) < 0$, 故 $L_{i_0}, L_{i'_0}, P_{j'_0}$ 同时在集合 $\{\langle\{\alpha_i^Y, \beta_i^Y\}\rangle | 1 \leqslant i \leqslant n\}$ 中出现. 设 $L_{i_0} = \langle\{\alpha_{i_1}^Y, \beta_{i_1}^Y\}\rangle$, $L_{i'_0} = \langle\{\alpha_{i'_1}^Y, \beta_{i'_1}^Y\}\rangle$, $P_{j'_0} = \langle\{\alpha_{j'_1}^Y, \beta_{j'_1}^Y\}\rangle$. 由于 $a_{i''_0j'_0} \neq 0$, 所以由定理 8.4.3 可知 $L_{i''_0} \subseteq P_{j'_0}$. 因此 $\gamma \in P_{j'_0}$, 但是 $\alpha + \beta = \gamma$, 所以 $\langle\{\alpha_{i_1}^Y, \beta_{i_1}^Y\}\rangle \subseteq \langle\{\alpha_{i'_1}^Y, \beta_{i'_1}^Y, \alpha_{j'_0}^Y, \beta_{j'_0}^Y\}\rangle$. 这与定理 8.4.4 矛盾.

(3) $\sum_{j=1}^{\nu(n+k)} a_{i'_0j}(t_j^X - t_j^Y) = 0, \quad \sum_{j=1}^{\nu(n+k)} a_{i''_0j}(t_j^X - t_j^Y) \neq 0.$

证明与 (2) 类似.

(4) $\sum_{j=1}^{\nu(n+k)} a_{i_0'j}(t_j^X - t_j^Y) = 0, \quad \sum_{j=1}^{\nu(n+k)} a_{i_0''j}(t_j^X - t_j^Y) = 0.$

由于 $a_{i_0j_0}(t_{j_0}^X - t_{j_0}^Y) > 0$, 所以 $a_{i_0'j_0}(t_{j_0}^X - t_{j_0}^Y) > 0$, $a_{i_0''j_0}(t_{j_0}^X - t_{j_0}^Y) > 0$, 因此存在 $1 \leqslant j_0', j_0'' \leqslant \nu(n+k)$, 使得 $a_{i_0'j_0'}(t_{j_0'}^X - t_{j_0'}^Y)$, $a_{i_0''j_0''}(t_{j_0''}^X - t_{j_0''}^Y) < 0$. 故 $L_{i_0}, P_{j_0'}, P_{j_0''}$ 同时在集合 $\{\langle\{\alpha_i^Y, \beta_i^Y\}\rangle | 1 \leqslant i \leqslant n\}$ 中出现. 设 $L_{i_0} = \langle\{\alpha_{i_1}^Y, \beta_{i_1}^Y\}\rangle$, $P_{j_0'} = \langle\{\alpha_{j_1'}^Y, \beta_{j_1'}^Y\}\rangle$, $P_{j_0''} = \langle\{\alpha_{j''_1}^Y, \beta_{j''_1}^Y\}\rangle$. 由于 $a_{i_0'j_0'} \neq 0$, $a_{i_0''j_0''} \neq 0$, 所以由定理 8.4.3 可得 $L_{i_0'} \subseteq P_{j_0'}$, $L_{i_0''} \subseteq P_{j_0''}$, 故 $\beta \in P_{j_0'}$, $\gamma \in P_{j_0''}$. 注意到 $\alpha = \beta + \gamma$, 所以 $\langle\{\alpha_{i_1}^Y, \beta_{i_1}^Y\}\rangle \subseteq \langle\{\alpha_{j_1'}^Y, \beta_{j_1'}^Y, \alpha_{j_1''}^Y, \beta_{j_1''}^Y\}\rangle$. 这与定理 8.4.4 矛盾.

8.4.3 应用

1. 一个反例

先给出两个关于等价映射的定理.

定理 8.4.6 设 C 和 D 是 V_n 的两个 k 维辛码, $X = (\alpha_1^X\beta_1^X\alpha_2^X\beta_2^X \cdots \alpha_n^X\beta_n^X)$ 和 $Y = (\alpha_1^Y\beta_1^Y\alpha_2^Y\beta_2^Y \cdots \alpha_n^Y\beta_n^Y)$ 分别是 C 和 D 的生成矩阵, $g \in G_n$ 是一个等价映射, 且 $Y = gX$, 则 $\sum_{i=1}^{\mu(k)} s_i^X = \sum_{i=1}^{\mu(k)} s_i^Y$, $t_i^X = t_i^Y$, $1 \leqslant i \leqslant \nu(k)$.

证 任取 $A \in Sp_2(p)$, 列向量 $\alpha, \beta \in GF(p)^k$, 记 $(\alpha'\beta') = (\alpha\beta)A$, 则 $\dim\langle\{\alpha', \beta'\}\rangle = \dim\langle\{\alpha, \beta\}\rangle$, 且当 $\dim\langle\{\alpha, \beta\}\rangle = 2$ 时,$\langle\{\alpha', \beta'\}\rangle = \langle\{\alpha, \beta\}\rangle$. 由于 $g \in G_n$, 所以存在 $A_i \in Sp_2(p)(1 \leqslant i \leqslant n)$, 使得$gX = (((\alpha_{i_1}^X\beta_{i_1}^X)A_1)((\alpha_{i_2}^X\beta_{i_2}^X)A_2) \cdots ((\alpha_{i_n}^X\beta_{i_n}^X)A_n))$, 再由 $Y = gX$ 可知定理成立.

定理 8.4.7 取 $p = 2$. 设 C 和 D 是 V_n 中的两个辛码, $X = (\alpha_1^X\beta_1^X\alpha_2^X\beta_2^X \cdots \alpha_n^X\beta_n^X)$ 和$Y = (\alpha_1^Y\beta_1^Y\alpha_2^Y\beta_2^Y \cdots \alpha_n^Y\beta_n^Y)$ 分别是 C 和 D 的生成矩阵. 则 C 和 D 是等价的, 即存在 $g \in G_n$, 使得 $Y = gX$ 的充分必要条件是 $\sum_{i=1}^{\mu(k)} s_i^X = \sum_{i=1}^{\mu(k)} s_i^Y$ 和 $t_i^X = t_i^Y$, $1 \leqslant i \leqslant \nu(k)$.

证 由于 $Sp_2(2)$ 与 $GF(2)$ 上的一般线性群 $GL_2(2)$ 同构, 所以对于任意的列向量$\alpha, \beta, \xi, \eta \in GF(2)^k$, 如果 $\langle\{\alpha, \beta\}\rangle = \langle\{\xi, \eta\}\rangle$, 那么存在 $A \in Sp_2(2)$, 使得 $(\xi\eta) = (\alpha\beta)A$. 因此如果 $\sum_{i=1}^{\mu(k)} s_i^X = \sum_{i=1}^{\mu(k)} s_i^Y$ 和 $t_i^X = t_i^Y$, $1 \leqslant i \leqslant \nu(k)$, 则存在$g \in G_n$, 使得 $Y = gX$. 再由定理 8.4.6 可知定理成立.

取 $p=2, k=4$, 则 $\mu(k)=15$, $\nu(k)=35$. 记

$$\begin{array}{llll}
\gamma_1=(1,0,0,0)^{\mathrm{t}}, & \gamma_2=(0,1,0,0)^{\mathrm{t}}, & \gamma_3=(1,1,0,0)^{\mathrm{t}}, & \gamma_4=(0,0,1,0)^{\mathrm{t}}, \\
\gamma_5=(1,0,1,0)^{\mathrm{t}}, & \gamma_6=(0,1,1,0)^{\mathrm{t}}, & \gamma_7=(1,1,1,0)^{\mathrm{t}}, & \gamma_8=(0,0,0,1)^{\mathrm{t}}, \\
\gamma_9=(1,0,0,1)^{\mathrm{t}}, & \gamma_{10}=(0,1,0,1)^{\mathrm{t}}, & \gamma_{11}=(1,1,0,1)^{\mathrm{t}}, & \gamma_{12}=(0,0,1,1)^{\mathrm{t}}, \\
\gamma_{13}=(1,0,1,1)^{\mathrm{t}}, & \gamma_{14}=(0,1,1,1)^{\mathrm{t}}, & \gamma_{15}=(1,1,1,1)^{\mathrm{t}}; & \\
L_1=\langle\{\gamma_1\}\rangle, & L_2=\langle\{\gamma_2\}\rangle, & L_3=\langle\{\gamma_3\}\rangle, & L_4=\langle\{\gamma_4\}\rangle, \\
L_5=\langle\{\gamma_5\}\rangle, & L_6=\langle\{\gamma_6\}\rangle, & L_7=\langle\{\gamma_7\}\rangle, & L_8=\langle\{\gamma_8\}\rangle, \\
L_9=\langle\{\gamma_9\}\rangle, & L_{10}=\langle\{\gamma_{10}\}\rangle, & L_{11}=\langle\{\gamma_{11}\}\rangle, & L_{12}=\langle\{\gamma_{12}\}\rangle, \\
L_{13}=\langle\{\gamma_{13}\}\rangle, & L_{14}=\langle\{\gamma_{14}\}\rangle, & L_{15}=\langle\{\gamma_{15}\}\rangle; & \\
P_1=\langle\{\gamma_1,\gamma_2\}\rangle, & P_2=\langle\{\gamma_1,\gamma_4\}\rangle, & P_3=\langle\{\gamma_1,\gamma_6\}\rangle, & P_4=\langle\{\gamma_1,\gamma_8\}\rangle, \\
P_5=\langle\{\gamma_1,\gamma_{10}\}\rangle, & P_6=\langle\{\gamma_1,\gamma_{12}\}\rangle, & P_7=\langle\{\gamma_1,\gamma_{14}\}\rangle, & P_8=\langle\{\gamma_2,\gamma_4\}\rangle, \\
P_9=\langle\{\gamma_2,\gamma_5\}\rangle, & P_{10}=\langle\{\gamma_2,\gamma_8\}\rangle, & P_{11}=\langle\{\gamma_2,\gamma_9\}\rangle, & P_{12}=\langle\{\gamma_2,\gamma_{12}\}\rangle, \\
P_{13}=\langle\{\gamma_2,\gamma_{13}\}\rangle, & P_{14}=\langle\{\gamma_3,\gamma_4\}\rangle, & P_{15}=\langle\{\gamma_3,\gamma_5\}\rangle, & P_{16}=\langle\{\gamma_3,\gamma_8\}\rangle, \\
P_{17}=\langle\{\gamma_3,\gamma_9\}\rangle, & P_{18}=\langle\{\gamma_3,\gamma_{12}\}\rangle, & P_{19}=\langle\{\gamma_3,\gamma_{13}\}\rangle, & P_{20}=\langle\{\gamma_4,\gamma_8\}\rangle, \\
P_{21}=\langle\{\gamma_4,\gamma_9\}\rangle, & P_{22}=\langle\{\gamma_4,\gamma_{10}\}\rangle, & P_{23}=\langle\{\gamma_4,\gamma_{11}\}\rangle, & P_{24}=\langle\{\gamma_5,\gamma_8\}\rangle, \\
P_{25}=\langle\{\gamma_5,\gamma_9\}\rangle, & P_{26}=\langle\{\gamma_5,\gamma_{10}\}\rangle, & P_{27}=\langle\{\gamma_5,\gamma_{11}\}\rangle, & P_{28}=\langle\{\gamma_6,\gamma_8\}\rangle, \\
P_{29}=\langle\{\gamma_6,\gamma_9\}\rangle, & P_{30}=\langle\{\gamma_6,\gamma_{10}\}\rangle, & P_{31}=\langle\{\gamma_6,\gamma_{11}\}\rangle, & P_{32}=\langle\{\gamma_7,\gamma_8\}\rangle, \\
P_{33}=\langle\{\gamma_7,\gamma_9\}\rangle, & P_{34}=\langle\{\gamma_7,\gamma_{10}\}\rangle, & P_{35}=\langle\{\gamma_7,\gamma_{11}\}\rangle &
\end{array}$$

由定理 8.4.5 和定理 8.4.7, 为了得到一个不是等价映射的二元量子码间的保距同构, 需要找线性方程组 $S^{-1}Tx=0$ 的一组非零整数解. 由定理 8.4.3 可得

$$S^{-1}T=\frac{1}{2}\left(\begin{array}{ccccccccccccccccccccccccccccccccccc}
1&1&1&1&1&1&1&0&0&0&0&0&0&0&0&0&0&0&0&0&0&0&0&0&0&0&0&0&0&0&0&0&0&0&0\\
1&0&0&0&0&0&0&1&1&1&1&1&1&0&0&0&0&0&0&0&0&0&0&0&0&0&0&0&0&0&0&0&0&0&0\\
1&0&0&0&0&0&0&0&0&0&0&0&0&1&1&1&1&1&1&0&0&0&0&0&0&0&0&0&0&0&0&0&0&0&0\\
0&1&0&0&0&0&0&1&0&0&0&0&0&1&0&0&0&0&0&1&1&1&1&0&0&0&0&0&0&0&0&0&0&0&0\\
0&1&0&0&0&0&0&0&1&0&0&0&0&0&1&0&0&0&0&0&0&0&0&1&1&1&1&0&0&0&0&0&0&0&0\\
0&0&1&0&0&0&0&1&0&0&0&0&0&0&1&0&0&0&0&0&0&0&0&0&0&0&0&1&1&1&1&0&0&0&0\\
0&0&1&0&0&0&0&0&1&0&0&0&0&1&0&0&0&0&0&0&0&0&0&0&0&0&0&0&0&0&0&1&1&1&1\\
0&0&0&1&0&0&0&0&0&1&0&0&0&0&0&1&0&0&0&1&0&0&0&1&0&0&0&1&0&0&0&1&0&0&0\\
0&0&0&1&0&0&0&0&0&0&1&0&0&0&0&0&1&0&0&0&1&0&0&0&1&0&0&0&1&0&0&0&1&0&0\\
0&0&0&0&1&0&0&0&0&1&0&0&0&0&0&1&0&0&0&0&0&1&0&0&0&1&0&0&0&1&0&0&0&1&0\\
0&0&0&0&1&0&0&0&0&0&1&0&0&0&0&1&0&0&0&0&0&0&1&0&0&0&1&0&0&0&1&0&0&0&1\\
0&0&0&0&0&1&0&0&0&0&0&1&0&0&0&0&0&1&0&1&0&0&0&0&1&0&0&0&0&1&0&0&0&0&1\\
0&0&0&0&0&1&0&0&0&0&0&0&1&0&0&0&0&0&1&0&1&0&0&1&0&0&0&0&0&0&1&0&0&1&0\\
0&0&0&0&0&0&1&0&0&0&0&1&0&0&0&0&0&0&1&0&0&1&0&0&0&0&1&1&0&0&0&0&1&0&0\\
0&0&0&0&0&0&1&0&0&0&0&0&1&0&0&0&0&1&0&0&0&0&1&0&0&1&0&0&1&0&0&1&0&0&0
\end{array}\right)$$

容易找到线性方程组 $S^{-1}Tx=0$ 的一组非零整数解

$x_0=(0,1,1,-1,-1,0,0,-1,-1,1,1,0,0,0,0,0,0,0,0,0,0,0,0,0,0,0,0,0,0,0,0,0,0,0,0)^{\mathrm{T}}$. 由此构造 $GF(2)$ 上的两个生成矩阵

$$X=\begin{pmatrix} (& (1,0) & (1,0) & (0,0) & (0,1) &) \\ (& (0,0) & (0,1) & (1,0) & (1,0) &) \\ (& (0,1) & (0,1) & (0,0) & (0,0) &) \\ (& (0,0) & (0,0) & (0,1) & (0,1) &) \end{pmatrix}, Y=\begin{pmatrix} (& (1,0) & (1,0) & (0,0) & (0,1) &) \\ (& (0,0) & (0,1) & (1,0) & (1,0) &) \\ (& (0,0) & (0,0) & (0,1) & (0,1) &) \\ (& (0,1) & (0,1) & (0,0) & (0,0) &) \end{pmatrix}$$

显然, X 和 Y 生成同一个辛码 C, 其参数为 $[[4,02]]$, $t^X=(0,1,1,0,0,0,0,0,0,1,1,0,0,0,0,0,0,0,0,0,0,0,0,0,0,0,0,0,0,0,0,0,0,0,0,0)$, $t^Y=(0,0,0,1,1,0,0,1,1,0,0,0,0,0,0,0,0,0,0,0,0,0,0,0,0,0,0,0,0,0,0,0,0,0,0,0)$, 且 $x_0=t^X-t^Y$. 令 $\varphi:C\to C$, 使得 $Y=\varphi(X)$. 由定理 8.4.1, φ 是一个保距同构. 但由定理 8.4.6 $\varphi\notin G_4$, 即 φ 不是一个等价映射. 因此在量子情形, MacWilliams 的一个结论[57] 不成立.

由于量子码间的一个等价映射是保持辛内积的, 所以一个自然的问题是, 量子码间保持辛内积的保距同构是不是等价映射呢? 对于这个问题, 下面的定理 8.4.8 给出了一个否定的回答.

定理 8.4.8 取 $p=2$, C 和 D 是 V_n 中的两个辛码, $\varphi:C\to D$ 是一个线性变换, 若 φ 是保距同构, 则 φ 保持辛内积.

证 任取 $\alpha,\beta\in C$, $\alpha\neq\beta$, 设 $\alpha=((a_1,b_1),\cdots,(a_n,b_n))$, $\beta=((c_1,d_1),\cdots,(c_n,d_n))$. 记 $\varphi(\alpha)=((a_1',b_1'),\cdots,(a_n',b_n'))$, $\varphi(\beta)=((c_1',d_1'),\cdots,(c_n',d_n'))$. 令 n_1 为集合 $\left\{\begin{pmatrix} a_i & b_i \\ c_i & d_i\end{pmatrix}\middle| 1\leqslant i\leqslant n\right\}$ 中可逆矩阵的个数, n_2, n_3 和 n_4 分别为集合 $\left\{\begin{pmatrix} a_i & b_i \\ c_i & d_i\end{pmatrix}\middle| 1\leqslant i\leqslant n\right\}$ 中形如 $\begin{pmatrix} x & y \\ x & y\end{pmatrix}$, $\begin{pmatrix} x & y \\ 0 & 0\end{pmatrix}$ 和 $\begin{pmatrix} 0 & 0 \\ x & y\end{pmatrix}$ 的矩阵个数, 这里的 $(x,y)\neq 0$. 类似地, 令 n_1' 为集合 $\left\{\begin{pmatrix} a_i' & b_i' \\ c_i' & d_i'\end{pmatrix}\middle| 1\leqslant i\leqslant n\right\}$ 中可逆矩阵的个数, n_2', n_3' 和 n_4' 分别为集合 $\left\{\begin{pmatrix} a_i' & b_i' \\ c_i' & d_i'\end{pmatrix}\middle| 1\leqslant i\leqslant n\right\}$ 中形如 $\begin{pmatrix} x & y \\ x & y\end{pmatrix}$, $\begin{pmatrix} x & y \\ 0 & 0\end{pmatrix}$ 和 $\begin{pmatrix} 0 & 0 \\ x & y\end{pmatrix}$ 的矩阵个数, 这里的 $(x,y)\neq 0$. 由于 $\omega(\varphi(\alpha))=\omega(\alpha)$, $\omega(\varphi(\beta))=\omega(\beta)$, $\omega(\varphi(\alpha)+\varphi(\beta))=\omega(\varphi(\alpha+\beta))=\omega(\alpha+\beta)$, 所以

$$\begin{cases} n_1+n_2+n_3=n_1'+n_2'+n_3' \\ n_1+n_2+n_4=n_1'+n_2'+n_4' \\ n_1+n_3+n_4=n_1'+n_3'+n_4' \end{cases} \tag{8-94}$$

即

$$\begin{cases} (n_1-n_1')+(n_2-n_2')+(n_3-n_3')=0 \\ (n_1-n_1')+(n_2-n_2')+(n_4-n_4')=0 \\ (n_1-n_1')+(n_3-n_3')+(n_4-n_4')=0 \end{cases} \tag{8-95}$$

因此 $(n_1-n_1', n_2-n_2', n_3-n_3', n_4-n_4')^t$ 是线性方程组 $\begin{cases} x_1+x_2+x_3=0 \\ x_1+x_2+x_4=0 \\ x_1+x_3+x_4=0 \end{cases}$ 的解.

注意到这个方程组的通解为 $a(-2,1,1,1)^t$, 故 n_1-n_1' 是个偶数. 由于 $\langle\varphi(\alpha), \varphi(\beta)\rangle = n_1' = n_1 = \sum_{i=1}^{n}(a_id_i-b_ic_i) = \langle\alpha,\beta\rangle$, 所以 φ 保持内积.

2. V_n 上的保距同构

定理 8.4.9 设 φ 是 V_n 上的一个保距同构, 那么 φ 也是一个等价映射.

证 设 $X=(\alpha_1^X\beta_1^X\alpha_2^X\beta_2^X\cdots\alpha_n^X\beta_n^X)$ 和 $Y=(\alpha_1^Y\beta_1^Y\alpha_2^Y\beta_2^Y\cdots\alpha_n^Y\beta_n^Y)$ 是 V_n 的两个生成矩阵, 且 $Y=\varphi X$. 由于矩阵 X 和 Y 的秩都是 $2n$, 所以 $s_i^X=s_i^Y=0$, $1\leqslant i\leqslant\mu(2n)$. 因此只需要证明 $t_j^X=t_j^Y$, $1\leqslant j\leqslant\nu(2n)$ 即可.

否则, 存在 $1\leqslant j_0\leqslant\nu(2n)$, 使得 $t_{j_0}^X\neq t_{j_0}^Y$. 不妨设 $t_{j_0}^X-t_{j_0}^Y>0$. 取 P_{j_0} 的三个不同一维子空间 $L_{i_1}=\langle\{\alpha\}\rangle$, $L_{i_2}=\langle\{\beta\}\rangle$ 和 $L_{i_3}=\langle\{\gamma\}\rangle$. 显然, α,β,γ 中至少有一个向量可被另外两个向量线性表示, 不妨设 α 可被 β 和 γ 线性表示. 由于 φ 是保距的, 所以由定理 8.4.1 和定理 8.4.2 可知 t^X-t^Y 是线性方程组 $S^{-1}Tx=0$ 的一个非零解. 由线性方程组 $S^{-1}Tx=0$ 的第 i_1,i_2,i_3 个方程可知存在不同的j_1,j_2,j_3 使得 $L_{i_1}\subseteq P_{j_1}$, $L_{i_2}\subseteq P_{j_2}$, $L_{i_3}\subseteq P_{j_3}$, 且 $t_{j_1}^X-t_{j_1}^Y$, $t_{j_2}^X-t_{j_2}^Y$, $t_{j_3}^X-t_{j_3}^Y<0$. 所以 P_{j_1}, P_{j_2}, P_{j_3} 在集合 $\{\langle\{\alpha_j^Y,\beta_j^Y\}\rangle|1\leqslant j\leqslant n\}$ 中同时出现, 不妨设 $P_{j_1}=\left\langle\left\{\alpha_{j_1'}^Y,\beta_{j_1'}^Y\right\}\right\rangle$, $P_{j_2}=\left\langle\left\{\alpha_{j_2'}^Y,\beta_{j_2'}^Y\right\}\right\rangle$, $P_{j_3}=\left\langle\left\{\alpha_{j_3'}^Y,\beta_{j_3'}^Y\right\}\right\rangle$. 注意到 $\alpha\in P_{j_1}$, $\beta\in P_{j_2}$, $\gamma\in P_{j_3}$, 所以, $\left\langle\left\{\alpha_{j_1'}^Y,\beta_{j_1'}^Y\right\}\right\rangle\bigcap\left\langle\left\{\alpha_{j_2'}^Y,\beta_{j_2'}^Y,\alpha_{j_3'}^Y,\beta_{j_3'}^Y\right\}\right\rangle\neq\{0\}$. 这与矩阵 Y 的秩是 $2n$ 相矛盾.

8.4.4 结束语

本节研究了量子纠错码的等价性和保距同构, 推广了 Bogart 等[58] 的一些概念, 并给出若干基本引理和定理, 其中有的结论是对 Bogart 等的结果的推广, 而且这些定理对进一步研究量子码的等价性和保距同构将是非常有用的. 在此基础上构造出一个反例, 证明了在量子情形下, MacWilliams 的一个著名定理是不成立的, 即一个量子码间的保距同构不一定是等价映射. 此外本节还刻画了 V_n 上的保距同构.

8.5 非二元量子循环码的一种图论方法构造

2001 年, Schlingemann 和 Werner[36] 提出了通过构造具有某些特性的图 (或者说矩阵) 来构造量子码的方法, 与其他方法相比用图论方法构造出来的量子码更具备物理和几何上的直观性, 但构造起来却更加困难. 他们利用这种所谓的图论方法构造出很多好的量子码. 特别地, 他们给出了量子码 $[[5,1,3]]_p$ ($p \geqslant 3$ 为素数) 的一个新构造. 2002 年, 冯克勤[49] 用此方法构造出量子码 $[[6,2,3]]_p(p \geqslant 3)$ 和 $[[7,3,3]]_p(p \geqslant 3)$. 与经典情形类似, 在量子纠错编码理论中也存在 Singleton 界: 对于任意量子码 $[[n,k,d]]_p$ 都有 $n \geqslant k+2d-2$(参看文献[12, 23]). 显然, 上面所提到的量子码都达到了量子 Singleton 界. 同年 Grassl 等[64] 证明了如下的事实: 在有限域上, 任意一个量子 (稳定子) 码与某个图量子码等价, 反之亦然. 在这一节, 给出一个通过图论方法构造非二元量子循环码的方法及一个具体的例子; 构造出达到量子 Singleton 界的量子码 $[[8,2,4]]_p(p \geqslant 3)$ 和 $[[n,n-2,2]]_p(p \geqslant 3)$(与经典码 $[n,n-1,2]_p$ 不同, 量子码 $[[n,n-2,2]]_p$ 的构造不是平凡的).

8.5.1 基本构造方法

下面介绍 Schlingemann 和 Werner[36] 所提出的构造量子码的图论方法. 设 X 和 Y 是两个互不相交的集合, 且 $|X|=k$, $|Y|=n$, $G=(V(G),E(G))$ 是一个以 $V=V(G)=X\cup Y$ 为点集, 以 $E=E(G)=V\times V$ 为边集的加权图, 它的任意边 $\overline{uv}\in E(u,v\in V)$ 的权为 $a_{uv}(=a_{vu})\in GF(p)$. 显然, 这样的一个图由 $GF(p)$ 上的一个 $(n+k)\times(n+k)$ 对称矩阵 $A=A(G)=(a_{uv})_{u,v\in V}$ 所完全确定.

任取 V 的两个子集 S 和 T, 记 $A_{ST}=A_{ST}(G)=(a_{uv})_{u\in S,v\in T}$. 显然, A_{ST} 是 A 的一个 $|S|\times|T|$ 子阵. 类似地, 向量空间 $GF(p)^{|V|}=GF(p)^{n+k}$ 中的任意一个向量可写成$d^V=\begin{pmatrix} d^{v_1} \\ \vdots \\ d^{v_{n+k}} \end{pmatrix}=\{d^v\,|v\in V\}$ 的形式, 这里 $V=\{v_1,\cdots,v_{n+k}\}$, $d^{v_i}\in GF(p)$.

对于 V 的任意一个子集 S, 记 $d^S=\{d^s\,|s\in S|\}\in GF(p)^{|S|}$.

例如, 设 E 是 Y 的一个含有 $d-1$ 个元素的子集, $I=Y\backslash E$, 那么 d^V 可写成

$d^V=\begin{pmatrix} d^X \\ d^E \\ d^I \end{pmatrix}$ 的形式, $A=A(G)$ 和 d^V 的乘积可表示为

$$Ad^V = \begin{pmatrix} A_{XX} & A_{XE} & A_{XI} \\ A_{EX} & A_{EE} & A_{EI} \\ A_{IX} & A_{IE} & A_{II} \end{pmatrix} \begin{pmatrix} d^X \\ d^E \\ d^I \end{pmatrix} = \begin{pmatrix} c^X \\ c^E \\ c^I \end{pmatrix} \tag{8-96}$$

下面给出 Schlingemann 和 Werner 两人的主要结论.

引理 8.5.1[36] 设 $d \geqslant 2, k \geqslant 0, n \geqslant k+2d-2, p$ 是一个奇素数, X 和 Y 是两个互不相交的集合, 且 $|X|=k, |Y|=n, G=(V(G), E(G))$ 是一个以 $V=V(G)=X \cup Y$ 为点集, 以 $E=E(G)=V \times V$ 为边集的加权图, 它的任意边 $\overline{uv} \in E(u, v \in V)$ 的权为 $a_{uv}(=a_{vu}) \in GF(p)$. 如果图 G(或者说矩阵 $A=A(G)=(a_{uv})$) 满足条件: 对于 Y 的任意一个含有 $d-1$ 个元素的子集 E, 由 $A_{IX}d^X + A_{IE}d^E = O^I$ 可推出 $d^X = O^X$ 和 $A_{XE}d^E = O^X$, 那么一定存在一个量子 (稳定子) 码 $[[n,k,d]]_p$, 这里的 $I = Y \backslash E$, 而 O^I 和 O^X 分别是向量空间 $GF(p)^{|I|} = GF(p)^{n-d+1}$ 和 $GF(p)^{|X|} = GF(p)^k$ 中的零向量.

引理 8.5.2[36] 设 $d \geqslant 2, k \geqslant 0, n = k+2d-2, p$ 是一个奇素数, X 和 Y 是两个互不相交的集合, 且 $|X|=k$, $|Y|=n$, 如果存在 $GF(p)$ 上的一个 $n+k$ 阶对称方阵 $A=(a_{uv})_{u,v \in X \cup Y}$, 使得对于 Y 的任意一个含有 $d-1$ 个元素的子集 E, A 的子阵 $\begin{bmatrix} A_{IX} & A_{IE} \end{bmatrix}$ 都是可逆的, 那么一定存在达到量子 Singleton 界的量子码 $[[n,k,d]]_p$, 这里的 $I = Y \backslash E$.

下面的引理 8.5.3 是非常有用的.

引理 8.5.3 设 $X=\{x_1, x_2, \cdots, x_k\}$ 和 $Y=\{y_i | i \in \mathbf{Z}/n\mathbf{Z}\}$ $(k<n)$ 是两个互不相交的集合, $A=\begin{bmatrix} A_{YX} & A_{YY} \end{bmatrix}$ 是 $GF(p)$ 上的一个 $n \times (n+k)$ 矩阵, 对于 $d=(n-k+2)/2 \geqslant 2$, 任取 Y 的含有 $d-1$ 个元素的子集 $E=\{y_{i_1}, y_{i_2}, \ldots, y_{i_{d-1}}\}$, 记 $E_1=\{y_{i_1+1}, y_{i_2+1}, \cdots, y_{i_{d-1}+1}\}$, $I=Y \backslash E$, $I_1 = Y \backslash E_1$. 若 $A_{YY}=(a_{y_i y_j})$ 是一个循环矩阵, 即它满足条件 $a_{y_i y_j} = a_{y_1 y_{-i+j+1}}$, 则 $\begin{vmatrix} A_{I_1 X} & A_{I_1 E_1} \end{vmatrix} = \begin{vmatrix} A_{I_1 X} & A_{IE} \end{vmatrix}$.

证 设 $I=\{y_{j_1}, y_{j_2}, \cdots, y_{j_{n-d+1}}\}$, 则 $I_1=\{y_{j_1+1}, y_{j_2+1}, \cdots, y_{j_{n-d+1}+1}\}$. 由于 $a_{y_{i+1}y_{j+1}} = a_{y_1 y_{-(i+1)+(j+1)+1}} = a_{y_1 y_{-i+j+1}} = a_{y_i y_j}$, 所以,

$$A_{I_1E_1} = \begin{pmatrix} a_{y_{j_1+1}y_{i_1+1}} & a_{y_{j_1+1}y_{i_2+1}} & \cdots & a_{y_{j_1+1}y_{i_{d-1}+1}} \\ a_{y_{j_2+1}y_{i_1+1}} & a_{y_{j_2+1}y_{i_2+1}} & \cdots & a_{y_{j_2+1}y_{i_{d-1}+1}} \\ \vdots & \vdots & & \vdots \\ a_{y_{j_{n-d+1}+1}y_{i_1+1}} & a_{y_{j_{n-d+1}+1}y_{i_2+1}} & \cdots & a_{y_{j_{n-d+1}+1}y_{i_{d-1}+1}} \end{pmatrix}$$

$$= \begin{pmatrix} a_{y_{j_1}y_{i_1}} & a_{y_{j_1}y_{i_2}} & \cdots & a_{y_{j_1}y_{i_{d-1}}} \\ a_{y_{j_2}y_{i_1}} & a_{y_{j_2}y_{i_2}} & \cdots & a_{y_{j_2}y_{i_{d-1}}} \\ \vdots & \vdots & & \vdots \\ a_{y_{j_{n-d+1}}y_{i_1}} & a_{y_{j_{n-d+1}}y_{i_2}} & \cdots & a_{y_{j_{n-d+1}}y_{i_{d-1}}} \end{pmatrix}$$

$$= A_{IE} \tag{8-97}$$

因此, $\begin{vmatrix} A_{I_1X} & A_{I_1E_1} \end{vmatrix} = \begin{vmatrix} A_{I_1X} & A_{IE} \end{vmatrix}$.

8.5.2 量子循环码的一种构造方法

用 T 表示 $GF(p)$ 上的循环矩阵 $(T_{ij})_{n\times n}$, 这里, $T_{ij} = \delta_{i.j-1}(i, j \in \mathbf{Z}/n\mathbf{Z})$.

定义 8.5.1 设 C 是 $GF(p^2)^n$ 的一个子集, 若它在加法运算下是封闭的, 则称其是一个加法码.

定义 8.5.2 设 C 是一个加法码, 若对于任意的 $u \in C$, 都有 $uT \in C$, 则称 C 是循环的.

定理 8.5.1 除引理 8.5.1 的条件外, 再假设: ① 以 A_{XY} 为一个生成矩阵的经典码 C_1 是循环的; ② A_{YY} 是一个循环矩阵, 那么由引理 8.5.1 所得到的量子码 Q 是循环的.

证 设 C 是在 $GF(p^2)$ 上对应于 Q 的加法码, 只需证明 C 是循环的即可. Grassl 等[64] 证明了 $C = \{u + \alpha u A_{YY} \in GF(p^2)^n | u \in GF(p)^n, A_{XY}u^t = 0\}$, 这里 $\{1, \alpha\}$ 是 $GF(p^2)$ 在 $GF(p)$ 上的一组基. 由于 C_1 是循环的, 所以 C_1 在通常内积意义下的对偶码 $C_1^{\perp}$ 也是循环的. 任取 $u + \alpha u A_{YY} \in C$, 由于 $TA_{YY} = A_{YY}T$ (这是因为 A_{YY} 是循环的) 及 $u, uT \in C_1^{\perp}$, 所以 $(u + \alpha u A_{YY})T = uT + \alpha uTA_{YY} \in C$, 也就是说 C 是循环的.

定理 8.5.1 提供了一种构造量子循环码的方法, 在定理 8.5.2 的证明中将给出这样的一个具体例子.

定理 8.5.2 对于任意的奇素数 p, 一定存在一个量子码 $[[8, 2, 4]]_p$.

证 设 $X = \{x_1, x_2\}, Y = \{y_i | i \in \mathbf{Z}/8\mathbf{Z}\}$, 考虑 $GF(p)$ 上的 10 阶方阵

$$A = \begin{array}{c} \\ x_1 \\ x_2 \\ y_1 \\ y_2 \\ y_3 \\ y_4 \\ y_5 \\ y_6 \\ y_7 \\ y_8 \end{array} \begin{array}{c} \begin{array}{cccccccccc} x_1 & x_2 & y_1 & y_2 & y_3 & y_4 & y_5 & y_6 & y_7 & y_8 \end{array} \\ \begin{pmatrix} 0 & 0 & Z_1 & 0 & Z_3 & 0 & Z_5 & 0 & Z_7 & 0 \\ 0 & 0 & 0 & Z_2 & 0 & Z_4 & 0 & Z_6 & 0 & Z_8 \\ Z_1 & 0 & 0 & 1 & 0 & 0 & 1 & 0 & 0 & 1 \\ 0 & Z_2 & 1 & 0 & 1 & 0 & 0 & 1 & 0 & 0 \\ Z_3 & 0 & 0 & 1 & 0 & 1 & 0 & 0 & 1 & 0 \\ 0 & Z_4 & 0 & 0 & 1 & 0 & 1 & 0 & 0 & 1 \\ Z_5 & 0 & 1 & 0 & 0 & 1 & 0 & 1 & 0 & 0 \\ 0 & Z_6 & 0 & 1 & 0 & 0 & 1 & 0 & 1 & 0 \\ Z_7 & 0 & 0 & 0 & 1 & 0 & 0 & 1 & 0 & 1 \\ 0 & Z_8 & 1 & 0 & 0 & 1 & 0 & 0 & 1 & 0 \end{pmatrix} \end{array}$$

下面计算式 (8-98) 所示的 56 个行列式

$$|A(y_{i_1}, y_{i_2}, y_{i_3})| = \begin{vmatrix} A_{IX} & A_{IE} \end{vmatrix} \tag{8-98}$$

其中, $E = \{y_{i_1}, y_{i_2}, y_{i_3} | i_1, i_2, i_3 \in \mathbf{Z}/8\mathbf{Z}\}$ 是 Y 的任意一个含有三个元素的子集, $I = Y \backslash E$.

下面分七种情形来讨论:

(1) $E = \{y_i, y_{i+1}, y_{i+2} | i \in \mathbf{Z}/8\mathbf{Z}\}$

$$|A(y_1, y_2, y_3)| = \begin{vmatrix} 0 & Z_4 & 0 & 0 & 1 \\ Z_5 & 0 & 1 & 0 & 0 \\ 0 & Z_6 & 0 & 1 & 0 \\ Z_7 & 0 & 0 & 0 & 1 \\ 0 & Z_8 & 1 & 0 & 0 \end{vmatrix} = Z_7 Z_8 - Z_4 Z_5$$

由引理 8.5.3 得

$$|A(y_2, y_3, y_4)| = \begin{vmatrix} Z_5 & 0 & 0 & 0 & 1 \\ 0 & Z_6 & 1 & 0 & 0 \\ Z_7 & 0 & 0 & 1 & 0 \\ 0 & Z_8 & 0 & 0 & 1 \\ Z_1 & 0 & 1 & 0 & 0 \end{vmatrix} = -\begin{vmatrix} 0 & Z_5 & 0 & 0 & 1 \\ Z_6 & 0 & 1 & 0 & 0 \\ 0 & Z_7 & 0 & 1 & 0 \\ Z_8 & 0 & 0 & 0 & 1 \\ 0 & Z_1 & 1 & 0 & 0 \end{vmatrix} = -(Z_8 Z_1 - Z_5 Z_6),$$

$$|A(y_3, y_4, y_5)| = Z_1 Z_2 - Z_6 Z_7, \quad |A(y_4, y_5, y_6)| = -(Z_2 Z_3 - Z_7 Z_8),$$
$$|A(y_5, y_6, y_7)| = Z_3 Z_4 - Z_8 Z_1, \quad |A(y_6, y_7, y_8)| = -(Z_4 Z_5 - Z_1 Z_2),$$
$$|A(y_7, y_8, y_1)| = Z_5 Z_6 - Z_2 Z_3, \quad |A(y_8, y_1, y_2)| = -(Z_6 Z_7 - Z_3 Z_4)$$

情形 (2)~(7) 的计算与情形 (1) 类似, 所以只给出计算结果.

(2) $E = \{y_i, y_{i+1}, y_{i+3} | i \in \mathbf{Z}/8\mathbf{Z}\}$

$$|A(y_1, y_2, y_4)| = Z_7 Z_8, \quad |A(y_2, y_3, y_5)| = -Z_8 Z_1, \quad |A(y_3, y_4, y_6)| = Z_1 Z_2,$$
$$|A(y_4, y_5, y_7)| = -Z_2 Z_3, \quad |A(y_5, y_6, y_8)| = Z_3 Z_4, \quad |A(y_6, y_7, y_1)| = -Z_4 Z_5,$$
$$|A(y_7, y_8, y_2)| = Z_5 Z_6, \quad |A(y_8, y_1, y_3)| = -Z_6 Z_7$$

(3) $E = \{y_i, y_{i+1}, y_{i+4} | i \in \mathbf{Z}/8\mathbf{Z}\}$

$$|A(y_1, y_2, y_5)| = Z_7 (Z_4 - Z_6), \quad |A(y_2, y_3, y_6)| = -Z_8 (Z_5 - Z_7),$$
$$|A(y_3, y_4, y_7)| = Z_1 (Z_6 - Z_8), \quad |A(y_4, y_5, y_8)| = -Z_2 (Z_7 - Z_1),$$

$$|A(y_5,y_6,y_1)| = Z_3(Z_8-Z_2), \quad |A(y_6,y_7,y_2)| = -Z_4(Z_1-Z_3),$$
$$|A(y_7,y_8,y_3)| = Z_5(Z_2-Z_4), \quad |A(y_8,y_1,y_4)| = -Z_6(Z_3-Z_5)$$

(4) $E=\{y_i,y_{i+1},y_{i+5}|i\in \mathbf{Z}/8\mathbf{Z}\}$

$$|A(y_1,y_2,y_6)| = -Z_4(Z_5-Z_7), \quad |A(y_2,y_3,y_7)| = Z_5(Z_6-Z_8),$$
$$|A(y_3,y_4,y_8)| = -Z_6(Z_7-Z_1), \quad |A(y_4,y_5,y_1)| = Z_7(Z_8-Z_2),$$
$$|A(y_5,y_6,y_2)| = -Z_8(Z_1-Z_3), \quad |A(y_6,y_7,y_3)| = Z_1(Z_2-Z_4),$$
$$|A(y_7,y_8,y_4)| = -Z_2(Z_3-Z_5), \quad |A(y_8,y_1,y_5)| = Z_3(Z_4-Z_6)$$

(5) $E=\{y_i,y_{i+2},y_{i+3}|i\in \mathbf{Z}/8\mathbf{Z}\}$

$$|A(y_1,y_3,y_4)| = Z_5Z_6, \quad |A(y_2,y_4,y_5)| = -Z_6Z_7,$$
$$|A(y_3,y_5,y_6)| = Z_7Z_8, \quad |A(y_4,y_6,y_7)| = -Z_8Z_1,$$
$$|A(y_5,y_7,y_8)| = Z_1Z_2, \quad |A(y_6,y_8,y_1)| = -Z_2Z_3,$$
$$|A(y_7,y_1,y_2)| = Z_3Z_4, \quad |A(y_8,y_2,y_3)| = -Z_4Z_5$$

(6) $E=\{y_i,y_{i+2},y_{i+4}|i\in \mathbf{Z}/8\mathbf{Z}\}$

$$A(y_1,y_3,y_5) = Z_7(Z_4+Z_8-Z_2-Z_6), \quad A(y_2,y_4,y_6) = -Z_8(Z_5+Z_1-Z_3-Z_7),$$
$$A(y_3,y_5,y_7) = Z_1(Z_6+Z_2-Z_4-Z_8), \quad A(y_4,y_6,y_8) = -Z_2(Z_7+Z_3-Z_5-Z_1),$$
$$A(y_5,y_7,y_1) = Z_3(Z_8+Z_4-Z_6-Z_2), \quad A(y_6,y_8,y_2) = -Z_4(Z_1+Z_5-Z_7-Z_3),$$
$$A(y_7,y_1,y_3) = Z_5(Z_2+Z_6-Z_8-Z_4), \quad A(y_8,y_2,y_4) = -Z_6(Z_3+Z_7-Z_1-Z_5)$$

(7) $E=\{y_i,y_{i+2},y_{i+5}|i\in \mathbf{Z}/8\mathbf{Z}\}$

$$|A(y_1,y_3,y_6)| = Z_2Z_5-Z_2Z_7+Z_4Z_7-Z_5Z_8,$$
$$|A(y_2,y_4,y_7)| = -(Z_3Z_6-Z_3Z_8+Z_5Z_8-Z_6Z_1),$$
$$|A(y_3,y_5,y_8)| = Z_4Z_7-Z_4Z_1+Z_6Z_1-Z_7Z_2,$$
$$|A(y_4,y_6,y_1)| = -(Z_5Z_8-Z_5Z_2+Z_7Z_2-Z_8Z_3),$$
$$|A(y_5,y_7,y_2)| = Z_6Z_1-Z_6Z_3+Z_8Z_3-Z_1Z_4,$$
$$|A(y_6,y_8,y_3)| = -(Z_7Z_2-Z_7Z_4+Z_1Z_4-Z_2Z_5),$$
$$|A(y_7,y_1,y_4)| = Z_8Z_3-Z_8Z_5+Z_2Z_5-Z_3Z_6,$$
$$|A(y_8,y_2,y_5)| = -(Z_1Z_4-Z_1Z_6+Z_3Z_6-Z_4Z_7)$$

若在 $GF(p)$ 中选取适当的 $Z_1, \cdots, Z_8$, 使得所有 56 个行列式 $|A(y_{i_1}, y_{i_2}, y_{i_3})| = |\ A_{IX} \quad A_{IE}\ | \neq 0$, 则可由引理 8.5.2 得到一个量子码 $[[8,2,4]]_p$. 下面给出两个这样的例子.

例 8.5.1 若取 $Z_1 = Z_2 = Z_5 = Z_6 = 1, Z_3 = Z_4 = Z_7 = Z_8 = 2$, 可得

$$
\begin{array}{llll}
|A(y_1,y_2,y_3)| = 2, & |A(y_2,y_3,y_4)| = -1, & |A(y_3,y_4,y_5)| = -1, & |A(y_4,y_5,y_6)| = 2, \\
|A(y_5,y_6,y_7)| = 2, & |A(y_6,y_7,y_8)| = -1, & |A(y_7,y_8,y_1)| = -1, & |A(y_8,y_1,y_2)| = 2; \\
|A(y_1,y_2,y_4)| = 4, & |A(y_2,y_3,y_5)| = -2, & |A(y_3,y_4,y_6)| = 1, & |A(y_4,y_5,y_7)| = -2, \\
|A(y_5,y_6,y_8)| = 4, & |A(y_6,y_7,y_1)| = -2, & |A(y_7,y_8,y_2)| = 1, & |A(y_8,y_1,y_3)| = -2; \\
|A(y_1,y_2,y_5)| = 2, & |A(y_2,y_3,y_6)| = 2, & |A(y_3,y_4,y_7)| = -1, & |A(y_4,y_5,y_8)| = -1, \\
|A(y_5,y_6,y_1)| = 2, & |A(y_6,y_7,y_2)| = 2, & |A(y_7,y_8,y_3)| = -1, & |A(y_8,y_1,y_4)| = -1; \\
|A(y_1,y_2,y_6)| = 2, & |A(y_2,y_3,y_7)| = -1, & |A(y_3,y_4,y_8)| = -1, & |A(y_4,y_5,y_1)| = 2, \\
|A(y_5,y_6,y_2)| = 2, & |A(y_6,y_7,y_3)| = -1, & |A(y_7,y_8,y_4)| = -1, & |A(y_8,y_1,y_5)| = 2; \\
|A(y_1,y_3,y_4)| = 1, & |A(y_2,y_4,y_5)| = -2, & |A(y_3,y_5,y_6)| = 4, & |A(y_4,y_6,y_7)| = -2, \\
|A(y_5,y_7,y_8)| = 1, & |A(y_6,y_8,y_1)| = -2, & |A(y_7,y_1,y_2)| = 4, & |A(y_8,y_2,y_3)| = -2; \\
|A(y_1,y_3,y_5)| = 4, & |A(y_2,y_4,y_6)| = 4, & |A(y_3,y_5,y_7)| = -2, & |A(y_4,y_6,y_8)| = -2, \\
|A(y_5,y_7,y_1)| = 4, & |A(y_6,y_8,y_2)| = 4, & |A(y_7,y_1,y_3)| = -2, & |A(y_8,y_2,y_4)| = -2; \\
|A(y_1,y_3,y_6)| = 1, & |A(y_2,y_4,y_7)| = 1, & |A(y_3,y_5,y_8)| = 1, & |A(y_4,y_6,y_1)| = 1, \\
|A(y_5,y_7,y_2)| = 1, & |A(y_6,y_8,y_3)| = 1, & |A(y_7,y_1,y_4)| = 1, & |A(y_8,y_2,y_5)| = 1
\end{array}
$$

显然, 当 $p \geqslant 3$ 时, 这些元素在 $GF(p)$ 中均不为零, 所以由引理 8.5.2 可得到一个量子码 $[[8,2,4]]_p$.

例 8.5.2 若取 $Z_1 = Z_2 = Z_5 = Z_6 = 1, Z_3 = Z_4 = Z_7 = Z_8 = -1$, 可得

$$
\begin{array}{llll}
|A(y_1,y_2,y_3)| = 2, & |A(y_2,y_3,y_4)| = 2, & |A(y_3,y_4,y_5)| = 2, & |A(y_4,y_5,y_6)| = 2, \\
|A(y_5,y_6,y_7)| = 2, & |A(y_6,y_7,y_8)| = 2, & |A(y_7,y_8,y_1)| = 2, & |A(y_8,y_1,y_2)| = 2; \\
|A(y_1,y_2,y_4)| = 1, & |A(y_2,y_3,y_5)| = 1, & |A(y_3,y_4,y_6)| = 1, & |A(y_4,y_5,y_7)| = 1, \\
|A(y_5,y_6,y_8)| = 1, & |A(y_6,y_7,y_1)| = 1, & |A(y_7,y_8,y_2)| = 1, & |A(y_8,y_1,y_3)| = 1; \\
|A(y_1,y_2,y_5)| = 2, & |A(y_2,y_3,y_6)| = 2, & |A(y_3,y_4,y_7)| = 2, & |A(y_4,y_5,y_8)| = 2, \\
|A(y_5,y_6,y_1)| = 2, & |A(y_6,y_7,y_2)| = 2, & |A(y_7,y_8,y_3)| = 2, & |A(y_8,y_1,y_4)| = 2; \\
|A(y_1,y_2,y_6)| = 2, & |A(y_2,y_3,y_7)| = 2, & |A(y_3,y_4,y_8)| = 2, & |A(y_4,y_5,y_1)| = 2, \\
|A(y_5,y_6,y_2)| = 2, & |A(y_6,y_7,y_3)| = 2, & |A(y_7,y_8,y_4)| = 2, & |A(y_8,y_1,y_5)| = 2; \\
|A(y_1,y_3,y_4)| = 1, & |A(y_2,y_4,y_5)| = 1, & |A(y_3,y_5,y_6)| = 1, & |A(y_4,y_6,y_7)| = 1,
\end{array}
$$

$$|A(y_5,y_7,y_8)|=1,\quad |A(y_6,y_8,y_1)|=1,\quad |A(y_7,y_1,y_2)|=1,\quad |A(y_8,y_2,y_3)|=1;$$
$$|A(y_1,y_3,y_5)|=4,\quad |A(y_2,y_4,y_6)|=4,\quad |A(y_3,y_5,y_7)|=4,\quad |A(y_4,y_6,y_8)|=4,$$
$$|A(y_5,y_7,y_1)|=4,\quad |A(y_6,y_8,y_2)|=4,\quad |A(y_7,y_1,y_3)|=4,\quad |A(y_8,y_2,y_4)|=4;$$
$$|A(y_1,y_3,y_6)|=4,\quad |A(y_2,y_4,y_7)|=4,\quad |A(y_3,y_5,y_8)|=4,\quad |A(y_4,y_6,y_1)|=4,$$
$$|A(y_5,y_7,y_2)|=4,\quad |A(y_6,y_8,y_3)|=4,\quad |A(y_7,y_1,y_4)|=4,\quad |A(y_8,y_2,y_5)|=4$$

显然, 当 $p\geqslant 3$ 时, 这些元素在 $GF(p)$ 中均不为零, 所以由引理 8.5.2 可得到一个量子码 $[[8,2,4]]_p$. 下面证明例 8.5.2 中的量子码都是循环的.

因为由 $A_{XY}=\begin{pmatrix} 1 & 0 & -1 & 0 & 1 & 0 & -1 & 0 \\ 0 & 1 & 0 & -1 & 0 & 1 & 0 & -1 \end{pmatrix}$ 生成的经典码(其生成多项式是 $(1-x^2)(1+x^4)$) 及矩阵 A_{YY} 都是循环的, 所以由定理 8.5.1 可知例 8.5.2 中的量子码也是循环的.

定理 8.5.3 对于任意的奇素数 p, 一定存在量子码 $[[n,n-2,2]]_p$.

证 分两种情形.

(1) n 是奇数. 设 $X=\{x_1,x_2,\cdots,x_{n-2}\}$, $Y=\{y_1,y_2,\cdots,y_n|i\in\mathbf{Z}/n\mathbf{Z}\}$, 考虑 $GF(p)$ 上的 $(2n-2)\times(2n-2)$ 矩阵

$$A=\begin{array}{c} x_1 \\ \vdots \\ x_{n-2} \\ y_1 \\ y_2 \\ y_3 \\ \vdots \\ y_{n-2} \\ y_{n-1} \\ y_n \end{array}\begin{pmatrix} & & & & & & & & & & & & & \\ & & & & & & & & & & & & & \\ & & & & & & & & & & & & & \\ 1 & 0 & 0 & \cdots & 0 & 0 & 0 & 0 & 1 & 0 & \cdots & 0 & 0 & 1 \\ 0 & 1 & 0 & \cdots & 0 & 0 & 0 & 1 & 0 & 1 & \cdots & 0 & 0 & 0 \\ 0 & 0 & 1 & \cdots & 0 & 0 & 0 & 0 & 1 & 0 & \cdots & 0 & 0 & 0 \\ \vdots & \vdots & \vdots & & \vdots & \vdots & \vdots & \vdots & \vdots & \vdots & & \vdots & \vdots & \vdots \\ 0 & 0 & 0 & \cdots & 0 & 0 & 1 & 0 & 0 & 0 & \cdots & 0 & 1 & 0 \\ 0 & 2 & 0 & \cdots & 0 & 2 & 0 & 0 & 0 & 0 & \cdots & 1 & 0 & 1 \\ 2 & 0 & 2 & \cdots & 2 & 0 & 2 & 1 & 0 & 0 & \cdots & 0 & 1 & 0 \end{pmatrix}$$

取 Y 的任意一个含有一个元素的子集 $E=\{y_i|i\in\mathbf{Z}/n\mathbf{Z}\}$, $I=Y\backslash E$, 记 $A_{(i)}=\begin{pmatrix} A_{IX} & A_{IE}\end{pmatrix}$, 则有 $|A_{(1)}|=4$, $|A_{(2)}|=|A_{(3)}|=\cdots=|A_{(n-3)}|=8$, $|A_{(n-2)}|=2$, $|A_{(n-1)}|=-1$, $|A_{(n)}|=1$. 显然, 这些元素在 $GF(p)$ 中是非零的, 所以由引理 8.5.2 一定存在量子码 $[[n,n-2,2]]_p$.

(2) n 是偶数. 设 $X=\{x_1,x_2,\cdots,x_{n-2}\}$, $Y=\{y_1,y_2,\cdots,y_n|i\in\mathbf{Z}/n\mathbf{Z}\}$, 考虑 $GF(p)$ 上的 $(2n-2)\times(2n-2)$ 矩阵

$$
A=\begin{array}{c}
x_1\\ \vdots\\ x_{n-2}\\ y_1\\ y_2\\ y_3\\ \vdots\\ y_{n-2}\\ y_{n-1}\\ y_n
\end{array}
\left(\begin{array}{cccccccccccccc}
 & & & & & & & & & & & & & \\
 & & & & & & & & & & & & & \\
 & & & & & & & & & & & & & \\
1 & 0 & 0 & \cdots & 0 & 0 & 0 & 0 & 1 & 0 & \cdots & 0 & 0 & 1\\
0 & 1 & 0 & \cdots & 0 & 0 & 0 & 1 & 0 & 1 & \cdots & 0 & 0 & 0\\
0 & 0 & 1 & \cdots & 0 & 0 & 0 & 0 & 1 & 0 & \cdots & 0 & 0 & 0\\
\vdots & \vdots & \vdots & & \vdots & \vdots & \vdots & \vdots & \vdots & \vdots & & \vdots & \vdots & \vdots\\
0 & 0 & 0 & \cdots & 0 & 0 & 1 & 0 & 0 & 0 & \cdots & 0 & 1 & 0\\
0 & 2 & 0 & \cdots & 2 & 0 & 2 & 0 & 0 & 0 & \cdots & 1 & 0 & 1\\
2 & 0 & 2 & \cdots & 0 & 2 & 0 & 1 & 0 & 0 & \cdots & 0 & 1 & 0
\end{array}\right)
$$

取 Y 的任意一个含有一个元素的子集 $E=\{y_i|i\in\mathbf{Z}/n\mathbf{Z}\}$, $I=Y\backslash E$, 记 $A_{(i)}=\begin{pmatrix}A_{IX} & A_{IE}\end{pmatrix}$, 则有 $|A_{(1)}|=-4$, $|A_{(2)}|=|A_{(3)}|=\cdots=|A_{(n-3)}|=-8$, $|A_{(n-2)}|=-4$, $|A_{(n-1)}|=1$, $|A_{(n)}|=1$. 显然这些元素在 $GF(p)$ 中是非零的, 所以由引理8.5.2一定存在量子码 $[[n,n-2,2]]_p$.

8.5.3　结束语

迄今为止, 几乎所有用图论方法构造的量子好码都是通过引理 8.5.2 所获得的. 为了通过引理 8.5.2 构造一个量子码 $[[n,k,d]]_p$, 必须去构造 $GF(p)$ 上的一个$n\times(k+n)$ 矩阵 $\begin{pmatrix}A_{YX} & A_{YY}\end{pmatrix}$, 使得 A_{YY} 是 $\begin{pmatrix}A_{YX} & A_{YY}\end{pmatrix}$ 的一个对称子阵, 并且对于 Y 的每一个含有 $d-1$ 个元素的子集 E, 都有 $\begin{vmatrix}A_{IX} & A_{IE}\end{vmatrix}\neq 0$, 这里的 $I=Y\backslash E$, $\begin{pmatrix}A_{IX} & A_{IE}\end{pmatrix}$ 是 $\begin{pmatrix}A_{YX} & A_{YY}\end{pmatrix}$ 的一个 $n-d+1=k+d-1$ 阶子阵, 显然这样的子阵共有 $\begin{pmatrix}n\\ d-1\end{pmatrix}$ 个. 因此, 当 n 和 d 都比较大, 且 p 比较小时, 这样的一个矩阵 $\begin{pmatrix}A_{YX} & A_{YY}\end{pmatrix}$ 是不容易构造的. 到目前为止, 除上面所构造的 $[[n,n-2,2]]_p$ 外, 所有用图论方法构造的量子码都是在参数 n 和 d 比较小, 选取的 A_{YY} 也在比较特殊的情形下所构造的, 比如说 A_{YY} 是循环矩阵, 只含有 0 和 1 两个元素, 且 0 的个数也尽量多 (如文献[36] 中的 $[[5,1,3]]_p$, 文献[49] 中的 $[[7,3,3]]_p$ 以及文献[62] 中的 $[[8,2,4]]_p$ 都是如此), 这是因为在此情形下可通过引理 8.5.3 将问题简化.

在文献[65] 中, 冯克勤和邢朝平两人给出了量子纠错码的一种新的刻画, 并由此得到许多非常重要的结果. 特别地, 他们推广了引理 8.5.1 和引理 8.5.2, 并且非构造性地证明了如下事实：对于 $k \geqslant 0, d \geqslant 2, n \geqslant k+2d-2$, 只要$(p-1)p^{n-d+1} \geqslant (p^{k+d-1}-1)\begin{pmatrix} n \\ d-1 \end{pmatrix}$, 就一定存在一个纯的量子码 $[[n,k,d]]_p$(这里的p可以等于 2).

8.6 注 记

目前, 人们构造量子纠错码的方法主要有两种, 一种是利用已知的经典码来构造, 尤其是通过寻找两个具有正交性质的经典码, 利用 Calderbank, Shor 和 Steane 给出的方法来构造量子码, 即 CSS 码. 这种方法相对简单, 只要找到合适的经典码就可以. 迄今为止, 绝大多数量子码都是通过上述方法构造的. 另一种方法就是由 Schlingemann 和 Werner 提出的通过构造具有某些特性的图 (或者说矩阵) 的方法, 即所谓的图论方法. 与其他方法相比用图论方法构造出的量子码更具备物理和几何上的直观性, 但是构造起来比较困难. 因此, 用此方法构造的量子码就非常少, 目前只有 Schlingemann 和 Werner 以及冯克勤和本书 8.5 节构造的一些码. 所以, 通过图论方法构造更多的量子码将是非常有意义的.

参 考 文 献

[1] Deutsch D. Quantum theory, the Church-Turing principle and the universal quantum computer. Proc. Roy. Soc. Lon. Ser. A, 1985, (400): 96.

[2] Shor P W. Algorithms for quantum computation: discrete logarithms and factoring. In: Proceedings of the 35th Annual Symposium of Foundation of Computer Science, IEEE Press, Los Alamitos, CA, 1994.

[3] Shor P W. Polynomial-time algorithms for prime factorization and discrete logarithms on a quantum computer. Siam Journal on Computing, 1997, (26): 1484.

[4] Grover L K. A fast quantum mechanical algorithm for database search. In Proceedings of the 28th Annual ACM Symposium on Theory of Computing, ACM Press, New York, 1996.

[5] Shor P W. Scheme for Reducing Decoherence in Quantum Computer Memory. Physical Review A, 1995, (52): R2493.

[6] Nielsen M A, Chuang I L. Quantum Computation and Quantum Information. Cambridge: Cambridge University Press, 2000.

[7] Steane A. Multiple-particle interference and quantum error correction. Proceedings of the Royal Society of London Series a-Mathematical Physical and Engineering Sciences, 1996, (452): 2551.

[8] Bennett C H, DiVincenzo D P, Smolin J A, et al.. Mixed-state entanglement and quantum error correction. Physical Review A, 1996, (54): 3824.

[9] Laflamme R, Miquel C, Paz J P, et al.. Perfect quantum error correcting code. Physical Review Letters, 1996, (77): 198.

[10] Gottesman D. Class of quantum error-correcting codes saturating the quantum Hamming bound. Physical Review A, 1996, (54): 1862

[11] Steane A M. Simple quantum error-correcting codes. Physical Review A, 1996, (54): 4741.

[12] Knill E, Laflamme R. Theory of quantum error-correcting codes. Physical Review A, 1997, (55): 900.

[13] Ekert A, Macchiavello C. Quantum error correction for communication. Physical Review Letters, 1996, (77): 2585.

[14] Calderbank A R, Shor P W. Good quantum error-correcting codes exist. Physical Review A, 1996, (54): 1098.

[15] Steane A M. Error correcting codes in quantum theory. Physical Review Letters, 1996, (77): 793.

[16] Calderbank A R, Rains E M, Shor P W, et al.. Quantum-error correction and orthogonal geometry. Physical Review Letters, 1997, (78): 405.

[17] Bennett C H, Shor P W. Quantum information theory. IEEE Transactions on Information Theory, 1998, (44): 2724.

[18] Grassl M, Beth T, Pellizzari T. Codes for the quantum erasure channel. Physical Review A, 1997, (56): 33.

[19] Grassl M, Beth T. Cyclic quantum error-correcting codes and quantum shift registers. Proceedings of the Royal Society of London Series a-Mathematical Physical and Engineering Sciences, 2000, (456): 2689.

[20] Grassl M, Beth T, Rotteler M. On optimal quantum codes. International Journal of Quantum Information, 2004, (2): 55.

[21] Rains E M, Hardin R H, Shor P W, et al.. Nonadditive quantum code. Physical Review Letters, 1997, (79): 953.

[22] Rains E M. Quantum codes of minimum distance two. IEEE Transactions on Information Theory, 1999, (45): 266.

[23] Rains E M. Nonbinary quantum codes. IEEE Transactions on Information Theory, 1999, (45): 1827.

[24] Rains E M. Quantum weight enumerators. IEEE Transactions on Information Theory, 1998, (44): 1388.

[25] Shor P, Laflamme R. Quantum analog of the macWilliams identities for classical coding theory. Physical Review Letters, 1997, (78): 1600.

[26] DiVincenzo D P, Shor P W. Fault-tolerant error correction with efficient quantum codes. Physical Review Letters, 1996, (77): 3260.

[27] Cleve R, Gottesman D. Efficient computations of encodings for quantum error correction. Physical Review A, 1997, (56): 76.

[28] Zurek W H, Laflamme R. Quantum Logical Operations on Encoded Qubits. Physical Review Letters, 1996, (77): 4683.

[29] Calderbank A R, Rains E M, Shor P W, et al.. Quantum error correction via codes over GF (4). IEEE Transactions on Information Theory, 1998, (44): 1369.

[30] MacWilliams F J, Sloane N J A. The Theory of Error-Correcting Codes (II). Amsterdam: North-Holland Publishing Company, 1977.

[31] Matsumoto R, Uyematsu T. Constructing quantum error-correcting codes for p(m)-state systems from classical error-correcting codes. Ieice Transactions on Fundamentals of Electronics Communications and Computer Sciences, 2000, (E83a): 1878.

[32] Ashikhmin A, Knill E. Nonbinary quantum stabilizer codes. IEEE Transactions on Information Theory, 2001, (47): 3065.

[33] Ashikhmin A, Litsyn S. Upper bounds on the size of quantum codes. IEEE Transactions on Information Theory, 1999, (45): 1206.

[34] Steane A M. Enlargement of Calderbank-Shor-Steane quantum codes. IEEE Transactions on Information Theory, 1999, (45): 2492.

[35] Steane A M. Quantum Reed-Muller codes. IEEE Transactions on Information Theory, 1999, (45): 1701.

[36] Schlingemann D, Werner R F. Quantum error-correcting codes associated with graphs. Physical Review A, 2002, (65): 012308

[37] Ashikhmin A. Remarks on Bounds for Quantum Codes. E-print: quant-ph/9705037, 1997.

[38] Bierbrauer J, Edel Y. Quantum twisted codes. Journal of Combinatorial Designs, 2000, (8): 174.

[39] Rains E M. Polynomial invariants of quantum codes. IEEE Transactions on Information Theory, 2000, (46): 54.

[40] Ashikhmin A, Litsyn S, Tsfasman M A. Asymptotically good quantum codes. Physical Review A, 2001, (63): 032311.

[41] Grassl M, Geiselmann W, Beth T. Quantum Reed-Solomon codes. Applied Algebra, Algebraic Algorithms and Error-Correcting Codes, Proceedings, 1999, (1719): 231.

[42] MacKay D J C, Mitchison G, McFadden P L. Sparse-graph codes for quantum error correction. IEEE Transactions on Information Theory, 2004, (50): 2315.

[43] Grassl M, Beth T. Quantum BCH codes. Proceedings X. International Symposium on Theoretical Electrical Engineering, Magdeburg, 1999, 207.

[44] Schlingemann D. Stabilizer codes can be realized as graph codes. E-print: quant-ph/0111080, 2001.

[45] Kaji R, Yoshizawa A, Tsuchida H. Evaluation of keyrates in unconditionally secure quantum key distribution taking account of the afterpulse effect of single-photon detectors. Electronics and Communications in Japan Part Ii-Electronics, 2004, (87): 38.
[46] Klappenecker A, Rotteler M. Beyond stabilizer codes I: Nice error bases. IEEE Transactions on Information Theory, 2002, (48): 2392.
[47] Klappenecker A, Rotteler M. Beyond stabilizer codes II: Clifford codes. IEEE Transactions on Information Theory, 2002, (48): 2396.
[48] Cohen G, Encheva S, Litsyn S. On binary constructions of quantum codes. IEEE Transactions on Information Theory, 1999, (45): 2495.
[49] Feng K Q. Quantum codes [[6,2,3]](p) and [[7,3,3]](p) ($p \geqslant 3$) exist. IEEE Transactions on Information Theory, 2002, (48): 2384.
[50] Feng K Q, Ma Z. A finite Gilbert-Varshamov bound for pure stabilizer quantum codes. IEEE Transactions on Information Theory, 2004, (50): 3323.
[51] Chen H, Ling S, Xing C P. Asymptotically good quantum codes exceeding the Ashikhmin-Litsyn-Tsfasman bound. IEEE Transactions on Information Theory, 2001, (47): 2055.
[52] Chen H. Some good quantum error-correcting codes from algebraic-geometric codes. IEEE Transactions on Information Theory, 2001, (47): 2059.
[53] Chen H, Ling S, Xing C P. Quantum codes from concatenated algebraic-geometric codes. IEEE Transactions on Information Theory, 2005, (51): 2915.
[54] Lin X Y. Quantum cyclic and constacyclic codes. IEEE Transactions on Information Theory, 2004, (50): 547.
[55] Li R H, Li X L. Binary construction of quantum codes of minimum distance three and four. IEEE Transactions on Information Theory, 2004, (50): 1331.
[56] Li R H, Li X L, Xu Z B. Linear quantum codes of minimum distance three. International Journal of Quantum Information, 2006, (4): 917.
[57] MacWilliams F J. Combinatorial problems of elementary abelian groups. PHD thesis, Harvard University, 1962.
[58] Bogart K, Goldberg D, Gordon J. An elementary proof of the MacWilliams theorem on equivalence of codes. Inform. and Control, 1978, (37): 19.
[59] Ward H N, Wood J A. Characters and the equivalence of codes. Journal of Combinatorial Theory Series A, 1996, (73): 348.
[60] Wood J A. Duality for modules over finite rings and applications to coding theory. American Journal of Mathematics, 1999, (121): 555.
[61] Fan Y, Liu H W, Lluis P. Generalized Hamming weights and equivalences of codes. Science in China Series a-Mathematics, 2003, (46): 690.
[62] Liu T L, Wen Q Y, Liu Z H. Construction of nonbinary quantum cyclic codes by using graph method. Science in China Series F-Information Sciences, 2005, (48): 693.

[63] Assmus J E F, Mattson J H F. New 5-designs. J. Combin. Theory, 1969, (6): 122.

[64] Grassl M, Klappenecker A, Roetteler M. Proceedings 2002 IEEE International Symposium on Information Theory Lausanne, Switzerland, 2002.

[65] Feng K Q, Xing C P. A new construction of quantum error-correcting codes. Trans. Ams. 2008, 360 (4): 2007-2019.